国家出版基金资助项目·"十二五"国家重点图书

航天科学与工程专著系列

FORMING THEORY AND TECHNOLOGY OF NANO MATERIALS

纳米材料成形理论与技术

● 张凯锋 卢 振 王长文 蒋少松 著

哈尔滨工业大学出版社
HARBIN INSTITUTE OF TECHNOLOGY PRESS

内容提要

本书阐述了纳米材料制备和成形技术的进展与发展方向,详细介绍了纳米复相陶瓷、纳米晶 NiAl-Al_2O_3 粉体和复合材料、纳米镍和镍基纳米复合材料制备及塑性成形以及纳米陶瓷粉末注射成形等方面的理论与技术问题。本书从材料制备和塑性成形一体化的角度进行阐述。本书既注重纳米材料以及成形技术的基本概念,又具有较强的实用性。

本书主要供从事材料与成形技术相关的高等院校、研究院所的师生和研究人员,以及与材料成形技术有关的企业技术人员参考。

图书在版编目(CIP)数据

纳米材料成形理论与技术/张凯锋等著. —哈尔滨:哈尔滨工业大学出版社,2012.8
国家出版基金资助项目·"十二五"国家重点图书
(航天科学与工程专著系列)
ISBN 978-7-5603-3470-7

Ⅰ.①纳⋯ Ⅱ.①张⋯ Ⅲ.①纳米材料-研究
Ⅳ.①TB383

中国版本图书馆 CIP 数据核字(2012)第 172353 号

责任编辑　许雅莹
封面设计　高永利
出版发行　哈尔滨工业大学出版社
社　　址　哈尔滨市南岗区复华四道街 10 号　邮编 150006
传　　真　0451-86414749
网　　址　http://hitpress.hit.edu.cn
印　　刷　哈尔滨市石桥印务有限公司
开　　本　787mm×1092mm　1/16　印张 22.25　字数 542 千字
版　　次　2012 年 8 月第 1 版　2012 年 8 月第 1 次印刷
书　　号　ISBN 978-7-5603-3470-7
定　　价　49.80 元

前　言

纳米材料的发现为材料与材料加工领域打开了一扇窗,通过这扇窗我们终将能看到哪里尚未可知。虽然纳米材料未知甚多,但是不乏吸引力,各国学者趋之若鹜,政府部门规划迭出,隐然成为材料科学与工程学科的制高点之一。从微米级到纳米级,材料微观尺度的缩小产生了质变,这一质变带来了不可尽数的课题,当然还有困惑。众多困惑中有尺度效应,再有是应用的拓展,这二者均与成形技术密切相关。简言之,纳米材料的成形必然具有尺度效应,成形技术又是纳米材料与应用之间的一道桥梁,这也是本书撰写的初衷。但是,纳米材料与成形技术毕竟尚属年轻,还有很多尚未解明之处,这是本书的局限。

本书第 1 章介绍了纳米材料成形技术的作用与地位、国内外研究现状与发展方向,第 2~5 章详细介绍了纳米复相陶瓷、纳米晶 $NiAl-Al_2O_3$ 粉体和复合材料、纳米镍和镍基纳米复合材料制备及塑性成形以及纳米陶瓷粉末注射成形等方面的理论与技术问题。其中,纳米复相陶瓷、纳米镍和镍基纳米复合材料制备及塑性成形等方面的研究都是和国际上该领域研究同步的工作。

本书是我和助手卢振、王长文副教授、蒋少松博士共同撰写的,内容主要取材于我们在哈尔滨工业大学的科研工作和我指导的进行纳米材料制备与成形技术领域研究的博士研究生的学位论文工作。在此特向博士生陈国清、王长丽、骆俊廷、丁水、李细锋、卢振、王非、徐桂华、王长瑞等在学位论文工作中做出的创造性贡献致以谢意。书中还引用了国内外学者的研究工作与成果,也向他们致以谢意。

本书的部分研究工作是在国家自然科学基金项目(项目批准号 50375037、50575049、50775052、51205081)的支持下完成的,谨致谢意!

本书既注重纳米材料与成形技术的基本概念又具有较强的实用性,而且体现了材料制备与成形一体化的研究路线。本书主要供从事材料与成形技术相关的高等院校、研究院所的师生和研究人员,以及与材料成形技术有关的企业技术人员参考。

纳米材料与成形技术是新兴领域,仍在迅速发展中,一些概念、理论、技术在不断更新,加之作者水平所限,不当之处在所难免,恳请读者批评指正。

张凯锋

2012 年 6 月于哈尔滨工业大学

前　言

目　　录

第 1 章　绪　　论

1.1　纳米材料成形技术的作用与地位

材料是划分文明时代的标志和现代文明的重要物质基础之一。从人类认识世界的精度来看,人类的文明发展进程可以划分为模糊时代(工业革命之前)、毫米时代(工业革命到 20 世纪初)、微米和纳米时代(20 世纪40 年代开始至今)。纳米材料是指晶粒(或颗粒)特征尺寸在纳米数量级(通常指 1～100 nm)的固体材料。从广义上讲,纳米材料是指三维空间尺寸中至少有一维处于纳米量级的材料,通常分为零维材料(纳米微粒)、一维材料(直径为纳米量级的纤维)、二维材料(厚度为纳米量级的薄膜与多层膜)以及基于上述低维材料所构成的固体材料。自20 世纪80 年代初,德国科学家Gleiter 提出"纳米晶体材料"的概念,此后制备并获得纳米晶体,纳米材料已引起世界各国科技界及产业界的广泛关注。虽然目前许多纳米材料仍处于研制和开发阶段,但它所带来的影响将是其他材料所无法与之比拟的[1~4]。纳米技术已成为科技发展的一个新领域,是 21 世纪的前沿学科之一[5,6]。

材料的性能取决于材料的结构和成分,但材料的应用最终取决于材料的制备、成形与加工,新的材料制备工艺和过程的研究对纳米材料的微观结构和性能具有重要影响。制备出清洁、成分可控、高密度且粒度均匀的纳米材料是制备与合成工艺研究的目标。因此,如何控制纳米材料尤其是界面的化学成分、均匀性以及晶粒尺寸是制备工艺的主要课题。而材料的成形加工技术是制造高质量、低成本产品的中心环节,是材料科学工程中的关键要素,也是促进新材料研究、开发、应用和产业化的决定因素[7,8]。作为新的结构与功能材料的纳米材料,其应用将在很大程度上取决于相关成形技术的发展,如何将现有的高效率、高精度、短周期、低成本、无污染、近无余量等成形技术应用于纳米材料的加工,同时,在成形过程中保证纳米结构的稳定性,保留成形加工后的制品良好的机械、电学、磁学、催化性能等,是促进其应用化进程的关键所在[9,10]。

1.2　纳米材料相关技术国内外研究现状

1.2.1　纳米陶瓷材料制备及成形技术

1. 纳米陶瓷发展概况

纳米陶瓷是纳米材料的一个分支。1987 年,美国科学家 Siegel 制备了纳米二氧化钛陶瓷,并将这种材料命名为纳米相材料;但是直到 1989 年才正式提出了纳米结构材料的概念,并很快得到发展[11]。纳米陶瓷属于三维的纳米块体材料,其晶粒尺寸、晶界宽度、第二相分布、缺陷尺寸等都是在纳米量级的水平[12]。

纳米粉体具有许多特殊性质,比如尺度效应、表面和界面效应、量子尺度效应等[13],因此,纳米陶瓷粉体具有烧结温度低、流动性大、渗透性强、烧结收缩大等烧结特性,可以作为烧结过程中的活化剂使用,以加快烧结过程,缩短烧结时间,降低烧结温度。同时,纳米陶瓷粉体在较低温度下烧结就可以获得性能优异的烧结体,不用添加剂也可具有良好的性能。纳米陶瓷的优越性主要体现在保持常规陶瓷材料原有断裂韧性的同时提高强度,降低烧结温度,大幅度提高烧结速率,提高塑性等方面[13]。在纳米陶瓷的表征方面,以研究分析纳米陶瓷的晶界结构为出发点,高分辨电子显微镜、电子衍射、中子散射、X 射线光电子能谱、扫描隧道显微镜等先进技术已得到了越来越广泛的应用。

纳米复相陶瓷也称纳米陶瓷基复合材料,是指异相纳米颗粒均匀地弥散在陶瓷基体中所形成的复合材料。若按纳米颗粒的分布情况一般可分为晶内型、晶界型和纳米 – 纳米复合型三种;若按基体与分散相颗粒大小划分,纳米复相陶瓷又可分为微米级颗粒构成的基体与纳米级分散相的复合、纳米级颗粒构成的基体与纳米级分散相的复合两种。纳米复相陶瓷现已成为提高陶瓷材料性能的一个重要途径。国内外对纳米复相陶瓷的研究表明,在微米级基体中引入纳米分散相进行复合,针对某些材料可使其断裂强度、断裂韧性提高 2 ~ 4倍,最高使用温度提高 400 ~ 600 ℃,同时还可提高材料的硬度和弹性模量,提高抗蠕变性和抗疲劳破坏性能[14],从而使陶瓷材料能够在航空航天等高技术领域中得到广泛应用。如果在传统结构陶瓷中加入功能性的纳米分散相,还可以得到兼有结构和功能性的纳米复相陶瓷。例如将导电性良好的纳米 TiN 加入到传统的结构陶瓷 Al_2O_3 中,可以获得具有高力学性能,又具有高电导率的 TiN/Al_2O_3 纳米复相陶瓷[15]。

1987 年,德国的 Karch 等人首次报道了所研制的纳米陶瓷具有高韧性与低温超塑性行为,为解决长期困扰人们的陶瓷的脆性问题提供了一条新的思路,给材料学家很大的鼓舞。英国著名材料学家 Kahn 在《自然》杂志上撰文说:"纳米陶瓷是解决陶瓷脆性的战略途径"。此后,世界各国对解决陶瓷材料脆性和难加工性寄予厚望,做了很多研究,也取得了相当显著的成果。最近研究已经发现纳米 TiO_2 陶瓷在室温下具有优良的韧性,在 180 ℃ 经受弯曲而不产生裂纹[16],这表明这种陶瓷具有良好的塑性。许多专家认为,如能解决单相纳米陶瓷烧结过程中抑制晶粒长大的技术问题,从而控制陶瓷晶粒尺寸在 50 nm 以下的纳米陶瓷,则它将会具有高硬度、高韧性、低温超塑性、易加工等传统陶瓷无与伦比的优点[17]。

除了简单拉伸外,许多学者还进行了 Y – TZP、Al_2O_3、Si_3N_4 等纳米陶瓷的压缩、挤压、锻造、弯曲等研究[18~22],为纳米陶瓷将来的应用打下了很好的基础。利用陶瓷材料的超塑性可以实现复杂形状零件的"近净成形"[23]。Shen 认为陶瓷的超塑性打开了陶瓷制造复杂零件的可能性,并有可能实现像金属锻造一样的工业应用[24]。纳米陶瓷材料由于其结构特点最有可能实现低温下的高应变速率超塑性加工,已经成为研究热点[25]。

2. 纳米陶瓷粉体制备

(1) 按合成粉体的不同条件分

为了制得具有特殊性能的陶瓷,必须采用纯度高、颗粒团聚少、性能好的粉体。根据粉体制备的原理不同,制备方法可分为物理法和化学法。而现在更普遍的是根据合成粉体的不同条件来区分,可分为固相合成法、液相合成法和气相合成法三类。

① 固相合成法。固相合成法就是从固体原料出发,通过一定的物理与化学过程制备陶

瓷粉体的一种粉体制备方法。其具有成本低、产量高以及制备工艺简单易行等优点,但也存在能耗大、效率低,所得粉末不够细,杂质易于混入,粒子易于氧化或产生变形等问题。

② 液相合成法。液相合成法也称湿化学法或溶液法,其过程为选择一种或多种合适的可溶性金属盐类,按所制备的材料的成分计量配制成溶液,使各元素呈离子或分子态,再选择一种合适的沉淀剂或用蒸发、升华、水解等操作,将金属离子均匀沉淀或结晶出来,最后将沉淀或结晶物脱水或者加热分解而制得超微粉。该法还包括沉淀法、溶液蒸发法、溶胶 – 凝胶法、水解法等。

③ 气相合成法。气相合成法是直接利用气体或者通过各种方式将物质变成气体,使之在气体状态下发生物理或化学反应,最后在冷却过程中凝聚长大形成超微粉的方法。气相合成陶瓷粉体的方法有物理气相沉淀法(PVD)、化学气相沉淀法(CVD),从气态前驱体沉积而析出产物,通常以薄膜、结晶态颗粒或微细粉体形态出现。

(2) 按纳米弥散相颗粒的分散方式分

制备陶瓷基纳米复合材料的关键是使纳米粒子均匀地弥散在基体陶瓷结构中。制取混合均匀的、团聚少的复合粉体是获得性能优异和显微结构均匀的纳米复相陶瓷的前提。按纳米弥散相颗粒的分散方式归纳制备纳米复相陶瓷材料粉体的方法有机械混合法、复合粉体法、原位生成法和液相分散包裹法四类[26]。

① 机械混合法。机械混合法是一种较直接、简便的方法,主要过程是将基体粉体与纳米相粉体进行混合、球磨,得到复合粉体。在机械混合分散法的基础上,配合使用大功率的超声波,可以破坏团聚;调整体系的 pH 值,使两种粉体颗粒表面带同种电荷而相互排斥,使其具有静电稳定性;还有使用适当的分散剂,都可以使最终的分散得到一定的改善。

② 复合粉体法。复合粉体法是经化学、物理过程直接制备基体粉体与弥散相均匀分散的复合粉体。溶胶 – 凝胶法、CVD 法等都可以用来制备复合粉体。

③ 原位生成法。原位生成法是将基体粉体分散于含可生成纳米相组分的前驱体的液相中,经干燥、浓缩、预成形,最后在热处理或烧结过程中生成纳米相颗粒。这种合成法的特点是可以保证两相的均匀分散,且热处理或烧结过程中生成的纳米颗粒不存在团聚等问题。

④ 液相分散包裹法。液相分散包裹法的全称为液相分散包裹 – 热反应陶瓷粉体制备法,是制备纳米复合粉体的一种有效方法。液相分散包裹法制备粉体一般包括以下三个步骤:分散纳米粉体于基体组分的溶液中;使混合溶液体系沉淀、凝胶、聚合;经过一定的热处理得到纳米复合粉体。

3. 纳米晶陶瓷块体制备

对纳米级粉体加压成形,然后通过一定的烧结过程使之致密化,可获得纳米晶陶瓷块体材料。随着对纳米陶瓷制备研究的深入,素坯的成形方面也有许多新的进展。首先,传统的干压成形方法得到进一步发展,如利用包膜技术减小颗粒间的摩擦,以利于提高素坯的密度;又如采用连续加压的工艺,使粉体团聚破碎、晶粒重排在不同的加压过程中完成,使素坯的密度更高。另外,在新的成形方法方面,大量的湿法成形也成为研究的热点,如利用离心注浆成形方法,可获得相对密度高达74%、颗粒分布极均匀的纳米 Y – TZP 坯体。还有诸如渗透固化(Osmoticcon-Solidation)、直接凝固注模成形(DCC)、凝胶注模成形(Gel-Casting)

以及挤压成形(Extrusion)、注射成形(Injection-Molding)等成形方法也得到了广泛研究。

陶瓷材料的烧结是指素坯在高温下的致密化过程,或者称为使材料固结和致密以至不发生形状改变的过程。随着温度的上升和时间的延长,固体颗粒相互键联,晶粒长大,孔隙和晶界渐趋减少,通过物质的传递,其总体积收缩,密度增加,最后成为坚硬的具有某种显微结构的多晶烧结体。由于纳米陶瓷粉体具有巨大的比表面积,使作为粉体烧结驱动力的表面能剧增,扩散速率增大,扩散路径变短,烧结活化能降低,烧结速率加快。这就降低了材料烧结所需的温度,缩短了材料的烧结时间。由于晶粒在烧结过程中极易长大,所以对于纳米陶瓷而言,烧结更是极其关键的一步。几乎所有关于纳米陶瓷烧结的研究,最重要的问题都是如何控制晶粒的长大,也就是如何使陶瓷在晶粒不长大或长大很少的前提下实现致密化。由于纳米颗粒表面能大,晶粒生长迅速,即使在快速烧结的条件下或很低的温度下,也很容易长到 100 nm 以上。因此,当前纳米陶瓷研究中,人们从烧结动力学的观点出发,采取多种手段控制晶粒的长大,除了使用性能良好的粉体、采用超高压等新型成形方法外,可供选择的途径还有选择适当的添加剂、采用新型的烧结方法和烧结工艺等。适当的添加剂可有效降低陶瓷烧结的温度,抑制晶粒的长大,但也可能引入不希望出现的杂相,因此寻求新的烧结方法和烧结工艺便成为研究的重点。

在纳米陶瓷的制备过程中,传统的烧结方法如无压烧结、热压烧结等依然得到广泛使用,但在具体的烧结工艺上则有很多创新,如无压烧结中的多阶段烧结等。同时,新的纳米陶瓷的烧结方法也在不断出现,这些方法都是通过采用新的加热或加压方式,以期达到促进致密化、控制晶粒生长的目的。新的加热方式包括,微波烧结(Microwave Sintering)、等离子烧结(Plasma Sintering)、等离子活化烧结(Plasma Activated Sintering)、放电等离子烧结(Spark Plasma Sintering)等,在加压方式上的发展主要有超高压烧结(Ultra-High-Pressure Sintering)、冲击成形(Shock Compaction)、爆炸烧结(Explosive Sintering)等。

我国已制备出尺寸较大的,可供检测试验的纳米氧化锆和纳米氧化硅陶瓷试样。不需要添加任何助剂,12 nm 的 TiO_2 粉可以在低于常规烧结温度 400 ~ 600 ℃ 下进行烧结[27]。其他的实验也表明,纳米结构材料烧结温度的降低是普遍现象。但是纳米材料的特点也给材料的烧结带来了很多困难,例如,利用传统的烧结方法易出现坯体开裂等现象;用传统的陶瓷烧结方法很难使纳米陶瓷致密,且出现晶粒的异常长大,严重影响纳米陶瓷所具有的独特性能。另外在成形工艺中由于纳米粉体比表面积大,常规的陶瓷成形方法应用于纳米粉体会出现很多意想不到的问题,诸如需要过多的黏结剂、压块分层和回弹,湿法成形中所需介质过多、双电层状态改变、流变状态变化、素坯密度降低,等等。因此,纳米陶瓷的新成形方法还有待研究。

Al_2O_3 是化学键力很强的离子键化合物,纯 Al_2O_3 陶瓷具有高脆性和高烧结温度(一般无压烧结均在 1 700 ℃ 左右或更高),除在烧结成形工艺上采用热压、热等静压方法外(这些方法将大幅度提高成本),主要是采取加入添加剂来降低烧结温度,促进烧结过程[28]。大量实践证明,适量添加剂可促进坯体的致密化和控制晶粒的长大。添加剂在烧结中所起的作用,一般分为以下几方面:①改变点缺陷浓度,从而改变某种离子的扩散系数;②在晶界附近富集,影响晶界的迁移速率,从而减小晶粒长大;③提高表面能／界面能的比值,直接提高致密化的驱动力；④ 在晶界形成连续第二相，为原子扩散提供快速途径；⑤ 第二相在晶界的钉扎作用，阻碍晶界迁移。

4. 纳米陶瓷超塑成形技术

超塑性是指材料在一定的内部和外部条件下，呈现出异常低的流变抗力、超高延伸率的现象[29,30]。超塑性现象由于在成形形状复杂部件方面有很好的应用前景而受到极大关注，并在 20 世纪 80 年代得到商业应用。

陶瓷材料超塑性研究的起步要比金属晚得多。最早进行陶瓷材料较大拉伸变形量的观察，可以追溯到 1966 年 Day 和 Stokes[31] 关于多晶 MgO 变形的研究，在 1 800 ℃下多晶 MgO 获得约 100% 的延伸率；但因为变形产生颈缩和晶粒粗化，所以这并不是真正的超塑性变形。一般认为，首次发现陶瓷材料的超塑性是 1986 年日本名古屋工业技术研究所的 F. Wakai 和他的合作者[32] 发现并报道了多晶陶瓷的拉伸超塑性，他们发现 3% Y_2O_3（摩尔分数）稳定 ZrO_2 多晶体（粒径 < 300 nm）能产生大于 120% 的均匀拉伸变形，在此基础上他们又加入 20% Al_2O_3（质量分数），制成平均粒径 500 nm、超塑性达 200% ~ 500% 的陶瓷材料[33]。美国 Lawrence Livermore 国家实验室的 T. G. Nieh[34] 则研究了利用双向加压使细粒 20% Al_2O_3/Y - TZP（质量分数）变形的超塑性行为。在 1 450 ~ 1 500 ℃ 施加 345 ~ 680 kPa 的气压下，片状试样变成半球形帽状，并研究了体积分数为 20% SiC 晶须增强 Y - TZP 复相陶瓷的高温变形行为。大量研究表明，Al_2O_3、尖晶石、Si_3N_4、Ni_3Al、多铝红柱石等陶瓷均可实现超塑性[35]。

超塑性有两种类型：一种是相变超塑性[36]，也称内应力超塑性[37]，它是由于温度变化经过相变点或由于材料具有明显的热膨胀各向异性而产生的超塑性行为。这类超塑性变形通常具有牛顿流型的特征。尽管 ZrO_2[38]、尖晶石[39] 等都发现具有相变超塑性的特征，但是到目前为止真正意义上的陶瓷大延伸率相变超塑性还没有发现。另一种是结构超塑性，也称细晶超塑性。这种超塑性行为是在晶粒具有等轴形状的均匀细晶材料中产生，通常具有非牛顿流型的特征。能产生结构超塑性变形的陶瓷材料包括离子键多晶体、共价键多晶体、单相陶瓷和多相复合陶瓷。由于陶瓷材料主要是由离子键或共价键组成的化合物，并不具备金属化合物那样的晶格滑移系统，位错产生和运动困难，而且有沿晶界分离的倾向，使得它本质上是一种脆性材料，在常温下几乎不产生塑性变形。但是陶瓷是多晶物质，晶界是它很重要的组成部分。利用晶界表面众多的不饱和键，来造成沿晶界方向的平移，超塑性就有可能实现。在结构超塑性陶瓷中，Y - TZP、Al_2O_3 等材料比较典型。就技术应用来说，结构超塑性才是重要的。

陶瓷材料产生超塑性的条件为：① 具有较大的晶格应变能力；② 微晶且变形时能保持颗粒尺寸稳定性，一般为等轴状晶粒，尺寸小于 1 μm，典型的晶粒尺寸为 0.3 ~ 0.5 μm[40]；③ 较高的变形温度，通常要达到绝对熔点温度的一半以上，即 $T > 0.5T_m$；④ 具有较高的 m 值，一般大于 0.3。由陶瓷超塑性的条件可以看出陶瓷和金属超塑性的一些区别和共同点，具体的细晶陶瓷材料与金属材料超塑性的比较见表 1.1[41]。

表1.1　金属与陶瓷超塑性的比较[41]

	金　属	陶　瓷
最大延伸率	5 500%	2 510%
临界晶粒尺寸	< 10 μm	< 1 μm
临界温度	≥ 0.5T_m	≥ 0.5T_m
塑性极限	对应变速率敏感	Zener-Hollomon 参数
晶间有无玻璃相	无	有
失效原因	穿晶、晶界和空洞断裂	沿晶界断裂
激活能	晶界扩散	晶界扩散

　　纳米陶瓷具有较小的晶粒及快速的扩散途径(增强的晶格、晶界扩散能力),因此这个问题有望通过使晶粒尺寸降到纳米级来实现。最近研究发现,随着粒径的减少,纳米 TiO_2 和 ZnO 陶瓷的应变速率敏感性明显提高。已经发现纳米 TiO_2 陶瓷在室温下具有优良的韧性,在180 ℃ 经受弯曲而不产生裂纹[42]。由于这些试样气孔很少,可以认为这种趋势是细晶陶瓷所固有的。有文献认为,如能解决单相纳米陶瓷的烧结过程中抑制晶粒长大的技术问题,从而控制陶瓷晶粒尺寸在50 nm 以下的纳米陶瓷,则它将具有高硬度、高韧性、低温超塑性、易加工等传统陶瓷无与伦比的优点。通过自蔓延燃烧合成的两相晶粒均为纳米级且均匀分散的 Al_2O_3 – ZrO_2 多晶体,在1 200 ℃ 等静压后,室温下硬度为4.45 GPa,断裂韧性达到8.38 MPa·$m^{1/2}$,有望实现低温超塑性。相关学者通过原子力显微镜(AFM)发现纳米 3Y – TZP 陶瓷(100 nm 左右)在经室温循环拉伸试验后,其样品的断口区域发生了局部超塑性变形,变形量高达380%,并从断口侧面观察到了大量通常出现在金属断口的滑移线。已有研究对制得的 Al_2O_3 – SiC 纳米复相陶瓷进行拉伸蠕变实验,结果发现伴随晶界的滑移,Al_2O_3 晶界处的纳米 SiC 粒子发生旋转并嵌入 Al_2O_3 晶粒之中,从而增强了超塑性,即提高了 Al_2O_3 – SiC 纳米复相陶瓷的蠕变能力。研究表明:纳米级氧化锆陶瓷在1 250 ℃ 下 (0.47T_m,T_m 为熔点),施以较小的力就可达到400% 的延伸率。

　　Kim 和 Hiraga 等[43] 研究了分散有10% ZrO_2(体积分数) 和20%(体积分数)镁铝尖晶石(MgO · 1.3Al_2O_3) 颗粒的 Al_2O_3 基复合陶瓷。结果表明,多相颗粒分散大大降低了变形过程中 Al_2O_3 基体晶粒的长大速度,导致了超塑性的大幅提高。该陶瓷在1 500 ℃ 和 5.0 × $10^{-4}s^{-1}$ 应变速率条件下最大拉伸延伸率达850%(见图1.1),并且变形过程中的晶粒长大机制符合晶界扩散机制模型。伴随晶粒生长的应力指数为2.2,晶粒尺寸指数为3.2,激活能为751 kJ/mol。随后他们又研究了分散有40% ZrO_2(体积分数) 和30%(体积分数)镁铝尖晶

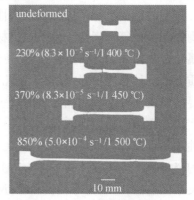

图1.1　ZrO_2 – Al_2O_3 复相陶瓷在1 500 ℃ 和 5.0 ×$10^{-4}s^{-1}$ 时的超塑拉伸变形[43]

石(MgO · 1.85Al_2O_3) 颗粒的 Al_2O_3 基复合陶瓷。该陶瓷在1 650 ℃ 和0.085 s^{-1} 应变速率下最大拉伸延伸率达2 510%,这是目前陶瓷发现的最大延伸率。即使在1 s^{-1} 的高应变速

率下该陶瓷的延伸率也能达到390%,这对于陶瓷超塑成形的工业应用来说是令人振奋的。

目前人们对陶瓷超塑性的研究不仅仅局限于对超塑性现象的观察上,随着技术的进步,陶瓷材料的超塑性将会越来越成熟,如果利用纳米陶瓷超塑性变形特性,使纳米陶瓷如同金属,用锻压、挤压、拉伸、弯曲和胀形等成形方法直接制成精密尺寸的陶瓷零件,这对于实现其工业应用具有重要意义。

陶瓷的加工成形和陶瓷的增韧问题一直是人们关注的且亟待解决的关键问题,陶瓷超塑性的发现为解决这个问题找到了新途径。随着对陶瓷超塑性拉伸研究的不断深入,利用陶瓷的超塑性,用现有的金属成形方法(如胀形、挤压、拉深、弯曲、锻造等)来成形陶瓷零件已经开始受到关注。

日本早在陶瓷超塑性的发现之初,就开始了陶瓷超塑性成形的研究。最早进行陶瓷超塑成形研究的也是 Wakai。1986 年,Wakai 和他的合作者报道了 3Y – ZTP 陶瓷鼓胀成形的实例[44]。在 3Y – ZTP 陶瓷管中,上下压头之间为 SiC 和 BN 粉,当在应力作用下,上下压头被挤压时,管壁逐渐进入 SiC 模具中。长为 30 mm,内外径分别为 7.0 mm 和 10.7 mm 的 TZP 陶瓷管在压头速率为 0.2 mm/min、1 450 ℃ 的条件下成功地进行了胀形试验。1995 年 Wakai 和他的合作者又再次报道了 3Y – ZTP 薄板在 1 450 ℃ 的条件下超塑性弯曲成形的实例[45]。此外,1994 年,Wittenauer 和他的合作者[46]报道了对 Y – ZTP 陶瓷管材在 1 550 ℃,坯料晶粒尺寸为 150 nm 的条件下,超塑胀形了壳体零件。

1990 年,瑞典的 B. J. Kellett 等人[47]在 1 500 ℃ 下对 3Y – ZrO₂ 陶瓷进行轴向挤压变形。通过采用不同的模具形状和挤压工艺设计,调整挤压模具的挤压角,使用石墨纸作为润滑材料,成功地进行了圆柱棒料的挤压试验。结果还表明,除了材料本身的优良性能外,摩擦条件和模具设计也起到至关重要的作用(见图 1.2)。

1998 年,德国的 Winnubst 和 Boutz[48]报道了对 Y – ZTP 陶瓷材料在 1 160 ℃ 的条件下,超塑性拉深的研究(见图 1.3),测得了力和行程的关系曲线,并研究了 Y – ZTP 陶瓷的超塑成形性能与晶粒尺寸的关系。采用晶粒尺寸直径为 125 nm 的原始坯料,在温度为 1 210 ℃、冲头速率为 0.6 mm/min 的条件下获得了拉深高度为 10 mm 的帽形零件(见图 1.3 中 C1)。此试验采用拉深的方法,从成形角度再一次验证了如果晶粒尺寸降低到纳米级,在较低的温度下,陶瓷材料也具有较好的超塑性。

(a)无润滑状态　　　(b)润滑状态

图 1.2　3Y – ZrO₂ 陶瓷的圆棒挤压[47]

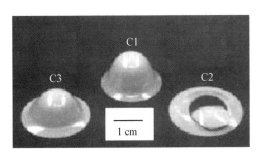

图 1.3　Y – TZP 陶瓷在 1 210 ℃ 的
超塑拉深[48]

1999 年,日本的 Hayashi 和他的合作者[49] 报道了 Al_2O_3 复相陶瓷的超塑成形情况。在温度为1 400 ℃、应变速率为 $1 \times 10^{-3}s^{-1}$ 的条件下,进行了涡轮盘模拟件的锻造(见图1.4)。分析发现,变形后材料的晶粒尺寸变大,但密度显著增加,弯曲强度保持不变。

图 1.4　Al_2O_3 复相陶瓷涡轮盘模拟件在 1 400 ℃ 时的锻造[49]

2003 年,瑞典斯德哥尔摩大学的 Shen[50] 研究了 Sialon 陶瓷在电场中的超塑挤压(见图1.5)。在较高的应变速率下,成形出了形状较为复杂的零件,这使得陶瓷超塑成形技术在实际生产中的应用更具可能性。

图 1.5　Sialon 陶瓷的超塑挤压成形[50]

1996 年,南京航空航天大学的林兆荣及其合作者[51] 报道了在温度为 1 450 ℃、应变速率为$10^{-5} \sim 10^{-4}s^{-1}$ 的条件下,弯曲成形制备了环形陶瓷件。1998 年无锡冶金机械厂的李良福[52] 报道了氧化锆陶瓷超塑性等温冲压超薄外科解剖刀毛坯的情况,并提出了氧化锆陶瓷超塑变形的最佳变形温度区间为 1 250 ~ 1 350 ℃。在该区间选择温度时,还应该考虑模具的材料强度和工艺润滑特性。

1.2.2　纳米晶金属材料制备及成形技术

1. 纳米晶金属材料特性

(1) 纳米金属材料强度

普通多晶材料的强度是随着晶粒尺寸的减小而升高的,遵循 Hall – Petch(H – P) 公式[53]:

$$\sigma = \sigma_0 + k_h d^n \tag{1.1}$$

式中　　d—— 晶粒尺寸;

　　　　σ——0.2% 屈服强度或硬度;

σ_0——移动独立位错需要克服的点阵摩擦力或者单晶材料的强度；

n——应力指数，通常取 $-1/2$；

k_h——正常数。

但 H－P 理论是建立在位错塞积理论基础上，纳米晶体材料的尺寸已经接近点阵中位错的平衡距离，多表现为少位错或者无位错，因此在纳米材料的强度研究中发现了反 H－P 关系[54,55]，即随着晶粒尺寸的减小，强度降低，这是晶粒尺寸细化到纳米级后出现的一种特殊的性能变化，明显偏离 H－P 关系的推断。

多晶纯金属的强度等力学性能与晶粒尺寸的变化关系可分为图 1.6 所示的三个区域：Ⅰ区代表晶粒尺寸大于 1 μm，这一晶粒范围的材料已经被广泛研究。此区域的材料有着共同的特点，即强应变硬化、低强度以及高延伸率。塑性变形主要受晶粒内部位错运动控制，材料的强度变化符合 H－P 关系，拉伸断口常出现颈缩现象，而且断裂形式多为沿晶断裂。Ⅱ区代表晶粒尺寸大于 20 nm 而小于 1 μm。晶粒尺寸在这一区的材料仍遵循 H－P 关系，强度随着晶粒尺寸的减小而增加。但此时的材料在变形过程中应变强化和拉伸延伸率均明显降低。断裂也从沿晶断裂转变为穿晶断裂，还出现了局部剪切变形。随着晶粒尺寸的进一步减小，材料进入 Ⅲ 区。该尺度下材料的实验研究并不多，但计算机模拟结果表明该区域强度与晶粒的关系即为反 H－P 关系。材料的应变硬化过程极其微弱，塑性变形的主要机理为原子面的滑移。

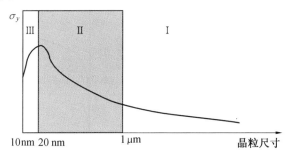

图 1.6 屈服强度与晶粒尺寸关系[53]

关于反 H－P 关系偏离的物理本质目前尚无统一认识，先后出现了一些理论来解释：Nieh[56] 等人认为在纳米尺度，位错晶内塞积不再可能，因此产生的强化作用消失；Scattergood[57] 等人则认为纳米金属中当晶粒尺寸小于某一数值时，位错活动主要以 Frank 方式从晶界发射，向晶内弯曲，因此，导致强度对晶粒尺寸的不同依赖关系；还有一些理论认为当晶粒尺寸减小时，晶界扩散和晶界滑移逐渐占优，所产生的软化作用使晶粒尺寸效应由强化逐渐过渡为弱化作用。

除了变形机理上的解释外，影响材料强度测试结果的因素也很多，材料制备方法、处理方法、应力状态、微观结构、材料的致密度、合金及合金和化合物的相组成、成分分布及界面组态等都会影响材料的强度。加之完全理想的纳米材料实验上难以获得，因此对纳米材料强度与晶粒尺寸的内在关系的研究还远未完成。

（2）纳米金属材料塑性

材料的塑性是指用其承受塑性变形而不断裂的能力，通常用拉伸试件的长度或延伸率来表征。与普通材料相比，纳米材料内部组织均匀，少有应力集中，这对材料的塑性是有益的。对于普通材料,晶粒尺寸影响屈服和断裂强度,随晶粒尺寸减小,断裂强度增加得比屈服强度快,材料塑性增加,如图 1.7 所示[58]。基于这种设想,人们认为当材料的晶粒尺寸降低到纳米量级时,塑性也会有所提高。

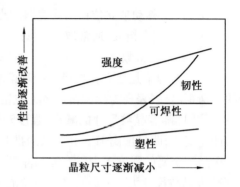

图 1.7　减小晶粒尺寸与材料性能的影响[58]

　　然而,迄今为止的实验结果没有证实这种预想的趋势,绝大多数纳米材料的塑性很小。例如,晶粒尺寸小于 25 nm 的纳米 Cu 延伸率低于 10%,比微米晶材料小很多,而且随着晶粒尺寸的减小而减少,如图 1.8 所示[59]。目前对纳米材料室温脆性的解释一般认为是与晶体内部缺少位错或者制备过程中存在缺陷有关。Wu 等人[60]研究了非清洁界面纳米 Cu(即采用暴露于空气后的金属 Cu 纳米粉体按相同温压工艺制备的纳米金属铜块材)的拉伸应力应变曲线,并与清洁界面的纳米 Cu 和微米晶或具有更大晶粒尺寸的 Cu 进行了比较,发现非清洁界面纳米 Cu 弹性模量最低、断裂强度最低和在屈服前发生脆性断裂,如图 1.9 所示,认为界面对纳米材料的力学性能有重要影响,界面原子被氧化或污染将使纳米材料丧失其高强度力学特性。

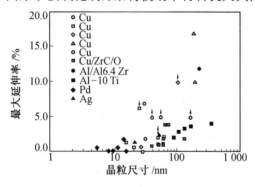

图 1.8　纳米材料拉伸延伸率与晶粒尺寸的
　　　　关系[59]

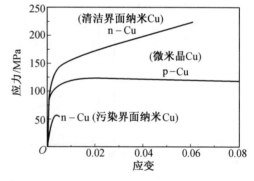

图 1.9　清洁界面纳米 Cu、污染界面纳米 Cu 与
　　　　微米晶 Cu 的应力 – 应变曲线[60]

　　内部具有双峰分布的材料却表现出了塑性能力的提高。Wang 等人[61]在液氮温度下对纯铜(99.99%)进行单一的轧制变形,经 93% 的轧制及随后 200 ℃ 和 3 min 退火处理,获得了微米晶/纳米晶的双峰组织,屈服强度、拉伸强度分别达到 330 MPa 和 420 MPa,延伸率高达 65%。Lu 等人[62]采用脉冲电沉积获得了平均晶粒尺寸 400 nm 的超细孪晶铜,屈服强度、拉伸强度分别高达 900 MPa 和 1 068 MPa,延伸率 13.5%,这也说明纳米材料内部的组织状态是影响其塑性的一个重要因素。

　　(3)纳米金属材料超塑性

　　超塑成形一般要求材料具有如下组织及变形条件:晶粒通常应小于 10 μm,一般为等轴晶;存在第二相,第二相的强度通常应与基体的强度相当,并以细小颗粒均匀分布于基体,细小的硬颗粒在超塑流动时其附近的许多恢复机理可阻止孔洞的形成;晶界结构特性,两相临基体晶粒间的晶界应是大角晶界(不共格),并具有可动性;低的应变速率,通常在 $10^{-2}\mathrm{s}^{-1}$ 以下;适当的变形温度,一般为 $(0.5 \sim 0.8)T_m$(T_m 为熔点)。

　　传统的超塑性研究主要集中在微米晶材料中,实现超塑性的温度较高,应变速率也比较低。超塑性通用的本构方程式描述了晶粒尺寸、温度与应变速率三者间的关系:

$$\dot{\varepsilon} = A\,\frac{DGb}{kT}\left(\frac{\boldsymbol{b}}{d}\right)^p\left(\frac{\sigma}{G}\right)^n \tag{1.2}$$

式中　$\dot{\varepsilon}$——应变速率敏感指数;

　　　D——扩散率;

　　　G——剪切模量;

　　　$\boldsymbol{b}$——布氏矢量;

　　　k——玻耳兹曼常数;

　　　T——实验温度;

　　　d——晶粒尺寸;

　　　p——晶粒指数;

　　　σ——应力;

　　　n——应力指数;

　　　A——修正系数。

　　可见在其他参数保持不变的情况下,减小晶粒尺寸,有可能实现高应变速率超塑性或低温超塑性变形。随着致密纳米材料的制备方法日益完善,如何获得适合超塑性变形需要的试样不再成为纳米材料超塑性研究的障碍,人们对纳米材料的超塑性研究已经走出猜测和讨论阶段,而走向明朗。

　　① 纳米 Al - Ni - 稀土合金的超塑性。稀有金属是铈、镧及其他稀土元素的统称。日本学者 Higashi 等人[63]最先报道了 Al - Ni - 稀土合金的超塑性。该合金采用粉末挤压的方法获得,晶粒的大小为 70 nm。Taketani 等人[64]不仅研究了 Al - 14%Ni - 14% 稀土合金(质量分数) 的超塑性,而且还研究了 Al - 14.8%Ni - 6.6%Mn - 2.3%Zr(质量分数) 的超塑性。该材料通过非晶粉末固结法获得,所用的非晶粉末通过高压气体雾化技术获得。固结后的材料在挤压比为 10∶1 的条件下进行挤压,获得材料的晶粒小于 100 nm。拉伸试验在873 K 的温度下进行,应变速率为 10^{-3} ~ 10 s^{-1}。当应变速率较低时,流动曲线表现出渐进的应变硬化;当应变速率较高时,在应力峰值之后,出现了应变软化现象。Taketani 等人的实验表明,对于这两种材料,最佳的超塑性条件是温度为 873 K,应变速率为 10 s^{-1}。经过最佳超塑条件下的变形以后,晶粒从初始态的 100 nm 长大到 800 nm。值得注意的是,纳米Al - Ni - 稀土合金获得了高应变速率超塑性,流动应力为 10 ~ 20 MPa,和微米材料超塑性流动应力范围一致,超塑性温度与微米级材料的变形温度相比没有降低。

　　② 纳米晶 Ti - 6Al - 3.2Mo 和 Ti - 6Al - 4V 的超塑性。Salishchev 等人[65]采用压缩方法获得晶粒尺寸为 60 nm 的 Ti - 6Al - 3.2Mo 纳米材料。该纳米材料在温度为 550 ℃ 的条件下表现出超塑性,这一温度比相应的微米级材料的超塑性温度低 300 ℃,尽管超塑性温度降低了很多,但是应变速率为 10^{-4}s^{-1},与传统 Ti 合金的超塑应变率大致相当。在该 Ti 合金流动曲线上也表现出了类似 Al - Ni - 稀土合金的应力峰值过后的应变软化现象。但是 Salishchev 等人并没有在文中说明采用的实验方法,如是否是在恒定应变速率还是恒定夹头速度下进行的实验,而且也不知道流动应力曲线上是否是真应力。尽管如此,在 500 ~700 ℃ 的温度范围内,该材料的峰值流动应力比其相应的微米级材料的流动应力高很多。

　　Ti 合金是超塑成形应用成功的典范。目前有很多航空件采用 Ti 合金制造。材料的纳米化可以降低成形温度。R. S. Mishra 等人[66] 研究了采用大塑性变形方法获得的纳米 Ti – 6Al – 4V 的超塑性。TEM 的分析表明在超塑变形过程中出现了严重的晶粒长大现象和大量的位错活动。他们通过对纳米级和微米级 Ti 合金超塑性的动力学对比研究发现,纳米级材料的超塑变形动力学降低,主要是由位错滑移协调的晶界滑移变得困难导致的。

　　③ 纳米晶 Pb – 62Sn 和 Zn – 22Al 合金的超塑性。Mishra 等人研究了 Pb – 62Sn 和 Zn – 22Al 合金的超塑性[67]。纳米 Pb – 62Sn 和 Zn – 22Al 合金采用高压扭转变形方法获得。Pb – 62Sn 合金在室温下进行恒速拉伸,初始应变速率为 $4.8 \times 10^{-4} \mathrm{s}^{-1}$,获得的延伸率约为 300%,应力应变曲线也表现出应变软化。对微米 Pb – 62Sn 来讲,室温超塑性是非常普遍的。当温度为 $0.65T_\mathrm{m}$ 时,纳米 Pb – 62Sn 的流动应力比微米材料低。对该材料而言,与微米级材料相比,应变速率并没有降得很多。该材料的室温应变速率敏感指数约为 0.45,表明变形机制为晶界滑移机制。Zn – 22Al 合金的拉伸在恒应变速率的条件下进行,当温度为 373 K,应变速率为 $1 \times 10^{-4} \mathrm{s}^{-1}$ 时实现超塑性;而微米级 Zn – 22Al 合金在同样条件下进行试验时,却未获得超塑性。当应变速率相同时,纳米 Zn – 22Al 合金获得超塑性的温度比微米级合金要低。这一结果与纳米材料超塑温度会降低的预测是相符的。

　　④ 纳米晶 Ni 和纳米 1420Al 合金的超塑性。Mcfadden 等人[68,69] 最先报道了纯金属纳米晶 Ni 的超塑性。纳米晶 Ni 采用电沉积的方法获得,纯度超过 99.5%。纳米晶 Ni 的晶粒大小为 20 nm。拉伸实验在恒定应变速率 $1 \times 10^{-3} \mathrm{s}^{-1}$ 的条件下进行,当温度为 350 ℃、420 ℃ 和 560 ℃ 时,获得的延伸率分别为 295%、895% 和 415%,这同样符合超塑本构关系中关于在纳米材料中获得低温超塑性的理论推导。所有获得超塑性的温度均在 $0.5T_\mathrm{m}$ 以下,特别引人注意的是,当温度为 350 ℃ 时,该温度仅为熔点热力学温度的 0.36 倍,这是迄今为止关于晶体材料的最低规范化温度。

　　一些学者[70] 对纳米 1420Al 合金的超塑性进行了研究。该合金采用扭转应变大塑性变形的方法获得,晶粒尺寸为 (83 ±33) nm。合金的成分包括 Al、Mg、Li、Zr。拉伸实验在恒定应变速率下进行,实验温度为 200 ~ 300 ℃,应变速率为 $3 \times 10^{-4} \sim 5 \times 10^{-1} \mathrm{s}^{-1}$。当温度为 250 ℃,应变速率为 $10^{-2} \mathrm{s}^{-1}$ 时,获得的最大延伸率为 440%;当温度为 300 ℃,应变速率为 $5 \times 10^{-1} \mathrm{s}^{-1}$ 时,获得的延伸率为 420%。当变形温度为 300 ℃ 时,所有的流动曲线都出现了明显的应变硬化。应力指数在 250 ℃ 和 300 ℃ 时分别为 3.6 和 2.6。拉伸实验结束后,晶粒都不同程度地长大,当温度为 250 ℃ 时,晶粒长大到 300 nm;当温度为 300 ℃ 时,晶粒长大到 1 μm。纳米 1420Al 合金与其微米状态的合金相比,表现出高应变速率低温超塑性。透射电子显微镜分析表明变形为滑移协调的变形机制。

　　⑤ 纳米晶 Cu – Mg – TiC 复合材料的超塑性。Shen[71] 等人研究了纳米晶 Cu – Mg – TiC 复合材料的超塑性。拉伸实验在恒定拉伸速度、氩气保护的条件下进行。该材料的初始晶粒约为 15 nm,经过超塑变形后,试样的平均晶粒大小为 30 nm 左右。当试样在液相原子数分数为 0.4 ~ 0.5 时,获得最大延伸率为 200%。应变速率敏感指数随着温度的升高而增大,当液相的原子数分数为 0.5 时,应变速率敏感指数达到 1。该材料的超塑实验表明,当材料为由固态基体和液相组成的半固态时,超塑性可以实现,而且该材料变形后晶粒仍然处于纳米量级。

（4）纳米材料热稳定性

纳米材料微观组织的热稳定性研究是一个十分重要的领域，关系到纳米材料使用性能的稳定性。纳米晶材料由于晶粒尺寸非常小，因此晶界的体积分数很大，甚至达到 50% 以上。大量的晶界是一种处于热力学亚稳态，在适当的外界条件下将向较稳定的亚稳态或稳定态转化，一般表现为形核、异常长大和正常长大几个步骤。按照多晶材料晶粒长大理论，随着晶粒尺寸的减小，晶粒长大的驱动力显著增大。因此从理论上讲，纳米材料很难保证晶粒尺寸的稳定性。

实验结果表明，纳米材料的晶粒长大情况并不像理论推测的那么容易发生。例如，电沉积纳米 Ni 在一定温度以下退火晶粒长大不明显，达到某一温度时开始出现快速的晶粒长大。由于受实验方法的影响，以及沉积层中的杂质、初始晶粒大小和晶粒大小的分布等存在差异，不同文献所报道的晶粒迅速长大的起始温度稍有差别，以 260 ℃ 左右的较多。Gleiter[72] 建议用 24 h 等温热处理条件下晶粒长大一倍的温度来表征纳米材料的热稳定性，发现纳米材料的热稳定性温度与其熔点有关。对于纳米金属材料，熔点越高其晶粒长大温度越高，且晶粒长大温度为 $(0.2 \sim 0.4)T_m$。Mcfadden[73] 在研究纳米 Ni 超塑性时，将 DSC 曲线和延伸率 - 温度曲线绘制在同一坐标轴中，如图 1.10 所示，认为晶粒长大需要的晶界迁移和超塑性变形需要的晶界滑移都属于晶界扩散作用，因此只要温度适合于超塑性，就必然伴随着晶粒的长大。

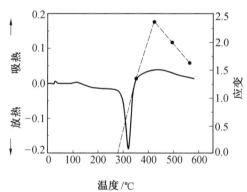

图 1.10　DSC 曲线揭示的延伸率与晶粒长大关系[73]

纳米材料的热稳定性和晶粒尺寸之间也存在着反常现象。在晶粒尺寸 10 ~ 30 nm 范围内，随晶粒尺寸的减小，电沉积纳米 Ni 的热稳定性反而提高。不同晶粒尺寸的 Ni - P 纳米晶体样品中发现了一种反常的热稳定现象，即晶粒尺寸越小，纳米晶体的稳定性越好，表现为晶粒长大温度及激活能升高。这种反常的热稳定性效应与其界面热力学状态有密切关系[74]。此外，第二相颗粒、杂质、溶质和小孔都会改善纳米晶体热稳定性。含少量 P 和极少量 Co 等合金元素的电沉积纳米 Ni 热稳定性得到了较大改善。电沉积纳米 Ni - P 和 Ni - Fe 合金的热稳定性也好于纳米 Ni，开始出现快速晶粒长大的温度值明显提高。纳米颗粒也能显著提高复合共沉积层的热稳定性，即使含很少量的纳米颗粒也能明显阻碍镍基的再结晶和晶粒长大。研究认为退火过程中晶粒的生长随着晶界扩展到纳米颗粒处而受到阻塞，以后继续退火，晶粒大小能基本保持不变，其值近似为相邻纳米颗粒的中心距。因此，经典晶粒长大理论在描述一定尺度下的晶粒长大情况时，还需要纳米材料结构的本质影响因素。

2. 纳米金属材料制备技术

纳米材料的制备是纳米材料研究的基础。关于纳米材料的制备方法和研究进展方面的文献很多,各种制备方法的工艺过程、特点及适用范围等在相关的文献中[75~80]均有较为详细地介绍。文献[81]中按纳米材料的分类,给出了各类纳米材料对应的制备方法。以下主要讲述块体纳米材料的制备[82~86]。块体纳米材料的制备方法大体可以分为两类:一类是自上而下的方法,即直接将普通的块体材料制备成纳米块体材料,例如非晶晶化法、ECAP法等[87~94];另一类是自下而上的方法,即先制备出纳米颗粒,然后通过原位加压、加热等静压、热挤压等方法制备块体纳米材料。制备纳米颗粒的方法很多,根据制备原理可以分为物理法和化学法;根据操作方式可以分为干法和湿法;根据物质的聚集状态又可以分为气相法、液相法和固相法。理论上讲能够制备纳米颗粒的方法都可以用来制备纳米块体材料。目前比较成熟的方法有惰性气体凝聚原位加压法、高能球磨法、非晶晶化法、熔体凝固法、剧烈塑性变形法、电沉积法等。

(1)惰性气体凝聚原位加压法

从理论上讲,制备纳米金属和合金材料的方法很多,但真正能获得具有清洁界面的金属和合金纳米块体材料的方法却不多。惰性气体凝聚原位加压法是目前比较成功的方法,属于"一步法"(即制粉和成形是一步完成的)。该方法是由德国科学家 H. V. Gleiter 教授首先提出的,他在1984年采用这种方法成功制取了纯物质的块体纳米材料,并提出纳米晶的概念。采用此方法成功制备的合金纳米晶块体材料有 Pb、Fe、Cu、Ag、Mg、Sb、Au、Ni$_3$Al、NiAl、TiAl、Fe$_5$Si$_{95}$,块体纳米玻璃有 Si - Pb、Pb - Fe - Si、Si - Al。该方法的特点是适应范围广、微粉颗粒表面清洁、团聚少,但这种方法所用设备昂贵而且对设备的要求也较高、制备工艺复杂,不易获得大的产量和大试样。此外,用这种方法制备的块体纳米材料内存在大量的微孔隙和界面弱连接等缺陷,导致获得的材料密度较低,其密度仅能达到理论密度的75% ~ 90%。

(2)高能球磨法

高能球磨法又称机械合金化法(MA法),它是美国 INCO 公司20世纪60年代发展起来的一项技术,是一种用来制备具有可控微结构的金属基或陶瓷基复合粉末的技术。Shigu 等人首先采用该方法制备出了块体 Al - Fe 纳米晶材料,为纳米材料的制备找到了一条实用化的途径。研究表明,非晶、准晶、纳米晶、超硬材料、稀土永磁材料、超塑性合金、轻金属高比强合金、金属间化合物等都可以通过这种方法合成。该方法的优点是:合金基体成分不受限制,成本低,产量大,工艺简单,特别是在难熔金属的合金化、非平衡相的生成、开发特殊用途合金等方面显示较强的活力。该方法在国外已经进入实用化阶段。但该方法也存在一些缺点:如晶粒尺寸分布不均匀,研磨过程中易产生杂质、污染、氧化和应力。因此,用这种方法很难得到洁净的、无微孔隙的块体纳米晶材料。

(3)非晶晶化法

非晶晶化法是近年来发展极为迅速的一种新工艺,它通过控制非晶态固体的晶化动力学过程使晶化的产物为纳米尺寸的颗粒。它一般包括非晶态固体的获得和晶化两个过程。目前采用这种方法已经制备出 Ni、Fe、Co、Pb 基多种合金系统的纳米晶体,该方法也可以用来制备金属间化合物和单质半导体纳米晶体,并已发展到实用阶段。该方法在纳米软磁材料的制备方面应用最为广泛。它的优点是工艺简单,成本低,产量大,晶粒度及其变化易于控制,而且界面清洁致密,样品中无微孔隙。此方法的局限性在于依赖于非晶态固体的获得,只适用于非晶形成能力较强的材料。但是,因为大块非晶难以制备,所以大尺寸的块体纳米材料也不易制备。令人欣喜的是,近年来国内外学者十分看好和重视大块非晶固体材料的制备,并进行了许多实验和理论研究,已经取得了可喜的进展。这些工作的开展使得由大块非晶的纳米晶化直接制备出大块纳米晶材料的研究完全成为可能。

（4）熔体凝固法

① 高温高压淬火法。该方法是将样品装入高压腔体内,加压至几个 GPa,然后升温使其熔化,并保温、保压一定时间,再以一定的速度冷却凝固,在此过程中由于高压抑制原子的长程扩散及晶体的生长速率,从而实现晶粒的纳米化,然后再从高温下固相淬火以保留高温、高压组织。该法可以在比常压低得多的冷却速度下形成块体纳米材料。目前利用这种方法已经制备出 $Pd_{78}Cu_6Si_{16}$、$Cu_{60}Ti_{40}$、$Cu_{70}Si_{30}$、Mg、Zn 等块体材料。这种方法的优点是工艺简单,界面清洁,能直接制备致密的纳米材料;缺点是需要很高的压力,大块尺寸获得比较困难。

② 直接晶化法。该方法是向熔融的金属或合金中通入脉冲电流,增加其过冷度,而且晶粒度随脉冲电流密度的增加而降低,加上其快速弛豫的特点可限制晶粒的长大,从而制得块体纳米材料。特别是随着脉冲电流对金属凝固影响机制的进一步研究和实验装置的继续完善,采用超短时脉冲电流处理某些合金是有可能使熔体直接冷凝成大块纳米材料的。

③ 深过冷晶化法。快速凝固对晶粒细化有显著效果的事实已为人所知,急冷和深过冷是实现熔体快速凝固行之有效的两条途径。深过冷晶化法是通过避免或清除异质晶核,从而实现在大的热力学过冷度下的快速凝固,熔体生长不受外界散热条件的控制,其晶粒细化由熔体本身特殊的物理机制所支配,它已经成为制备微晶、非晶和准晶材料的一条有效途径。特别是通过进一步研究深过冷晶粒细化的物理机制以及各种实用合金的熔体净化技术和深过冷晶化法与其他晶粒细化技术相结合的复合制备技术,深过冷晶化法有望成为制备块体纳米材料的实用技术。目前,国内外都已有研究者利用此法制备出 FeNi、FeNiAl、PdCuSi 等合金的块体纳米材料。

（5）剧烈塑性变形法（Severely Plastic Deformation,SPD）

自从人类开始使用金属以来,就已采用塑性变形的方法来细化晶粒。采用大塑性变形细化晶粒的一大好处在于可以获得与微米级材料大致相同的成分。俄罗斯科学院 R. Z. Valiev 领导的小组已经在采用大塑性变形法制备块体纳米晶材料方面开展了卓有成效的工作,20 世纪 90 年代他们就开始了通过大塑性变形制备块体纳米材料的开创性工作。他们发现采用纯剪切大变形方法可获得亚微米级晶粒尺寸的纯铜组织[95],随后在发展多种塑性变形方法的基础上,又成功地制备了晶粒尺寸为 20 ～ 200 nm 的纯 Fe – Fe – 1.2% C 钢、Fe – C – Mn – Si – V 低合金钢、Al – Li – Zr、Mg – Mn – Ce 等合金的块体纳米晶材料[96,97]。但 SPD 法在纳米热潮席卷全球之后才引起了材料专家们越来越多的兴趣和关注,这不仅仅是因为纳米材料本身独特的物理和机械性能,而且 SPD 法与其他制备方法（例如气相法、球磨法等）相比,具有许多独特的优点,譬如:它可以克服其他方法制备的试样中有孔洞、致密性差等问题,以及球磨所导致的不纯、大尺寸坯体难以生产、给定材料的实际应用较困难等问题。此外,SPD 材料的许多性能也是独特的,这对于应用和基础研究都是十分重要的。目前,常用的 SPD 法主要有以下 4 种:高压下的扭转变形法（Severe Plastic Torsion Straining

Under High Pressure,SPTS)、等径角挤压法(Equal Channel Angular Pressing,ECAP)、复合锻造法(Multiple Forging,MF)、反复压轧法(Accumulative Roll Bonding Processing,ARBP)。

①SPTS 法。该法所用的装置最初是由 V. A. Zhorin、D. P. Shashkin 等人设计使用的,他们的设计后来被进一步发展成 Bridegman 砧式装置。这些装置最初是用于研究材料大变形下的相变以及大的塑性变形后再结晶温度和结构的变化。在此过程中,科学家们发现了一个有趣的现象:经过高压下的严重扭转变形后,材料内部形成了大角度晶界的均匀纳米结构,材料的性能也发生了质的变化。因此,科学家们就将 SPTS 法引入了纳米材料的制备中,使其成为制备块体纳米材料的一种新方法。目前 SPTS 法已成功地用于某些金属、金属间化合物和复合材料的块体纳米材料的制备。

②ECAP 法。该法制备块体纳米材料的方法是20世纪80年代在 Segal 教授和他的同事们工作的基础上发展起来的。ECAP 法最初的目的是在不改变材料横截面的情况下产生大的塑性变形,从而使材料的重复变形成为可能。在20世纪90年代初期,这种方法被进一步发展和完善,成为 SPD 法的一种新工艺。随后日本在"超级金属"计划中将这种方法用于铝合金的加工,并获得了纳米级的晶粒尺寸,从而引起了各国政府和科学家们的重视。ECAP法中试样的横截面一般是圆形或方形,长度为70 ~ 100 mm,横截面的直径或对角线的长度一般不超过 20 mm。如果是难以变形的材料,ECAP 法可以在一定的温度下进行。目前ECAP 法已经成功地用于铝合金、镁合金、钛合金等块体纳米材料的制备。

③MF 法。该法是由 Salishchev 等人研究、发展起来的,它通常与动态再结晶有关。MF法实际上是自由锻操作的多次重复,也就是镦粗、拔长的组合,因此它所提供的变形的均匀性要远低于 SPTS 法和 ECAP 法。然而这种方法可以在相当脆的材料中获得纳米结构,因为其变形温度较高而作用在工具上的负载较低,因此适当选取变形温度和应变速率,可以获得最小的晶粒尺寸。目前 MF 法已用于许多合金组织的细化,包括 Ti 及其合金、Al 合金、Mg 合金、Ni 合金等,一般其塑性变形的温度区间为熔点的 $1/10 \sim 1/2$。

④ARBP 法。该法是将原来几十微米厚的金属箔相互叠加起来,并在一定温度的真空中压缩后进行真空退火,然后在室温下逐渐轧制成薄片,并被切割成同样大小,以备下一次叠加、压缩和轧制;或者直接将几毫米厚的金属板相互叠加、压缩后,逐渐热轧制成薄片,并切割成同样大小,以备下一循环使用。经过多次压缩和轧制,就可以得到块体纳米材料。韩国、日本等国家的研究工作者已经采用这种方法成功地制备出 Cu、Al 及其合金的块体纳米材料。

(6) 电沉积法

在众多的制备方法中,电沉积技术近几年来受到越来越多的关注,主要是因为电沉积技术在制备纳米材料方面具有其他技术所不能及的如下优点:① 可以采用传统或者是改良的电镀液和实验条件,生产晶粒尺寸从纳米至微米尺度的材料,晶粒为10 ~ 100 nm 时比较容易控制;② 厚度很大的大尺寸试样或者是部件可以在几小时或者几天内生产完毕;③ 采用此方法生产的材料其化学成分可以控制在一定的范围之内;④ 沉积的材料可以是等轴、随机取向或者具有织构的组织;⑤ 电沉积是一种基本上在室温下进行的工艺,工艺过程投资少,成本低,当生产大部件时,扩大规模也比较容易;⑥ 加工的终产品密度高,无孔洞等缺陷[98~100]。采用电沉积方法制备的纳米材料也是多种多样的,如纯 Ni、Ni – P、Ni – Fe、Ni –

Mo、Ni – Al$_2$O$_3$、Ni – SiC、Co – Ti、Pb – Ni 等[101~113]。SiC/Ni复合材料得到了广泛研究，并在汽车、航天领域商业化。

电沉积的主要工艺设备和参数包括：电解质、晶核、压力释放器、晶粒生长诱导剂、AC值、沉积温度、电流密度及环流电流等。电沉积的电源一般采用直流电源和脉冲电源，一般脉冲是方波。由于直流电源受到电流密度的限制，而方波通过调节通断时间的比例达到获得大电流密度的目的。而电流密度恰恰是决定镀层的质量和组织的重要因素，由于方波电源具有更多的调节参数，直接影响纳米材料的制备，可以获得比采用直流电源更好的厚度分布、表面光洁度和均匀且细化的组织，因此脉冲电沉积成为研究的热点。

① 电沉积纳米材料的分类。

（a）直流电沉积纳米材料。直流电沉积法往往采用比较大的电流密度，在加入有机添加剂的条件下，通过增大阴极极化，使得结晶细致，从而获得纳米材料。

El – sherikt 等人[114]利用直流电沉积技术在改进了的 Watts 的槽液中制备出了平均粒径为 17 nm 的 Ni。Bakonyi 等人[115]也采用了直流电沉积法制备纳米 Ni，对不同类型镀液中获得纳米 Ni 的电沉积电流密度进行了较为详细的研究。电流密度在 50 ~ 5 A/dm^2 范围内改变时，可以把 Ni 的晶体尺寸控制在 300 ~ 30 nm。

（b）脉冲电沉积纳米材料。脉冲电沉积法是以高频下断续的脉冲电流来代替直流电流，通过控制波形、频率、通断比以及平均电流密度等参数，使得电沉积过程在很宽的范围内变化，从而获得纳米材料。

Erb[116]采用 Watts 型镀液，加入 C$_7$H$_5$NO$_3$S 作为添加剂，采用矩形波脉冲，控制脉冲电流参数以及阳极与阴极的表面积之比，获得了纳米 Ni。采用脉冲电沉积时，当给一个脉冲电流后，阴极与溶液界面处消耗的沉积离子可在脉冲间隔内得到补充，降低了扩散层的有效厚度，大大降低了浓差极化，因而可采用较高的峰值电流密度，得到的晶粒尺寸比直流电沉积的小。此外，采用脉冲电流时由于脉冲间隔的存在，使增长的晶体受到阻碍，减少了外延生长，生长的趋势也发生改变，从而不易形成粗大的晶体。

（c）喷射电沉积纳米材料。喷射电沉积法是一种局部高速电沉积技术。利用其特殊的流体力学性能以及高的热量和物质传输率以及高的沉积速率的特性来获得纳米材料。电沉积时电沉积液的冲击不仅对镀层进行了机械活化，同时还有效地减少了扩散层的厚度，改善电沉积过程，使得镀层致密，晶粒细化。

Padamanabhan[117]采用含有 NiSO$_4$、NiCl$_2$ 及 H$_3$BO$_3$ 的 Watts 型镀液，通过喷射电沉积方法，在喷射速度为 2 ~ 2.5 m/s，电流密度为 80 ~ 160 A/dm^2，温度为（50 ±1）℃ 和 pH 值为 3.0 ±0.1 的条件下可以获得平均尺寸为 20 ~ 30 nm 的纳米材料。熊毅等[118]把脉冲技术引入喷射电沉积后，可以通过控制脉冲的波形、频率、占空比、峰值电流密度以及镀液喷射速度等参数来有效地将镀层晶粒尺寸控制在纳米量级。

（d）纳米复合电沉积。纳米复合电沉积技术是近年伴随着纳米技术、纳米材料的发展而发展起来的新兴技术，给传统的复合镀技术注入了新的活力。当复合微粒的尺度达到纳米量级而成为纳米复合材料时，纳米材料的特性使其呈现出常规材料不具备的特殊的光学、电学、力学、催化等方面的特性，大幅度提升材料的功能特性。此外，共沉积的纳米颗粒可以抑制晶粒的长大并增加形核速率，可以在电流密度较小的情况下得到纳米材料[119]。

Garcia 等人[120]研究发现，SiC/Ni复合镀层的耐磨性随镀液中 SiC 颗粒粒径尺寸的减小而提高。对于相同体积的 SiC 颗粒,粒径越小的 SiC 颗粒在等体积镀层内的颗粒数密度越大,颗粒间距越小,弥散强化作用大。Lekka[121] 通过电沉积获得了 SiC/Ni 复合镀层,并与纳米 Ni 镀层进行对比,发现复合镀层在表面形貌、硬度和耐磨性方面均有明显的优势。

② 电沉积纳米材料的工艺参数。

(a) 阴极电流密度的影响。电沉积过程形成金属晶体时分为两个相互竞争的步骤,即晶核的生成和晶核的长大。如果晶核的生成速度大于晶核的成长过程,则可获得晶粒细小致密的沉积物。

在电沉积中生成晶核的几率 ω 与阴极过电位 η_k 的关系为[122]

$$\omega = k_1 \exp\left[-\frac{k_2}{\eta_k^2}\right] \tag{1.3}$$

式中　　k_1、k_2——常数。

生成晶核的临界半径 r_c 与过电位 η_k 的关系为

$$r_c = \frac{\pi h^3 E}{6Ze\eta_k} \tag{1.4}$$

式中　　E——界面能;

　　　　Z——放电离子携带的电子数;

　　　　e——电子电荷;

　　　　h——电极表面吸附原子形成高度。

由公式(1.3)、(1.4) 可见,晶核的生成几率随阴极过电位的增大而增大,晶核的临界半径随阴极过电位的增大而减小,也就是说增大阴极过电位有利于大量形核而获得晶粒细小的沉积层。

形成二维晶核时电流密度 i 与阴极过电位 η_k 间的关系为

$$\ln i = A - B\eta_k^{-1} \tag{1.5}$$

式中　　A、B——常数。

由公式(1.5)可知当阴极电流密度过低时,阴极极化作用小,镀层的结晶晶粒较粗;在生产中很少使用过低的阴极电流密度。随着阴极电流密度的增大,阴极的极化作用也随之增大,镀层结晶也随之变得细致紧密;但是阴极上的电流密度不能过大,不能超过允许的上限值(不同的电沉积溶液在不同工艺条件下有着不同的阴极电流密度上限)。超过允许的上限值以后,由于阴极附近严重缺乏金属离子,在阴极的尖端和凸出处会产生形状如树枝的金属镀层,或者在整个阴极表面上产生形状如海绵的疏松镀层。

Bakonyi[123] 等人对 TothKadar 型、Brenner 型及 Watts 型镀镍液中获得纳米材料的电沉积电流密度做了较为详细的研究。他们认为电流密度小于 5 A/dm² 时,沉积速度与电流密度呈线性关系,获得的晶体是微晶;当电流密度大于 5 A/dm² 时,沉积速度与电流密度偏离直线关系,获得的是纳米材料。Natter 等人[124] 采用脉冲电沉积技术制备了纳米 Ni 和 Ni – Cu 合金,详细研究了脉冲电流参数、电沉积液组成以及添加剂等物理和化学参数对所沉积的纳米 Ni 的结构的影响。研究表明,通过各种参数的改变可使晶粒尺寸在 13 ~ 93 nm 之间变化,且沉积层具有很窄的晶粒尺寸分布范围。

(b) 有机添加剂的影响。在电沉积过程中,合适的有机添加剂能吸附在沉积表面的活性生长点上,引起表面反应活化能的变化,从而促进晶核的形成,有效细化晶粒。

$C_7H_5NO_3S$ 是电沉积制备纳米 Ni 过程中常用的添加剂。最早采用脉冲电沉积技术制备纳米 Ni 的 Erb 就是在 $C_7H_5NO_3S$ 含量分别为 $0.5~g/dm^3$、$2.5~g/dm^3$ 和 $5~g/dm^3$ 时获得了平均晶粒大小为 35 nm、20 nm 和 11 nm 的无空洞纳米 Ni,发现 $C_7H_5NO_3S$ 含量的增加能够使结晶细致。$C_7H_5NO_3S$ 的使用会使得游离 C、S 等元素在基体晶界处偏析,在一定程度上阻碍晶界运动而起到强化基体的作用,但是如果这些游离元素的含量过高,在热作用下将会引发晶粒的异常长大或者晶界的脆化[125~127]。Kozlov 等人[128]观察了添加剂硫脲对沉积 Cu 显微组织的影响,当镀铜溶液中不含硫脲添加剂时,显微组织是典型的柱状结晶;当加入硫脲添加剂,沉积层的组织将向细晶转变,并且当添加剂体积分数大于 10 mg/l 时,将变为均匀的细晶组织。这是由于添加剂的选择性吸附增加,引起沉积过电位增加,形核密度和晶粒尺寸也发生变化,从而得到了细晶的组织结构。

(c) 电沉积液 pH 值的影响。电沉积液的 pH 值对镀层的电流密度范围、覆盖能力、针孔和电流密度等都有影响,实际上 pH 值的变化改变了电沉积液中金属离子的存在形式。pH 值过高,在阴极附近容易产生碱式盐或氢氧化物的沉淀,夹杂在沉积层中而影响了材料的性能;pH 值过低,阴极附近氢气量增多,阴极效率降低,镀层容易产生针孔,同时阴极电流密度效率降低,因此必须保持 pH 值的稳定。

Ebrahimi 等人[129]用电沉积法制备了纳米 Ni 膜,发现 pH 值为 4.8 时,晶粒最小。适当低的 pH 值能够造成析氢反应加剧,氢气在还原过程中为镍提供了更多的成核中心,因而电沉积得到的镍结晶细致,晶粒得到细化。pH 值对复合共沉积中微粒也有复杂的影响,这是氢离子在微粒表面的吸附与 pH 值对基体金属电沉积过程综合作用的结果。在 Al_2O_3/Ni 体系中,当 pH 值为 2~5 时,对微粒的共析量几乎没有影响;pH 值低于 2 时,微粒的共析量急剧下降。而在 SiC/Ni 体系中,pH 值由 3 升至 6 的过程中,沉积层中 SiC 的含量逐渐增加并达到最大值,pH 值继续升高,镀液中的氢离子数减少,导致 SiC 微粒吸附的正电荷数减少,在电场作用下到达阴极的 SiC 微粒数量减少,沉积层中纳米微粒的含量下降[130]。

(d) 电沉积液温度的影响。在电沉积过程中,升高溶液的温度,通常会加快阴极反应速度和离子扩散速度,降低阴极极化作用,因而也会使镀层结晶变粗。随着温度的升高,镀液内离子的热运动加强,微粒表面对正离子的吸附能力降低,此外,温度升高会导致阴极过电位减小,电场力减弱,这些都对微粒嵌入镀层造成困难,而且还会导致镀液黏度下降,因而微粒对阴极表面的黏附力也会下降。由于这些原因,微粒在复合镀层中的含量通常是随着镀液温度的上升而下降。He 等[131]在研究 HAP/Ni(HAP,hydroxyapatitc) 时发现,温度升高,致使吸附原子团 $HAP*[Ni^{2+}]_n$ 的 n 值降低,导致阴极过电位降低和 $HAP*[Ni^{2+}]_n$ 量的减少,从而使 HAP 复合量降低。

电沉积是多因素交互影响的复杂过程。除上述提及的若干因素外,电沉积液成分和类型、搅拌速度、阴极表面质量、复合共沉积时加入的微粒粒径和份数以及镀液的分散能力等参数对沉积材料均有明显的影响,在实际电沉积制备纳米材料中需要综合考虑。

3. 纳米材料成形过程分子动力学模拟

纳米材料的计算机模拟基于原子论模型,把纳米材料看做许多单个原子的聚集体,并且每个原子都作为独立的研究单元,然后应用经典力学或统计力学描述单个原子的规律,利用固体理论预测纳米材料的结构和性能,适宜于从原子尺度上展示纳米塑性变形过程,已成为研究纳米金属塑性变形机理的主要工具[132]。分子动力学(Molecular Dynamics,MD)方法是研究纳米尺度物理现象的重要手段。随着越来越多的材料原子间作用势函数被精确描述并经过实验验证、计算机硬件水平的快速更新以及高效率新算法的提出,分子动力学模拟被广泛应用于纳米尺度力学行为和纳米材料力学性能的研究。

在纳米尺度下,材料由离散的原子排列而成,由于比表面积大、表面效应明显,材料的力学性能和力学行为将与宏观材料迥异。基于连续性假设的宏观连续介质理论在研究材料的损伤演化、失效过程时,往往在时间和空间上将原子尺度的缺陷进行平均化处理,但这种处理仅适用于大量缺陷分布在材料中计算区域的情形,而对许多细微观材料和力学实验观测到的现象都无法解释,如疲劳与蠕变过程中的位错模式、塑性变形的不均匀性、脆性断裂的统计本质、尺寸效应等。因此,连续介质理论显然难以准确求解纳米尺度的力学问题。同时,如果直接从第一原理出发进行计算,除了类氢原子以外其他材料的薛定谔方程求解难度都太大,而且局域密度泛函近似理论并不是总能满足实际问题的需要。另一方面,材料本身在空间、时间和能量等方面存在耦合和脱耦现象,直接从头开始的量子力学计算难以很好地应用到几百个原子以上的计算规模中,无法达到一般纳米材料和器件的模拟要求。此外,由于实验条件控制的困难和合成、制备方式不同,各种纳米材料力学性能的有关实验结果分散性较大甚至相反,以至于目前难以通过纳米力学实验得到普适的定量力学规律。鉴于理论和实验上的困难,通过分子动力学方法模拟纳米尺度的力学性能和行为来探索纳米尺度的一般规律,是进行纳米力学研究的有效方法。

Zhou[133] 利用分子动力学模拟了纳米 Cu 在拉伸时的位错移动过程和变形过程发现,纳米铜线、纳米铜薄膜良好的延性主要来源于位错运动,纳米铜块体的破坏源于内部孔洞的发展。Schiotz[134] 采用分子动力学模拟纳米 Cu 拉伸过程,发现随着晶粒尺寸的减小,屈服应力降低,即应力与晶粒尺寸呈现反常的 H－P 关系。Swygenhoven[135] 和 Keblinski[136] 模拟了纳米材料的变形情况,认为纳米材料独特的力学性能主要是由于其变形受晶界原子扩散、晶界滑移和位错滑动控制,而并非传统的晶内位错形成、增殖及位错间的交互作用所控制。Yamakov 等人[137] 在模拟纳米 Al 的变形过程中发现了变形孪晶的存在,并分析了其对纳米材料性能的影响,该设想随后被 Chen[138] 等人证实。目前模拟方法在纳米材料塑性变形机理的系统研究中还有着一定的局限性。最大的困难来源于难以从实验中获得真实可靠的本征力学性能相关参量,纳米材料制备技术上存在的问题和本身结构稳定性问题为合理模型的建立制造了困难。此外,由于硬件计算能力的限制,对纳米材料进行模拟时选定的应变速率大多在 $10^7 s^{-1}$ 以上,这一数值远高于纳米材料实际变形中的速度,所以如何将模拟结果与实际实验结果相结合以更好地诠释纳米材料变形特征还是一个需要关注的问题。

1.2.3　金属基纳米复合材料制备及成形技术

1. 金属基纳米复合材料基本性能

纳米粒子在制备、储存以及使用过程中,因其比表面积大、表面能高、表面活性大而极易发生团聚或与其他物质发生吸附,使其表面能降低、比表面积减小,进而丧失超细粒子的优异特性,导致使用性能不佳、效果不理想。大量的研究和生产实际表明,要提高超细粒子的实际使用效果,就对这些活性很高的微细颗粒进行改性处理。粒子表面处理的方法是通过将一种物质吸附或包覆于另一种物质的表面,或使两种物质或多种物质相互接触并紧密结合,形成一定的化学键。纳米粒子的复合不仅可以对微粒的表面进行改性处理,提高纳米粒子的实际使用效果,而且为新型多功能复合材料的制备提供了新的途径。"纳米复合材料"的提出是在20世纪80年代末期,由于纳米复合材料种类繁多以及纳米相复合粒子具有独特的性能,其一出现即为世界各国科研工作者所关注,并看好它的应用前景。根据国际标准化组织的定义,复合材料就是由两种或两种以上物理和化学性质不同的物质组合而成的一种多相固态材料。在复合材料中,通常有一种为连续相的基体和分散相的增强材料。复合材料中的各组分虽然保持其相对独立性,但复合材料的性质却不是各组分性能的简单加和,而是在保持各组分材料某些特点的基础上,具有组分间协同作用所产生的综合性能。由于纳米复合材料各组分间性能"取长补短",充分弥补了单一材料的缺点和不足,产生了单一材料所不具备的新性能,开创了材料设计方面的新局面,因此研究纳米复合粒子的制备技术具有重要的意义[139,140]。

粒子复合具有十分重要的经济意义,如将某种性质特殊的贵重物质制成纳米粒子,然后将其与某种价格低廉的微米粒子进行复合,使这种复合粒子表现出贵重物质的特性,可大大降低使用该物质的成本。粒子复合可以提高物质的实际使用性能,通过复合技术还可实现提高化学反应速度的目的,这种特性在化工和军事领域有着十分重要的意义。

纳米复合材料具有普通复合材料所不具有的一些特点:① 可综合发挥各组分间协同效能。这是其中任何一种材料都不具备的功能,是复合材料的协同效应所赋予的,但纳米材料的协同效应更加明显。② 性能的可设计性。可针对纳米复合材料的性能需求进行材料设计和制造。③ 可按需要加工材料的形状,避免多次加工和重复加工。如利用填充纳米材料方法,经紫外线辐射可一次性加工成特定形态的薄膜材料[139,141,142]。

2. 纳米复合材料分类

纳米复合材料由两种或两种以上的固相(其中至少有一维为纳米级大小)复合而成,也可以是指分散相尺寸有一维小于100 nm的复合材料。分散相的组成可以是有机化合物,也可以是无机化合物。无机化合物通常指陶瓷等,有机化合物通常指有机高分子材料。纳米复合材料可分为非聚合物基纳米复合材料和聚合物基纳米复合材料两类。当纳米材料为分散相、有机聚合物为连续相时,就是聚合物基纳米复合材料。非聚合物基纳米复合材料可分为金属-陶瓷、陶瓷-金属、陶瓷-陶瓷和有机聚合物-陶瓷四种;聚合物基纳米复合材料分为无机物-聚合物和聚合物-聚合物两种[139]。

3. 纳米复合材料制备技术

(1)金属基纳米复合材料的制备

金属基纳米复合材料的制备可分为液态铸造法和固态烧结法两种。前者具有操作简单、成本低且可获得近净形复杂零件等特点;后者尽管只能获得简单的小型零件,但材料的成分易于控制且其性能较高。液态铸造法的关键是如何将纳米增强颗粒均匀弥散到金属或合金熔体之中,而固态烧结法的关键则是如何抑制烧结过程中纳米颗粒尺寸的长大或如何将固体材料中微米级的晶粒细化成纳米尺寸[143]。

① 高能超声-铸造工艺。作为制备颗粒增强金属基纳米复合材料的传统工艺,搅拌铸造法因其操作简单、成本低等特点一直备受人们的重视。但是,由于纳米颗粒与金属熔体的润滑性差及本身具有的表面效应和高的活性,加入到熔体中的纳米颗粒常聚集成团,欲采用传统的机械搅拌使其在熔体中均匀分散是非常困难的,从而难以得到纳米颗粒弥散强化的

金属基纳米复合材料。

研究表明,高能超声波在熔体介质中会产生周期性的应力和声压,并由此会导致许多非线性效应,如声空化和声流效应等。高能超声的这些效应可在极短时间内(数十秒)显著改善微细颗粒与熔体的润湿性,并迫使其在熔体中均匀分散。因此,将高能超声处理与传统的铸造成形工艺结合起来,不仅可实现纳米颗粒在熔体中的弥散分布,而且还保留了传统铸造法近净成形的特点,从而使块体金属基纳米复合材料的制备成为可能。最近,美国Wisconsin – Madison 大学的 Yang Yong 等人[144],利用20 kHz、600 W的超声波发生器,采用高能超声 – 铸造工艺制备了纳米 SiC 颗粒(30 nm)增强的镁基和铝基块体金属基纳米复合材料。当未进行超声处理时,加入到熔体中的纳米 SiC 颗粒成团聚集而形成团簇,并偏聚于凝固的晶粒边界上。当超声波功率达到 80 W 时,在循环高能超声波的作用下,熔体中产生许多微小气泡核和空穴。这些气泡核在循环负压下生长并膨胀,在随后的循环正压下发生崩溃,即完成一个空化周期。这一过程在很短的时间内(100 ms)完成,并循环进行。当一个空化周期结束,空化泡崩溃产生瞬间高温(> 5 000 K)和高压(> 5 × 10⁷ Pa),形成所谓的"微热点"。瞬时空化形成的冲击波和伴生的微区高温,不仅改善了纳米颗粒与熔体的润湿性,而且迫使纳米颗粒在熔体中逐渐分散。如此循环作用,直至使纳米颗粒均匀分布在熔体中,最后实现纳米颗粒在凝固组织中的弥散分布。进一步的研究表明,当加入纳米 SiC 的质量分数仅为 3% 时,与相应的基体合金相比,纳米 SiC/AZ91 复合材料的显微硬度提高了 75% ,而纳米 SiC/A356 复合材料的屈服强度提高了 50% 。

但研究还发现,在超声空化效应产生的瞬时高温和高压的作用下,外加的纳米颗粒容易与金属基体发生界面反应,产生不必要的界面化合物而降低两者的结合强度。为此,人们又将原位自生复合技术引入到上述工艺中,开发了高能超声 – 原位复合工艺。如将 CuO、TiO₂、ZnO 等粉末分别加入到高温 Al 液中,在高能超声波的作用下,不仅使加入的氧化物粉末能均匀分散到熔体中,而且还促进这些氧化物粉末与 Al 液的反应,生成所需的 Al₂O₃ 增强颗粒。如果合理控制反应条件(如 Al 液温度和氧化物的加入量)和超声处理工艺(如频率和功率等),则 Al 液中原位自生的 Al₂O₃ 颗粒不仅弥散性好,而且其尺寸可控制在 200 nm 以下。这样,通过随后的铸造成形工艺,即可获得纳米 Al₂O₃ 颗粒增强的 Al 基原位复合材料。

② 高压扭转变形技术。早在 20 世纪 90 年代初,俄罗斯科学院 R. Z. Valiev 等人采用纯剪切大变形方法获得了亚微米级晶粒尺寸的纯铜组织[145],并由此拉开了大塑性变形技术制备块体金属纳米材料的序幕。迄今,制备金属纳米材料的 SPD 技术已包括高压扭转(HPT)、等通道角挤压法(ECAP)、多向锻造(MF)、多向压缩(MC)、板条马氏体冷扎(MSCR)和反复弯曲平直(RCS)等工艺,利用这些工艺已制备了晶粒尺寸为 20 ~ 200 nm 的纯铁、纯铜、碳钢、合金钢、金属间化合物及其复合材料等块体纳米材料。其中,高压扭转工艺一直以来是人们开发研究的热点。在一定温度下,模具中的试样被施以 GPa 级的高压,同时通过转动冲头来扭转试样,试样的变形量由冲头转数来控制。在 HPT 加工过程中,试样中的晶粒和晶界都会发生变形,且随着变形量的增加,晶界发生转动和滑动,晶粒中的位错密度也增加。这样,在变形诱导晶粒细化、热机械变形晶粒细化和变形组织再结晶晶粒细化机制的共同作用下,试样中的晶粒细化至 200 nm 以下,即可获得块体金属纳米材料。

俄罗斯科学院 R. K. Islamgaliev 等人首先用内氧化法制备出 Cu – Al₂O₃ 复合材料(Al₂O₃ 颗粒大小为 2 ~ 3 μm),然后,在 6 GPa 的高压下,利用 HPT 工艺得到了 Cu – Al₂O₃

纳米复合材料(Cu 基体的晶粒尺寸为 80 nm,而 Al_2O_3 颗粒的尺寸为 20 nm)。进一步的试验结果表明,制备的 Cu 基纳米复合材料具有高的强度(680 MPa)、硬度(HV 为 2 300 MPa)、良好的塑韧性(伸长率为 25%)和导电性能($1.69 \times 10^{-6}\ \Omega$)。此外,I. Sabirov 等人以 $W - Cu$ 复合材料(W 颗粒尺寸为 2 ~ 10 μm)为原材料,在室温和 8 GPa 的条件下,系统研究了 HPT 工艺中等应变量对复合材料组织的影响。可见,随着等应变量的增加,复合材料中 W 颗粒的尺寸明显减小。当等应变量较小时,W 颗粒发生少许变形和破碎;继续增大等应变量,W 颗粒的变形和破碎量加大,并形成明显的变形带;当等应变量增至 64 时,W 颗粒的尺寸已降至 20 ~ 100 nm,但依然可见明显的变形带;当等应变量增至 256 时,W 颗粒的变形带消失,材料组织表现出明显的等轴晶特征,且 W 颗粒的尺寸降至 10 ~ 20 nm;但如果进一步加大变形量,材料的组织没有明显变化。因此,HPT 为纳米金属及其复合材料提供了又一可行的制备工艺。

(2)纳米多层复合材料的制备

纳米多层复合材料是指两种或多种不同相以纳米级厚度交替叠加复合而成的复合材料。由于纳米层间存在超模量效应、超硬效应、量子效应和宏观隧道效应,所得复合材料通常具有优异的机械性能、磁性能、高的表面硬度等,近年来已成为材料学界的研究热点[146]。

李戈扬等采用反应磁控溅射法制备了一系列不同调制周期的 TiN/NbN 纳米多层复合材料。其主要制备过程为将硅基片在 Ti 靶和 Nb 靶前交替停留不同的时间,通过调节停留时间来调节厚度。多层材料中,TiN/NbN 形成穿过调制界面的多晶超晶结构。在调制界面两侧因晶格错配而形成晶格畸变的周期性应力场,这种应力场的存在对位错穿过调制界面的运动产生阻力,使薄膜呈现硬化效应和硬度异常上升的超硬度效应。但调节周期过大时,界面产生位错,会减小界面应力场的波幅,造成超硬度效应消失。当调节周期为 8.3 nm 时,硬度 HK 峰值为 39.0 GPa。李戈扬、韩增虎等采用同样的方法制备了 W/SiC 纳米多层膜,其界面平直、清晰、周期性好。材料中 SiC 层为非晶态,W 层随调制周期的减小由晶态转变为非晶态。由于两相的结构点阵不同,故界面存在一个成分混合和结构调整的过渡区。黄斌等人采用重复压缩/轧制法成功制备了 Fe/Cu 的纳米多层复合材料。主要过程是将几十微米厚的 Fe 和 Cu 交替叠加,在真空炉中 873 K 退火后,将试样在室温下反复轧制而成。研究表明,3 次循环轧制后厚度减至 30 nm,4 次减至 18 nm。与其他高能制备方法制备的纳米多层材料不同的是制得的材料中,各纳米层界面弯曲,其强度高达 1 500 MPa 以上,延伸率为 0.8%。由于该方法具有操作简单,成本低,适合大块材料制备,是一种十分有前途的纳米多层材料制备技术。有关纳米多层复合材料的制备报道比较少见,纳米多层复合材料进一步研究重点在于寻找新的制备方法,发现新的现象和效应以及对应的物理机理[146]。

(3)纳米颗粒增强非晶合金复合材料的制备

长期以来,探索同时具有高强度和大塑性的金属合金材料一直是材料领域追求的目标,但是由于变形机制的限制,在提高材料强度同时往往伴随着塑性的损失。这一趋势随着材料晶粒尺寸的减小变得更加明显。当金属合金达到结构长程无序的非晶状态时(在室温下,非晶合金强度远远高于同成分的晶态金属合金),其塑性变形能力几乎完全丧失。其主要原因是非晶合金没有位错等缺陷,在变形过程中主要通过高度局域化并软化的剪切来承担塑性应变,这导致非晶材料的脆性断裂[147~151]。因此,非晶合金的脆性严重制约了它们作为高强度工程材料的广泛应用,从而提高非晶合金的塑性和韧性成为当今世界上各国非晶合金研究与开发的热点。一旦能够在这方面有所突破,将会使非晶合金朝着实际的工程应用迈出实质性的一大步。

与单相非晶材料相比,增强相/非晶合金复合材料在承载过程中,剪切带的形成和扩展行为得到了有效改变,使得其延展性、韧性和冲击抗力明显增加[152]。

R. D. Conner[153,154]等人研究了渗流铸造法制备钨丝或者 1080 钢丝增强 $Zr_{41.25}Ti_{13.75}Cu_{12.5}Ni_{10}Be_{22.5}$ 复合材料。发现与未复合的单相大块非晶合金比较,钨丝增强的复合材料能提高压缩应变超过90%。分析认为,这种对塑性的贡献源于纤维对剪切带扩展的限制,提高了多重剪切带的产生,并增加了断裂表面的面积。钢丝增强的复合材料的拉伸应变和断裂分别提高了13%和18%,断裂韧性的增加是由于塑性纤维的分层、断裂和纤维的拉拔。R. D. Conner[155,156]还制备了塑性 Ta、Nb、Mo 颗粒增强 $Zr_{57}Nb_5Al_{10}Cu_{15.4}Ni_{12.5}$ 复合材料(见图 1.11(a)),与未复合的单相大块非晶合金比较,压缩应变提高至 12 倍,随着颗粒分数变化其值在 6% ~ 24% 之间变化。

Inoue[157~159]等人研究了由非晶部分晶化法所得到的纳米晶/非晶合金复合材料,发现当 $Zr_{53}Ti_5Ni_{10}Cu_{20}Al_{12}$ 合金非晶基体上的纳米晶体体积分数为16% 时,试样的塑性应变达到了2.5%的最大值。这是由于在纳米晶粒处的应力集中,使得剪切带更容易在其附近形核,因而材料的变形行为主要取决于晶态相颗粒的大小、形貌和空间分布。均匀地分布于非晶基体之上,平均大小只有 2 ~ 3 nm 的球状纳米晶就非常有利于在材料内部的很多位置生成细小的剪切带。剪切带的增多有利于材料在宏观上更加均匀地变形。

陈国良[160,161]等观察并测试了 $Zr_{52.5}Cu_{17.9}Ni_{14.6} - Al_{10}Ti_5$ 块体非晶在不同退火条件下的显微组织与力学性能,等温退火后可得到尺寸为 30 ~ 60 nm 的金属间化合物相弥散分布在非晶基体上的混合结构。研究表明块体非晶的压缩屈服强度为 1.66 GPa,断裂强度为1.78 GPa,塑性应变约为0.5%。等温退火后,材料强度随着析出纳米相的体积分数(V)的增加发生明显的变化,V = 18% 时为 1.91 GPa,V = 47% 时为 2.02 GPa,V = 76% 时为1.40 GPa,而塑性明显降低。晶化体积分数 V = 47% 时塑性已接近零。纳米相的强化和脆化作用与颗粒大小密切相关,纳米相的大小必须小于剪切带间距,才能起强韧化作用。等温析出使纳米相的体积分数增加,同时会使纳米相的颗粒增大,而剪切带的间距又变细,因而当纳米相数量增大时,纳米相小于剪切带间距的条件很容易被破坏,合金脆化,使塑性明显降低,同时强度也降低。文献[162]提出了塑性球晶/BMG 基体复合材料及其制备方法,成功制备了 Zr 基铸态内生塑性球晶/BMG 新型复合材料。与 Johnson 等人制备的树枝晶/BMG 复合材料具有相同成分的球晶/BMG 材料 S1,其室温压缩断裂塑性应变与前者相比提高了103%,并具有 1 800 MPa 的极限断裂强度。通过成分设计,开发的一种高体积分数近球状塑性晶体相的新型 Zr 基铸态内生 BMG 复合材料 S2,压缩断裂强度为 1 890 MPa,塑性应变高达20.1%。

Johnson[163,164]等人研究了原位形成的韧性树枝晶体(Ti - Zr - Nb)/$Zr_{56.2}Ti_{13.8} - Nb_{5.0}Cu_{6.9}Ni_{5.6}Be_{12.5}$ 复合材料的制备和性能(见图 1.11(b))。实验结果表明当树枝晶的体积分数为25% 时,复合材料试样拉伸强度和压缩强度分别为 1.45 GPa 和 1.67 GPa,相应的最大应变分别达到 0.055 和 0.083;拉伸试样出现了明显的缩颈,缩颈区的塑性应变量达到了15%;断裂能也由单一非晶相的 80 kJ/m² 增加到复合材料的 200 kJ/m²,提高了250%。

这是由于这种晶态相是端际固溶体而不是中间相,因此在载荷作用下,软的晶态相首先发生变形,紧接着载荷被传递到树枝晶周围的非晶基体上而产生剪切带核心;随着载荷的进一步增加,剪切带长大扩展并与其他树枝晶臂和剪切带相互作用。这样树枝晶的存在阻碍了单个剪切带从塑性变形的开始位置一直扩展下去的倾向,导致了断裂之前的高应变率和复合材料中的加工硬化行为的产生。

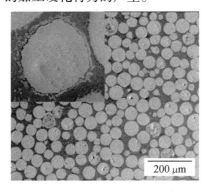
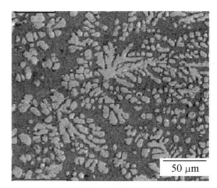

(a) Mo 颗粒增强复合材料　　　　(b) 树枝晶体 Ti-Zr-Nb 复合材料

图 1.11　复合材料的 SEM 背散射形貌[154,163]

1.3　纳米材料的主要发展方向

1.3.1　纳米材料的微纳成形技术

众所周知,目前人工制备出碳纳米管材料已非难事,同时科学家可以利用一根碳纳米管做成单电子器件,但根本问题是能否制造出上亿个性能稳定的元件而且可以把它们组装成逻辑电路,只有达到这种程度才能保证纳米材料的实际应用,这就有赖于微纳米成形技术的发展。

1. 微成形技术

20 世纪 80 年代后期,微机电系统的迅速发展,带动了微型零件的广泛应用,这就对微型零件的加工质量、成本和批量等方面提出了新的要求,这些要求的核心是能够低成本大批量制造微型零件。塑性成形技术是制造业的一个重要组成部分,它具有生产率高、质量好、节能节材、成本低等特点,因此把微细加工技术和塑性成形方法结合起来,形成一门新的加工技术即微细塑性成形技术,可以利用塑性成形技术的优点,对传统微细加工技术进行发展和延伸。作为一种新型技术,微细成形技术已经得到许多学者的认可,而且估计在不久的将来,这种技术将应用到生产加工中的各种领域,具有很广阔的发展和应用前途。

在微体积成形方面,主要进行微连接器、弹簧、螺钉、顶杆、齿轮、阀体、泵和叶片等微型零件的精密成形研究。在微冲压成形方面,主要进行薄板微拉深、冲裁和弯曲等微冲压方法的研究。Saotome 等[165]利用自行研制的微型模具装置系统地研究了微型齿轮的微成形技术,研制出模数为 10 μm、节距圆直径 100 μm 的微型齿轮轴,节圆直径最小可以达到 200 μm。Dunn 等人[166]利用微锻造和微铸造组合技术完成了齿轮、叶片等微型零件的成形和组装。冷镦部件也可以在该尺度下加工成形,利用特殊的机械设备可加工直径为0.13 mm 的线材[167],如图 1.12 所示。Kals[168]利用空弯和激光加热弯曲技术来进行微成形,最薄厚度可达 0.1 mm。Saotome 领导的研究小组用厚度为 0.2 μm 的箔材料,在不使用模具的条件下成功成形出长为 600 μm 的汽车壳体件,图 1.13 为其成形件,尺寸大小与蚂蚁相当[169]。

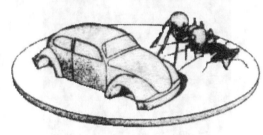

图 1.12　冷镦微型部件[167]　　　　　图 1.13　微型壳体件[169]

与其他相关微成形方法相比,微塑性成形技术的发展相对缓慢一些,这一现状一方面说明该技术本身的适用性有所欠缺,更重要的是它表明了目前对这一技术的认识和研究仍存在较多的不足。

迄今为止,微塑性技术的深入研究主要集中在以下几个方面[170]:

① 加快微塑性成形工艺设备的开发。通过对模具的尺寸精度、成形过程中的摩擦和润滑条件、成形工艺参数的确定、成形设备的控制技术以及坯料尺寸的控制等来提高对产品尺寸精度的控制。

② 建立有效的理论分析方法和数值模拟技术。从微塑性成形机理可以看出,它具有多尺度、非线性、高梯度、多场耦合等特征,因此材料在微型化以后的各种特性都必须进行深入研究。

③ 微塑性成形中的材料力学行为的研究。目前微塑性成形理论中的很多观点都来自于实验的表象和总结,有必要在实验研究基础上,对温度、尺寸效应、成形速度等因素对微塑性成形的影响进行深刻研究。

④ 具有良好塑性流动行为材料的研制。就目前已经开发的产品而言,技术主要局限于生产尺寸在毫米级附近的零部件。在现有的一些微成形工艺中,人们尝试采用一些经过一定特殊加工的超塑性材料或非晶态材料来进行微细塑性加工[171]。Saotome[172]利用超塑性非晶态材料进行了压印和挤压实验。在超低温液态状态下,在其表面施加很小的压力,可以在试件表面加工出宽度为 20 μm 的凸出体。现有研究已在超低温液体状态下,利用超塑性材料 Al - 78Zn 挤压加工出模数为 50 μm 和 20 μm 的微型齿轮。由此可见,研究和开发具有良好塑性流动行为的材料,如传统材料的晶粒细化、大块纳米材料,也是微塑性成形技术未来发展的一个重要方向。

虽然微细塑性成形技术还处于探索和实验研究阶段,但是世界上一些工业发达国家,如日本、德国,已经进行了大量研究,在技术探索的同时,也为该领域将来必然发生的激烈竞争抢占了一些技术制高点。

（1）微零件与微成形的定义

一般微成形被定义为：成形的零件或结构至少在两维尺度上在亚毫米范围内。

尽管微成形工艺的发展已经初具规模，部分技术已经实现产业化，但是不同领域关注的侧重点不同，关于微尺度的概念也有些许差异。产业界关心的是成形的难易程度，因此大多认为微成形是指成形微小零件，因为越微小的零件成形就越困难；而理论研究领域的核心课题是有关微尺度效应的一系列问题。

一般将零件上具有相近尺度的几何要素（线、面、体）所构成的微小结构定义为零件的特征结构。将制件的名义尺寸定义为特征尺寸。特征尺寸为亚毫米的制件称为微零件，如图 1.14 所示；具有亚毫米或微米级微特征结构的制件称为微结构零件，如图 1.15 所示。同时，在成形过程中表现出微尺度效应是微成形工艺的根本特征。

图 1.14　微零件（微齿轮轴）[173]

图 1.15　微结构零件（压印制件）[174]

（2）微成形的种类

根据所成形材料的状态，微成形工艺可以分为固态成形和流体成形两大类。固态成形一般采用塑性加工，和常规塑性加工一样，其中根据坯料形态的不同，可分为体积成形和板材成形。体积成形包括模锻、正反挤压、压印等；板材成形包括拉深、冲裁、胀形等。流体成形包括微注射成形、微铸造等注射成形、金属和陶瓷粉末注射成形、铸造等。

（3）微成形的应用前景

随着近年来电子及精密机械的高速发展，细微零件的成形加工越来越重要。第 6 届国际塑性加工会议（6th ICTP，日本横滨），就微零件的成形加工问题进行了两个单元的专题讨论，共 11 篇论文参与交流。第 7 届国际塑性加工会议（7th ICTP，意大利维罗纳），同样有两个单元专题讨论微零件的成形加工问题，共 17 篇论文参与交流。

随着结构微型化趋势的发展，对微型工件的需求将不断增加，生产高精度、低价格的微零件的成形工艺将是非常有前途的，目前成形微零件的技术在工业生产中仍受到限制。

一般来说，常规的厘米及毫米尺度的成形，无论从机理还是从工艺上，均已比较成熟。目前人们在精密成形中对微米级及亚微米级甚至纳米级的成形加工有极大的兴趣。而工业中应用比较普遍的则是 500 nm 到 500 μm 范围内的成形加工。纳米级的成形已开始通过计算机仿真技术（如分子动力学等）在原子水平上进行研究。

Leopold[175] 对微成形应考虑的基本原理做了介绍，并提出了开展微成形研究的微粘塑性法。由于在微成形加工中，变形区很小，与晶粒尺寸相当，在微粘塑性法中，分格尺寸小于晶粒尺寸。这种方法与有限元法结合起来的混合方法（HMVF）能有效地计算稳态和非稳态的金属成形，包括能量消耗、表面的形成、流动应力及温度等。HMVF 方法在微成形中适用于从 nm 到 mm 这样一个范围，远远优于经典机械学仅适用于 mm 范围的微成形，分子动力学仅适用于次表层厚度小于 3 nm 的情况。

金属成形工艺的各种发展趋势是：短期化、灵活及各种工艺的结合、中空结构技术等，将改变未来工厂的结构和制造技术。有限元法和优化技术越来越成为开发新工艺和改善工艺的重要工具。金属成形工艺已成功地用于制造微零件。采用金属注射模具法制造微零件，同一批生产拉伸件、弯曲件及轮毂件，质量偏差不到 0.5%，密度基本恒定，说明只要注射参数及其他条件选择合理，就能达到一定的精度要求。有学者对手表上的装饰冠状件进行了多相锻造制造的研究，并将传统的锻造由三步改为四步，采用锥行冲头增加心部金属应变速率。当人们把注意力集中在板材成形上时，日本学者却采用纵向剪切棒材的方法制造出微零件，并将纵横剪切结合起来，加上局部锻造，生产出形状复杂的微零件。金属板成形微零件，其几何参数和材料参数对成形的重要性的理论数值分析也有报道，实验分析得到的结果及一些推测对小尺寸零件的成形过程具有指导意义。微型冲压在传统的冲压工艺基础上发展起来，已成为一种很重要的金属微成形工艺[175]。

由于零件的微型化，与传统成形工艺相比，微成形在另外一种程度上受材料参数（材料流动应力）和技术（成形力、各向异性、摩擦）参数的影响。微型化对摩擦影响的研究，以双杯挤压为代表，板厚及试件尺寸对金属流动应力的影响通过胀形试验也已得到证明。晶粒与板材厚度的比例对成形的影响，已通过单向拉伸实验（晶粒大小不变，板厚改变）和弯曲实验（板厚不变，晶粒大小改变）进行了探讨；展宽与组织的可控性是展宽轧制的两个突出优点，展宽轧制是一种降低带平面机械性能各向异性的有效方法。采用横展轧制法生产的广泛用于半导体铅架的 Cu - Fe 合金带，与传统平轧带相比，展宽轧制加工硬化更大，屈服应力、拉伸强度和硬度稍高一些，伸长量减小，轧制组织不如平轧明显，机械性能各向异性及罗德常数均比平轧小。

2. 纳米技术

有两种制备纳米结构的基本方法：build - up 和 build - down。所谓 build - up 方法就是将已预制好的纳米部件（纳米团簇、纳米线以及纳米管）组装起来；而 build - down 方法就是将纳米结构直接地淀积在衬底上。前一种方法包含有三个基本步骤：① 纳米部件的制备；② 纳米部件的整理和筛选；③ 纳米部件组装成器件（这可以包括不同的步骤，如固定在衬底及电接触的淀积等）。build - down 方法提供了杰出的材料纯度控制，而且它的制造机理与现代工业装置相匹配，换句话说，它是利用广泛已知的各种外延技术如分子束外延（MBE）、化学气相淀积（MOVCD）等来进行器件制造的传统方法。该方法的缺点是成本较高。

纳米科学发展初期，研究者已经证明了纳米结构具有许多崭新的性质。学者们更进一步证明可以用 "build - down" 或者 "build - up" 方法来进行纳米结构制造。这些成果说明，如果纳米结构能够大量且廉价地被制造出来，必将收获更多的成果。

为了充分发挥量子点的优势，必须能够控制量子点的位置、大小、成分及密度。其中一个可行的方法是将量子点生长在已经预刻有图形的衬底上。由于量子点的横向尺寸要处在 10 ~ 20 nm 范围（或者更小才能避免高激发态子能级效应，如对于 GaN 材料量子点的横向尺寸要小于 8 nm）才能实现室温工作的光电子器件，在衬底上刻蚀如此小的图形是一项挑战性的技术难题。对于单电子晶体管来说,如果它们能在室温下工作,则要求量子点的直径要小至 1 ~ 5 nm。这些微小尺度要求已超过了传统光刻所能达到的精度极限。有几项技术可望用于如此的衬底图形制作:

(1)电子束光刻通常可以用来制作特征尺度小至 50 nm 的图形。如果特殊薄膜能够用做衬底来最小化电子散射问题,那特征尺寸小至 2 nm 的图形可以制作出来。

(2)聚焦离子束光刻是一种机制上类似于电子束光刻的技术。

(3)扫描微探针术可以用来划刻或者氧化衬底表面,甚至可以用来操纵单个原子和分子。最常用的方法是基于材料在探针作用下引入的高度局域化增强的氧化机制。

(4)多孔膜作为淀积掩版的技术。多孔膜能用多种光刻术再加腐蚀来制备,它也可以用简单的阳极氧化方法来制备。

(5)倍塞(diblock)共聚物图形制作术是一种基于不同聚合物的混合物能够产生可控及可重复的相分离机制的技术。

(6)与倍塞共聚物图形制作术紧密相关的一项技术是纳米球珠光刻术。此项技术的基本思路是将在旋转涂敷的球珠膜中形成的图形转移到衬底上。

(7)将图形从母体版转移到衬底上的其他光刻技术。几种所谓"软光刻"方法,比如复制铸模法、微接触印刷法、溶剂辅助铸模法以及用硬模版浮雕法等已被探索开发。

随着器件持续微型化趋势的发展,普通光刻技术的精度将很快达到它的由光的衍射定律以及材料物理性质所确定的基本物理极限。通过采用深紫外光和相移版,以及修正光学近邻干扰效应等措施,特征尺寸小至 80 nm 的图形已能用普通光刻技术制备出来,然而不大可能用普通光刻技术再进一步显著缩小尺寸。采用 X 光和 EUV 的光刻技术仍在研发之中,可是发展这些技术遇到在光刻胶以及模版制备上的诸多困难。目前来看,虽然也有一些具挑战性的问题需要解决,特别是需要克服电子束散射以及相关联的近邻干扰效应问题,但投影式电子束光刻似乎是有希望的一种技术。扫描微探针技术提供了能分辨单个原子或分子的无可匹敌的精度,可是此项技术却有固有的慢速度,目前还不清楚通过给它加装阵列悬臂梁能否使它达到可以接受的刻写速度。

对一个理想的纳米刻写技术而言,它的运行和维修成本应该较低,它应具备可靠地制备尺寸小但密度高的纳米结构的能力,还应有在非平面上刻制图形的能力以及制备三维结构的功能。此外,它也应能够做高速并行操作,而且引入的缺陷密度要低。然而时至今日,仍然没有任何一项能制作亚 100 nm 图形的单项技术可以同时满足上述所有条件。现在还难说是否上述技术中的一种或者它们的某种组合会取代传统的光刻技术。究竟是现有刻写技术的组合还是一种全新的技术会成为最终的纳米刻写技术还有待于观察。

目前,已有不少纳米尺度图形刻制技术,它们仅有的缺点是刻写速度慢或者是刻写复杂图形的能力有限。这些技术可以用来制造简单的纳米原型器件,这将使研究这些器件的性质以及探讨优化器件结构以便进一步地改善它们的性能成为发展方向。必须发展新的表征技术,这不单是为了器件表征,也是为了能拥有一个对器件制造过程中的必要工艺能进行监控的手段。随着器件尺度的持续缩小,对制造技术的要求会更苛刻,理所当然地对评判方法的要求也变得更严格。随着光学有源区尺寸的缩小,崭新的光学现象很有可能被发现,这可能导致发明新的光电子器件。然而,不像电子工业发展那样需要寻找 MOS 晶体管的替代品,光电子工业并没有如此的立时尖锐问题需要迫切解决。纳米探测器和纳米传感器是一个全新的领域,目前还难以预测它的进一步发展趋势。然而,基于对崭新诊断技术的预期需要,有理由相信这将是一个快速发展的领域。总括起来,在所有三个主要领域里应用纳米结构所要求的共同点是对纳米结构的尺寸、材料纯度、位序以及成分的精确控制。一旦这个问题能够解决,就会有大量的崭新器件诞生出来。

1.3.2　纳米材料构件的批量快速制造技术

目前,采用溶胶凝胶制备纳米粉体,利用电沉积制备纳米薄材,通过粉末冶金制造块体纳米材料等技术均已有了长足的发展,然而实际应用中的精密复杂构件如需采用纳米材料来制备,那么高效的、低成本、批量化的制备技术将不可或缺。

其中,粉末注射成形技术有望成为适合于纳米材料复杂构件的批量化快速制造技术之一。该技术是从塑料注射成形技术基础上发展起来的一门新兴近净成形技术,是传统粉末冶金和塑料成形工艺相结合的产物,是一种极富发展前途的高新技术。该技术在许多方面有不可替代的优势,因而有"当今最热门的零部件成形技术"、"第五代成形技术"和"21世纪成形技术"的美称。粉末微注射成形同常规粉末注射成形一样,其基本的工艺过程分为四个阶段,即喂料的制备、注射成形、脱脂、烧结,如图1.16所示。第一阶段为喂料的制备。包括几个独立的步骤,即原料粉末的预混合、黏结剂的制备、粉末/黏结剂喂料的混炼、喂料的制粒。这一阶段粉末微注射成形工艺与塑料微注射成形工艺的最大区别在于采用金属或陶瓷粉末作为原料。采用注射成形工艺的粉末粒度比较小(一般小于10 μm),流动性差,所以需要加入大量的黏结剂来增强流动性,带动粉末成形。第二阶段为注射成形。这一阶段完全不同于传统粉末冶金的压制成形,而是类似于塑料工业中的成形工艺,是在一定压力和温度下将喂料以流体形式注入模腔一次成形出具有三维精细复杂形状和结构的注射坯。第三阶段为脱脂。这一阶段属于粉末微注射成形独有的步骤,因为在这一阶段要从坯块中脱除30% ~ 50% 的黏结剂,完全不同于传统粉末冶金压制工艺中极少量的表面活性剂的脱除。最后一阶段为烧结。此阶段类似于传统粉末冶金中的烧结,但也有一些区别。传统粉末冶金压坯在烧结前一般都已有90% 以上的相对密度,要达到完全致密化只需消除约10%的孔隙即可;而金属注射成形坯在脱脂后、烧结前只有60% 左右的相对密度,要达到全致密化需消除约40% 的孔隙,烧结难度大大增加。

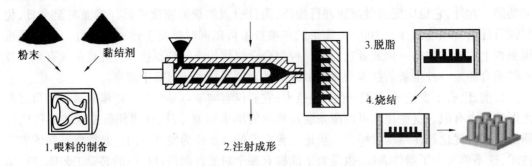

图1.16　粉末微注射成形工艺过程

粉末注射成形作为一种制造高质量精密零件的接近最终形状的成形技术,具有常规粉末冶金和机床加工方法无法比拟的优越性,特别是在制造外部切槽、外螺纹锥形外交面、交叉孔、盲孔、凹台、键槽、加强板、表面滚花等形状复杂的零部件方面优势明显;同时该技术制造的产品有组织均匀、性能各向同性和尺寸精度高等优点。与传统方法比较,粉末注射成形的生产成本大幅度下降,其物料利用率高,材料损耗小,产品可小批量生产,生产转向灵活机动,有很好的经济效益。此外,该技术的使用范围广,几乎适用任何可以制成细粉的金属、金属氧化物、金属合金、金属间化合物、陶瓷、复合材料等。

粉末注射成形技术的应用领域:

(1)汽车用零件:安全气囊用零件、汽车锁用零件、安全带用零件、汽车车门升降系统、小齿轮、汽车用空调系统小零件、刹车系统中齿条等,供油系统中的传感器中的小零件;

(2)军用零件:枪支零件、弹用零件、引信用零件;

(3)计算机及 IT 行业:如打印机零件、磁芯、撞针轴销、驱动零件、光通信陶瓷插头;

(4)工具:如钻头、刀头、喷嘴、螺旋铣刀、汽动工具、渔具用的零件等;

(5)家用器具:如表壳、表链、电动牙刷、剪刀、高尔夫球头、珠宝链环、刃具刀头等零部件;

(6)医疗机械用零件:如牙矫形架、剪刀、镊子等;

(7)电气用零件:如微型马达、传感器件等;

(8)机械用零件:如纺织机、卷边机、办公机械用零件等。

1.3.3 纳米材料成形技术的产业化

每次技术上取得的重大突破之后总会引发新的产业革命,迎来一个经济高速发展的时期。蒸汽机的出现、电的应用、微电子技术的突破以及互联网经济横空出世都是如此。20世纪最后 5 年在关键技术上取得突破性进展的基因技术和纳米技术成为本世纪新的希望。由于使基因工程获得广泛应用的经济前提仍然是纳米技术能够大幅降低工艺成本,因此,纳米技术就成为各方关注的热点。世界各国均把纳米科技作为最有可能取得突破的科学和工程领域。美国为此制定了"国家纳米技术倡议",将其列入本世纪前 10 年 11 个关键领域之一,投资 4.95 亿美元来推动纳米科技的发展。

1993 年,因发明 STM 而获得 Nobel 物理学奖的科学家海·罗雷尔(Heinrich Rohrer)博士写信给江泽民主席。他写道:"我确信纳米科技已经具有 150 年前微米科技所具有的希望和重要意义。150 年前,微米成为新的精度标准,并成为工业革命的技术基础,最早和最好学会并使用微米技术的国家都在工业发展中占据了巨大的优势。同样,未来的技术将属于那些明智地接受纳米作为新标准,并首先学习和使用它的国家。"罗雷尔博士的话精辟地阐述了纳米科技对社会的发展将要起的重要作用。为了避免重蹈我国在半导体、激光、计算机等技术领域起步早,转化难,最终落后的覆辙,一些国家级的纳米研究专家在 2000 年 6 月联名向党中央、国务院提出关于加快制定国家纳米技术科技发展计划,尽快抢占这一世界前沿科技领域的建议。建议引起了中央领导的高度重视,并被采纳,由此拉开了我国纳米技术产业化的序幕。

目前,纳米科技的产业化效果还不太理想,这是由于许多纳米技术项目研发时间尚短,属启动阶段。科研院所的纳米科技论文水平很高,潜心于后续的应用开发和技术支持却显得力不从心。而大部分企业属于生产型,缺乏持续创新和应用开发能力,只能接受非常成熟的技术。二者接口的差异,导致纳米技术成果不能顺利转化。虽然国内已建立了几十条纳米材料和技术的生产线,但是产品主要集中在制备纳米粉体方面。市场上很多的"纳米商品"还不是真正意义上的"纳米产品",急需国家制定一个指导性的纳米技术准入标准。其决定因素之一就是纳米材料的成形技术,如何在成形过程中保持纳米材料特征及性能是保证其产业化的决定因素。

纳米材料是纳米科学技术的基本组成部分。制造纳米尺度上的材料和器件在电子、光学、催化工程、陶瓷工程、磁存储和纳米复合技术上都有着重要的意义。但纳米技术的研究无论是在基础科学还是在应用技术上都面临着许多新的挑战,任重道远。纳米科学技术的发展主要有以下6大领域:纳米结构的性能;材料合成、制备和控制;表征和操纵;计算机模拟;纳米器件和系统组装与界面匹配。纳米材料的制备与成形的重要性可见一斑,是纳米科技产业化的关键所在。

王中林教授指出,和其他技术一样,纳米材料的产业化需要考虑以下几个关键因素:

(1) 材料的生产过程是否能实现结构可控和性能可控;

(2) 合成技术是否能实现大规模工业化生产;

(3) 生产的成本是否低;

(4) 是否有自己的知识产权;

(5) 人力、物力、原材料的投资量;

(6) 国内和国外的竞争对手和市场需求;

(7) 企业的长时间生存;

(8) 对当地和国家经济发展的长远影响;

(9) 社会和消费者对纳米技术的认识和接受等。

张立德院士认为纳米科技发展的第一个趋势就是纳米结构的获得技术和它的应用技术。推动纳米结构发展的是下一代的电子元器件和计算机所需要的芯片以及能源环保上所需要的一些器件。《New Science》杂志 2000 年 8 月份一期中专门有一篇文章,认为电子学的发展在纳米这方面有三点,第一是 Micromachined System Tech,就是提到用软化学的办法或电化学的办法刻出纳米尺度线条,这就是当前它在技术上的一个很大的优势;第二个是小于 100 nm 的 CMOS 系统;最后就是关于纳米加工,怎么把纳米器件加工出来。

比如建筑用的普通固体材料,用它可以排列成非常好的各式各样的房子,实际上什么是建筑材料呢? 这个普通材料对于纳米这样的一个领域来说,比如说零维的就是纳米颗粒、纳米晶,再就是准一维的纳米线、纳米管、纳米棒和纳米丝;准二维的当然就是薄膜了,这都是低维的。所以纳米科技目前为什么强调纳米结构微阵列,就是用化学方法这种比较便宜的手段做出现在其他高技术手段所成形的一维的纳米结构。那么能不能把准一维结构再排列起来呢? 如果能实现纳米结构微阵列的制备,就能设计新型的纳米结构器件。比如彩电中场发射器件可以用纳米碳管的微阵列进行制作,场发射效率高,能耗低。由镍纳米棒组成的一个微阵列结构,同样还有一个图是由镍钴磷组成的微阵列。这样排列有什么好处呢? 它的密度很高,每平方厘米这样的柱子可以达到大于 10^{11},也就是大于 100 G。这样一个手指甲大小的面积上包涵 1 000 亿以上的纳米棒的露头点,这就是高密度存储器件的基础。当然到了这样尺度以后,从基础科学上还有好多科学问题,比如镍是面心立方结构,到了纳米尺度结构发生变化,现在正在进行这方面的研究;像钴是六方形的结构,纳米尺度的钴棒结构很可能不是六方而变成立方结构。这都是微磁学领域的问题,很多现象都是传统磁学不能解释的。

1.3.4 纳米材料的变形机制

对于传统固体材料,已建立起大量系统的位错理论、加工硬化理论等,应用这些基础理论可成功地解释传统固体材料所出现的一系列力学现象。然而,以往对材料变形的研究主要集中在非纳米晶材料力学实验。因此,这些传统的宏观理论在解释纳米材料的变形时却表现得无能为力,如传统理论预测纳米材料的塑性变形为非位错运动,但在实验和模拟中都观察到了位错运动;另外,连续介质力学到纳米尺度受到尺度效应和表面构形的影响,已不再适用;以及前面提到的纳米材料的反 H - P 关系等。因此,探索纳米材料的变形机制,建立适用于纳米材料的基础理论,是纳米晶体材料微结构设计和性能控制的关键。为此,众多学者们对纳米材料的变形机制做了大量的研究工作,比如,有很多种机制决定了纳米晶材料变形的尺寸依赖效应,这是纳米晶材料被研究最多的领域。广义上讲,这些内部机制包括:位错协调塑性变形、变形孪晶、晶界滑移、晶界扩展(晶粒生长或者缩小)、晶粒旋转等[176]。

1. 位错机制

Kumar 等人通过透射电子显微镜观察拉伸变形,发现在金属 Ni 纳米晶体中,位错在塑性变形中起主要的作用,位错的晶界发射和晶内滑移以及不协调晶界之间的滑动,将促进晶界处和三叉晶界晶粒之间空隙的形成。对于尺寸相对较大(大于某一临界尺寸 d_c,不同材料具有不同的 d_c)的纳米晶体系统,如微晶和纳晶面心立方金属 Au 和 Ag 材料、Cu 材料以及 Pt 材料等和一些合金材料,其塑性变形主要由位错运动引起的。然而,通常当平均晶粒尺寸低于 100 nm 时,开动位错的应力已经接近理论剪应力。例如,对于面心立方金属,开动位错的应力接近理论剪应力的晶粒临界尺寸大小为 20 ~ 40 nm,因此,在纳米晶体变形时位错是否形成并堆积,以及位错是否是导致塑性变形的原因尚有疑问。如,当纳米铜在很高的应变速率下变形时(如 0.1 s^{-1}),流变应力达到一个很高的值(1 GPa)才能机械激活可动位错滑过障碍,这与纳米铜在低温下变形的情况相同。只有应力达到这种水平,它才能够激活晶界位错,或者直接在晶界的应力集中区激发出位错。在位错从晶界处弹出之后,如果晶界运动,晶界滑移或者扩散,若不能够及时与之相互协调,晶界上位错弹出的位置就会出现一个小孔,小孔长大后就会转变成裂纹源,这就会使得在高应变速率下纳米铜只能得到很低的塑性。随着应变速率的降低,变形时间增加,这就为晶界活动提供足够的时间。这时的纳米铜的变形是由位错变形和晶界变形同时提供的,这对获得高的延伸率来说很重要,因为它会使得内部的变形相互协调。另外,晶界处发射位错和吸收位错都会对晶界处产生一个轰击作用,这刺激了晶界扩散活动。提高了的晶界活动又会控制晶界处小孔的形成,可提高纳米材料塑性。

2. 变形孪晶

针对纳晶 Al - Mg 合金材料的变形研究表明当晶粒尺寸低于临界尺寸 10 ~ 20 nm 时,塑性变形的主要模式变为形变孪晶。这一现象在诸如 Cu、Ni 和 Pd 的纳米晶体材料中得到进一步证实。Liao 等通过一系列实验揭示了纳米材料的变形主要是通过部分位错的滑移来供给,而晶粒边界的运动容易导致纳米材料中变形孪晶的产生,如图 1.17(a)所示。变形孪晶是指晶体中有限的区域在变形过程中作出取向的调整,变形孪晶提供了另外一种非弹性变形机制,因为大量的非弹性变形可以产生大量的宏观非弹性变形。这种变形机制在密排六方金属如锆中很多见,但是在有些金属中则很少见,如铝。这种变形机制是非常有趣的,因为在具有大尺寸晶粒的材料中等同条件下不会出现孪晶变形的金属,当细化成纳米材料时就会出现变形孪晶,所以它也是一种尺度相关的变形机制。

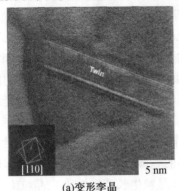
(a)变形孪晶

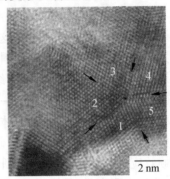
(b)五折孪晶

图1.17　纳米晶体材料变形过程中生成的变形孪晶和五折孪晶[177]

另外,产生大量的孪晶需要一个临界应力,当应力达到临界值时,孪晶就会发生,此时的材料根据所需的力不同,要么选择位错滑移变形,要么选择孪晶变形。在低温和高应变速率下,位错的灵活性降低,所以,如果此时要进行塑性变形就得有比较高的应力。由于高应力的结果,变形孪晶就有可能替代位错滑移。由此看来在低温下,位错的可移动性降低,那么材料更易于产生孪晶变形而不是通过位错滑移来产生变形。相似的,在高速率的加载下,高应变速率的作用也会使得材料不容易产生位错滑移,所以孪晶又成了主要的变形方式。随着纳米材料变形应力的增加,那么发现孪晶的可能性也会增加。

3. 晶界运动

纳米晶体材料中晶界的体积分数增加的事实激发人们去检测与晶界直接有关的变形机制。晶界可以在两方面对材料的变形行为产生影响。一方面,晶界可以作为位错运动的障碍,一般来说是作为协调变形的障碍。另一方面,晶界又可以作为位错源来切实地帮助塑性变形的进行。但是,由于有大量的晶界存在,这就使得晶界或者在晶界处的运动的变形机制有可能发生。另外,随纳米晶粒尺寸减小,晶界密度增高,并导致晶粒的取向变得混乱。

当晶粒尺寸低于临界尺寸时,塑性变形由部分位错运动引导转化为晶界扩散主导。大量的实验结果表明在纳晶金属、纳米合金以及纳米陶瓷材料中大量原子处于晶界上,这些原子的随机扩散运动引导材料的塑性变形,决定了变形的主要方式。Mukherjee指出,纳晶材料的变形遵循传统的塑性本构关系,但其应力－应变率与温度的相关性却非常不同。Shan等通过实验进一步验证,纳米材料中塑性变形的主要模式为晶粒边界的运动,特别是边界原子运动导致的晶粒旋转和部分位错的成核和传播。Liao等在纳米铜的拉伸实验中观测到五折孪晶的形成,如图1.17(b)所示,其对纳米材料的强度具有增强作用。

4. 晶粒旋转

随着晶粒尺寸的减小,块体纳米晶材料的晶粒变得越来越硬。是不是有一个临界点,在此之后的纳米材料就可以视为颗粒状固体呢?限定条件就成了弹性晶粒作为粒状集合的一个进行变形。但是大多数纳米晶材料在任何尺度都不能进行如此的假设,因为它们需要在晶界上维持协调的塑性变形,它们需要保持进行塑性变形的能力。在透射电镜下,人们观察到小至 5 nm 的晶粒依然可以产生塑性变形。但是纳米材料强度的增加表明一些有关颗粒材料的概念对纳米材料学家来说是有用的。

在纳米晶材料中晶粒可以有两种运动方式：晶粒滑移和晶粒旋转。晶粒的刚性滑移一般来讲不是一个很重要的变形机制，但是在晶粒尺寸分布差异很大时它就变得很重要了。晶粒旋转则在调节塑性变形中起到非常重要的作用。例如，人们已经在纳米晶金属的剪切带中观察到了晶粒旋转。Joshi 和 Ramesh 证明晶粒旋转导致纳米晶材料的局部剪切变形，这表明这种机制会导致变形的失稳。对 Ni、Cu 等金属纳米晶体的原位拉伸实验也表明，纳米晶材料的塑性变形的本质是位错在晶界处形核并沿晶界滑移运动，当经过取向不同的晶粒时推动该晶粒转动，最终使邻近的晶粒间取向相同并发生晶粒的合并。因此，金属纳米晶的高塑性是由晶界的滑移及晶粒的转动和长大导致的。

参考文献

[1] 丁衡高,朱荣. 微米纳米科学技术发展及产业化启示[J]. 纳米技术与精密工程,2007,
　　5(4):235 – 241.

[2] 袁建国,钟强,周兆英,等. 无模板交流电沉积法制备金纳米／微米线[J]. 稀有金属材料
　　与工程,2011,40(10):1864 – 1866.

[3] FANG T H,LI W L,TAO N R,et al. Revealing extraordinary intrinsic tensile plasticity in
　　gradient Nano – grained copper[J]. Science,2011,331(6024):1587 – 1590.

[4] LI X Y,WEI Y J,LU L,et al. Dislocation nucleation governed softening and maximum
　　strength in nano – twinned metals[J]. Nature,2010,464(7290):877 – 880.

[5] 李景新,黄因慧,沈以赴. 纳米材料的加工技术[J]. 材料科学与工程,2001,19(3):117 –
　　121.

[6] 尤政,李滨. 微米纳米技术在空间技术中的应用研究[J]. 中国机械工程,2005,16:15 –
　　19.

[7] DEMUTH P C,SU X F,SAMUEL R E,et al. Nano – Layered microneedles for
　　transcutaneous delivery of polymer nanoparticles and plasmid DNA[J]. Adv. Mater,
　　2010,22(43):4851 – 4853.

[8] LI Z T,WANG Z L. Air/liquid – pressure and heartbeat – driven flexible fiber
　　nanogenerators as a micro/nano – power source or diagnostic sensor[J]. Adv. Mater,
　　2011,23(1):84 – 89.

[9] MOHANTY P. Nanotechnology – nano – oscillators get it together[J]. Nature,2005,
　　437(7057):325 – 326.

[10] HOLMBERG,V C,PANTHANI M G,KORGEL B A. Phase transitions,melting
　　 dynamics,and solid – State diffusion in a nano test tube[J]. Science,2009,326(5951):
　　 405 – 407.

[11] 王非. 3Y – TZP/Al$_2$O$_3$ 纳米复相陶瓷的成形性能与微观组织[D]. 哈尔滨:哈尔滨工业
　　 大学材料科学与工程学院,2008:1 – 2.

[12] 高濂,李蔚. 纳米陶瓷[M]. 北京:化学工业出版社,2002:4 – 6.

[13] 李凤生,等. 超细粉体技术[M]. 北京:国防工业出版社,2000:10 - 20.

[14] 单妍,王昕,尹衍升,等. ZTA 纳米复相陶瓷的研究[J]. 硅酸盐通报,2002,21(2):43 - 46.

[15] LI J,GAO L,GUO J,et al. Novel method to prepare electroconductive titanium nitride - aluminum oxide nanocomposites[J]. J. Am. Ceram. Soc,2002,85(3):724 - 726.

[16] 郑昌琼,冉均国. 新型无机材料[M]. 北京:科学出版社,2003:332.

[17] VABEN R,STOVER D. Processing and properties of nanophase non - oxide ceramics[J]. Materials Science and Engineering A,2001,A301:59 - 68.

[18] SHARIF A A,MECARTNEY M L. Superplasticity incubic yttria - stabilized zirconia with intergranular dilica[J]. Acta Mater,2003,51:1633 - 1639.

[19] WITTENAUER J. Superplastic alumina - 20% zirconia[J]. Mater. Sci. Forum,1997, 243 -245:417 - 424.

[20] BRUCE J C C,KELLETT M A. High - temperature extrusion behavior of a superplastic zirconia - based ceramic[J]. J. Am. Ceram. Soc,1990,73:1922 - 1927.

[21] CHEN G Q,ZHANG K F. Superplastic extrusion of Al_2O_3 - YTZ nanocomposite and its deformation mechanism[J]. Mater. Sci. Forum,2005,475 - 479:2973 - 2976.

[22] HAYASHI S,WATANBE K,LMITA M,et al. Superplastic forming of ZrO_2/Al_2O_3 composite[J]. Key. Eng. Mat,1999,159 - 160:181 - 186.

[23] 张凯锋,陈国清,王国锋. 陶瓷材料超塑性研究进展[J]. 无机材料学报,2003,18(4): 705 - 715.

[24] SHEN Z J,NYGREN M. Rapid and precise manufacturing of complex shaped tough silicon nitride ceramics[J]. Key. Eng. Mat,2004,264 - 368:857 - 860.

[25] 陈国清. Al_2O_3 - ZrO_2 纳米复相陶瓷制备与超塑性成形研究[D]. 哈尔滨:哈尔滨工业大学材料科学与工程学院,2004:1 - 7,100 - 105.

[26] N. 伊卡诺斯. 精密(细)陶瓷导论[M]. 陈皇钧,刘坤灵,译. 北京:晓园出版社,1992.

[27] HAHN H,LOGAS J, AVERBACK R. Sinteringcharacteristics of nanocrystalline TiO_2[J]. J. Mater. Res,1990,5:609.

[28] 孙志杰,吴燕,张佐光. 防弹陶瓷的研究现状与发展趋势[J]. 宇航材料工艺,2000,5: 10 -14.

[29] EDINGTON J W,MELTON K N,CUTLER C P. Superplasticity[J]. Prog. Mater. Sci, 1976,21:61 - 70.

[30] BARNES A J. Advances in Superplastic Aluminium Forming. In:H. C. Heikkenen,T. R. Mcnelley,editors. Superplasticity inaerospace[J]. P. A. warrendale,USA. The Metallurgical Society,Inc,1988,301 - 313.

[31] DAY R B,STOKES R J. Mechanical behavior of polycrystalline magnesium oxide at high temperatures[J]. J. Am. Ceram. Soc,1966,49(7):345 - 354.

[32] WAKAI F,SAKAGUCHI S,MATSUNO Y. Superplaticity of Yttria - Stabilizedtetragonal ZrO_2 polycrystals[J]. Adv. Ceram. Mat,1986,1(3):259 - 263.

[33] WAKAI F,KATO H. Superplasticity of. TZP/Al_2O_3 composites[J]. Adv. Ceram. Mater,

1988,3(1):71 - 78.

[34] NIEH T G,WADSWORTH J. Superplasticbehavior of fine - grained yttria - stabilized yetragonal zirconia polycrystal(Y - TZP)[J]. Acta Metall. Mater,1993,38:1121 - 1133.

[35] 叶建东,陈凯. 陶瓷材料的超塑性[J]. 无机材料学报,1998,13(3):257 - 258.

[36] NIEH T G,WADSWORTH J. Superplasticceramics[J]. Annu. Rev. Mater. Sci,1990,20:117 - 140.

[37] LANDON T G. Superplasticceramics[J]. JOM,1990,42(7):8 - 13.

[38] HART J L,CHAKLADER A C D. Superplasticity inpure ZrO_2[J]. Mater. Res. Bull,1967,2:521 - 526.

[39] PANDA P C,RAJ R,MORGAN P E D. Superplasticdeformation in fine - grained MgO · $2Al_2O_3$ · Spinel[J]. J. Am. Ceram. Soc,1985,68(10):522 - 529.

[40] LANGDON T G. Superplastic - like flow in ceramics - recent developments and potential applications[J]. Ceram. Int,1993,9(4):279 - 286.

[41] 周玉. 陶瓷材料学[M]. 哈尔滨:哈尔滨工业大学出版社,1995:326 - 340.

[42] BALMER M L,LANGE F F,JAYARAM V. Development ofnano - composite microstructures in ZrO_2 - Al_2O_3 via the solution precursor method[J]. J. Am. Ceram. Soc,1995,78(6):1489 - 1494.

[43] KIM B N,HIRAGA K,MORITA K,et al. Superplasticity in alumina enhanced by co - dispersion of 10% zirconia and 10% spinel particles[J]. Acta Mater,2001,49:887 - 895.

[44] WAKAI F,SAKAGUCHI S,KANAYAMA K. Ceramic materials and components for engines[M]. DKG,Saarbrucken,FRG,1986,315.

[45] WAKAI F. Superplasticity of ceramics[J]. Ceram. Int,1991,17:153.

[46] WITTENAUER J,RAVI V A,SRIVATSAN T S,et al. Processing and fabrication of advanced materials Ⅲ[J]. The Minerals,Metals & Materials Society,1994:197 - 201.

[47] BRUCE J,KELLETT C C,ALAIN M. High - temperature extrusion behavior of a superplastic zirconia - Based ceramic[J]. J. Am. Ceram. Soc,1990,73(7):1922 - 1927.

[48] WINNUBST A J A,BOUTZ M M R. Superplastic deep drawing of tetragonal zirconia ceramics at 1160 ℃[J]. J. Eur. Ceram. Soc,1998,18:2101 - 2106.

[49] HAYASHI S,WATANABE K. IMITA M,et al. Superplastic forming of ZrO_2/Al_2O_3 composite[J]. Key. Eng. Mat,1999,159 - 160:181 - 186.

[50] SHEN Z J,PENG H,NYGREN M. Formidable increase in the superplastic of ceramics in the presence of an electric field[J]. Adv. Mater,2003,15(12):1006 - 1008.

[51] 林兆荣,徐洁,张中元,等. Y - TYP陶瓷超塑性拉伸变形实验[J]. 南京航空航天大学学报,1996,28(1):141 - 144.

[52] 李良福. 超塑性加工陶瓷材料的研究[J]. 锻压技术,1998,(5):41 - 42.

[53] NIEH T G,WANG J G. Hall - Petch relationship in nanocrystalline Ni and Be - B alloys[J]. Intermetallics,2005,13:377 - 385.

[54] GIGA A,KIMOTO Y,TAKIGAWA Y, et al. Demonstration of an inverse hall - petch

relationship in electrodeposited nanocrystalline Ni – W alloys through tensile testing[J]. Scripta Mater,2006,55:143 – 146.

[55] ZHAO M,LI J C,JIANG Q. Hall – petch relationship in nanometer size range[J]. J. Alloy. Compound,2003,361(1 – 2):160 – 164.

[56] NIEH T G,WADSWORTH J. Hall – petch relation in nanocrystalline solids[J]. Scripta Mater,1991,25(4):955 – 958.

[57] SCATTERGOOD R O,KOCH C C. Modified model for hall – petch behavior in nanocrystalline material[J]. Scripta Mater,1992,27(9):1195 – 1200.

[58] HASNAOUI A,SWYGENHOVEN H V,DERLET P M. Cooperative processes during plastic deformation in nanocrystalline FCC metals:a molecular dynamics simulation[J]. Phys. Rev. B,2002,66:1 – 8.

[59] 卢柯,卢磊. 金属纳米材料力学性能的研究进展[J]. 金属学报,2000,36(8):785 – 789.

[60] WU X J,DU L G,ZHANG H F. Synthesis and tensile property of nanocrystalline metal copper[J]. Nanostruct. Mater,1999,12(1 – 4):221 – 224.

[61] WANG Y,CHEN M,ZHOU F,et al. High tensile euctility in a nanostructured metal[J]. Nature,2002,419:912 – 915.

[62] LU L,SHEN Y,CHEN X,et al. Ultrahigh strength and high electrical conductivity in copper[J]. Science,2004,304:422 – 426.

[63] HIGASHI K,MUKAI T,TANIMURA S,et al. High strain rate superplasticity in an Al – Ni – Misch metal alloy produced from its amorphous powders[J]. Scripta Metallurgica et Materialia,1992,26(2):191 – 196.

[64] TAKETANI K,UOYA A,OHTERA K,et al. Readily superplastic forging at high strain rates in an aluminum – based alloy produced from nanocrystalline powders[J]. J. Mater. Sci,1994,29(24):6513 – 6517.

[65] SALISHCHEV G A,VALIAKHMETOV O R,GALEYEV R M. Formation of submicrocrystalline structure in the Titanium alloy Vt8 and its influence on mechanical properties[J]. J Mater. Sci,1993,28(11):2898 – 2902.

[66] MISHRA R S,STOLYAROV V V,ECHER C,et al. Mechanical behavior and superplasticity of a severe plastic deformation processed nanocrystalline Ti – 6Al – 4V alloy[J]. Mat. Sci. Eng,2001,A298(1 – 2):44 – 50.

[67] MISHRA R S,VALIEV R Z,MUKHERJEE A K. The observation of tensile superplasticity in nanocrystalline materials[J]. Nanostruct. Mater,1997,9(1 – 8):473 –476.

[68] MCFADDEN S X,MISHRA R S,VALIEV R Z,et al. Low temperature superplasticity in nanostructured nickel and metal alloys[J]. Nature, 1999,398(6729):684 – 686.

[69] MCFADDEN S X,ZHILYAEV A P,MISHRA R S,et al. Observation of low – temperature superplasticity in electrodeposited ultrafine grained nickel[J]. Mater. Lett,2000,45(6):345 – 349.

[70] MISHRA R S,VALIEV R Z,MCFADDEN S X,et al. High – strain – rate superplasticity from nanocrystalline Al alloy 1420 at low temperatures[J]. Philos. Mag. A,2001,81(1): 37 – 48.

[71] SHEN B L,YAMASAKI T,OGINO Y,et al. Effect of liquid phase on superplastic deformation and diffusion bonding of Cu – Mg – TiC nanocrystalline composite[J]. Scripta Mater,2001,44(8 – 9):2133 – 2136.

[72] GLEITER H. Nanocrystalline materials[J]. Prog. Mater. Sci,1989,33(4):223 – 315.

[73] MCFADDEN S X,ZHILYAEV A P,MISHRA R S,et al. Observation of low – temperature superplasticity in electrodeposited ultrafine grained nickel[J]. Mater. Lett,2000, 45(6):345 – 349.

[74] 卢柯,周飞. 纳米晶体材料的研究现状[J]. 金属学报,1997,33(1):99 – 106.

[75] 孟弘. 纳米材料制备研究进展[J]. 矿产保护与利用,2003,4:14 – 18.

[76] 张修庆,朱心昆,颜丙勇,等. 反应球磨技术制备纳米材料[J]. 材料科学与工程,2001, 19(2):95 – 99.

[77] 黄钧声,任山. 纳米铜粉研制进展[J]. 材料科学与工程,2001,19(2):76 – 79.

[78] 陈春霞,钱思明,宫峰飞,等. 用高能球磨制备氧化铁／聚氯乙烯纳米复合材料[J]. 材料研究学报,2000,14(3):335.

[79] 倪永红,葛学武,徐相凌,等. 纳米材料制备研究的若干进展[J]. 无机材料学报,2000, 15(1):9 – 15.

[80] 单凤君,穆柏春,吴宪龙. 纳米材料的制备及应用前景[J]. 辽宁工学院学报,2003, 23(5):45 – 47.

[81] 刘维平,邱定蕃,卢惠民. 纳米材料制备方法及应用领域[J]. 化工矿物与加工,2003, 12:2 – 5.

[82] 毕见强,孙康宁,高伟,等. 块体纳米材料的制备及应用[J]. 金属成形工艺,2003, 21(4):35 – 38.

[83] 訾炳涛,王辉. 块体纳米材料的制备技术现状[C]. 中国有色金属学会第五届学术年会论文集,2003,184 – 188.

[84] 周国君,甘卫平. 块体纳米材料的制备及性能研究[J]. 安徽化工,2002,3:19 – 22.

[85] 田春霞. 金属纳米块体材料制备加工技术和应用[J]. 材料科学与工程,2001,19(4): 127 – 131.

[86] 訾炳涛,王辉. 块体纳米材料的制备技术概括[J]. 天津冶金,2003,6:3 – 6.

[87] 刘珍,梁伟,许并社,等. 纳米材料制备方法及其研究进展[J]. 材料科学与工艺,2000, 8(3):103 – 107.

[88] 张振忠,宋广生,杨根仓,等. 块体金属纳米材料的制备技术进展及展望[J]. 兵器材料科学与工程,1999,22(3):46 – 50.

[89] 黄斌. 块状金属纳米结构材料的研究与展望[J]. 上海有色金属,2002,23(1):40 – 43.

[90] 李景新,黄因慧,沈以赴. 纳米材料的加工技术[J]. 材料科学与工程,2001,19(3): 117 –120.

[91] VALIEV R Z. Ultrafine – grained materials prepared by severe plastic deformation:An

introduction[J]. Ann. Chim. Fr,1996,21(6 - 7):369 - 378.

[92] VALIEV R Z,ISLAMGALIEV R Z. Superplasticiy and superplastic forming. In:Ghosh A k,Belier,T R,editors[J]. The minerals,Metals and Materials Society,1998:117 - 126.

[93] ZHERNAKOV V S,LATYSH V V,ZHARIKOV A I, et al. The developing of nanostructured SPD Ti for structural use[J]. Scripta Mater,2001,44(8 - 9):1771 - 1774.

[94] VALIEV R Z,ISLAMGALIEV R K,ALEXANDROV V V. Bulk nanostructured materials from severe plastic deformation[J]. Prog. Mater. Sci,2000,45(2):103 - 189.

[95] VALIEV R Z,KRASILNIKOV N A,TSENEV N K. Plastic deformation of alloys with submicron - grained structure[J]. Mater. Sci. Eng,1991,A137:35 - 40.

[96] ABDULOV R Z,VALIEV R Z,KORASILKOV N A. Formation of submicrometer - grained structure in magnesium alloy due to high plastic strains[J]. Mater. Sci. Lett, 1990,9:1445 - 1447.

[97] VALIEV R Z,KORZNIKOV A V,MULYUKOV R R. Structure and properties of ultrafine - grained materials produced by severe plastic deformation[J]. Mater. Sci. Eng,1993, A168:141 - 148.

[98] SHAW L L. Processing nanostructured materials:An overview[J]. JOM,2000,52(12): 41 - 45.

[99] XIAO C H,MIRSHAMS R A,WHANG S H,et al. Tensile behavior and fracture in nickel and carbon doped nanocrystalline nickel[J]. Mater. Sci. Eng,2001,A301:35 - 43.

[100] SHRIRAM S,MOHAN S,RENGANATHAN N G,et al. Electrodeposition of nanocrystalline nickel - a brief review[J]. Transactions of the Institute of Metal Finishing,2000,78(5):194 - 197.

[101] WANG S C,WEN - CHENG J. WEI. Kinetics of electroplating process of nano - sized ceramic particle/Ni composite[J]. Mater. Chem. Phys,2003,78(3):574 - 580.

[102] KERR C,BARKER D,WALSH F,et al. The electrodeposition of composite coatings based on metal matrix - included particle deposits[J]. Trans. IMF,2000,78(5):171 - 178.

[103] ZIMMERMAN A F,CLARK D G,AUST K T, et al. Pulse electrodeposition of Ni - SiC nanocomposite[J]. Mater. Lett,2002,52(1 - 2):85 - 90.

[104] RAJIV E P,SESHADRI S K. Characteristics of electro - codeposition of cobalt - titania composites[J]. Plat. Surf. Finish,1993,80(10):66 - 73.

[105] LEE W H,TANG S C,CHUNG K C. Effects of direct current and pulse - plating on the co - deposition of nickel and nanometer diamond powder[J]. Surf. Coat. Tech,1999, 120 - 121:607 - 611.

[106] MASALSKI J,SCZYGIEL B,GLUSZEK J. EIS study of the codeposition of SiC posdwe with nickel in a watts bath[J]. Trans IMF,2002,80(3):101 - 104.

[107] GYFTOU P,STROUMBOULI M,PAVLATOU E A,et al. Electrodepositon of Ni/SiC composites by pulse electrolysis[J]. T. I. Met. Finish,2002,80(3):88 - 91.

[108] MAURIN G,LAVANANT A. Electrodeposition of nickel/silicon carbide composite coatings on a rotating disc electrode[J]. J. Appl. Electrochem,1995,25(12):1113 - 1121.

[109] BOGDAN S. Influence of dispersion particles present in the solution on the kinetics of deposition of Ni - SiC coatings[J]. Trans IMF,1997,75(2):59 - 64.

[110] MERK N. Electron microscopy study of the thermal decomposition in Ni - SiC electrodeposits[J]. J. Mater. Sci. Lett,1995,14(8):592 - 595.

[111] ORLOVSKAJA L,PERIENE N,KURTINATIENE M,et al. Electrocomposites with SiC content modulated in layers[J]. Surf. Coat. Tech,1998,105(1 - 5):8 - 12.

[112] ORLOVSKAJA L, PERIENE N,KURTINATIENE M,et al. Ni - SiC composite plated under a modulated current[J]. Surf. Coat. Tech,1999,111(2 - 3):234 - 239.

[113] KIM S K,YOO H J. Formation of bilayer Ni - SiC composite coatings by electrodeposition[J]. Surf. Coat. Tech,1998,108 - 109(1 - 3):564 - 569.

[114] PALUMBO G,DOYLE D M,EL - SHERIKT A M,et al. Intercrystalline hydrogen transport in nanocrystalline nickel[J]. Scripta Metallurgica et Materilia,1991,25(3):679 - 684.

[115] BAKONYI I,TóTH - KáDáR E,POGáNY L,et al. Preparation and characterization of D. C. - plated nanocrystalline nickel electrodeposits[J]. Surf. Coat. Tech,1996,78(1 -3):124 - 136.

[116] ERB U. Nanocrystalline Metals:US Patent 5433797[P]. 1995.

[117] PADAMANABHAN K A. Mechanicalproperties of nanostructured materials[J]. Mater. Sci. Eng. A,2001,(304 - 306):200 - 205.

[118] 熊毅,荆天辅,乔桂英,等. 脉冲喷射电沉积镍工艺的研究[J]. 电镀与涂饰,2000,19(6):11 - 14.

[119] MüLLER B,FERKEL H. Al$_2$O$_3$ - nanoparticle distribution in plated nickel composite films[J]. Nanostruct. Mater,1998,10(8):1285 - 1288.

[120] GARCIA I,FRANSAER J,CELIS J P. Electrodeposition and sliding wear resistance of nickel composite coatings containing micron and submicron SiC particles[J]. Surf. Coat. Tech,2001,148:171 - 176.

[121] LEKKA M,KOULOUMBI N,GAJO M,et al. Corrosion and wear resistant electrodeposited composite coatings[J]. Electrochim. Acta,2005,50:4551 - 4556.

[122] 赵阳培,黄因慧. 电沉积纳米晶材料的研究进展[J]. 材料科学与工程学报,2003,21(1):126 - 129.

[123] TóTH - KáDáR E,BAKONYI I,POGáNY L, et al. Microstructure and electrical transport properties of pulse - plated nanocrystalline nickel electrodeposits[J]. Surf. Coat. Tech,1997,88,(1 - 3):57 - 65.

[124] NNATTER H,SCHMELZER M,HEMPELMANN R. Nanocrystalline nickel and nickel - vopper - alloys:synthesis,characterization and thermal stability[J]. J. Mater. Res,1998,13(5):1186 - 1197.

［125］WANG Y M,CHENG S,WEI Q M. Effects of annealing and impurities on tensile properties of electrodeposited nanocrystalline Ni［J］. Scripta Mater,2004,51:1023 – 1028.

［126］XIAO C H,MIRSHAMS R A,WHANG S H,et al. Tensile behavior and fracture in nickel and carbon dopednanocrystalline nickel［J］. Mater. Sci. d Eng. A,2001,31:35 – 43.

［127］YIN W M,WHANG S H,MIRSHAMS R A. Effect of interstitials on tensile strength and creep in nanostructured Ni［J］. Acta Mater,2005,53:383 – 392.

［128］KOZLOV V M,PERALDO B L. Influence of noncoherent nucleation on the formation of the polycrystalline structure of metals electrodeposited in the presence of surface active agents［J］. Mater. Chem. Phys,2002,62:158 – 163.

［129］EBRAHIMI F,BOURNE G R,KELLY M S,et al. Mechanical properties of nanocrystalline nickel produced by electrodeposition［J］. Nanostruct. Mater,1999, 11(3):343 – 350.

［130］张文峰,朱荻. 电沉积纳米复合材料的研究与应用［J］. 材料导报,2003,17(8):57 – 60.

［131］HE L P,LIU H R,CHEN D C,et al. Fabrication of Hap/Ni biomedical coatings Using an electro – codeposition technique［J］. Surf. Coat. Tech,2002,160(2 – 3):109 – 113.

［132］郭玉宝,杨儒,李敏,等. 纳米材料结构与性能的计算机模拟研究［J］. 材料导报,2003, 17(6):12 – 14.

［133］ZHOU S J. Large – scale molecular dynamics simulations of dislocation intersection in copper［J］. Science,1998,279(6):1525 – 1527.

［134］SCHIOTZ J,TOLLA F D,JACOBSEN W. Softening of nanocrystalline metals at very small grain size［J］. Nature,1998,391:561 – 563.

［135］SWYGENHOVEN H V,CARO A,FARKAS D. Grain boundary structure and its influence on plastic deformation of polycrystalline FCC metals at the nanoscale:a molecular dynamics study［J］. Scripta Mater,2001,44(8 – 9):1513 – 1516.

［136］KEBLINSKI P,WOLF D,GLEITER H. Molecular – dynamics simulation of grain – boundary diffusion creep［J］. Interface Sci,1998,6(3):205 – 212.

［137］YAMAKOV V,WOLF D,PHILLPOT S R. Dislocation processes in the deformation of nanocrystalline aluminium by molecular – dynamics simulation［J］. Nat. Mater,2002, 1:45 – 49.

［138］CHEN M W,MA E,HEMKER K J. Deformation twinning in nanocrystalline aluminum［J］. Science,2003,300:1275 – 1277.

［139］陈亚芳,王保国,陈晋芳. 纳米复合材料的制备技术及应用进展［J］. 山西化工,2010, 30(2):27 – 30.

［140］RUBING Z. The study on preparation technology of nanometer compositematerials(I)［J］. Chinese Journal of Explosives & Propellants,1999,22(1):45 – 48.

［141］洪伟良,刘剑洪,田德余. 有机 – 无机纳米复合材料的制备方法［J］. 化学研究与应用,

2000,12(2):132 - 136.

[142] 徐国财,邢宏飞,闽凡飞. 纳米 SiO_2 在紫外线固化涂料中的应用[J]. 涂料工业, 1999(7):3 - 5.

[143] 魏霖,陈哲,严有为. 块体金属基纳米复合材料的制备技术[J]. 特种铸造及有色合金, 2006,26(7):420 - 423.

[144] YANG Y,LAN J,LI X C. Study on bulk aluminum matrix nano - composite fabricatedby ultrasonic dispersion of nano - sized SiC particles in molten aluminum alloy[J]. Mater. Sci. Eng,2004,A 380:378 - 383.

[145] VALIEV R Z,ISLAMGALIEV R K. Alexandrov IV. Bulk nanostructured materials from severe plastic deformation[J]. Prog. Mater. Sc. i,2000,45(2):103 - 109.

[146] 谢中运,刘维平. 我国无机纳米复合材料制备进展[J]. 中国粉体技术,2003,9(4): 42 -46.

[147] MASUMOTO T,MADDIN R. The mechanical properties of palladium 20 a/o silicon alloy quenched from the liquid state[J]. Acta Metall,1971,19(7):725 - 741.

[148] PAMPILLO C A. Review:Flow and fracture in amorphous alloys[J]. J. Mater. Sci, 1975,10:1194 - 1227.

[149] SCHEN H,POLK D E. Mechanical properties of Ni - Fe based alloy glasses[J]. J. Non -Cryst. Solids,1974,15(2):174 - 178

[150] INOUE A,KIMURA H M, ZHANG T. High - strength aluminum - and zirconium - based alloys containing nanoquasicrystalline particles[J]. Mater. Sci. Eng. A,2000, 294 - 296:727 - 735.

[151] ZHANG Z F,ECKERT J,SCHULTZ L. Difference in compressive and tensile fracture mechanisms of $Zr_{59}Cu_{20}Al_{10}Ni_8Ti_3$ bulk metallic glass[J]. Acta Mater,2003,51(4): 1167 - 1179.

[152] 陈光,傅恒志. 非平衡凝固新型金属材料[M]. 北京:科学出版社,2004:96 - 140.

[153] CONNER R D,DANDLIKER R B,JOHNSON W L. Mechanical properties of tungsten and steel fiber reinforced $Zr_{41.25}Ti_{13.75}Cu_{12.5}Ni_{10}Be_{22.5}$ metallic glass matrix composites[J]. Acta Mater,1998,46(17):6089 - 6102.

[154] CLAUSEN B,LEE S Y,üSTüNDAG E,et al. Compressive yielding of tungsten fiber reinforced bulk metallic glass composites[J]. Scripta Mater,2003,49(2):123 - 128.

[155] CONNER R D,CHOI - YIM H,JOHNSON W L. Mechanical properties of ZrNbAlCuNi metallic glass matrix particulate composites[J]. J. Mater. Res,1999,14:3292 - 3297.

[156] CHOI - YIM H,CONNER R D,SZUECS F,et al. Processing,microstructure and properties of ductile metal particulate reinforced $Zr_{57}Nb_5Al_{10}Cu_{15.4}Ni_{12.6}$bulk metallic glass composites[J]. Acta Mater,2002,50(10):2737 - 2745.

[157] FAN C,INOUE A. Improvement of Mechanical properties by precipitation of nanoscale compound particles in Zr - Cu - Pd - Al amorphous alloys[J]. Mater Trans JIM,1997, 38:1040 - 1046.

[158] FAN C,TAKEUCHI A,INOUE A. Preparation and mechanical properties of Zr - based

bulk nanocrystalline alloys containing compound and amorphous phases[J]. Mater Trans JIM,1999,40:42 - 51.

[159] FAN C,LI C F,INOUE A,et al. Deformation behavior of Zr - based bulk nanocrystalline amorphous alloys[J]. Phys. Rev. B,2000,61(6):3761 - 3763.

[160] 边赞,何国,陈国良. $Zr_{52.5}Cu_{17.9}Ni_{14.6}Al_{10}Ti_5$ 块体非晶退火后的力学性能[J]. 金属学报,2000,36(7):693 - 696.

[161] 孙国元,陈光,陈国良. 内生枝晶增塑锆基块体金属玻璃复合材料[J]. 金属学报,2006,42(3):331 - 336.

[162] SUN G Y,CHEN G,LIU C T,et al. Innovative processing and property improvement of metallic glass based composites[J]. Scripta Mater,2006,55(4):375 - 378.

[163] SZUECS F,KIM C P,JOHNSON W L. Mechanical properties of $Zr_{56.2}Ti_{13.8}Nb_{5.0}Cu_{6.9}Ni_{5.6}Be_{12.5}$ ductile phase reinforced bulk metallic glass composite[J]. Acta Mater,2001,49(9):1507 - 1513.

[164] HAYS C C,KIM C P,JOHNSON W L. Improved mechanical behavior of bulk metallic glasses containing in situ formed ductile phase dendrite dispersions[J]. Mater. Sci. Eng. A,2001,304 - 306:650 - 655.

[165] SAOTOME Y,ITOH A,AMADA S. Supperplastic micro forming of double gear for milli - machines[J]. Proceeding of the 4th ICTP,1993:2000 - 2005.

[166] LIU Y P,LIEW L A,DUNN M L,et al. Application of microforging to SiCN MEMS fabrication[J]. Sensor. Actuat. A - Phys,2002,95(2 - 3):143 - 151.

[167] 郑善伟,杨方,齐乐华,等. 塑性微挤压成形力变化规律的实验研究[J]. 塑性工程学报,2011,18(2):41 - 43.

[168] KALS R,ECKSTEIN R. Miniaturizationin sheet metal working[J]. J. Mater. Proces. Tech,2000,103:95 - 101.

[169] SAOTOME Y,OKAMOTO T. An in - situ Incremental microforming system for three - dimensional shell structures of foil materials[J]. J. Mater. Process. Tech,2001,113(1 -3):636 - 640.

[170] ENGEL U. Tribology in microforming[J]. Wear,2006,260(3):265 - 273.

[171] JEONG H,HATA S. Microforming of Three - dimensional microstructures from thin - film metallic glass[J]. J. Microelectromechanical,2003,12:42 - 52.

[172] SAOTOME Y,MIWA S,ZHANG T,et al. The microformability of Zr - Based amorphous alloys in the supercooled liquid state and their application to microdies[J]. J. Mater. Process. Tech,2001,113:64 - 69.

[173] SAOME Y,INOUE A. New amorphous alloys as micromaterials and the processing technology[J]. Proceedings of the 13th Annual International Conference on Micro Electro Mehanical Systerms,2000:288.

[174] NEUGEBAUER R,SCHUBERT A,KADNER J,et al. High precision embossing of microparts. Advanced Technology of Plasticity,Proceedings of the 6th Annual International Conferenceon on technology of Plasticity ICTP[C]. Nuremberg,

Germany,1999:345.

[175] LEOPOLD J. Foundations of micro – forming Technology of Plasticity[J]. Proceedings of the 6th ICTP,1999:883.

[176] 王国勇. 电沉积纳米晶铜微观组织与变形机制的研究[D]. 长春:吉林大学材料科学与工程学院,2009:13 – 21.

[177] 郑勇刚. 纳米晶体材料中晶粒生长及变形机理的研究[D]. 大连:大连理工大学材料科学与工程学院,2008:8 – 15.

第2章 纳米复相陶瓷制备及塑性成形

2.1 概　述

陶瓷具有高硬度、耐高温、耐腐蚀和耐磨损等金属材料难以相比的优点,在航空航天及机械工业中都有广泛的应用,如火箭、航天飞机、发动机等高温结构及超硬刀具等都已越来越多地采用陶瓷材料。纳米陶瓷复合材料是陶瓷复合材料的研究重点之一,纳米陶瓷材料的一个重要特点是在高温环境中晶粒会迅速长大,导致性能急剧恶化,因此控制纳米晶粒在高温下的长大成为关键问题,同时通过相变增韧及纳米颗粒增韧这两种机理解决陶瓷材料本身的脆性问题也是纳米复相陶瓷的一个重要任务。

许多陶瓷材料都被发现具有不同程度的超塑性。目前对纳米陶瓷复合体系的研究主要集中在材料制备、力学性能、增韧机理、微观结构方面,少数进行过高温蠕变和超塑成形的研究,但是成形的手段比较单一,成形件的形状也比较简单。利用纳米复相陶瓷在高温下具有超塑性进行加工是实现复杂形状零件近净成形的重要手段。

学者对高温超导陶瓷、高温结构陶瓷和硬磁陶瓷材料等的织构均有着广泛的研究。许多情况下,材料的力学性能和物理性能如磁性、超导性、铁电性、热导率和热膨胀等呈现强的各向异性,织构在这些材料的研究中起着极为重要的作用。织构化是提高材料物理和机械性能的一个重要方法。陶瓷织构可以通过多种方式获得,比如样板晶长大、籽晶生长、高温变形等,其中常用的制备陶瓷织构材料的热加工方法有热锻、热轧、热挤和热拔等方法。

在陶瓷材料的高温挤压成形过程中,试件和模具之间的摩擦起到极其重要的作用,摩擦使成形更加困难,导致模具损坏,影响试件的表面质量和使用性能,严重的将直接影响成形实验成功与否,所以合适的润滑剂对于陶瓷超塑成形来说尤为重要。

2.2 纳米陶瓷复合粉体的制备

2.2.1 Y_2O_3 及 Al_2O_3 纳米陶瓷粉体的制备及表征

1. 实验材料与方法

（1）实验试剂

制备 Y_2O_3 及 Al_2O_3 纳米陶瓷粉体所需主要试剂见表2.1。实验前首先对试剂进行分析检测,确定试剂无误,然后将试剂置于阴凉干燥处以备使用。

表 2.1　实验用主要试剂

原料	生产商	纯度/%
丙烯酰胺	天津化学试剂厂	99.1
N,N′-亚甲基双丙烯酰胺	天津化学试剂厂	98.2
过硫酸铵	西安化学试剂厂	99.1
硝酸钇	天津第三试剂厂	99.8
硝酸铝	天津第三试剂厂	99.8
乙醇	天津化学试剂厂	99.7
氨水	天津化学试剂厂	35

（2）沉淀法制备纳米陶瓷粉体工艺流程

为了体现高分子网络凝胶法的特点以及所制备粉体的优良性能,首先采用沉淀法制备 Y_2O_3 纳米粉体。

实验流程如图 2.1 所示。首先准备实验药品,将 $Y(NO_3)_3 \cdot 6H_2O$ 配制成 0.2 mol/L 的硝酸盐水溶液。然后将混合的溶液放在电磁搅拌器上充分搅拌 0.5 h,使其混合均匀。接着,向溶液中滴加浓氨水。在滴加的过程中,将不断有胶体生成,这时要不断对溶液进行搅拌,避免胶体发生凝聚,同时保持 pH 值为 9~10。氨水滴加完毕后,继续对溶液搅拌 30 min,以保证反应能充分进行。然后,将含有胶体的溶液倒入内壁放有定性滤纸的漏斗上进行过滤,当沉淀完全后,用蒸馏水对其进行多次过滤洗涤。最后,将用蒸馏水洗过的凝胶再用无水乙醇洗 3 遍,目的主要是为了能脱除一定量的水分。将胶体放入坩埚内,在 150 ℃ 下干燥 2~3 h,使凝胶完全脱去水分。用研钵进行反复研磨后,将粉体分成几份,分别在不同的煅烧温度下进行煅烧。沉淀法制备纳米陶瓷粉体存在

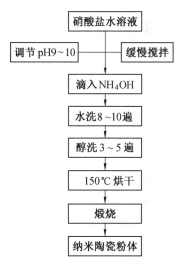

图 2.1　沉淀法制备纳米陶瓷粉体流程图

以下不足:生产过程周期长、成本高,由于酒精和氨水的大量应用造成严重的污染,所制备的粉体粒径较大且团聚严重。

（3）高分子网络凝胶法制备纳米陶瓷粉体工艺流程

高分子网络凝胶法制备纳米粉体的具体工艺为:在一定比例的硝酸盐水溶液中,加入丙烯酰胺、亚甲基双丙烯酰胺和过硫酸铵,在 80 ℃ 聚合,得到凝胶,然后经干燥、煅烧,获得氧化物粉体。其凝胶过程如图 2.2 所示,亚甲基丙烯酰胺作为网络剂,利用其活化双键的功能团效应,产生高分子网络凝胶,从而使阳离子的活性降低,减少沉淀和烧结过程中的团聚机会。

制备流程图如图 2.3 所示。分别在浓度为 0.2 mol/L 的 $Al(NO_3)_3 \cdot 9H_2O$ 和 $Y(NO_3)_3 \cdot 6H_2O$ 水溶液中,加入丙烯酰胺、亚甲基双丙烯酰胺和过硫酸铵,然后将混合溶液放在电磁搅拌器

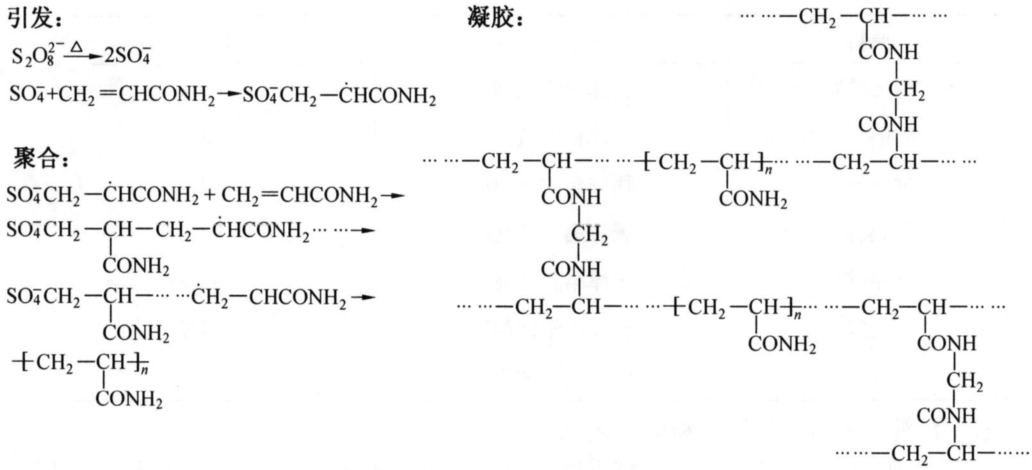

引发：

$$S_2O_8^{2-} \xrightarrow{\triangle} 2SO_4^-$$

$$SO_4^- + CH_2{=}CHCONH_2 \rightarrow SO_4^-CH_2-\dot{C}HCONH_2$$

聚合：

$$SO_4^-CH_2-\dot{C}HCONH_2 + CH_2{=}CHCONH_2 \rightarrow$$

$$\underset{\underset{CONH_2}{|}}{SO_4^-CH_2-CH}-CH_2-\dot{C}HCONH_2 \cdots \cdots \rightarrow$$

$$\underset{\underset{CONH_2}{|}}{SO_4^-CH_2-CH} \cdots \cdots \dot{C}H_2-CHCONH_2 \rightarrow$$

$$\underset{\underset{CONH_2}{|}}{\left.\!\!+CH_2-CH\!\!\right._n}$$

凝胶：

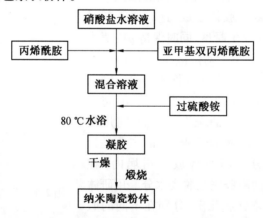

图 2.2　高分子网络凝胶机理[1]

上充分搅拌 0.5 h,使其混合均匀;接着在 80 ℃ 进行水浴,经过 2 h 的聚合后,得到凝胶;将胶体放入坩埚内,在 200 ℃ 内干燥后,得到干胶,干燥温度为 140 ℃;取出后,用研钵反复研磨干胶,将粉体分成几份,然后在不同温度下煅烧,待随炉冷却后取出,再放入研钵反复研磨,最后得到非常疏松的白色絮状粉体。

硝酸盐水溶液

丙烯酰胺 ←　　　← 亚甲基双丙烯酰胺

混合溶液 ←　　　← 过硫酸铵

80 ℃水浴

凝胶

干燥

煅烧

纳米陶瓷粉体

图 2.3　高分子网络凝胶法制备纳米粉体流程图

　　(4) 凝胶的差热、热重和煅烧过程分析

　　差热 - 热重分析结果如图 2.4 所示,试样所处温度范围为 20 ~ 800 ℃,升温速率 15 ℃/min。由图 2.4 可以看出:从 20 ℃ 到 180 ℃,凝胶吸热峰很小,仅有少量的失重发生;180 ℃ 到 300 ℃,吸放热峰较强,伴随着较大的失重现象发生;从 300 ℃ 到 680 ℃,吸热峰较小;从 680 ℃ 到 720 ℃ 吸放热峰较大,750 ℃ 以后吸放热过程基本结束,失重现象也相应停止。

　　凝胶经 180 ℃ 干燥后,由于水分的蒸发,产生失重现象,样品中碳含量提高,而氢含量降低,样品变为黄色,说明样品中积存了碳,没有被完全氧化成二氧化碳而挥发。当温度逐渐升高到 300 ℃,直至 600 ℃ 样品颜色由深灰色、黑色,变为灰色、蛋黄色,元素分析表明:样品中碳的含量显著降低,积存的碳逐渐被氧化成二氧化碳而挥发,导致失重,此时对应于丙烯酰胺和亚甲基双丙烯酰胺的催化、氧化和分解过程,元素分析表明样品中仍然有硫元素存在。从 680 ℃ 到 720 ℃ 吸放热峰较大,煅烧过程中可发现煅烧炉中有褐色浓烟冒出,并带有刺激性的气味,这是过硫酸铵中的硫元素被氧化挥发的结果。750 ℃ 以后样品已经变为白色,质量基本不随温度变化,说明有机成分已经氧化分解完全。

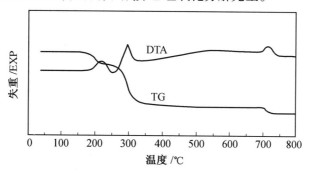

图 2.4　高分子凝胶的 DTA 和 TG 曲线

2. Y$_2$O$_3$ 纳米粉体的分析与表征

（1）煅烧温度与相变分析

首先在不同温度下对不同方法制备的胶体进行煅烧,煅烧温度分别为 850 ℃ 和 950 ℃,其相的构成如图 2.5 和图 2.6 所示。由图 2.5 可以看出,沉淀法制备的胶体经 850 ℃ 煅烧的粉末衍射峰已经相当明显,但与标准（PDF）卡对比之后,发现与体心立方 Y$_2$O$_3$ 图谱并没有完全吻合,而且还有部分氧化钇尚未结晶;经 950 ℃ 煅烧的样品则显示完好的衍射峰,将实验结果与标准（PDF）卡对比,发现与体心立方 Y$_2$O$_3$ 图谱完全吻合,因此产物为体心立方 Y$_2$O$_3$。而从图 2.6 可以看出高分子网络凝胶法制备的氧化钇经 850 ℃ 煅烧,粉体已经结晶良好,经 950 ℃ 煅烧的粉体则显示出很强的衍射峰。从图 2.5 和图 2.6 的对比可以看出:在相同的温度条件下煅烧,高分子网络凝胶法制备的氧化钇较沉淀法制备的氧化钇晶化好。

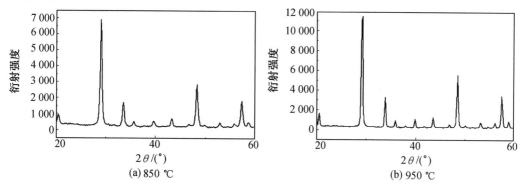

(a) 850 ℃　　　　　　　　(b) 950 ℃

图 2.5　高分子网络凝胶法制备的氧化钇在不同温度煅烧时的 XRD 图

（2）粉体微观形貌分析

采用高分子网络凝胶法和沉淀法制备的氧化钇粉体的微观形貌分别如图 2.7 和 2.8 所示。采用沉淀法制备的氧化钇,如果制备过程中不加入 PEG 大分子作为分散剂,则团聚非常严重,几乎所有颗粒均团聚在一起。加入分散剂之后,团聚现象减轻,但是颗粒粒径分布很不均匀:绝大部分颗粒的粒径为 50 ~ 100 nm,而只有少数颗粒粒径小于 50 nm。而采用高分子网络凝胶法制备的氧化钇纳米粉体的颗粒粒径小且分布均匀,颗粒直径都为 10 ~ 20 nm。

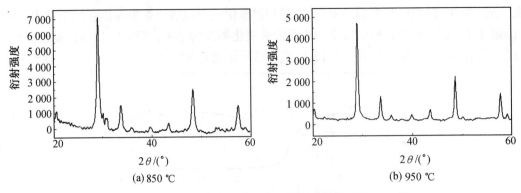

(a) 850 ℃ (b) 950 ℃

图 2.6　沉淀法制备的氧化钇在不同温度煅烧时的 XRD 图

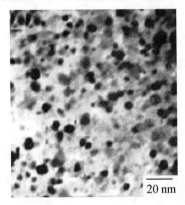

图 2.7　网络凝胶法制备纳米氧化钇粉体的 TEM 形貌

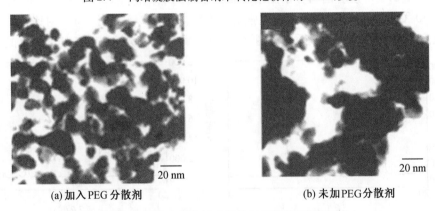

(a) 加入 PEG 分散剂 (b) 未加 PEG 分散剂

图 2.8　沉淀法制备纳米氧化钇粉体的 TEM 形貌

3. Al₂O₃ 纳米粉体的分析

（1）煅烧温度与相变分析

氧化铝的相变过程如图 2.9 所示，$\alpha - Al_2O_3$ 需经 1 200 ℃ 以上的高温煅烧才可以获得。而粉体粒径的大小与煅烧温度有密切的关系，降低煅烧温度有利于减小颗粒尺寸[2]。

采用高分子网络凝胶法制备 Al_2O_3 纳米粉体，分别在 1 000 ℃ 和 1 100 ℃ 煅烧，煅烧后相的构成如图 2.10 所示。从图 2.10 可以看出：在高分子网络凝胶法中，经 1 100 ℃ 煅烧后全部为 $\alpha - Al_2O_3$，而且结晶良好，如果煅烧温度为 1 000 ℃，则产物为 $\theta - Al_2O_3$。而沉淀法

制备 α – Al_2O_3 的煅烧温度高于 1 200 ℃。表明高分子网络凝胶法可以在较低的煅烧温度下,获得稳定的 α – Al_2O_3,这有利于颗粒尺寸较小的纳米氧化铝粉体的生成。

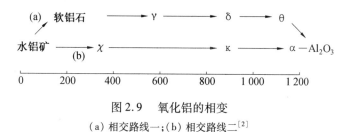

图 2.9 氧化铝的相变

(a) 相交路线一;(b) 相交路线二[2]

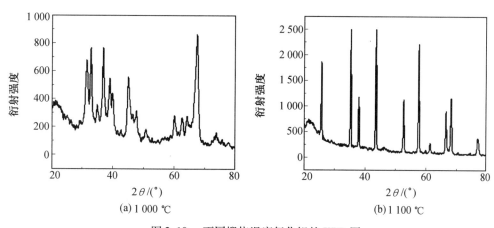

图 2.10 不同煅烧温度氧化铝的 XRD 图

（2）粉体微观形貌分析

图 2.11 为高分子网络凝胶法制备的氧化铝在不同温度煅烧时的粉体形貌,煅烧温度选择区间为 1 000 ~ 1 200 ℃。

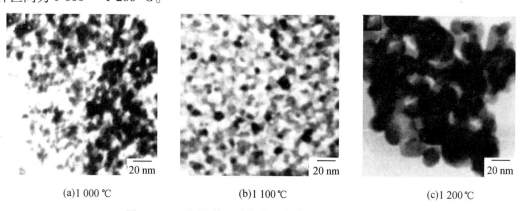

图 2.11 不同煅烧温度氧化铝粉体的 TEM 微观形貌

从图 2.11 可以看出:经 1 100 ℃ 煅烧的氧化铝颗粒尺寸小于 20 nm,细小均匀,分散性好。虽然经 1 000 ℃ 煅烧的氧化铝颗粒尺寸小于 10 nm,但团聚比较严重,XRD 分析表明,其相的构成全部为 θ – Al_2O_3;而经 1 200 ℃ 煅烧的氧化铝颗粒长大比较严重,一部分颗粒尺寸已经达到 50 nm。

4. 单体和网络剂比例对粉体形貌的影响

由于在过硫酸铵的引发下,发生单体自由基聚合反应,利用网络剂的两个活化双键的双官能团效应,将高分子链连接起来构成网络,从而获得凝胶,因此单体与网络剂的比例将影响网络凝胶的均匀性,从而影响纳米颗粒的尺寸及粉体的团聚情况。

有文献在研究高分子凝胶网络结构时,假设其溶胀时在三维方向上有各向同性,进而推导出凝胶平衡溶胀度与网络结构的关系式,表示如下[2]

$$Q_m^{5/3} = \frac{M_c}{\rho_2 V_1}\Big(1 - \frac{2M_c}{M}\Big)\Big(\frac{1}{2} - X_1\Big) \tag{2.1}$$

式中　　Q_m——凝胶网络的平衡溶胀度;

　　　　M_c——凝胶网络中两相邻交联点间的数均分子量;

　　　　ρ_2——聚合物的密度;

　　　　V_1——溶剂的摩尔体积;

　　　　M——聚合物的起始数均分子量;

　　　　X_1——Flory 溶剂聚合物作用常数。

M_c 是表征凝胶网络网眼大小的量,显然网眼越小,所产生粉体的粒径越小。网眼的大小可以通过控制单体和网络剂的比例来控制。数均分子量 M_c 可利用凝胶的平衡溶胀实验进行测定,该方法使凝胶在溶剂中溶胀至平衡后,测定其溶胀平衡的一些数据,而后由下式来求得[2]

$$\frac{1}{M_c} - \frac{2}{M_{n(0)}} = -\frac{\frac{1}{d_\rho V_1}[\ln(1 - V_{2,s}) + V_{2,s} + X_1 V_{2,s}^2]}{V_{2,r}\Big[\Big(\frac{V_{2,s}}{V_{2,r}}\Big)^{1/3} - \frac{1}{2}\frac{V_{2,s}}{V_{2,r}}\Big]} \tag{2.2}$$

式中　　$M_{n(0)}$——聚合物的起始数均分子量,kg/kmol;

　　　　d_ρ——聚合物的密度,kg/m³;

　　　　V_1——溶剂的摩尔体积,m³/mol;

　　　　$V_{2,s}$——凝胶溶胀状态时的聚合物体积分数;

　　　　$V_{2,r}$——凝胶松弛状态时的聚合物体积分数;

　　　　X_1——聚合物溶剂作用常数(可从聚合物手册中查到);

　　　　$V_{2,r} = V_\rho/V_r$;

　　　　$V_{2,s} = V_\rho/V_s$;

　　　　$V_\rho = W_\rho/Q_\rho$;

　　　　W_ρ——聚合物质量;

　　　　Q_ρ——聚合物的体积密度;

　　　　V_ρ——聚合物体积;

　　　　V_r、V_s——凝胶松弛、溶胀状态时的体积。

实验以氧化钇的制备为例研究了单体和网络剂的摩尔比例对粉体制备的影响[2,3]。图 2.12 为单体和网络剂不同摩尔比例时所得到氧化钇纳米粉体的形貌。从图 2.12 可以看出:当单体和网络剂的比例为 5∶1 时,所制备的纳米颗粒尺寸细小、均匀;当比例偏离 2∶1 较大时,粉体的团聚比较严重,且一部分颗粒尺寸长大,造成颗粒尺寸分布不均匀。

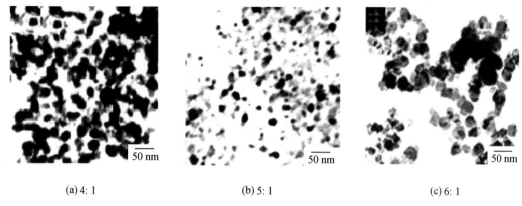

(a) 4:1   (b) 5:1   (c) 6:1

图 2.12 不同单体和网络剂比例的氧化钇粉体的 TEM 微观形貌

2.2.2 Al_2O_3 – ZrO_2 纳米复合粉体的制备及表征

1. 纳米复合陶瓷粉体制备方案

采用醇 – 水溶液加热法制备 Al_2O_3 – ZrO_2 纳米复合陶瓷粉体,具体步骤如下:将标定好的 $Al(NO_3)_3 \cdot 9H_2O$、$ZrOCl_2 \cdot 8H_2O$、$Y(NO_3)_3 \cdot 6H_2O$ 按 80% Al_2O_3 + 20% ZrO_2(3Y)(摩尔分数)(20% ZrO_2(摩尔分数) = 16.9% ZrO_2(体积分数) = 23.6% ZrO_2(质量分数))配成一定摩尔浓度的混合液。按醇水比 5:1 加入无水乙醇,并加入一定量的 PEG(聚乙二醇)200 和 PEG1540 作为分散剂。将此溶液倒入锥形瓶,置于电子恒温水浴锅中缓慢加热至 75 ℃,保温 6 h,制得白色溶胶。

沉淀过程是在室温电磁搅拌器上完成的。化学沉淀可以用正滴法(将沉淀剂溶液滴入盐溶液中)或反滴法(将盐溶液滴入沉淀剂溶液中),这两种方法的主要区别在于盐溶液的 pH 值随反应时间的变化速率不同。对于多种阳离子材料,采用反滴法阳离子在前驱物中有更好的均匀性,故采用这种方法。为了研究沉淀剂的影响,采用新型 NH_4HCO_3 作为沉淀剂来代替传统的氨水(湿化学法制备纳米氧化物时最常用的沉淀剂)。采用 NH_4HCO_3 作沉淀剂时,在轻微搅拌的同时将 200 mL 盐溶液以 3 mL/min 的速度滴入装有 320 mL 1.8 mol/L 的 NH_4HCO_3 溶液的烧瓶中以获得前驱物沉淀(称为 AHC 方法)。传统使用的氨水用于对比实验,将稀释后的 1.8 mol/L(pH 值约为 11)的氨水 170 mL 用于实验(称为 AM 方法)。将合成的悬浮液陈化 12 h,倒入内壁放有定性滤纸的漏斗上抽吸过滤,滤出凝胶,然后用蒸馏水洗涤凝胶至 3 mol/L $AgNO_3$ 溶液检测不出 Cl^-。用蒸馏水洗涤过的凝胶再用无水乙醇洗 3 遍。将胶体放入坩埚内,在 150 ℃ 内干燥后,用刚玉研钵反复研磨,在不同温度下煅烧,得到复合粉体。实验流程如图 2.13 所示。

醇 – 水溶液加热法的一个重要阶段是在溶液加热时产生凝胶状沉淀,当醇 – 水溶液加热时,溶液中发生如下水解反应:

$$4ZrOCl_2 + 6H_2O \rightleftharpoons Zr_4O_2(OH)_8Cl_4 + 4HCl \qquad (2.3)$$

$$Al^{3+} + 3H_2O \rightleftharpoons Al(OH)_3 + 3H^+ \qquad (2.4)$$

反应生成的这些胶粒逐渐聚合形成凝胶状沉淀,由于水解后溶液呈弱酸性,所以 Al^{3+} 的水解反应受到一定抑制。在这期间,Y^{3+} 和 Al^{3+} 自由地分散在凝胶中。由于加热过程是均匀进行没有外部干扰,这种分散是比较均匀的。此外,沉淀得到的悬浮液经过多次蒸馏水

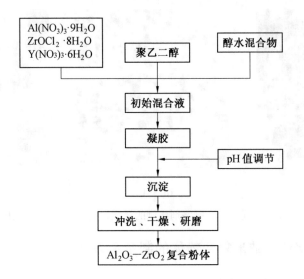

图 2.13　纳米复合粉体制备流程图

洗涤后,其中的水会引起团聚,若在这种情况下干燥,则凝胶颗粒表面之间紧密接触,煅烧过程中极易生成硬团聚体。因为非架桥羟基是生成硬团聚的根源,而以毛细管水的形式存在的吸附水和结构配位水脱除时所造成的收缩现象,为生成硬团聚创造了条件。所以将水洗后的湿凝胶采用非离子型表面活性剂处理,用乙醇反复洗涤,使胶粒表面吸附活性剂,将粒界间的非架桥羟基和吸附水彻底"遮蔽",以降低粒界间的表面张力。另外加入适量的分散剂后,由于在沉淀过程中有 PEG 大分子吸附在沉淀粒子的表面,削弱了粒子间的吸引力,大大减小了粒子相互靠近的可能性,从而防止在随后的胶体干燥和煅烧过程中桥氧键的形成,即相邻颗粒间表面 Zr – O – Zr 的化学键的形成,也改善了团聚情况。为确保粉体的纯度,分散剂在粉体制备后期必须设法去除,采用蒸馏水多次洗涤。

Al_2O_3 – ZrO_2 纳米复合粉体制备用主要试剂见表 2.2,其他未注药品试剂同表 2.1。

表 2.2　实验用主要试剂

原　料	生产商	纯　度
氧氯化锆	中国医药上海化学试剂站	分析纯(含量不少于 99%)
聚乙二醇 200	天津新雅工贸有限公司	平均分子质量 180 ~ 280
聚乙二醇 1540	上海浦东高南化工厂	平均分子质量 1 300 ~ 1 700
硝酸银	哈尔滨化学试剂厂	分析纯(含量不少于 99.9%)

2. 纳米粉体团聚机理分析

硬团聚的存在是获得高性能纳米粉体材料的一个重要障碍,为彻底解决该问题,必须首先对纳米粉体团聚机理进行分析。纳米粉体最典型的特征是比表面积大,表面能升高,同时,表面原子或离子数的比例也大大提高,因而使其表面活性增加,颗粒之间吸引力增大,由于表面杂质如水的存在已引起纳米粒子团聚;另外,纳米粉体表面静电很高,以及粒子和粒子在相互碰撞过程中也易互相吸引而团聚。通过长时间深入研究,人们认为,纳米粉体产生团聚的原因可归纳为如下四个主要方面:

(1)材料在细化过程中,由于冲击、摩擦及粒径的减小,在新生的超细粒子的表面积累了大量的正电荷或负电荷,这些带电粒子极不稳定,为了趋于稳定,它们互相吸引,使颗粒产生团聚,此过程的主要作用力是静电库仑力。

(2) 材料在细化过程中,吸收了大量的机械能或热能,使新生的纳米颗粒表面具有相当高的表面能,粒子处于极不稳定状态。粒子为了降低表面能,使其趋于稳定状态,往往通过相互聚集靠拢而达到稳定状态,引起粒子团聚。

(3) 从热力学角度来看,粉体有自发聚集的倾向,而且颗粒粒径越小,团聚越严重。设团聚前分散状态粉体的总表面积为 A_0,团聚后总表面积为 A_C,单位面积的表面自由能为 R_0,则团聚前分散状态粉体的总表面能 G_0 为

$$G_0 = R_0 A_0 \qquad (2.5)$$

则团聚后粉体的总表面能 G_C 为

$$G_C = R_0 A_C \qquad (2.6)$$

由分散状态变为团聚状态总表面能 ΔG 为

$$\Delta G = G_C - G_0 = R_0(A_C - A_0) \qquad (2.7)$$

显然,$A_C < A_0$,$\Delta G < 0$,因此,团聚状态比分散状态稳定,分散的粒子总是趋向于团聚以达到稳定状态。实现纳米粉体团聚的主要推动力是范德华引力,两个分子的范德华吸引位能 φ_A 可表示为

$$\varphi_A = -\lambda / X^6 \qquad (2.8)$$

式中 X——分子间距;

λ——涉及分子极化率、特征频率的引力常数。

对两个直径为 D 的同种物质球形颗粒,可导出在表面间距 $a \ll D$, $a = 0.01 \sim 0.1$ μm 时,φ_A 为

$$\varphi_A = -AD/(24a) \qquad (2.9)$$

式中 A——Hamakar 常数,$A = \pi^2 N^2 \lambda$。

从而相应的范德华引力为

$$F = \mathrm{d}\varphi_A / \mathrm{d}a = -AD/(24a^2) \qquad (2.10)$$

可见,F 与颗粒直径 D 成正比,而颗粒所受重力正比于 D^3,因此当 D 减小至某一值时,必将有范德华引力大于重力。据计算,粒径小于 10 μm 的颗粒间的范德华引力比重力大几十倍以上。因此,这样团聚的颗粒是不会因重力而分离的,这说明在一般状态下,粉体的分散程度主要取决于颗粒间的范德华引力。

(4) 由于纳米粒子之间表面的氢键、吸附湿桥及其他化学键作用,也易导致粒子之间的互相黏附聚集。

在制备 Al_2O_3-ZrO_2 纳米粉体的整个工艺过程中,从化学反应成核、晶核生长到前驱体的洗涤、干燥和煅烧,每一个阶段均可能产生颗粒团聚。湿化学法制备前驱物不但含有大量的结构吸附水,同时也有大量的物理吸附水。颗粒表面存在的大量架桥羟基将引起相邻颗粒之间由于氢键作用而结合在一起,当发生脱水时,这些氢键将转化成强度更高的桥氧键从而使颗粒形成硬团聚;另一方面,水分脱除过程中,前驱体凝胶网络之间将产生巨大的毛细管力,使颗粒收紧重排,也是造成颗粒团聚的一个重要原因[4]。

3. 反应物浓度对 Al_2O_3-ZrO_2 纳米复合粉体性能的影响

许多人研究认为,由溶液中析出胶粒的过程,与结晶过程相似,可以分为两个阶段,第一阶段是形成晶核,第二阶段是晶体的成长。Weimarn 认为晶核的生成速度 V_1,与晶体的溶解

度和溶液的过饱和度有如下关系[5]：

$$V_1 = \frac{\mathrm{d}n}{\mathrm{d}t} = K_1\left(\frac{c-S}{S}\right) \tag{2.11}$$

式中 t——时间；

　　　n——产生晶核的数目；

　　　c——析出物质的浓度，即过饱和浓度；

　　　S——溶解度，故 $c-S$ 为过饱和度；

　　　$(c-S)/S$——相对过饱和度；

　　　K_1——比例常数。

由式(2.11)可见，浓度 c 越大，溶解度 S 越小，则生成晶核的速度越大。由于体系中物质的数量一定，要生成大量的晶核，就只能得到极小的粒子。

晶体(晶核)的成长速度 V_2 可表示为

$$V_2 = K_2 D(c-S) \tag{2.12}$$

式中 D——溶质分子的扩散系数；

　　　$c-S$——过饱和度；

　　　K_2——比例常数。

由上式可见，V_2 也与过饱和度成正比，但 V_2 受 $(c-S)$ 的影响较 V_1 小。在凝聚过程中，V_1、V_2 是相互联系的。当 $V_1 \gg V_2$ 时，溶液中会形成大量晶核，故所得粒子的分散度较大，有利于形成溶胶；当 $V_1 \ll V_2$ 时，所得晶核极少，而晶体成长速度很快，故粒子得以长大并产生沉淀。因此粒子的分散度与 V_1 成正比，与 V_2 成反比，亦即与 V_1/V_2 的值成正比。

Weimarn 曾研究过在乙醇-水混合物中沉淀的颗粒大小和反应物浓度的关系。他发现：在浓度很低时(约 $10^{-4} \sim 10^{-5}$ mol/L，此浓度对形成晶核已有足够的过饱和度)，由于晶体成长速度受到限制，故形成溶胶；当浓度较大时(约 $10^{-2} \sim 10^{-1}$ mol/L)，相对而言更有利于晶体成长，故产生结晶状沉淀；当浓度很大时(约 $2 \sim 3$ mol/L)，此时生成的晶核极多，紧接着过饱和度 $(c-S)$ 的降低也很多，故晶体成长速度减慢，这又有利于形成小粒子的胶体。应当注意，在这种情况下，由于形成的晶核太多，粒子间的距离太紧，故易于形成凝胶。上述整个过程可用图 2.14 说明。

总之，根据 Weimarn 理论，欲制备胶体必须 V_1 大、V_2 小。而欲 V_1 大，必须过饱和度高，这意味着盐的溶解度要尽可能的小。反之，若 V_2 大、V_1 小，溶液的过饱和度低，则形成大的晶体。溶液的过饱和度和 V_1、V_2 及晶粒大小的关系可用图 2.15 来说明。

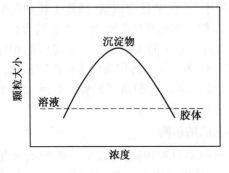
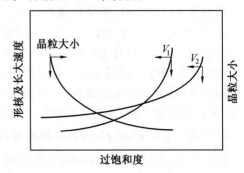

图 2.14　沉淀物颗粒大小与反应物浓度的关系　　图 2.15　过饱和度对 V_1、V_2 和晶粒大小的影响

　　由于实验希望得到粒度小,分散度大的胶体,根据以上分析,反应物浓度较低为好,因此选择了 0.05 mol/L、0.15 mol/L、0.3 mol/L Al^{3+} 浓度的溶液进行了实验,测试比较三种浓度溶液制得粉体的性能。

　　不同反应物浓度制得粉体的 TEM 照片如图 2.16 所示,反应物浓度分别为 0.05 mol/L、0.15 mol/L、0.3 mol/L,由图可以测量得到粉体的粒径尺寸分别为 10～15 nm、15～20 nm、20～30 nm。可见,在溶液浓度较低的情况下,可以制得纳米级的粉体,并且反应物的浓度与制得粉体的粒径成正比。这与 Weimarn 等人的结晶过程理论相吻合。溶液中沉淀的生成分为形核和生长两个过程,当溶液浓度低时,生长过程受到抑制,因此颗粒小。

　　由图 2.16 可以看出,随着反应物浓度的降低,团聚情况不断加剧,因为随着反应物的浓度降低,粒径不断细化,颗粒间表面作用力不断增强。可见,反应物浓度为 0.05 mol/L 时得到的粉体晶粒尺寸小,团聚情况较好。本书没有研究浓度继续降低对颗粒尺寸的影响,因为反应物浓度为 0.05 mol/L 时得到的粉体晶粒尺寸为 10～15 nm,已经接近胶体颗粒尺寸的最小极限,而且降低浓度会大大提高成本,意义不大。本书以下研究选用的反应物浓度为 0.15 mol/L。因为,降低反应物浓度成本提高很大,而反应物浓度为 0.15 mol/L 也可以得到粒度小(为 15～20 nm)、团聚情况相对较好的粉体。

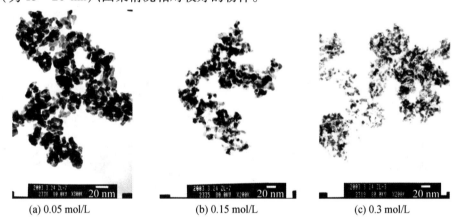

(a) 0.05 mol/L　　　　　　(b) 0.15 mol/L　　　　　　(c) 0.3 mol/L

图 2.16　不同反应物浓度制得粉体的 TEM 照片

4. 沉淀剂对 Al$_2$O$_3$–ZrO$_2$ 纳米复合粉体性能的影响

　　本书研究了不同沉淀剂对 Al$_2$O$_3$–ZrO$_2$ 纳米陶瓷粉体的影响,研究所用沉淀剂为 NH$_4$OH 和 NH$_4$HCO$_3$。

　　沉淀过程中溶液 pH 值的影响很大,当沉淀剂不同时,观察到沉淀过程中溶液 pH 值的变化范围不同。对于 AM 过程,从开始到沉淀完成,氨水的 pH 值从 11.38 降到 9.68,生成的浆液在陈化阶段保持 pH 值 9.68 不变。与氨水相比,碳酸氢铵溶液碱性更弱,初始 pH 值仅为 8.36。在沉淀过程中 pH 值稍有降低从 8.36 降到 8.04,然后在陈化过程中 pH 值又逐渐升至 9.13 并在陈化过程中稳定不变。用以上两种沉淀方法得到的沉淀物差别很大,主要是由于沉淀过程中溶液的阴离子种类不同,得到的前驱物成分不同。如预想的一样,使用氨水得到的类凝胶状沉淀在干燥过程中表现出了很大的体积收缩(约 70%),并且干燥后得到的前驱物团聚严重,用研钵研磨也很困难,表明有明显的硬团聚。从理论上说该凝胶一定是氢氧化物,因为溶液中只有氨水水解产生的 OH$^-$。用 NH$_4$HCO$_3$ 作沉淀剂得到的前驱体显然不是氢氧化物这一类。在干燥过程中只有10%左右的体积收缩,干燥后的粉体只有软团聚,很容易用研钵研碎,甚至用手也行。该前驱物的成分是多种阴离子与金属阳离子形成的混合物。阴离子主要通过以下反应产生:

$$NH_4HCO_3 + H_2O \Longrightarrow NH_4OH + H_2CO_3 \qquad (2.13)$$

$$NH_4OH \Longrightarrow NH_4^+ + OH^- \qquad (2.14)$$

$$H_2CO_3 \Longrightarrow H^+ + HCO_3^- \qquad (2.15)$$

$$HCO_3^- \Longrightarrow H^+ + CO_3^{2-} \qquad (2.16)$$

研究结果表明,Al^{3+} 主要以 $AlOOH$ 或 $NH_4Al(OH)_2CO_3$ 的形式沉淀,Y^{3+} 可能以普通碳酸盐 $[Y_2(CO_3)_3 \cdot nH_2O(n=2\sim3)]$ 或者碱式碳酸盐 $[Y(OH)CO_3]$ 的形式沉淀,Zr^{2+} 仍然以 $[Zr(OH)_{16}(H_2O)_8]$ 的形式沉淀[6]。

用 TEM 观察不同沉淀剂制得粉体的形貌,在同样的煅烧温度下用 NH_4OH 作沉淀剂得到的粉体如图 2.17 所示,其中随处可见纳米颗粒的团聚。图 2.17(a)所示的氢氧化物前驱物主要包含亚微米尺寸的初始颗粒为纳米尺寸的致密团聚体;如图 2.17(b)所示,煅烧后的粉体团聚严重,并表现出了与前驱物完全相似的形态。很容易得知前驱物的团聚结构保留到了煅烧后的粉体中。

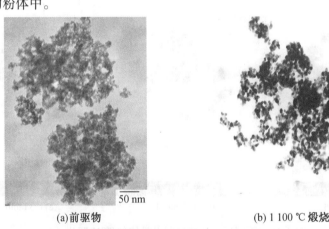

(a)前驱物　　　　　　　　　　　　(b) 1 100 ℃ 煅烧

图 2.17　采用 AM 方法获得粉体的 TEM 形貌

图 2.18 为采用 NH_4HCO_3 做沉淀剂制得粉体的 TEM 形貌。用 NH_4HCO_3 做沉淀剂制得的粉体只有极少量的明显团聚。图 2.18(a)所示的碳酸盐前驱物主要由极其细小的初始颗粒组成;图 2.18(b)所示的煅烧后的粉体尽管存在团聚,但正如前面提到的那样,此种前驱物表现出了比氢氧化物前驱物低得多的团聚强度。

关于两种前驱物团聚强度的不同可以理解为它们的化学成分有很大区别。氢氧化物前驱物的严重团聚主要是由氢键使带水的相邻颗粒桥联并且在烘干过程中产生巨大的毛细力造成的[7]。尽管用乙醇清洗以取代水分子并降低团聚程度,氢氧化物前驱物仍有强烈的团聚,这从图 2.17(a)中可以看到。然而,对于碳酸盐前驱物,氢键形成的可能性大大降低,并且经过醇洗前驱物中的水更易于去除。实际上,对碳酸盐前驱物进行化学分析可知,即使是未经醇洗的碳酸盐前驱物也比经过醇洗的氢氧化物前驱物的团聚强度低。对碳酸盐前驱物也发现经醇洗可进一步降低团聚强度。从碳酸盐前驱物制得的纳米粉体表现出了比从氢氧化物前驱物制得的粉体有更好的分散性,尽管在较高温度煅烧时有一定的晶粒长大,但仍保

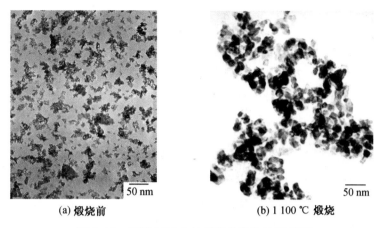

(a) 煅烧前　　　　　　　　　　　　(b) 1 100 ℃ 煅烧

图 2.18　采用 AHC 方法获得粉体的 TEM 形貌

持了相当好的分散性。用 AM 方法最终制得的复合粉体的比表面积为 51 $m^2 \cdot g^{-1}$,而用 AHC 法制得的最终粉体的比表面积为 69.5 $m^2 \cdot g^{-1}$。

　　采用两种不同沉淀剂得到的前驱物在 1 100 ℃ 进行煅烧,得到的粉体在同样的条件下进行 XRD 分析,其结果如图 2.19 所示。

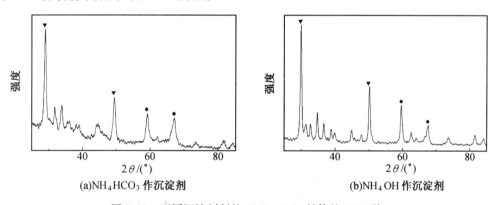

(a)NH₄HCO₃ 作沉淀剂　　　　　　　　　　(b)NH₄OH 作沉淀剂

图 2.19　不同沉淀剂制的 Al_2O_3–ZrO_2 粉体的 XRD 谱

　　由图 2.19 可知在其他条件相同的情况下,采用 NH_4HCO_3 作沉淀剂所得粉体的衍射锋宽更窄,比较半峰宽可知,其晶粒更为细小。

5. 煅烧温度对 Al_2O_3–ZrO_2 纳米复合粉体的影响

　　将用 AHC 方法得到的粉体在不同温度下煅烧 2 h,并用 XRD 分析不同温度下的物相及其含量。图 2.20 为获得的前驱物在不同温度下煅烧 2 h 所得粉体的 XRD 图谱。

　　由图 2.20 可以看出,该前驱物在 450 ℃、600 ℃ 煅烧后均没有明显的氧化物结晶,这与文献报道的 ZrO_2 在 600 ℃ 煅烧后即可生成四方相的结果有较大差异,可能是由于复合粉体中 ZrO_2 的含量较低,同时其他成分的前驱物颗粒限制了它的结晶。当煅烧温度提高到 800 ℃ 时,有部分立方 ZrO_2 结晶和 γ-Al_2O_3 出现。当温度进一步提高到 1 000 ℃ 时,全部变为四方相氧化锆(t-ZrO_2)和 γ-Al_2O_3。当温度升高到 1 100 ℃ 并保温 2 h,粉体中的 ZrO_2 仍保持四方相,同时 Al_2O_3 全部转变为 α-Al_2O_3,这一结果与其他文献报道的不同,其中 ZrO_2 在 1 100 ℃ 仍然保持四方相而不是转变为单斜相 m-ZrO_2,并且 α-Al_2O_3 的转变温度由通常

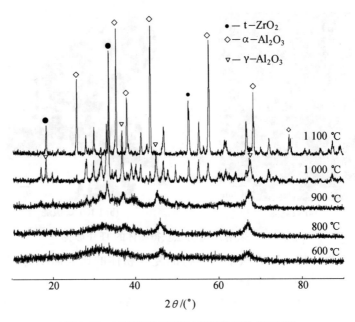

图 2.20 不同煅烧温度下获得物相的 XRD 谱

的 1 200 ℃降低到 1 100 ℃,在较低的温度下得到了 α-Al₂O₃。曾文明[8]等通过计算 Al₂O₃ 由 γ→α 相转变的吉布斯自由能表明,γ-Al₂O₃ 在较低的温度下就能转变为 α-Al₂O₃,其中 的关键在于颗粒尺寸的大小。ZrO₂ 和 Al₂O₃ 相转变温度的改变主要是由于前驱物成分以及 团聚情况的改变。这一结果说明用化学方法生成的沉淀物由于化学成分的不同以及存在状 态的差别改变了煅烧过程中各自的相转变温度。煅烧温度的降低有效地抑制了晶粒的长 大,提高了烧结活性。

图 2.21 是采用醇-水溶液加热法得到的湿胶体的热重-差热(TG-DTA)分析结果。可 以看出低温下的吸热峰非常明显,这是水分以及乙醇和大分子有机物加热迅速蒸发,这保证 了粉体的纯度。整个过程失重约为 60%,从 60 ℃左右开始到 180 ℃急剧失重,这主要是胶 体中的水分加热蒸发。当蒸发结束,失重过程逐渐减缓,在 330 ℃左右的放热峰是前驱物发 生分解生成了氧化物。在随后发生的一系列相变过程中质量稍有减少,1 000 ℃以后基本 恒重。结合差热分析可以看出 1 100 ℃以后粉体处于稳定状态,生成了高温下的稳定相。

图 2.22 为采用不同的沉淀剂制得的前驱物在不同温度下煅烧保温 2 h 后所得粉体的 晶粒大小。可以看出当温度低于 1 100 ℃时晶粒缓慢长大,两种粉体的颗粒尺寸均小于 30 nm。当温度高于 1 100 ℃时晶粒长大速度明显加快,这是由于高温下原子活动加剧,晶界 运动变得比较容易,加速了晶粒间的吞并长大。当温度高于 1 250 ℃时晶粒急剧长大,很快 超过 100 nm,所以要尽可能降低煅烧温度,避免晶粒过度长大。由 XRD 分析可知,采用 AHC 法制得的凝胶在 1 100 ℃煅烧可得到由 t-ZrO₂ 和 α-Al₂O₃、γ-Al₂O₃ 组成的复合粉体, 此时晶粒尺寸为 15 ~ 20 nm。而采用 AM 方法制得的粉体煅烧温度一般在 1 200 ℃,晶粒尺 寸超过 50 nm,并有硬团聚。

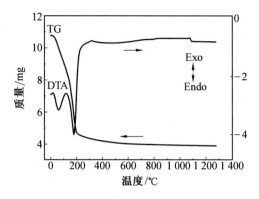

图 2.21　凝胶的热失重-差热分析曲线

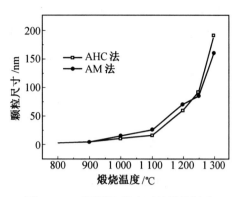

图 2.22　不同煅烧温度下的晶粒尺寸

2.3　纳米复相陶瓷粉体的烧结

关于粉体烧结的理论与实践已有大量的研究工作。烧结主要是指坯料中相互接触的粉末颗粒之间通过传质过程形成烧结颈,并通过烧结颈的生长而导致坯体收缩的过程,是陶瓷制备过程中最重要的阶段。烧结机制是否合理直接影响着制品的最终性能。在纳米陶瓷块体材料的制备过程中,烧结方法有很多,如无压烧结、真空热压烧结、热等静压烧结、微波烧结和放电等离子烧结等,其中真空热压烧结法是目前最为广泛使用的一种烧结方法,特别是那些较难致密化材料的烧结。真空热压烧结法是在保持真空环境气氛的同时,高温下加压,促使坯体烧结的方法。真空热压烧结不仅保持热压烧结的优点,还兼有真空烧结的特点,有利于坯体气孔排出,相对于同一材料而言,烧结温度降低,烧结时间缩短,烧结后的气孔率也低得多。这种烧结方法是一种使纳米粉聚集成纳米陶瓷而保持完全致密,且晶粒生长受到抑制而没有显著长大,即所得到的烧结制品晶粒细小,致密化程度高,性能也得到提高,因此也被称为“全致密烧结”。

2.3.1　3Y–TZP/Al_2O_3 复相陶瓷粉体烧结

1. 复相陶瓷粉体烧结

(1)粉体的处理和准备

试验所用纳米粉体为商业购买的 $Al_2O_3(\alpha)$ 粉体和 $ZrO_2(3Y)$ 粉体。按照摩尔比 4∶1 的配比,采用机械混合法经过图 2.23 所示工序制备复合粉体。

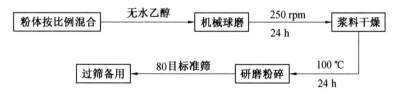

图 2.23　粉料制备基本工序

（2）复相陶瓷的热压烧结

①烧结模具。真空热压烧结在 ZRY-55 型多功能真空热压烧结炉上进行,考虑到成形坯料的尺寸便于进行力学性能的测试,设计了内径 50 mm 的圆柱坯料烧结模具,如图 2.24 所示。烧结模具由套筒、垫片和压头三部分组成,垫片为多个,将粉体置于两圆片之间,一次可以实现上下两个陶瓷圆片的烧结成形。模具材料选用高强石墨。

②烧结的前期准备。首先根据复相陶瓷的理论密度和设计的烧结体高度计算所需粉体的质量和热压烧结所需的压力。由于石墨的抗压强度约为40 MPa,计划陶瓷烧结压力为30 MPa,陶瓷圆片直径为 50 mm,所以施加载荷约为 5.9 kN。同时,由于陶瓷材料在烧结炉中热压进行时,模具与物料同时处于高温状态,并且紧密接触且加有压应力,是利于各种物理化学反应特别是固相反应进行的良好条件,所以模具可能会与粉料产生各种化学反应,包括固溶、边界小反应及扩散等过程。因此,在粉体装模前需要在模具与粉体接触的表面涂抹六方晶系的 BN 润滑剂,以防止粉体在烧结过程中发生与模具的黏结,便于脱模。在抽真空及开始烧结之前,先加载 10 MPa 的压力预压粉体。

为了探索 3Y-TZP/Al$_2$O$_3$ 纳米复相陶瓷的最佳烧结温度,烧结试验在 1 400 ℃、1 450 ℃、1 500 ℃和 1 550 ℃下进行,烧结时间为60 min,烧结过程保持恒压 30 MPa。升温时先以 25 ℃/min 的速度到 1 100 ℃,然后以 15 ℃/min 的速度升温到预定烧结温度。在低于预定烧结温度以下 50 ℃时,开始提高压头载荷,并在达到预定烧结温度时载荷达到30 MPa,在保持恒温过程中一直保持恒定压力30 MPa,并在降温过程中一直持续到 1 100 ℃,然后开始卸载。图 2.25 为复相陶瓷在 1 450 ℃下热压烧结的典型工艺参数。

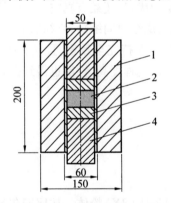

图 2.24　热压烧结模具图
1—套筒;2—垫片;3—陶瓷材料;4—压头

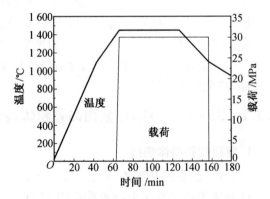

图 2.25　复相陶瓷 1 450 ℃下烧结时的温度和
载荷参数

（3）复相陶瓷的烧结致密化

将 1 400 ℃、1 450 ℃、1 500 ℃和 1 550 ℃四个温度烧结的 3Y-TZP/Al$_2$O$_3$ 纳米复相陶瓷进行密度测量,如图 2.26 所示,提高烧结温度可以显著提高烧结体的致密度,但是当温度达到 1 450 ℃后,材料的相对密度已经达到98%以上,密度提高幅度也开始变得缓慢。相比较于常压烧结,1 600 ℃时相对密度仅能达到97%左右[9],热压烧结能够使材料产生较大的塑性应变,有效抑制扩散,消除大气孔,提高致密度,同时还能降低烧结温度。

图 2.27 为复相陶瓷的晶粒大小随烧结温度的变化关系,其中还包括两相 Al$_2$O$_3$、ZrO$_2$在不同烧结温度下的平均晶粒尺寸,所有值均取自试样的垂直面。明显可以看出,烧结温度

对晶粒尺寸的影响很大,温度的升高会大大促进晶粒的长大,且随着温度升高,长大的速度还呈上升的趋势。在 1 400 ~ 1 450 ℃ 的较低温度区,平均晶粒尺寸约为 200 ~ 400 nm,而 ZrO_2 晶粒长大较小,仅 160 nm 左右。但是当烧结温度达到 1 550 ℃ 时,平均晶粒尺寸约为 680 nm,而 Al_2O_3 的晶粒尺寸更是达到了微米级。

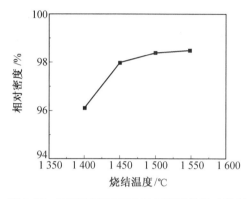
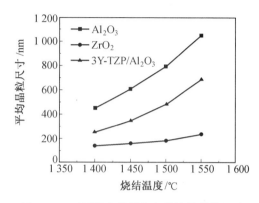

图 2.26　不同温度下烧结复相陶瓷的相对密度　　图 2.27　不同温度烧结复相陶瓷的晶粒尺寸

从图 2.28 中不同温度热压烧结的复相陶瓷断口形貌可以看出,随着烧结温度的增加,陶瓷的致密度不断提高,1 450 ℃ 时相对密度已经达到 98%。如图 2.26 所示,烧结温度进一步升高后,材料的密度略有升高,但是随烧结温度的升高,材料晶粒也会不断长大,特别是当达到 1 500 ℃ 以上时晶粒粗化比较明显。同时从断口表面也可以看到,随着烧结温度的升高,复相陶瓷的断裂方式也由沿晶/穿晶混合型断裂转变为以沿晶断裂为主,甚至在

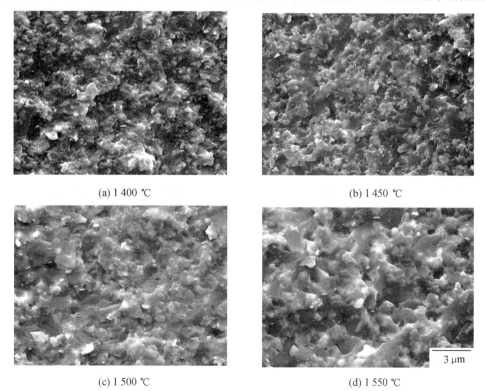

(a) 1 400 ℃　　　　　　　　　　　　　　(b) 1 450 ℃

(c) 1 500 ℃　　　　　　　　　　　　　　(d) 1 550 ℃

图 2.28　不同温度下热压烧结复相陶瓷的断口形貌

1 550 ℃的断口中能够发现由于大尺寸基体 Al_2O_3 的出现,断口面出现一些晶粒拔出形成的坑洞。由于大晶粒导致缺陷增多,形成密闭气孔,从而也导致一些较大尺寸空洞的出现。

2. 复相陶瓷的相组成和显微结构分析

(1)复相陶瓷的相组成

图 2.29 所示为 1 450 ℃下烧结制备复相陶瓷的 XRD 谱。

从图 2.29 中可以看出,材料主要以 $\alpha-Al_2O_3$ 和 $t-ZrO_2$ 为主,同时伴有极少量的 $m-ZrO_2$。在 $ZrO_2(3Y)-Al_2O_3$ 系统中,由于 3% Y_2O_3(摩尔分数)的稳定作用,使得大部分的 ZrO_2 以亚稳态的 t 相形式保存到室温,只有少量的 $m-ZrO_2$。为了表示相变量的多少,一般可以用试样的抛光表面与断口处的 $t-ZrO_2$ 含量差值表示起始 $t-ZrO_2$ 中发生 $t{\rightarrow}m$ 相变的比例,如图 2.30 所示。可以看出,虽然发生相变的 ZrO_2 含量相比微米级 ZrO_2 陶瓷大为减少,但是仍有约体积分数为 5% 的 $t-ZrO_2$ 发生了相变。一般认为,相变增韧时有一个临界相变增韧的尺寸范围,这个临界尺寸范围为 0.2~1.0 μm,只有晶粒尺寸处于这个临界尺寸范围之间,才会有相变增韧的效果。从图 2.27 可知,本书中的 ZrO_2 晶粒尺寸大多小于 0.2 μm,但仍有部分晶粒大于 0.2 μm,即可发生一定量的相变,相变增韧的效果仍然存在。同时,复相陶瓷中大量的 ZrO_2 以稳定的 $t-ZrO_2$ 形式存在而不易发生相变,所以,弥散于 Al_2O_3 基陶瓷中的 ZrO_2 能够起到很好的颗粒增韧作用。

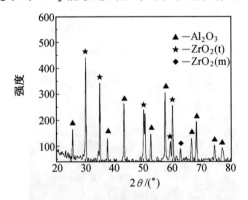

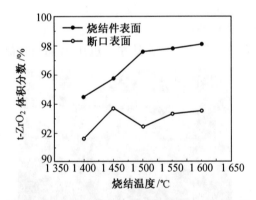

图 2.29 1 450 ℃下烧结复相陶瓷的 XRD 谱   图 2.30 不同温度下烧结复相陶瓷的 $t-ZrO_2$ 含量

(2)复相陶瓷的 SEM 和 TEM 分析

图 2.31 为 1 450 ℃下烧结的复相陶瓷经研磨、抛光和腐蚀后的表面形貌,图中暗灰色的为 Al_2O_3 晶粒,灰白色的为 ZrO_2 晶粒,且两相均为等轴状。ZrO_2 晶粒比较均匀分散在 Al_2O_3 晶界上或者 Al_2O_3 晶粒三相点处,由于 Al_2O_3 晶粒的约束所用,晶界上 ZrO_2 晶粒的长大也受到抑制,尺寸较小。ZrO_2 的添加有效地阻止了 Al_2O_3 晶粒的惯态生长,改变了 Al_2O_3 的晶粒形状,从而使之变成球形,并极大地减小了 Al_2O_3 的晶粒尺寸[10]。坯料的烧结并非均匀一致的过程,某些局部区域会优先达到致密,而这些区域将会出现晶粒生长。但是当由数量、大小合适的 ZrO_2 晶粒掺杂时,可以将 Al_2O_3 晶粒的生长限制在已致密区域,从而限制 Al_2O_3 的异常长大。另外,通过对烧结陶瓷的受压面和垂直面的晶粒大小进行分析计算发现,材料受压面的平均晶粒大小为 0.35 μm,平均晶粒形状因子为 0.94;垂直面的晶粒大小为 0.34 μm,平均晶粒形状因子为 0.92。

同时,Al_2O_3 因 ZrO_2 的添加,在高温下 Zr^{4+} 离子置换 Al^{3+} 离子后,造成晶格畸变,促进了固体晶格活化,加速了烧结过程中的原子迁移,烧结性能大为改善;另一方面,由于纳米 ZrO_2 颗粒的加入,增加了晶界接触面积,增大了质点快速扩散的面积,提高了烧结活性,加速了烧结进程[11]。所以,复相陶瓷的晶粒规整,晶界平直,相互间结合十分致密。

图 2.32 为 1 450 ℃下烧结 $3Y-TZP/Al_2O_3$ 复相陶瓷的 TEM 形貌。图中白色的颗粒为 Al_2O_3 相,黑色颗粒为 ZrO_2 ,ZrO_2 晶粒明显小于 Al_2O_3 ,其中尺寸较大的 ZrO_2 分散于多个 Al_2O_3 晶粒的交界处,同时还有大量细小的纳米 ZrO_2 颗粒分布于 Al_2O_3 晶粒内,形成典型的晶界/晶内混合型纳米结构。晶界处的 ZrO_2 晶粒尺寸较大,一般为 100 ~ 200 nm,晶粒形状呈不规则的多边形,晶界比较平直、圆滑;而 Al_2O_3 晶粒内的 ZrO_2 颗粒尺寸较小,只有几十纳米甚至 10 nm 以下,且形状比较规整,一般呈圆形或者椭圆形。晶内型结构的产生有多种说法,一般均认为是细小 ZrO_2 粒子和基体 Al_2O_3 颗粒在扩散迁移速率上的差异,导致被包入 Al_2O_3 晶粒内。在烧结过程中,局部的 Al_2O_3 粉末首先开始致密化,而 ZrO_2 晶粒的存在一方面会阻碍 Al_2O_3 的异常长大,同时部分少量细小 ZrO_2 粒子相比其他大颗粒迁移速率减慢,无粒子阻碍的界面段将向前凸出,从而在粒子还未迁移到别处之前,其前沿就已经形成新的界面,从而将粒子包入 Al_2O_3 晶粒内。另外还有一种可能,一些 ZrO_2 小颗粒被孤立在某些气孔中,在致密过程中随着晶界的消失,一旦这些气孔的气体被完全排出,这些 ZrO_2 小颗粒便会被包围在长大的 Al_2O_3 晶粒内。处在晶界上的 ZrO_2 晶粒能够通过迁移,合并长大,而晶内的细小 ZrO_2 颗粒一旦被包围隔离,便无法扩散长大,因而晶内相尺寸相对较小,形状规整。

图 2.31　1 450 ℃下烧结复相陶瓷的 SEM 像　　图 2.32　1 450 ℃下烧结复相陶瓷的 TEM 形貌

3. 复相陶瓷的力学性能

(1)复相陶瓷的抗弯强度和断裂韧性

图 2.33 为复相陶瓷的弯曲强度和断裂韧性随烧结温度的变化,可以看到强度和韧性均随烧结温度的升高呈先增大后减小的趋势。弯曲强度呈现上升的趋势主要得益于材料致密度的不断提高。温度过低会使材料发育不良,晶形不完整,气孔率较大,所以强度值偏低。但是当烧结温度达到 1 500 ℃时,弯曲强度达到峰值 591 MPa,其后又开始一定程度的下降,1 550 ℃烧结时试样的弯曲强度下降到 560 MPa,这主要是由于 1 500 ℃时,试样密度已经接近理论密度,之后随温度的升高,虽然密度略有升高,但是晶粒却显著长大,会在晶粒中引入各种缺陷。晶粒长大易形成封闭气孔,削弱了晶界强度,由晶粒长大导致的性能下降大于致密度升高带来的性能提高,导致力学性能的下降。同时,由于温度升高后,ZrO_2 晶粒尺寸变大,其发生 t→m 相变的数量增多,而相变带来的体积变化引起的微裂纹也会使材料强度发

生降低。所以有效地控制晶粒生长速率,选择适当的烧结温度对复合陶瓷的强度起着重要作用。

同时,从图 2.33 也可以看到,复相陶瓷的断裂韧性在 1 500 ℃时也达到最大值 7.9 MPa·m$^{1/2}$,其后在 1 550 ℃时下降到 7 MPa·m$^{1/2}$,断裂韧性随温度升高先升高后降低的规律主要有两个原因,一是致密程度,二是晶粒尺寸。首先烧结试样的致密度越高,材料中缺陷的数量及尺寸越小,越有利于提高断裂韧性。其次,由于材料中的晶间/晶内型纳米复合结构,纳米颗粒将对材料的性能产生重要影响。因此密度与晶粒尺寸这两个因素要综合考虑,恰当的晶粒尺寸和高的致密度才能得到好的断裂韧性。$ZrO_2(3Y)-Al_2O_3$ 系列复相陶瓷的增韧机制与晶粒尺寸密切相关,当晶粒尺寸不同时可能有不同的增韧机制存在,形成复合增韧。虽然温度升高能够使 ZrO_2 晶粒尺寸变大,从而使发生 t→m 相变的数量增多,但是温度的升高特别是在 1 500 ~ 1 550 ℃的温度范围内,Al_2O_3 晶粒生长过大,带来的性能下降大于相变增韧带来的提高。

(2)复相陶瓷的维氏硬度和弹性模量

图 2.34 为复相陶瓷的维氏硬度和弹性模量随烧结温度的变化。由图可以看出,陶瓷的维氏硬度值随温度的升高先呈逐渐增大的趋势,最大值出现在 1 500 ℃烧结时,达到 18.1 GPa,然后到 1 550 ℃时相对峰值又略有减小。与弯曲强度、断裂韧性一样,维氏硬度也和材料的致密度、晶粒大小、内部缺陷等有关,所以维氏硬度随温度的变化规律和断裂韧性特别是抗弯强度的变化规律相同。

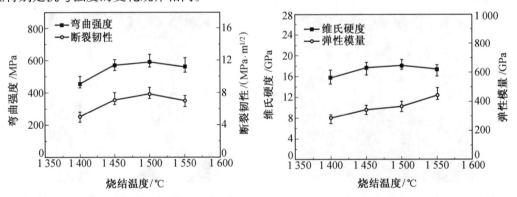

图 2.33 不同温度下烧结复相陶瓷的弯曲强度 和断裂韧性　　　　图 2.34 复相陶瓷弹性模量和维氏硬度随烧结温度的变化

同时从图 2.34 中还可以知道,复相陶瓷的弹性模量随烧结温度的升高呈明显的上升趋势,最大时达到 442 GPa。这是因为材料的致密度对其弹性模量影响很大,致密度越高,弹性模量也越大。由前面的叙述可知,随着烧结温度的升高,复相陶瓷的致密度是逐步提高的,所以弹性模量也逐渐增大,其最大值接近根据由混合法则(材料中不含微裂纹)计算出的弹性模量。

从以上不同温度下烧结复相陶瓷的力学性能分析可以看出,在 1 450 ~ 1 500 ℃范围内,随温度的升高材料的性能虽略有升高,但增加幅度并不大。在低于 1 450 ℃时材料性能显著下降,高于 1 500 ℃虽然材料致密度仍有提高,但晶粒长大严重,缺陷增多,性能反而下降,所以对于本书中的复相陶瓷来说,1 450 ~ 1 500 ℃为较为理想的烧结温度。

2.3.2　Si_2N_2O–Si_3N_4 复相陶瓷粉体烧结

1. 非晶纳米氮化硅粉体性能

图 2.35 为粉体的 XRD 衍射分析,图中没有明显衍射峰,在 $2\theta=23°$ 左右出现宽化平坦的衍射峰,这是非晶态物质的典型特征。这说明粉体中无结晶相存在,确认为非晶纳米粉体。图 2.36 为粉体的扫描和透射图像。表 2.3 给出了粉体的性能测试结果。通过实验结果可以看出,非晶氮化硅粉体有如下特点:颗粒尺寸呈球形,细小均匀;无硬团聚,分散性良好;纯度高,除氧元素外,其他杂质元素含量少;比表面积大,可达到 102 m^2/g。

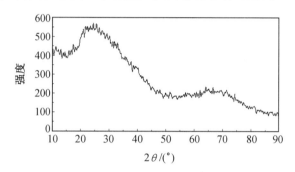

图 2.35　非晶粉体 XRD 分析

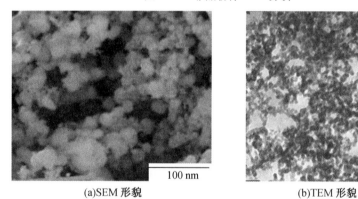

(a)SEM 形貌　　　　　　　　　　　(b)TEM 形貌

图 2.36　非晶 Si_3N_4 粉体的微观形貌

表 2.3　非晶纳米氮化硅陶瓷粉体的物理参数

晶粒尺寸 /nm	比表面积 /($m^2 \cdot g^{-1}$)	真实密度 /($g \cdot cm^{-3}$)
18	102	3.44

2. 实验过程及条件

(1)烧结模具

热压烧结的模具如图 2.37 所示,由套筒、垫片和冲头三部分组成,垫片为多个,将粉体置于两圆片之间,一次可以实现多个圆片的烧结成形,在抽真空之前,加载 5 MPa 预压力,以防粉体被抽出。

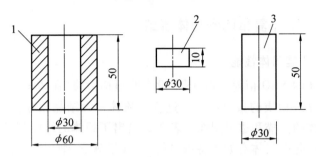

图 2.37　热压烧结模具图

1—烧结套;2—垫片;3—压头

（2）烧结压力计算

本实验的烧结压力取决于模具的强度。模具的材料采用石墨,石墨的抗压强度为 $\sigma =$ 38 MPa,压柱半径为 $R = 15$ mm,模具所能承受最大压力 F 为

$$F/N = \sigma S = \sigma \pi r^2 = 38 \times 3.14 \times 0.015^2 \times 10^6 = 26\ 847 \qquad (2.17)$$

根据计算得模具能够承受的最大压力为 26.847 kN,为保证模具安全,实验选择的压力要小于最大压力。

（3）烧结条件

试样烧结条件分为三类,首先在 1 500 ~ 1 800 ℃ 的不同温度下对试样各保温 1 h,然后为了制备超细晶陶瓷,在 1 600 ℃ 的低温烧结,保温时间为 30 ~ 90 min,最后将各温度烧结的试样在 1 550 ℃ 退火处理 4 h。实验加载压力为 25 MPa,1 000 ℃ 之前升温速率为 20 ℃/min,1 000 ℃ 之后升温速率为 15 ℃/min,1 000 ℃ 加载到指定压力。

3. 烧结结果

在非晶纳米氮化硅陶瓷粉体的液相烧结过程中,可能发生的化学反应如下:

$$Si_3N_4(s) \xlongequal{} 3Si(l) + 2N_2(g) \qquad (2.18)$$

$$2Si(l) + O_2(g) \xlongequal{} 2SiO(g) \qquad (2.19)$$

$$2Si_3N_4(s) + 1.5O_2(g) \xlongequal{} 3Si_2N_2O(s) + N_2(g) \qquad (2.20)$$

$$2Si_2N_2O(s) \xlongequal{} Si_3N_4(s) + SiO(g) + 0.5O_2(g) \qquad (2.21)$$

$$Si_2N_2O(s) + 1.5O_2(g) \xlongequal{} 2SiO_2(s,l) + N_2(g) \qquad (2.22)$$

$$Si_3N_4(s) + SiO_2(s,l) \xlongequal{} 2Si_2N_2O(s) \qquad (2.23)$$

表 2.4 为对烧结体进行测试的结果。烧结体的重量损失和晶粒尺寸均随烧结温度的提高而增加,当温度低于 1 650 ℃ 时,烧结体重量损失很小,主要是由于烧结温度较低,反应（2.18）进行较弱,氮化硅分解并不严重,当温度达到 1 700 ℃ 时,氮化硅分解较为严重,有较大的重量损失发生,达到 1.8%,1 800 ℃ 烧结时,重量损失相当严重,达到 8.5%,这除与氮化硅的分解有关外,还与反应（2.21）导致的 Si_2N_2O 分解有关。1 500 ℃ 烧结,虽然晶粒尺寸很小,仅 150 nm,但烧结体的相对密度却很低,仅达到理论密度的 88.3%,温度达到 1 600 ℃ 以后,烧结体的致密度大幅度提高,已经达到 98.2%。这主要是由于温度达到 1 600 ℃ 以后,液相烧结开始进行。当温度为 1 650 ℃ 和 1 700 ℃ 时,烧结体的致密度很高,均超过 99%,烧结温度为 1 800 ℃ 时,相对密度下降为 96.1%,这主要是由 Si_2N_2O 的严重分解造成的,在炉壁上能发现白色的沉积物,这就是分解产物 SiO。烧结体平均晶粒尺寸在烧

结温度低于 1 700 ℃时,均小于 500 nm,1 800 ℃烧结,晶粒长大到 2 μm。

表 2.4　不同温度下材料的烧结结果

温度/ ℃	$\dfrac{\Delta m}{m_0}$/%	相对密度/%	晶粒尺寸/nm
1 500	0.6	88.3	150
1 600	0.9	98.2	280
1 650	1.2	99.1	360
1 700	1.8	99.3	480
1 800	8.5	96.1	2 000

4. 结晶与相变分析

图 2.38 为不同温度烧结体的 XRD 分析,表 2.5 给出不同温度下烧结体各种相的构成及体积分数。1 500 ℃烧结,烧结体结晶尚未完全,为非晶与晶体混合状态,结晶相主要为 α-Si_3N_4 和 β-Si_3N_4,其相对含量基本平衡,结晶度达到 70%。而无压非晶纳米粉体在 1 500 ℃,退火 1 h,结晶度仅达到 40%[12]。这主要是由于粒子间接触松散,粒子间体扩散不畅,而热压烧结过程中,由于压力的存在,粒子接触紧密,能显著缩短粒子的扩散距离,因而晶化速率提高。温度超过 1 600 ℃以后,烧结体结晶已经完全,烧结体中没有 α-Si_3N_4 相存在,为 β-Si_3N_4 和 Si_2N_2O 复相陶瓷,这主要是由于当温度达到 1 600 ℃时,反应(2.20)和(2.23)发生,生成了大量的 Si_2N_2O 相。当温度达到 1 650 ℃,Si_2N_2O 的含量达到最大值,说明烧结体中的氧元素与 Si_3N_4 的反应已经达到了极限。烧结温度超过 1 700 ℃时,Si_2N_2O 的体积分数开始减小,当烧结温度为 1 800 ℃时,Si_2N_2O 的体积分数仅为 27%,XRD 分析表明,没有晶化的 SiO_2 出现,说明反应(2.22)发生的可能性不大,最可能的就是当温度高于 1 650 ℃时反应(2.21)发生,Si_2N_2O 分解成 Si_3N_4 和气态物质,有大量的气态 SiO 和氧气释放出来,在材料的重量损失增加的同时,在材料内部形成气孔,从而使材料的致密度降低。

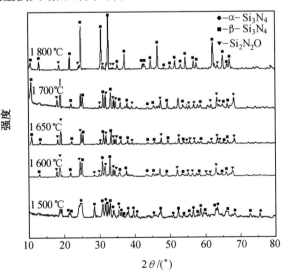

图 2.38　不同温度烧结材料的 XRD 分析

表 2.5　不同烧结温度材料相的构成

温度/ ℃	相的成分(体积分数)/%		
	$\alpha\text{-}Si_3N_4$	$\beta\text{-}Si_3N_4$	Si_2N_2O
1 500	48	51	—
1 600	—	47	52
1 650	—	39	60
1 700	—	46	53
1 800	—	72	27

5. 微观结构分析

图 2.39 给出不同温度烧结体的腐蚀组织形貌。1 500 ℃烧结时,由于尚未完全结晶,有大量的非晶相存在,因此腐蚀的过程中出现了大量的孔洞;烧结温度超过 1 600 ℃以后,结晶已经完成,为细晶的等轴晶粒,晶粒尺寸约为280 nm;当烧结温度达到 1 650 ℃时,晶粒长大比较严重,出现了大量的棒状晶粒,部分晶粒的轴比已经达到 3 左右,这主要是由 $\beta\text{-}Si_3N_4$ 相变成 Si_2N_2O 造成的;烧结温度达到 1 700 ℃,晶粒进一步长大,晶粒的轴比也进一步增大,但由于一部分 Si_2N_2O 相又转变为 $\beta\text{-}Si_3N_4$,从而出现了针状 $\beta\text{-}Si_3N_4$;当烧结温度达到 1 800 ℃,Si_2N_2O 相的含量已经很少,大部分为针状 $\beta\text{-}Si_3N_4$,还存在一小部分等轴的 $\beta\text{-}Si_3N_4$,针状 $\beta\text{-}Si_3N_4$ 晶粒的轴比达到 7 左右。

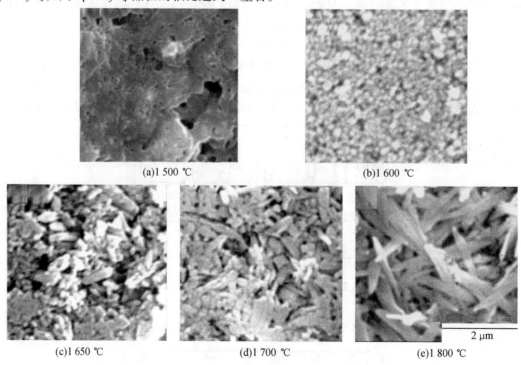

(a)1 500 ℃　　　　　　　　　　(b)1 600 ℃

(c)1 650 ℃　　　　　(d)1 700 ℃　　　　　(e)1 800 ℃

图 2.39　不同温度烧结材料的 SEM 照片

综合 XRD 实验和 SEM 实验的结果,在非晶纳米氮化硅粉体液相过程中存在如下一个相变过程:非晶氮化硅→等轴 α-Si₃N₄→等轴 β-Si₃N₄→棒状 Si₂N₂O→针状 β-Si₃N₄。

图 2.40 给出了不同温度热压烧结块体材料的断口形貌。1 500 ℃ 和 1 600 ℃ 烧结体的断口为明显的沿晶断裂,但二者的断口形貌完全不同:1 500 ℃ 烧结,由于烧结体致密度很低,因此断口存在很多孔洞,细小的 α-Si₃N₄ 和 β-Si₃N₄ 晶粒分布于非晶基体中;当温度达到 1 650 ℃ 时,穿晶断裂开始呈现;超过 1 700 ℃ 时,断裂方式以穿晶断裂为主。这主要是因为随着烧结温度的提高,部分氮化硅和氮氧化硅陶瓷的晶粒逐渐长大,呈棒状或者针状,在断裂时,晶粒发生断裂。但即使温度达到 1 800 ℃,仍然有细小的球形颗粒存在,镶嵌于针状晶粒之间,因此存在部分的沿晶断裂。1 800 ℃ 断口形貌上存在大量的气孔。

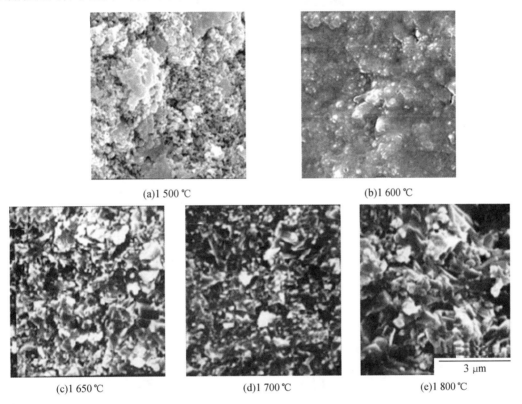

(a)1 500 ℃　　　　　　　　(b)1 600 ℃

(c)1 650 ℃　　　　　　(d)1 700 ℃　　　　　　(e)1 800 ℃

图 2.40　不同烧结温度材料的断口形貌

图 2.41 为 1 600 ℃ 烧结体断裂表面某一点处出现的完全裸露的晶粒形貌,从图中也可以看出:1 600 ℃ 烧结体晶粒非常细小均匀,只有个别晶粒的轴比略有增加,在 1.5 左右。

6. 烧结工艺对气孔、粒径和致密度的影响

气孔是陶瓷烧结过程中普遍存在的,气孔不但影响陶瓷的致密度,而且对陶瓷的性能往往产生不良影响。因此,希望采用最佳的烧结工艺使气孔率减小到最低程度。热压烧结过程中,改变烧结工艺减小气孔率的方法有提高烧结温度、提高烧结压力和增加保温时间等。对于某一种陶瓷来说,其烧结温度一般是比较固定的;而烧结压力受到模具承载能力的限制,因此选择适当的保温时间是减小和减少气孔的有效方法。实验过程中研究了不同保温时间,陶瓷烧结体的气孔分布。烧结工艺和烧结体相对密度见表 2.6。不同保温时间条件下烧结体气孔形貌如图 2.42 所示。

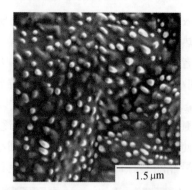

图 2.41　1 600 ℃烧结材料局部断口形貌

表 2.6　烧结工艺

工艺过程	保压时间/min	气压/ MPa	压力/ MPa	相对密度/%
a	30	0.1	25	94.1
b	40	0.1	25	96.8
c	50	0.1	25	97.6
d	60	0.1	25	98.2
e	90	0.1	25	99.1

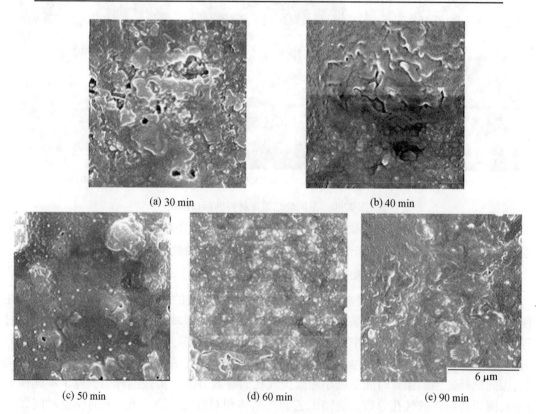

(a) 30 min　　　　　(b) 40 min

(c) 50 min　　　(d) 60 min　　　(e) 90 min

图 2.42　不同保温时间材料的气孔形貌

　　图 2.43 为气孔平均直径和烧结体晶粒平均直径与保温时间的关系。从热压烧结的结果来看,在同样的烧结温度下,随着保温时间的延长,气孔逐渐收缩减小,烧结体的致密度逐渐提高,晶粒逐渐长大。保温 30 min 的烧结体,有较多的气孔存在,而且气孔直径在 1 μm 左右;而当保温时间达到 60 min,气孔几乎完全闭合,相对密度达到 98.2%,平均粒径为 280 nm;再延长保温时间到 90 min,粒径长大到 360 nm。可见,在 1 600 ℃烧结,保温 60 min,能使气孔几乎完全闭合,同时晶粒长大并不明显,是较好的选择。

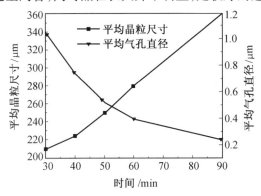

图 2.43　气孔平均直径和烧结体晶粒平均直径与保温时间的关系

　　图 2.44 为不同温度烧结体的 TEM 微观结构,清晰地表现了不同温度的烧结体晶粒的形貌。1 600 ℃烧结体晶粒细小均匀,随烧结温度提高,棒状晶粒逐渐增多,轴比也逐渐增大,当烧结温度在 1 650 ℃和 1 700 ℃时,出现了大量内晶结构,细小的等轴氮化硅晶粒出现在长棒状晶粒的内部,有的也出现在等轴形晶粒的内部,这些晶粒非常细小,均小于50 nm,另外,在长棒状的晶粒上存在大量的层错。1 800 ℃烧结体晶粒基本为针状,没有内晶相存在,但在针状晶粒之间还有少量的等轴形晶粒。表面有层错结构的长棒状晶粒为 Si_2N_2O 晶粒,内晶晶粒为氮化硅晶粒,而针状晶粒为高温烧结过程中形成的 β-Si_3N_4 晶粒。

　　不规则形状的非晶相大量存在于晶界上,有关玻璃相形成时所发生的化学反应可以写为[13~18]

$$3Y_2O_3(s) + Si_3N_4(s) = 3Y_2O_3 \cdot Si_3N_4(s) \tag{2.24}$$

$$2Si_3N_4(s) + 3Y_2O_3 \cdot Si_3N_4(s) = 3Y_2Si(Si_2O_3N_4)(l) \tag{2.25}$$

$$Si_3N_4(s) + 2Al_2O_3(s) = 4AlN(s) + 3SiO_2(s) \tag{2.26}$$

$$2Si_3N_4(s) + 10AlN(s) + 4Al_2O_3(s) = 3Si_2Al_6O_4N_6(l) \tag{2.27}$$

$$5Si_3N_4(s) + 21SiO_2(s) + 14Al_2O_3(s) = 4Si_9Al_7O_{21}N_5(l) \tag{2.28}$$

　　图 2.45 为对晶界玻璃相进行的电子衍射分析。从衍射图样中可以看出:为典型的非晶形态。图 2.46 为对晶界非晶相进行的 EDS 分析,由于实验设备无法对 N 元素和 O 元素进行分析,所以没有产生 N 元素和 O 元素的峰。从图中可以看出:晶界液相中除了 Si 元素外,还含有大量的 Y 元素和 Al 元素,这些是烧结过程中添加的烧结助剂导致的,同时还含有少量的 Fe、Cr 和 Ti 等杂质元素,这是原始粉体材料中固有的杂质元素导致的。

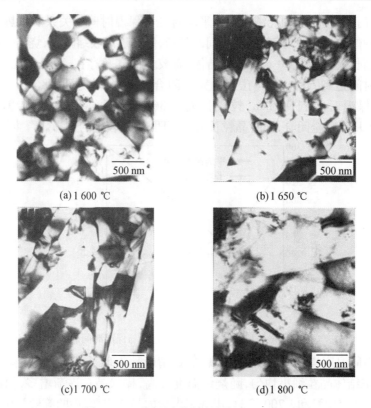

(a) 1 600 ℃ (b) 1 650 ℃

(c) 1 700 ℃ (d) 1 800 ℃

图 2.44 不同温度烧结材料的 TEM 微观结构

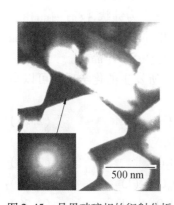

图 2.45 晶界玻璃相的衍射分析

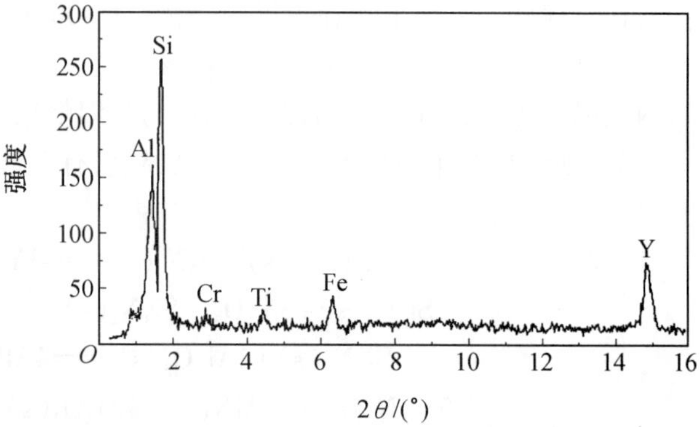

图 2.46 $Si_2N_2O-Si_3N_4$ 陶瓷晶界玻璃相的 EDS 分析

7. 退火处理对成分和组织的影响

（1）氮化硅陶瓷的热处理

热处理技术是目前氮化硅基陶瓷材料的研究热点之一。主要有两个研究方向：其一是在高温条件下，长时间的进行保温，以利于长晶粒的形成，达到增韧补强的目的，这一温度基本高于 1 800 ℃，可以称为高温退火处理[19~21]；其二就是在低温条件下，长时间保温，以利于晶界玻璃相的结晶，从而提高材料的性能，这一温度一般低于 1 400 ℃，这就是陶瓷晶界工程领域的低温退火[22,23]。而对于在高于 1 500 ℃，低于 1 700 ℃ 的中间温度区退火处理的研究目前很少，这一温度区间正是液相烧结氮化硅基陶瓷材料液相反应的发生以及相变和晶粒生长的温度区间,因此,研究在该温度区间氮化硅基陶瓷材料的中温退火热处理行为,对于了解氮化硅基陶瓷的烧结过程以及对材料的性能影响均具有重要意义。

(2)相的构成

图 2.47 为不同温度烧结体经 1 550 ℃,4 h 退火处理后的 XRD 衍射分析,表 2.7 为各种相的相对体积分数。从图 2.47 和表 2.7 可以看出:经长时间退火处理后,1 500 ℃烧结体结晶已经比较完全,结晶相全部为 β-Si₃N₄ 和 Si₂N₂O,已经不存在 α-Si₃N₄ 相,但事实上,这仅仅是烧结体表层的一部分进一步结晶的结果,通过肉眼观察烧结体可以看到,整个烧结体出现了"分层"的现象,中心部分与未退火处理前基本一致,可以推论,如果进一步延长退火时间,中间部分也会完全结晶相变为 β-Si₃N₄ 和 Si₂N₂O 相;烧结温度高于 1 600 ℃的烧结体经退火处理后,Si₂N₂O 相的含量明显降低,1 650 ℃烧结体降幅最大,由 60% 降低到30% ,这说明,长时间低温退火处理可以降低 Si₂N₂O 相的含量。

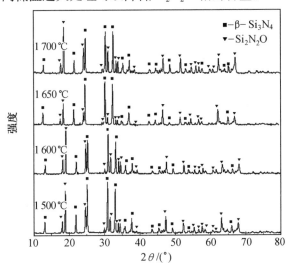

图 2.47　退火材料 XRD 衍射分析

表 2.7　退火后材料相的构成

温度/ ℃	相的组成(体积分数)/%		
	α-Si$_3$N$_4$	β-Si$_3$N$_4$	Si$_2$N$_2$O
1 500	—	47	52
1 600	—	57	42
1 650	—	69	30
1 700	—	51	48

从液相烧结非晶粉体及对烧结体做进一步低温退火处理的结晶与相变过程可以看出:热压烧结过程中,Si₂N₂O 的分解温度高于 1 650 ℃,当烧结温度超过 1 650 ℃时,Si₂N₂O 相的含量才逐渐减少;而无压处理过程中,1 600 ℃处理的材料 Si₂N₂O 相的含量就明显降低,因此压力有助于 Si₂N₂O 相稳定性的提高。

(3)微观组织变化

图 2.48 示出了退火材料的微观组织变化,表 2.8 示出了烧结材料和退火材料的轴比。

经退火处理后 1 600 ℃ 烧结体晶粒由 280 nm 长大到 400 nm,但轴比增加并不明显,1 650 ℃ 和 1 700 ℃ 烧结体退火处理后,棒状晶粒的比例明显增大,轴比增大也非常明显,1 700 ℃ 烧结体的轴比由 3.5 增加到 4.5。

(a)1 500 ℃　　　　　　　　　　　　　　(b)1 600 ℃

(c)1 650 ℃　　　　　　　　　　　　　　(d)1 700 ℃

图 2.48　1 550 ℃ 退火 4 h 后不同温度烧结体的微观组织

表 2.8　烧结材料和退火材料晶粒的轴比

烧结温度/ ℃	1 500	1 600	1 650	1 700
烧结材料	—	1.5	3	3.5
退火材料	1.1	1.8	4	4.5

2.3.3　内晶型结构及形成机理探讨

1. 内晶型结构的概念

"内晶型"结构是纳米复合陶瓷的结构特征,它对纳米复合陶瓷材料的性能具有重要的影响,这已为国内外学者熟知。在纳米陶瓷的烧结制备过程中,根据烧结形式的不同,内晶形结构的形成可分为两种:一是发生在多相纳米陶瓷粉体固相烧结过程中,其中最典型的就是纳米 Al_2O_3/ZrO_2 复相陶瓷的烧结中,ZrO_2 晶粒进入到 Al_2O_3 晶粒内部;另一种发生在纳米陶瓷粉体液相烧结过程中,最典型的就是液相烧结纳米级 Si_3N_4 粉体过程中,细小的 β-Si_3N_4 晶粒进入到棒状的 Si_2N_2O 晶粒内部。

2. 内晶的微观结构

图 2.49 和图 2.50 是固相烧结的纳米 Al_2O_3/ZrO_2 复相陶瓷[24] 和液相烧结非晶纳米氮

化硅粉体制备的 $Si_2N_2O\text{-}Si_3N_4$ 复相陶瓷内晶的 TEM 微观组织照片。

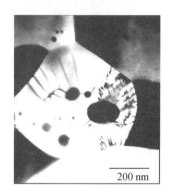

图 2.49　纳米 Al_2O_3/ZrO_2 复相陶瓷内晶结构 TEM 形貌[24]

图 2.49 中白色的晶粒为氧化铝,黑色晶粒为氧化锆。可以看出:ZrO_2 晶粒明显小于 Al_2O_3,其中尺寸较大的 ZrO_2 分散于多个 Al_2O_3 晶粒的交界处,同时还有大量细小的纳米 ZrO_2 颗粒分布于 Al_2O_3 晶粒内,在 Al_2O_3 晶粒上有大量的位错,形成典型的晶间/晶内型纳米结构。

图 2.50 中白色的棒状晶粒为 Si_2N_2O 晶粒,细小的黑色的等轴形晶粒为 $\beta\text{-}Si_3N_4$ 晶粒。可以看出:$\beta\text{-}Si_3N_4$ 晶粒明显小于 Si_2N_2O 晶粒,其中尺寸较大的 $\beta\text{-}Si_3N_4$ 晶粒分散于多个 Si_2N_2O 晶粒之间,同时还有大量细小的纳米 $\beta\text{-}Si_3N_4$ 晶粒分布于 Si_2N_2O 晶粒的内部,在 Si_2N_2O 晶粒上存在大量的层错,形成典型的内晶型纳米结构。

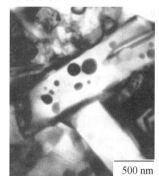

(a) 1 650 ℃　　　　　　　　　　　(b) 1 700 ℃

图 2.50　$Si_2N_2O\text{-}Si_3N_4$ 复相陶瓷内晶的 TEM 微观组织

在 TEM 实验观察过程中,发现了一些微小的形状不规则的相分布于某些晶粒的内部,晶内玻璃相及疤痕组织如图 2.51 所示。

由于这些相非常微小,很难通过实验证明它的化学成分的组成及结晶状况。从这些相的形貌来看,类似于晶界处的非晶玻璃相,那么这些相如果是玻璃相,它们是如何进入到晶粒内部的呢? 从实验结果来说,小的 Si_3N_4 纳米晶粒在 Si_2N_2O 晶粒合并生长的过程中能够进入到长棒状的 Si_2N_2O 的内部形成内晶结构,那么玻璃相进入到长棒状的 Si_2N_2O 晶粒内部就是完全可能的。这些玻璃相在冷却凝固过程中,体积收缩减小导致 Si_2N_2O 晶粒内部疤痕组织的形成(见图 2.52)。

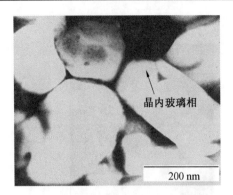

图 2.51 晶内玻璃相的微观结构　　　　图 2.52 Si_2N_2O 晶粒内部的疤痕组织

3. 内晶型结构及疤痕组织的形成机理

内晶的形成与晶粒的生长有密切的关系,粉末烧结过程中的晶粒生长分为两类:正常晶粒生长和异常晶粒生长。正常的晶粒生长是指在生长过程中单个晶粒的尺寸保持相对的均匀;异常晶粒生长是指在晶粒生长过程中,某些晶粒异常长大,而其他晶粒则保持相对均匀的尺寸。目前,针对内晶的形成主要有两种机理:一是新原皓一提出的"内晶型"结构是以纳米粒子为核心,基体晶粒不断生长的结果;另一种是 Pan 提出的在液相烧结中,内晶的形成过程是晶界不断迁移包裹第二相的结果,由于第二相与基体不匹配,它在形成内晶时,要旋转一定的角度来降低界面能[24]。这两种机理所不同之处就在于晶粒生长的主动"基础"不同,但其共同的本质就是一部分晶粒的异常长大是内晶形成的真正原因。

粉末固相烧结末期的晶粒生长主要取决于孔洞与晶界之间的反应。一定形状和一定数量的孔洞对晶界的定扎,使晶界不容易运动,晶粒不容易生长。当驱动力足够大时,孔洞和晶界一起运动,甚至晶界摆脱孔洞的定扎而"自由"运动,造成晶粒异常长大。因此,纳米 Al_2O_3/ZrO_2 复相陶瓷内晶型结构的形成机理,应该是由于在快速烧结过程中烧结温度处在 t-ZrO_2 单相区,而 t-ZrO_2 比较稳定,因而 Al_2O_3 粉末首先开始致密化,Al_2O_3 晶粒在长大时,其界面的迁移将受到细小的 t-ZrO_2 粒子的阻碍,因此有细小 ZrO_2 粒子的界面段,其迁移速率减慢,无粒子阻碍的界面段将向前凸出,从而在粒子前沿相遇形成新的界面,而将粒子包入 Al_2O_3 晶粒内[25~29],这与 Pan 所提出的液相烧结内晶形成的机理相一致。

液相烧结过程中,内晶的形成机理较固相烧结有所不同,因为在液相烧结过程中有一定量的液相存在,这些液相对内晶的形成过程产生重要影响。与固相烧结相比较,液相烧结晶粒生长的含义,已不是单纯的烧结末期晶粒尺寸的变化,它还要受到晶粒形状变化的影响。当固相在液相中的溶解度较低时,晶粒之间的合并与吞吃被认为对晶粒生长起决定作用。

高倍的内晶 TEM 微观结构如图 2.53 所示。TEM 微观结构表明,Si_2N_2O 晶体的生长方向平行于[010]方向,这与 Mitomo 等的结果相一致,这种现象是由晶体本身的各向异性性能决定的,同时大量的层错也沿这一方向产生。Braue 等的研究[29,30]证明在 α-Si_3N_4-SiO_2-Al_2O_3 体系中,α-Si_3N_4 晶粒是 Si_2N_2O 晶体的形核点。Boskovic 等的研究[31]证明,β-Si_3N_4-SiO_2 体系中,仅一部分 β-Si_3N_4 晶粒能成为 Si_2N_2O 晶体的形核点,这主要是因为 β-Si_3N_4 与 Si_2N_2O 晶粒之间需要特殊的结晶取向。

在本书所涉及的研究过程中,由于非晶纳米氮化硅粉体的采用,在烧结过程中存在非晶的晶化、α→β 的相变等复杂的结晶与相变行为,因此 Si_2N_2O 相的形成就更为复杂。当烧结

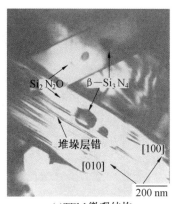

(a)TEM 微观结构

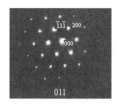

(b) 对应的 Si_2N_2O 沿 [011] 电子衍射花样

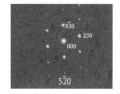

(c) β－Si_3N_4 沿 [5̄20] 电子衍射花样

图 2.53　高倍内晶微观结构

温度为 1 500 ℃时,烧结体中仅呈现 α-Si_3N_4 和 β-Si_3N_4 两相,没有 Si_2N_2O 相,这主要是由液相烧结还没有发生造成的,因此,液相烧结应该是形成 Si_2N_2O 相的先决条件。当烧结温度提高到 1 600 ℃时,为 Si_2N_2O 与 β-Si_3N_4 两相,α-Si_3N_4 消失,因此,Si_2N_2O 的形核就存在两种可能,一种是 α-Si_3N_4 晶粒的形核,另一种是一部分具有特殊取向的 β-Si_3N_4 形核,从而导致 Si_2N_2O 的形成。Si_2N_2O 相形成以后,并不是迅速长大,这已经在不同温度烧结体的微观组织观察中得到证实。1 600 ℃烧结的复相陶瓷,Si_2N_2O 晶粒的长大并不严重,也没有内晶结构形成,晶粒的异常长大是发生在烧结温度超过 1 650 ℃,这说明 Si_2N_2O 晶粒的形成与长大是两个过程,内晶结构的形成不是 Si_2N_2O 晶粒形成过程中造成的,而是后续的晶粒相互合并吞吃的长大过程中造成的,通过控制烧结条件,同样可以得到等轴或者轴比很小的 Si_2N_2O 晶粒。这与 Mitomo 等的研究结果不同,Mitomo 认为当形核点出现以后,N 和 O 元素从基体向 Si_3N_4/Si_2N_2O 界面的扩散,使晶粒迅速长大,晶粒的快速长大,导致内晶结构的形成[32]。

　　图 2.54 为多个晶粒合并过程中的三角晶界示意图。如果晶界内为一小的 Si_3N_4 晶粒,则形成内晶结构;如果为玻璃相,则形成疤痕组织。

　　在晶粒的快速生长过程中,正常堆积的次序发生破坏,在晶粒的内部形成层错。层错可以看成是一层层原子按一定方式堆积的结果,在每一个密集的堆积面内原子的结合力较强,而在各个堆积面之间原子的结合力较弱,这说明 Si_2N_2O 晶粒的径向断裂强度较高,而在生长方向上的强度较低。图 2.55 是氮氧化硅晶粒沿生长方向断裂的典型断口形貌。因此设法使 Si_2N_2O 晶粒定向排列,断裂方式主要为径向的穿晶断裂,能够大大提高材料某一方向的强度。

4. 内晶结构的解晶

　　目前所有的研究都是集中于内晶结构是如何产生的,内晶结构对力学性能的影响等方面,而对于内晶结构是否稳定的问题却未见研究。在一定的烧结或处理工艺条件下,含内晶结构的材料中内晶结构消失的现象,称为内晶结构的解晶。研究内晶结构的生成与解晶条件,就可以控制内晶结构的生成与分开,以及内晶结构含量的多少,从而对材料的结构进行控制。在一定条件下,能够进行解晶的内晶结构称为活内晶结构,不能够解晶的内晶结构称为死内晶结构。

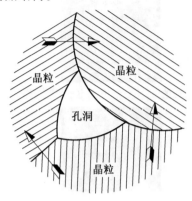

图 2.54　多个晶粒合并过程中的三角晶界
　　　　示意图[32]

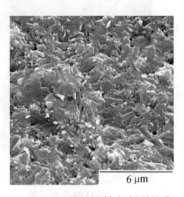

图 2.55　Si_2N_2O 晶粒沿轴向断裂的典型断口
　　　　形貌

图 2.56 为含较多内晶结构的 $Al_2O_3-ZrO_2$ 复相陶瓷经 1 700 ℃,10 h 长时间高温处理后的 TEM 微观组织照片。从图中可以看出:基体氧化铝晶粒发生了明显的长大,但是仍然保持等轴状,其轴比几乎没有改变;基体氧化铝晶内的氧化锆球形颗粒由于受到基体的约束难以发生合并长大,所以仍然呈细小分散的纳米颗粒。

图 2.57 为 1 700 ℃ 烧结的含大量内晶结构的 $Si_2N_2O-Si_3N_4$ 复相陶瓷经 1 800 ℃,2 h 退火处理后的 TEM 微观组织。从图中可以看出:含有大量内晶结构的 $Si_2N_2O-Si_3N_4$ 复相陶瓷

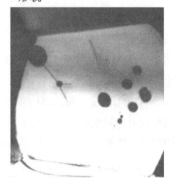

图 2.56　1 700 ℃ 保温 10 h 高温处理后的
　　　　Al_2O_3/ZrO_2 复相陶瓷 TEM 微观结构

在 1 800 ℃ 退火处理的条件下,还能进一步发生相变,棒状的 Si_2N_2O 晶粒和等轴的 β-Si_3N_4 晶粒能进一步相变为针状的 β-Si_3N_4 晶粒,从而使内晶结构消失。

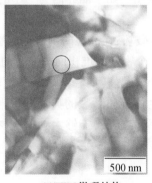

(a)TEM 微观结构

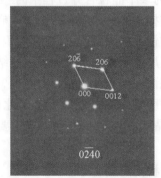

(b)β-Si_3N_4沿[0240]电子衍射花样

图 2.57　$Si_2N_2O-Si_3N_4$ 复相陶瓷 1 800 ℃保温 30 min 退火处理后 TEM 照片

这种解晶机制称为相变解晶,解晶机理存在两种可能:一是可能在长时间高温条件下,内晶结构进一步发生相变,导致晶粒形状发生较大的改变,内晶结构被解脱出来,再通过溶解-析出过程,使相变后的晶粒长大;二是可能在长时间高温条件下,Si_2N_2O 晶粒内的 Si_3N_4

晶粒直接形核,棒状 Si_2N_2O 晶粒相变为针状 Si_3N_4 晶粒,内晶结构消失。

相变解晶示意图如图 2.58 所示:图 2.58(a)为第一种可能,由过程 Ⅰ → Ⅱ 是晶粒合并长大,内晶形成的过程;Ⅱ → Ⅲ 是 Si_2N_2O 相变成 $\beta\text{-}Si_3N_4$,内晶结构分解的过程;Ⅲ → Ⅳ 是细小的 $\beta\text{-}Si_3N_4$ 晶粒溶解析出,针状的 $\beta\text{-}Si_3N_4$ 长大的过程。图 2.58(b)为第二种可能,由过程 Ⅰ → Ⅱ 仍然是晶粒合并长大,内晶形成的过程;Ⅱ → Ⅲ 是晶内 Si_3N_4 形核,Si_2N_2O 相变成 $\beta\text{-}Si_3N_4$,内晶结构分解的过程。

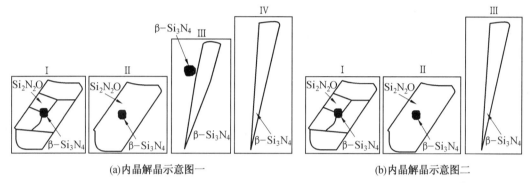

(a)内晶解晶示意图一　　　　　　　　　　　(b)内晶解晶示意图二

Ⅰ - Si_2N_2O 晶粒快速长大;Ⅱ - 内晶结构的形成;　　Ⅰ - Si_2N_2O 晶粒快速长大;Ⅱ - 内晶结构的形成;

Ⅲ - 内晶结构的分解;Ⅳ - 针状 $\beta\text{-}Si_3N_4$ 的形成　　　　Ⅲ - 针状 $\beta\text{-}Si_3N_4$ 的形成

图 2.58　相变解晶示意图

2.4　陶瓷塑性成形中的摩擦与流动应力

在塑性加工成形过程中,合理有效地使用润滑剂能够避免模具和变形材料之间的直接接触,减少摩擦阻力和残余应力,减少工件变形的不均匀性,提高工件的内部质量和表面质量,延长模具的使用寿命,进而提高劳动生产率。评估模具和工件之间的界面摩擦情况非常重要,对润滑剂在各种工况条件下的摩擦和润滑行为进行分析,比如温度、压力、应变速率、工作时间等对润滑剂使用性能的影响。另外,界面摩擦的评估还能有效地了解工件材料在各种工况比如温度、压力、应变速率和应变分布等条件下的塑性流动行为。摩擦因子或摩擦系数是在所有衡量材料成形中摩擦大小的参数中最容易接受的,其测量方法很多,最重要的也是最常用的就是圆环压缩法[33]。圆环压缩法是一种确定在塑性成形中界面摩擦行为的传统方法[34,35],同时,通过和其他方法比较,它也被认为是确定材料流动应力的一个可行而有效的方法[36]。

精密塑性成形的目的就是为了近净成形加工零部件,尽可能地减少缺陷、降低材料和模具成本。所以对于本身塑性较差、极难加工的陶瓷材料来说,为了实现复杂零件的近净成形,充分利用超塑性就显得至关重要。同时,陶瓷材料高温高压下的超塑成形加工也对成形模具和润滑剂的选择、使用提出了很高的要求,所以寻找合适的润滑剂、探索润滑剂的使用特性、评估陶瓷在润滑条件下的材料流动和可成形性能就成为陶瓷材料超塑成形的重要前提。

2.4.1　坯料与模具间的摩擦分析

1. 高温润滑剂的选取和制备

$Al_2O_3\text{-}ZrO_2$ 系纳米复相陶瓷的超塑成形温度一般都在 1 200 ℃以上,因此很多通常使用的普通润滑油、润滑脂和其他液体润滑剂、半固体润滑剂在此温度下已经失效或者产生了物理化学变化,已不可能在这样的高温高压条件下使用。对于陶瓷材料的超塑成形来说,润滑剂选取的首要条件就是要在极高温度下仍能有效地发挥润滑作用而不产生分解和气化之类的变化,符合这一条件的通常是固体高温润滑剂。

固体润滑剂主要包括一些软金属、金属化合物,如氧化物和氟化物、无机化合物等,利用固体粉末、薄膜或整体材料来减少作相对运动以减小两表面的摩擦与磨损,并保护表面免于损伤。性能优良的固体润滑剂通常都具有较低的抗剪强度,摩擦系数较小;与保护表面具有较强的吸附能力和成膜能力;具有较好的物理热稳定、化学热稳定、时效稳定和不产生腐蚀及其对环境或人体有害的作用;具有较高的承载能力。

一些学者研究了石墨和 A5 玻璃在 TC4 成形中的摩擦润滑行为,由于 TC4 的最高成形温度仅为 1 000 ℃,石墨或者玻璃在超过 1 000 ℃后润滑性能显著下降,甚至逐渐失去润滑剂的使用价值。但是陶瓷的高温成形显然需要更高的温度。高纯六方 BN 具有良好的耐热性、物理化学稳定性和电绝缘性。BN 在常温下润滑效果较差,但在高温下润滑效果较好,其在惰性气体中 2 800 ℃仍很稳定,具有较高的电绝缘性、软滑性和导热性。另外 BN 为白色或淡黄白色的微粉,使用过程中干净无害,容易清除,对人体和环境也没有污染。因此本书采用六方 BN 作为 3Y-TZP/Al$_2$O$_3$ 纳米复相陶瓷超塑成形的高温润滑剂。

BN 作为润滑剂使用,可以分散在耐热润滑油脂、水或溶剂中;喷涂在摩擦表面上,待溶剂挥发而形成干膜;也可把 BN 粉末直接擦涂在工件表面上。由于 BN 粉状不易粘固在试样和模具表面,因此以一定的有机溶剂为载体均匀混合 BN 粉末,制备有较好使用性能的润滑剂。如表 2.9 所示,有机溶剂使用甘油和聚乙烯醇,BN 使用的是山东省淄博市新阜康特种材料有限公司生产的高纯六方 BN,平均粒径为 2 μm,BN 的化学成分见表 2.10。把水、甘油、聚乙烯醇、BN 粉按质量比 40∶10∶25∶25 进行配比,然后在行星式球磨机上球磨 2 h使各成分均匀混合后以备使用。

表 2.9　BN 润滑剂的化学组成(质量分数)　　　　　%

成分	产地	纯度
甘油	天津市科密欧化学试剂有限公司	99%
聚乙烯醇	天津市科密欧化学试剂有限公司	99%(6000)
BN	淄博市新阜康特种材料有限公司	99.9%

表 2.10　BN 粉的化学成分(质量分数)　　　　　%

Fe$_2$O$_3$	SiO$_2$	K$_2$O	Cr$_2$O$_3$	Al$_2$O$_3$	CaO	BN
0.02	0.007	0.004	0.002	0.001	0.002	99.963

2. 陶瓷高温变形中摩擦因子的测定

(1)圆环压缩法

①圆环压缩法的理论依据。圆环压缩法的本质就是通过分析圆环在压缩时材料的变形与流动,理论计算不同界面摩擦情况下圆环的内外径及高度的变化[37]。将外径为 D_0、内径为 D_i、高度为 H 的圆环置于平行平模间压缩,由于高度减小,多余的材料向何方向流动以及流动方式与何因素有关,这可以用上限法来解决。Avitzur[38] 参照上限法提出了中性面的概

念,利用优化的速度场计算圆环塑性变形时材料质点的流线和变形体原有网格的畸变和应变,将非稳态的变形过程分成许多连续的小变形阶段,通过步进的迭代方法进行计算。但是Avitzur 的理论前提要基于几个假设:

首先,假设圆环在压缩过程中均匀变形,即变形过程中不存在鼓形。这样接触摩擦应力就服从常摩擦条件;另外,假设圆环材料在压缩变形中没有出现体积变形。所以由体积不变条件和速度边界条件根据变形几何方程可以推导出中性面应变速率;最后,假设圆环材料在压缩变形中没有出现应变硬化和弹性变形。对于圆环压缩时材料有两种可能的流动方式。

通过上限法可以确定中性面半径(R_n)的理论解析式,而 R_n 仅与摩擦因子 m 和圆环尺寸有关,当摩擦因子变化时中性面半径会随着作相应的变化。因此,可以通过圆环压缩后的R_n 值或与 R_n 有关的圆环内径变化测定接触摩擦因子。但是,在变形过程中圆环的尺寸和中性面的半径都在变化,Male 和 Depierre[39] 经过分析也认为,只有在圆环处于一系列的小变形量(高度减少量)时,这种计算才具有可行性。所以为了通过圆环压缩后的尺寸测定摩擦因子,要利用级进等变形量增量法研究圆环压缩的整个变形过程,做出任一瞬间圆环高度和内径变化与摩擦因子的关系曲线。这种方法,无需知道外力,并且有理论曲线作为依据。下面就是级进等变形增量法绘制圆环尺寸与摩擦因子的关系曲线的过程:

(a)确定材料内全部向外流动转向同时向内向外流动时的摩擦因子值,该值称为 m 的分界值。

(b)根据 Avitzur 的理论,对于给定的圆环、砧板和润滑剂,在恒定的温度条件下,摩擦因子值在变形过程中始终保持恒定,所以假定 m 值在给定的变形增量(高度减少量)内保持不变,进一步可求出圆环压缩前原始尺寸时的 $m_分$。

(c)预先给定一系列的 m 值,然后可求出分流层半径 R_n。

(d)设定一定的分级变形增量,则原始尺寸经压缩 Δh 后 R_n 保持不变,于是可利用假设的体积不变条件求出变形后的圆环内径 r_i 和外径 r_o。

(e)将第一次小变形后的 r_i、r_o 和 h 作为第二次等量变形前的原始尺寸,再按上述方法求第二次等变形增量后的圆环尺寸。如此反复连续计算,即得一系列给定的 m 值和 h 值下的圆环内径。计算 $m<m_分$ 的 R_n 和 r_i 时,要注意它们的数值变化。尽管 r_i 值大于圆环原始内径,m 值小于 $m_分$,在满足适当的条件时即可求出 R_n。

(f)利用求出的 m、h、r_i 值即可绘制出摩擦因子的理论校准曲线。

由于上限法理论分析本身的局限性,Avitzur[40] 引入了相对平均应力和鼓形参数的概念,这也使理论分析更加接近实际,为圆环压缩法研究的进一步深入和推广作出了重要的贡献[41]。求出 R_n 之后,即可根据体积不变条件计算出每个分级变形增量变形后的圆环内径和外径。利用求出的摩擦因子、高度减少量和圆环内径即可绘制考虑鼓形的相对平均应力理论校准曲线。

②圆环压缩法的标准校准曲线。

(a)摩擦因子标准校准曲线。在圆环压缩法测量界面摩擦的过程中,首要的前提要有准确的校准曲线。并不是所有的圆环几何尺寸都适合圆环压缩法,考虑到圆环对实验结果的敏感性以及实际应用的方便性,6∶3∶2 尺寸比的圆环尺寸应用最广泛。根据 Avitzur[40] 的理论分析,采用的 6∶3∶2 尺寸比圆环摩擦因子标准校准曲线如图 2.59 所示,可以看出,在测出圆环实际变形量(ΔH)和内径减少量(ΔD)的情况下就能够在图上标出实际的界面摩擦因子。

（b）相对平均应力标准校准曲线。圆环压缩法还是一种预测材料流动应力的有效方法[42~46]。根据 Avitzur 的理论分析，可以计算出相对平均应力 N_{ave}/σ_0，所以就能够绘出在各个摩擦因子条件下 N_{ave}/σ_0 随圆环高度变化的校准曲线。图 2.60 所示为 6∶3∶2 尺寸比圆环的相对平均应力标准校准曲线，可以看出，在测出摩擦因子的情况下，即可根据实际圆环变形量（ΔH）得到相对平均应力 N_{ave}/σ_0，再根据实际的加载应力算出平均正应力 N_{ave}，即可得出材料的实际流动应力 σ_0。

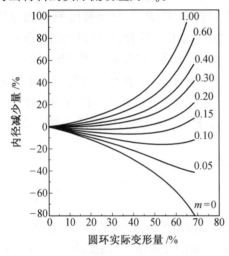

图 2.59 摩擦因子标准校准曲线

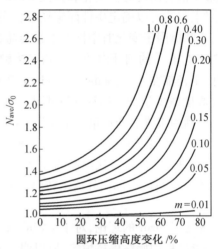

图 2.60 相对平均应力随圆环压缩高度变化的典型校准曲线

（2）复相陶瓷圆环的制备

把按照摩尔比 8∶1 配好的 3Y-TZP/Al₂O₃陶瓷复合粉料装入图 2.61 所示的热压烧结模具中，在 1 450 ℃、30 MPa 下真空热压烧结 1 h，所得陶瓷烧结圆环坯料经过金刚石磨床研磨加工成外径、内径和高度分别为 20 mm、10 mm 和 7 mm 的圆环压缩法所用圆环，即圆环几何参数比为 6∶3∶2，圆环表面粗糙度为 0.4 μm。典型陶瓷圆环试件如图 2.62 所示。根据阿基米得法测量，圆环陶瓷的相对致密度为 98%。如图 2.63 的陶瓷 SEM 照片所示，经线截距法测量，Al₂O₃ 和 ZrO₂ 的平均晶粒尺寸分别约为0.6 μm和 0.2 μm。

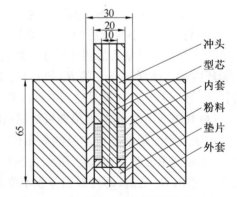

图 2.61 3Y-TZP/Al₂O₃ 陶瓷圆环热压烧结模具图

（3）陶瓷圆环的压缩变形及摩擦因子的测定

经打磨过的圆环试样置于一个开式模具中进行平面压缩，模具和上下压块均采用高强石墨，同时上下压块的表面经打磨至和试样同样的粗糙度。装炉前将配置好的 BN 润滑剂均匀喷涂在试样和压块的表面，厚度约 0.2 mm。

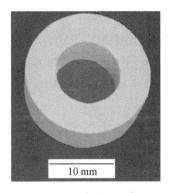

图 2.62　陶瓷圆环件

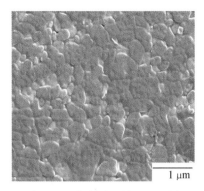

图 2.63　陶瓷圆环的 SEM 照片

压缩试验在 ZR55 热压炉中进行,为了保障 BN 润滑性能的良好发挥,试验采用 N₂ 气氛保护[47]。试验温度为 1 400 ℃、1 500 ℃和 1 600 ℃。加热时先以 20 ℃/min 的速度升高到 1 000 ℃,然后再以 10 ℃/min 的速度升高到设定的试验温度。当温度达到试验温度后,保温 10 min 以使炉内包括模具和试样温度均匀化。为了观察变形速度对界面摩擦的影响,压缩变形采用三个应变速率,分别为 1.1×10^{-4} s⁻¹、5.4×10^{-4} s⁻¹和 2.5×10^{-3} s⁻¹。试验采用单个试样一次加压的方式,即当压缩量达到某个预期范围后,停止加压随炉冷却,这样每一个试样压缩过程中的流动应力就与此次加载时的摩擦情况有关,基于最终试样尺寸得出的摩擦因子就能计算出一条单个摩擦因子下的材料流动曲线。如果在某个温度和应变速率下压缩若干个不同压缩量的试样,就能够绘制出一条同等工艺条件下变形量和内径变化的对应曲线,从而逼近某条摩擦因子曲线,得出试验中的实际摩擦因子。根据 Pöhlandt 的研究[48],为了减少误差,试样的变形量尽量控制在真应变 1.2 以下,即工程应变约 70% 以内。

图 2.64 为一组圆环压缩试样,试验温度为 1 500 ℃,应变速率为 1.1×10^{-4} s⁻¹。从图中可以看出,压缩试样形状保持良好,特别是圆环内径,在 63.7% 的高应变量下仍然保持圆形,整体上没有出现不规则椭圆形、桃形及厚薄不均匀等缺陷,圆环外部边缘部位也没有明显裂纹。压缩试验结束后,除掉试样表面残余的润滑剂,量出试样与压块的上下接触面面积以及圆环的高度;圆环内径的测量分上、中、下三部分,上部位的内径为鼓形面与上下平面相切面的直径,中间部分的内径即为鼓形部位的最小直径,

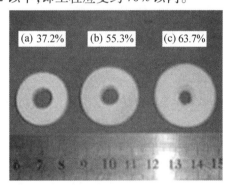

图 2.64　1 500 ℃和 1.1×10^{-4} s⁻¹时的一组不同应变压缩变形试样

而用于计算的最终内径值将取上、中、下三个部位直径的平均值。由于压缩试样内径的外形轮廓并不能保证都是标准的圆形,特别是鼓形区域,局部小范围甚至还有凹凸不平的情况,所以内径的具体测量比较困难。操作步骤是,先用工具显微镜得出圆环试样内孔的圆形轮廓,然后计算出圆形轮廓的面积,进而得出圆环内径。为了尽可能减少误差,每个值均为计算三次后的平均值。在得出了变形试样的最终尺寸后,就可以根据试样变形前的几何尺寸计算出圆环的高度减少量 ΔH、内径减少量 ΔD,从而对照摩擦因子标准校准曲线得出压缩过程中使用润滑剂的摩擦因子 m。

　　图 2.65 为由图 2.64 所示压缩圆环所测得的 ΔH 和 ΔD 在标准校准曲线上的标示点。由图可以看出,在固定参数 1 500 ℃ 和 $1.1×10^{-4}$ s^{-1} 下的界面摩擦因子比较稳定,图中三个三角形实验点分别对应压缩比为 37.2%、55.3% 和 63.7%,其 m 值分别约为 0.36、0.34 和 0.34,平均值为 0.35。同时,三个实验点的趋势线(三角点线)也和摩擦因子为 0.35 的理论校准线(虚线)比较吻合,所以可以说明在 1 500 ℃ 和 $1.1×10^{-4}$ s^{-1} 的实验参数下,界面摩擦因子为 0.35。

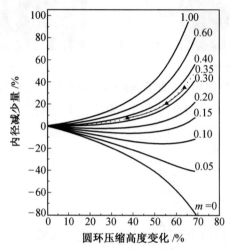

图 2.65　1 500 ℃ 和 $1.1×10^{-4}$ s^{-1} 下的实验结果在校准曲线图中的标点

　　实验还进行了 1 400 ℃、1 500 ℃、1 600 ℃ 温度和 $1.1×10^{-4}$ s^{-1}、$5.4×10^{-4}$ s^{-1}、$2.5×10^{-3}$ s^{-1} 应变速率下的圆环压缩,测得的圆环高度和内径变化以及根据实验结果得出的摩擦因子,见表 2.11。结果显示,摩擦因子比较稳定,最大值为 0.45,最小值仅为 0.34。

表 2.11　不同温度和应变速率下的圆环压缩试验结果

温度 / ℃	$\dot{\varepsilon} = 1.1×10^{-4}$ s^{-1}		$\dot{\varepsilon} = 5.4×10^{-4}$ s^{-1}		$\dot{\varepsilon} = 2.5×10^{-3}$ s^{-1}	
	$\Delta H×\Delta D$/%	m	$\Delta H×\Delta D$/%	m	$\Delta H×\Delta D$/%	m
1 400	20.5×2.30	0.39	—	—	—	—
	30.5×5.70	0.39	—	—	—	—
	42.5×13.2	0.40	—	—	—	—
1 500	37.2×7.70	0.36	39.3×8.60	0.36	—	—
	55.3×20.5	0.34	58.4×28.2	0.39	—	—
	63.7×34.6	0.34	—	—	—	—
1 600	38.5×9.20	0.39	—	—	46.5×17.1	0.43
	48.3×13.9	0.36	—	—	55.6×31.8	0.45
	60.4×30.8	0.37	—	—	61.7×45.3	0.43

　　(4)摩擦因子随温度和应变速率的变化

　　在圆环压缩法测试实验中,影响界面摩擦因子的因素很多,包括表面粗糙度、测试温度、应变速率、圆环几何参数等,尽管许多研究者得出的结论并不完全一致,但是测试温度和应变速率一般都被认为是两个最重要的影响因素[49,50]。

应变速率为 1.1×10^{-4} s^{-1},在不同温度下测试的摩擦因子如图 2.66 所示,可以看到,三个温度 1 400 ℃、1 500 ℃和 1 600 ℃下不同压缩量时的摩擦因子比较稳定,没有明显波动。以 1 500 ℃、1.1×10^{-4} s^{-1} 压缩变形为例,对应工程应变 37.2%、55.3% 和 63.7% 的 m 值分别为 0.36、0.34 和 0.34,变化幅度很小,BN 润滑剂在测试中保持了良好的润滑稳定性。同时,在 1 400 ℃、1 500 ℃和 1 600 ℃温度下的摩擦因子平均值分别为 0.393、0.347 和 0.373,摩擦因子随温度的变化也不显著,最大值仅为最小值的 1.13 倍,说明摩擦因子对温度变化没有很强的敏感性。

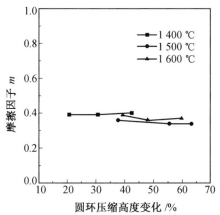

图 2.66　应变速率 1.1×10^{-4} s^{-1} 时不同温度下摩擦因子的变化

Wang 和 Lenard[49] 曾经也指出,对于固体润滑剂来说,摩擦因子的值比较稳定,变形温度的增加对 m 值没有很重要的影响。BN 作为一种典型的层状固体润滑材料,一般来说,其润滑性能主要与材料的层间粘接强度以及层间连接介质减少的有效性有关[50,51]。和石墨类似,BN 的润滑往往也需要借助可压缩气体(空气、水蒸气、有机气体等)吸附在层片边缘部位以弱化材料的层间结合力,达到层间相互滑动的润滑效果。但是在本书中,即使在 1 400 ℃下,压缩试验开始前,混合在 BN 中的有机材料即聚乙烯醇和甘油等也已经基本完全分解,温度的升高并不能对可压缩气体的密度大小起到很大的作用,所以即使变形温度提高到 1 600 ℃,BN 润滑涂层的层间连接力即材料的剪切力也不会发生明显的改变。摩擦因子的定义为

$$m = \frac{\tau_s}{\kappa} \tag{2.29}$$

式中　τ_s——摩擦界面的剪切力;

κ——润滑剂材料的剪切强度。

很明显,摩擦因子 m 与摩擦界面的剪切力 τ_s 成正比关系。为了保证 BN 润滑剂和摩擦面的充分接触,BN 是与有机溶剂聚乙烯醇和甘油混合使用的,在实验过程中润滑剂始终能够较为紧密地黏附在摩擦面上,连续均匀地隔离陶瓷试样和上下压块,所以可以假设摩擦界面的剪切力等于 BN 润滑层本身的剪切强度。由于润滑层的剪切应力随温度升高没有明显的变化,所以摩擦因子也没有发生明显的改变。

图 2.67 为不同应变速率下压缩试验时摩擦因子的变化,试验温度为 1 600 ℃。从图中可以看出,应变速率 $\dot{\varepsilon}$ 对摩擦因子值产生一定的影响,高应变速率(2.5×10^{-3} s^{-1})下的值明显高于低应变速率(1.1×10^{-4} s^{-1})下的值。2.5×10^{-3} s^{-1} 下的摩擦因子平均值为 0.44,比 1.1×10^{-4} s^{-1} 下的平均值高 19%。另外,如表 2.11 所示,在 1 500 ℃ 下测试时,应变速率 5.4×10^{-4} s^{-1} 时的摩擦因子值(0.37)也比应变速率为 1.1×10^{-4} s^{-1} 时的值(0.34)略大一些,但是这个差距并不大,仍在正常范围之内。

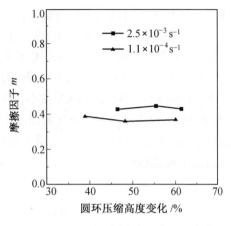

图 2.67　1 600 ℃时不同应变速率下的摩擦因子

可以看出,对于相同数量级的应变速率而言,其对摩擦因子值没有很重要的影响,但是当压缩测试在不同数量级的应变速率下进行时,摩擦因子就对应变速率体现了一定的依赖性。这个结果与 Hwu 等人的研究不完全一致。当 BN 粉末润滑剂大约在 1 000 ℃ 使用时,Hwu 等人认为应变速率对摩擦因子值的变化没有影响。这个不同也许可以解释为不同的特殊实验条件造成的,比如说本实验是在更高的温度下进行的,比 Hwu 等人的实验高出 400 ℃ 以上;另外一个很重要的因素就是采用不同的圆环实验材料,Hwu 等的实验采用的是高锰钢,而本实验为陶瓷材料,其本身的特性决定了不可能获得像金属压缩那样的高应变速率。在陶瓷的压缩实验中,尤其在 2.5×10^{-3} s^{-1} 的较高应变速率下,陶瓷材料的流动应力较高,并伴有应变硬化,变形将会受到抑制。圆环校准曲线作为确定摩擦因子的唯一标准,其精度受到很多因素的影响,除了最为重要的圆环几何参数外,应变速率敏感系数和圆环材料的机械性能也起到很重要的作用[52]。较高的应变速率敏感系数能够导致相对更低的圆环内径减少量,特别是在相对较低的摩擦情况下,这种趋势更加明显。所以,圆环材料的应变硬化行为将会影响圆环校准曲线的准确性和稳定性,为了准确地了解各个因素对校准曲线的影响,将来还需要更加系统的分析。

由上面的分析可以看出,在 1 400 ℃、1 500 ℃ 和 1 600 ℃ 温度和 1.1×10^{-4} s^{-1}、5.4×10^{-4} s^{-1}、2.5×10^{-3} s^{-1} 应变速率下的摩擦因子表现比较稳定,最大值为 0.45,最小值仅为 0.34。这些值与 850 ℃ 下石墨润滑剂的 m 值基本相当[50],比 Hwu 等人直接用 BN 粉末做润滑剂测试的 0.5 到 0.65 的 m 值小很多,这可能是由于一方面本实验中采用了 BN 和有机溶剂混合使用,而 Hwu 等人的实验为单纯的 BN 粉末,其不能更好地与摩擦面结合;另一方面本实验材料为陶瓷材料,圆环压缩过程中应变速率较低,最高也仅为 2.5×10^{-3} s^{-1},所以本实验中的 BN 润滑剂在 1 400 ~ 1 600 ℃ 的温度范围内表现了有效的润滑性能和良好的使用性能。

陶瓷的超塑成形被认为是将来有可能实现陶瓷复杂零件净近成形以致像金属锻造一样开始工业化应用的有效方法[53]。尽管本实验在使用 BN 润滑剂的情况下,涡轮盘模拟件已经通过超塑挤压法成功地制备,但是实验过程中的摩擦因子依然较高,模具寿命和陶瓷试件的表面质量仍会受到模具和陶瓷叶片之间界面摩擦的极大影响,因此,为了找到对于陶瓷成形更加合适的润滑剂以及润滑剂的有效使用方法,还必须付出更多的努力。

2.4.2　陶瓷高温变形中的流动应力分析

1. 陶瓷压缩变形流动应力的计算

由前面的叙述可知,圆环压缩法还是一种评估材料流动应力(σ_0)的有效方法,特别是在一些诸如高温高应变的苛刻变形工艺条件下,其应用更加广泛[54]。

在已知某个工艺条件下压缩圆环的内径变化 ΔD 和高度变化 ΔH 时,可以得出压缩过程中的界面摩擦因子 m。假设圆环在单次压缩过程中 m 值保持恒定不变,依据圆环压缩过程中的即时高度变化 ΔH 值可以确定圆环在每个数据记录点时的相对平均应力 N_{ave}/σ_0。另外,假设圆环在压缩过程中体积保持不变,通过记录圆环即时高度 ΔH 值可以算出圆环压缩过程中的即时实际接触面积 A,所以由实际记录的轴向施加载荷 P,其即时应力的计算式为

$$N_i = \left(\frac{P_i}{A_i} \right) \tag{2.30}$$

式中　N_i——第 i 个时间点上的即时应力,MPa;

　　　P_i——第 i 个时间点时的轴向施加载荷,t;

　　　A_i——第 i 个时间点时的圆环即时面积;

　　　i——记录数据时的时间点。

以恒定应变速率 $1.1 \times 10^{-4} s^{-1}$ 为例,每 5 min 记录一次数据,图 2.68 为该应变速率下不同温度时即时应力随压缩位移的变化曲线,可以清楚地看出变形过程中圆环受压正应力随圆环高度变化过程中的连续变化趋势。所以,由已知的圆环即时相对平均应力 N_i/σ_0 和受压正应力 N_i,即可算出圆环的流动应力 σ_0 及其在压缩变形过程中的变化趋势。

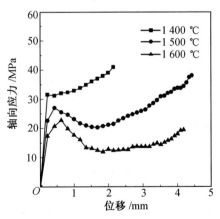

图 2.68　$1.1 \times 10^{-4} s^{-1}$ 时不同温度下的应力-位移曲线

2. 温度和应变速率对陶瓷流动应力的影响

通过记录圆环即时高度和圆环变形前的原始高度,其圆环变形过程中的即时真应变的计算式为

$$\varepsilon_i = \ln\left(\frac{h_0}{h_i} \right) \tag{2.31}$$

式中　ε_i——圆环为第 i 个时间点时的真应变;

h_0——圆环的原始高度,mm;

h_i——第 i 个时间点时的圆环高度,mm。

图 2.69 为通过计算得来的恒定应变速率 $1.1×10^{-4}s^{-1}$ 下的真实应力-应变曲线,温度为 1 400 ℃、1 500 ℃和 1 600 ℃。从图中可以看出不同温度对 $3Y-TZP/Al_2O_3$ 复相陶瓷材料流动行为的影响,在应变速率一定的情况下,温度越高,材料流动应力越小。同时,为了显示在压缩过程中应变速率对材料流动行为的影响,图 2.70 给出了 1 500 ℃时不同应变速率下的真实应力-应变曲线。从图中可以看出,在恒定温度下,应变速率也对复相陶瓷的流动应力产生明显的影响,$\dot{\varepsilon}=5.4×10^{-4}s^{-1}$ 时的流动应力比 $\dot{\varepsilon}=1.1×10^{-4}s^{-1}$ 时的流动应力高出约 15%,也即应变速率越高,材料在压缩过程中的流动阻力越大,所需外界施加载荷越大。尽管在实验中最高应变速率达到 $2.5×10^{-3}s^{-1}$,但是陶瓷圆环试样在压缩过程中并没有破坏,圆环试样的内部和边缘部位均没有明显的裂纹,圆环试样形状规则,陶瓷材料在变形过程中始终处于稳定流动状态,这也说明 $3Y-TZP/Al_2O_3$ 复相陶瓷拥有优良的超塑成形性能。

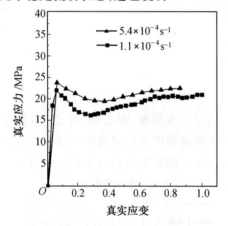

图 2.69　$1.1×10^{-4}s^{-1}$ 时不同温度下的应力-应变曲线

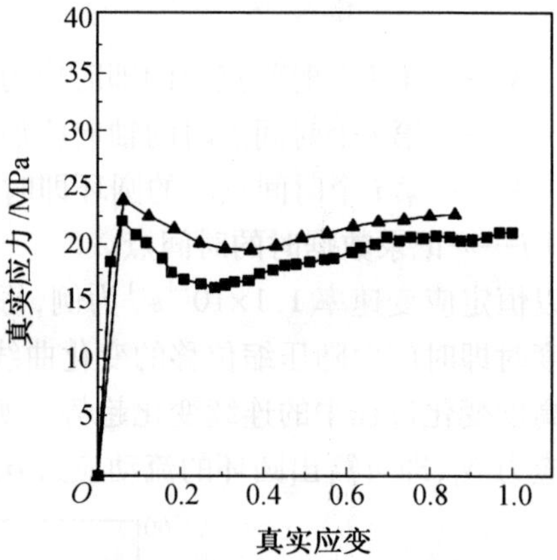

图 2.70　1 500 ℃时不同应变速率下的应力-应变曲线

另外,从图 2.69 和图 2.70 中的真应力-真应变曲线还可以看到,复相陶瓷材料在变形开始初期经历短暂的弹性变形,在变形量很小的情况下,应力急剧上升直至达到屈服点并开始屈服变形。同时,变形温度越低,材料屈服应力越大,达到屈服点时材料的变形量也越小。如图 2.69 所示,在应变速率为 $1.1×10^{-4}s^{-1}$ 时,1 400 ℃、1 500 ℃和 1 600 ℃温度下的屈服应力分别约为 31 MPa、27 MPa 和 23 MPa,对应屈服点的真应变分别约为 0.02、0.04 和 0.06。

伴随着屈服点附近峰值的出现,材料又开始软化,流动应力呈现一定程度的降低,同时复相陶瓷也开始进入稳态屈服变形阶段。在持续了一段时间的稳态流动之后,变形材料又开始产生明显的应变硬化,随着应变的增加,流动应力开始显著上升。在压缩测试过程中,圆环内径的变化导致圆环几何形状发生变形,同时材料发生几何硬化,所以软化就很显著。从图 2.70 中可以看到,较高应变速率($5.4×10^{-4}s^{-1}$)下的流动应力显著大于较低应变速率($1.1×10^{-4}s^{-1}$)下的流动应力,这说明应变速率会影响到应变硬化的程度,高应变速率将导致更严重的硬化现象。参照关于应变速率对摩擦因子的影响的分析,应变硬化的影响已经被证实。所以,对于目前的研究来说,圆环压缩法是一种获得复相陶瓷流动应力可靠有效的方法。

2.5　复相陶瓷超塑成形

2.5.1　3Y-TZP/Al₂O₃ 复相陶瓷超塑挤压

$ZrO_2-Al_2O_3$ 系高性能陶瓷是较成熟的 ZrO_2 弥散陶瓷。弥散于 Al_2O_3 陶瓷基体内的四方氧化锆粒子通过相变韧化,显著提高了 Al_2O_3 陶瓷的韧性和强度,使陶瓷材料塑性变形成为可能。自从 1986 年日本名古屋工业技术研究所的 Wakai 和他的合作者们首先发现并报道了多晶陶瓷 $ZrO_2-Al_2O_3$ 的拉伸超塑性以来,多种陶瓷材料都被发现具有不同程度的超塑性,比如 Al_2O_3[55]、莫来石[56]、Si_3N_4[57]、Si_3N_4-SiC 复合材料[58] 等,并且超塑性变形的方式也由开始的简单拉伸发展到拉深[59]、压缩[60]、锻造[61]、挤压[62]、胀形等。

研究陶瓷的超塑性变形时,必须解决一系列的问题,如选择变形方式、工艺规范、成形设备和高温条件下(一般在 1 300 ℃以上)工作的模具材料、工艺润滑状况等。尽管陶瓷超塑成形的变形方法已经多样,但是试件的形状还不够复杂,往往还停留在简单的棒状或者圆片,应变方式一般都是简单的单向或者双向应力状态,同时也缺乏对微观组织和力学性能的详细报道,这与实际的工业应用相差很远。

1. 涡轮盘模拟件的超塑挤压成形

（1）实验材料及过程

涡轮盘挤压实验所用 3Y-TZP/Al₂O₃ 复相陶瓷坯料采用过筛好的混合粉料烧结制备。把混合粉料装入高强石墨模具中,先在室温下 10 MPa 压实,随后在同一模具中升温到 1 450 ℃真空热压烧结 1 h,烧结中保持恒定压力 30 MPa。如图 2.71 所示,烧结陶瓷坯料为 φ50 mm×25 mm 的圆柱块。根

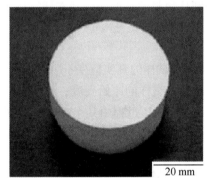

20 mm

图 2.71　3Y-TZP/Al₂O₃ 陶瓷涡轮盘挤压烧结坯料

据阿基米得法测试,烧结毛坯的相对致密度达到 96.3%。

在 ZRY55 真空热压炉中进行超塑挤压实验。成形模具为封闭式的挤压模,模具材料为高强石墨。考虑到成形后陶瓷的完整脱模,以及石墨模具的加工难度,模具型腔部分采用分瓣组合式,共分为 12 瓣和 18 瓣两种组合,图 2.72 所示为模具型腔 12 瓣组合镶块示意图。由于挤压过程是轴向挤压,陶瓷材料向侧面径向流动(如图 2.73 所示),模具和陶瓷界面摩擦很大。而陶瓷本身的流动能力较差,石墨模具的强度也较低,高摩擦很容易造成试件表面

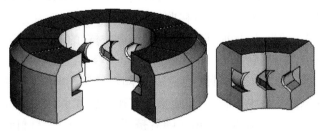

图 2.72　涡轮盘模拟件挤压镶块模具图

质量较差甚至产生表面撕裂,所以装模具前先在模具镶块和圆柱坯料的接触表面均匀喷涂
BN 润滑剂,以降低挤压时的摩擦,同时也防止高温下陶瓷和模具发生黏附。为了更好地发
挥 BN 的隔离和润滑效果,挤压实验在氮气保护下进行。

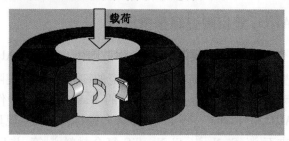

图 2.73　涡轮盘模拟件挤压示意图

　　把圆柱坯料放入模具型腔中,先以 25 ℃/min 的升温速率加热到 1 000 ℃,再以 10 ℃/min 的
速率升温到设定温度。当达到设定的变形温度后,保温 10 min 以使模具及陶瓷的温度充分
均匀化。加压过程采取以 0.4 kN/min 的速率逐步递增的方式,以保证挤压过程中挤压力始
终保持较高水平,直至挤压完成。实验前根据模具型腔的体积和材料致密度的变化精确计
算陶瓷填满模腔时压头应该下行的位移量,实验过程中测量并纪录压头的位移和载荷,并根
据陶瓷圆柱块料的高度变化动态计算压头的行进速率、真实应变和陶瓷的应变速率。

$$\varepsilon = \ln\left(\frac{h_0}{h_t}\right) \tag{2.32}$$

式中　ε——试样的真实应变;

　　　　h_0——试样的原始高度;

　　　　h_t——积压过程中某个时间的高度。

$$\dot{\varepsilon} = \frac{\Delta\varepsilon}{\Delta t} \tag{2.33}$$

式中　$\dot{\varepsilon}$——试样的应变速率;

　　　　$\Delta\varepsilon$——试样在某个时段内的真实应变;

　　　　Δt——试样在此时段内的时间。

　　为了寻求 3Y–TZP/Al$_2$O$_3$ 纳米复相陶瓷的最佳变形温度,研究不同温度下材料的流动
行为,超塑挤压实验分别在 1 500 ℃、1 550 ℃、1 600 ℃和 1 650 ℃温度下进行,挤压的应变
速率控制在 $10^{-5} \sim 10^{-4}$ s^{-1} 数量级。

　　(2)挤压成形

　　在 1 500 ℃、1 550 ℃、1 600 ℃和 1 650 ℃温度下进行 3Y–TZP/Al$_2$O$_3$ 纳米复相陶瓷涡
轮盘模拟件的挤压实验,典型的载荷–位移曲线如图 2.74 所示。在这四个温度下,复相陶
瓷均表现出了一定的超塑性能,同时,随着温度的升高,材料的流动性能越来越好。1 500 ℃
成形时,在轴向单位挤压力达到 26.5 MPa(外载荷 52 kN)时,已经接近模具的强度极限,而
压头最大位移量仅为 3.89 mm,根据计算远不能使陶瓷材料充满整个模腔。在行程的前段,
位移量很小,屈服极限过后逐渐平稳,但是压头下移速度比较小;在行程的后段,曲线逐渐平
缓,即使加压也不能使材料充分流动。由于随着挤压时间的延长,材料致密度显著提高,同
时晶粒开始逐渐粗化,伴有变应变硬化现象,流动应力迅速提高,所以在同等载荷下,压头位

移量很小。在 1 550 ℃时,陶瓷的流动性能明显加强,但是到挤压的后段,材料的硬化仍然
严重,难以充满整个模腔,即使压头位移量也达到较高的水平(约 4 mm),但是成形试件的
表面质量很差,表面裂纹较多。在 1 600 ℃和 1 650 ℃下超塑挤压时,复相陶瓷的成形性能
较好,材料流动平稳。在 1 600 ℃,压力达到 24 MPa 时压头位移量已达到 5 mm,陶瓷材料
已经基本充满整个模具型腔,并且材料流动比较均匀,试件表面质量较好,无明显裂纹等缺
陷。在 1 650 ℃下挤压时,陶瓷总体流动性较好,但考虑到温度较高,材料晶粒长大更严重,
不利于材料性能的保持,故综合来看,1 600 ℃为比较理想的挤压成形温度。

　　图 2.75 是在 1 600 ℃和 1 650 ℃下 3Y–TZP/Al$_2$O$_3$ 陶瓷超塑挤压时压头速度随压头位
移的变化曲线。由于挤压是轴向加压径向流动,材料流动量较小,所以相比一般的超塑成形
如拉伸、压缩等,应变速率总体上偏小,一般都在 10^{-5} ～ 10^{-4} s^{-1} 数量级。在 1 600 ℃和
1 650 ℃变形时,最大的压头速率仍然达到 0.14 mm·min^{-1},对应的应变速率为 10^{-4} s^{-1},同
时单位挤压力仅为 6.1 MPa,即使在整个挤压过程中最大单位挤压力也仅为 23 MPa,体现了
材料良好的超塑成形性能。从图中明显看出,成形过程中应变速率值的波动较小,材料流动
平稳,特别是在 1 600 ℃下,压头速度波动很小,随着挤压的进行材料并没有出现明显的应
变硬化,始终保持良好的流动状态。

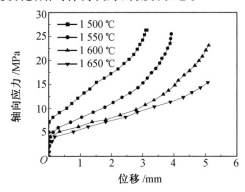 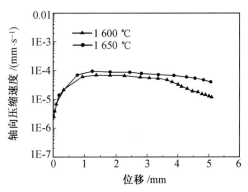

　　图 2.74　不同温度下的挤压应力–位移曲线　　　图 2.75　1 600 ℃和 1 650 ℃下的速度–位移曲线

　　典型的 3Y–TZP/Al$_2$O$_3$ 纳米复相陶瓷涡轮盘模拟件如图 2.76 所示,其中图 2.76(a)为
十二叶片涡轮盘模拟件,图 2.76(b)为十八叶片涡轮盘模拟件,两成形件质量良好,无明显
缺陷。

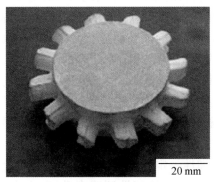 

(a)十二叶片　　　　　　　　　　　　　　(b)十八叶片

图 2.76　3Y–ZrO$_2$/Al$_2$O$_3$ 陶瓷 1 600 ℃超塑挤压的涡轮盘件

2. 超塑挤压成形后材料的显微组织和力学性能

表 2.12 为 3Y-TZP/Al₂O₃ 纳米复相陶瓷烧结毛坯及其在 1 600 ℃超塑挤压后的性能对比(表中断裂韧性值由压痕法测量)。可以看出,变形后试件的密度有了明显提高,涡轮盘叶片部位的相对密度由坯料的 96.3%升高到 98.3%;而对于涡轮盘盘片部位,由于持续受到压应力作用,密度提高幅度更大,已经接近理论密度,达到 99.4%。这是由于超塑变形过程中持续的压应力,以及晶界滑移和晶粒转动促成的材料流动,起到了压合缺陷、抑制空洞产生、促进致密化的作用,从而使得变形后材料的致密度得到明显提高。对于叶片部位,尽管挤压过程中陶瓷中的空洞也在压应力的作用下发生愈合,但是由于材料在流动过程中并没有持续受到三向压应力作用,特别是随着挤压的进行,在持续高温作用下,晶粒持续长大,较大晶粒之间的相互协调滑动和转动得不到持续有效地进行,所以在材料内部开始孕育出新的空穴,随着新空穴的增多,空穴之间相互吞噬并逐步长大。同时,由于陶瓷本身塑性较差,加上材料和模具间高摩擦力的存在也使材料流动困难,涡轮叶片部位的表面产生少量裂纹和空洞,所以尽管密度比坯料有所升高,但还是略低于盘片部位。

相似的对比还有晶粒尺寸和力学性能。由于成形温度较高,变形后材料的晶粒发生明显的粗化,但是盘片部位和叶片部位的长大程度有所不同。由于持续三向压应力的存在,盘片部位的晶粒长大受到一定抑制,平均晶粒尺寸为 0.76 μm,小于叶片部位的平均晶粒尺寸(0.95 μm)。

表 2.12 3Y-TZP/Al₂O₃ 陶瓷在 1 600 ℃超塑挤压前后的性能对比

性 能	变形前	变形后	
		叶片	盘片
相对密度/%	96.3	98.3	99.4
平均晶粒尺寸/μm	0.35	0.95	0.76
弯曲强度/MPa	573	—	617
断裂韧性*/(MPa·m^{1/2})	7.1	6.8	8.1
维氏硬度/GPa	17.7	16.7	18.8

注:*断裂韧性通过压入法获得。

此外,从表 2.12 还可以看到,尽管高温成形使材料的晶粒尺寸出现明显的增大,但是变形前后材料的力学性能并没有发生明显的降低;相反,盘片部位材料的性能还有所升高。从图 2.77 中材料的室温断口照片可以看到,超塑挤压成形后晶粒明显长大,断裂方式也发生明显改变,变形前的坯料(图 2.77(a))以沿晶断裂为主,沿晶和穿晶混合的断裂方式。对于成形件叶片部位(图 2.77(b)),材料断裂时穿晶断裂开始增多,有利于强度和韧性的提高;在图 2.77(c)中的成形件盘片部位,材料完全以穿晶断裂方式为主,而穿晶断裂具有明显的韧性增量。相比较于叶片部位,盘片部位材料的断裂面也更为平整,致密度更高。另外,由于 ZrO₂ 晶粒的长大也使能够发生应力诱发相变的 t-ZrO₂ 数量增多,更能发挥 ZrO₂ 相变增韧和复合增韧的效果。因此尽管由晶粒长大带来韧性一定程度的下降,但是材料整体的韧性在挤压变形后并没有出现很大的波动,甚至盘片部位的韧性还略有升高,由变形前的 7.1 MPa·m^{1/2} 提高到变形后的 8.1 MPa·m^{1/2}。

根据 Griffth 断裂理论[63]:

$$\sigma_f = \sqrt{\frac{2E\gamma}{\pi a}} \tag{2.34}$$

式中　E、γ——弹性模量和单位表面能；

　　　a——半裂纹长度。

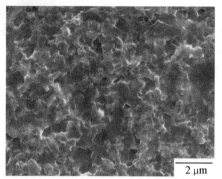

(a)坯料

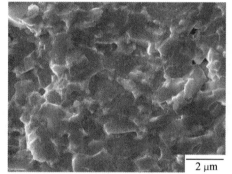

(b)成形件叶片部位

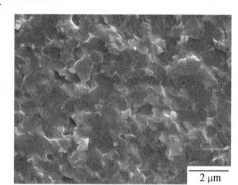

(c)成形件盘片部位

图 2.77　1 600 ℃超塑挤压时 3Y–TZP/Al₂O₃ 陶瓷变形前后的断口 SEM 照片

抗弯强度主要取决于材料中缺陷的尺寸。尽管成形件盘片部位材料的晶粒粗化比较严重，但是材料致密度有明显的提高，几乎接近理论密度，变形前已有的缺陷得到了很好的愈合。材料断裂面比较平整，晶界显著加强，阻止了沿晶断裂，迫使裂纹从晶粒穿过，形成穿晶断裂，所以抗弯强度不但没有下降，反而由变形前的 573 MPa 略增加到 617 MPa，这说明由致密度升高带来的性能提高大于晶粒长大导致的性能下降。超塑成形对材料强度的影响和前面分析的对韧性的影响有相同的变化趋势，这也符合 Griffth 理论[63] 中强度和韧性呈同步增长趋势的结论。相似的还有材料的硬度值，盘片部位硬度也由变形前的 17.7 GPa 增加到成形后的 18.8 GPa。弯曲强度和维氏硬度虽然没有线性的对应关系，但影响因素都是一样的，因而与之有相同的变化规律。

在挤压过程中，虽然 ZrO₂ 晶粒处于三相点，但在晶粒的运动当中相邻晶粒将会合并长大，当晶粒尺寸在随后的冷却过程中大于临界转变尺寸时，ZrO₂ 颗粒就会发生马氏体相变。图 2.78 即为变形后的组织中观察到的 t–ZrO₂ 晶粒内部呈片状析出的典型马氏体组织，在相变过程中 m–ZrO₂ 和 t–ZrO₂ 晶粒生长成相互平行的片状，构成变形孪晶或协调孪晶。相变引起的体积膨胀在 Al₂O₃ 基体周围可能出现残余微裂纹和切应变诱发的张应力，对吸收断裂能，提高韧性起一定的作用。同时晶粒的长大使得能够发生应力诱发相变的 t–ZrO₂ 数

量增多,更能发挥 ZrO₂ 相变增韧以及复合增韧
的效果。尽管由晶粒长大带来了韧性的一定程
度下降,但是材料整体的韧性在挤压变形后并
没有出现下降,这其中相变增韧的效果发挥了
重要的作用。

　　对比变形前后的力学性能说明压应力状态
下的超塑性行为对材料的性能没有明显的负面
影响,甚至还可以是提高烧结体材料性能的一
个有效手段。由于变形后材料的性能得到了保
证,与诸如拉应力变形等相比,压应力状态下的
超塑变形方式对实际应用更有价值。

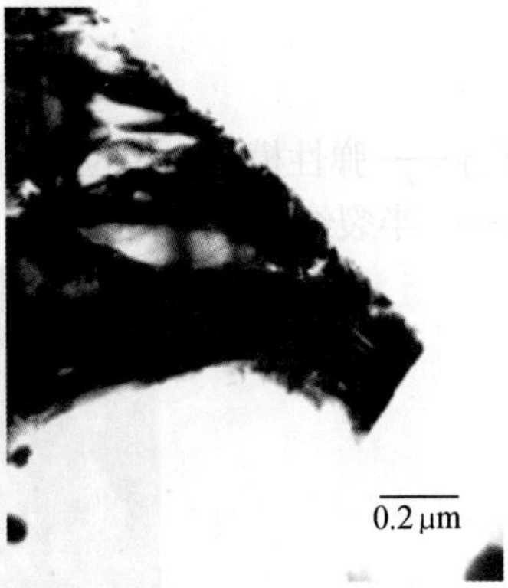

图 2.78　挤压变形后 t-ZrO₂ 晶粒内马氏体
组织的 TEM 明场像[123]

3. 复相陶瓷超塑挤压成形机理

　　通过 3Y-TZP/Al₂O₃ 纳米复相陶瓷的高温超塑挤压试验表明,该材料在一定温度范围
内具有良好的超塑成形性能。

　　一般来说,超塑性变形过程的晶界滑移是人们普遍接受的陶瓷超塑变形机制[64]。Nieh
等[65] 在 1 650 ℃和 8.3×10⁻⁴ s⁻¹ 的应变速率下对两相晶粒尺寸均为 0.5 μm 左右的 Al₂O₃-ZrO₂ 陶
瓷进行单向拉伸后的组织观察发现,两相晶粒均有较大的动态和静态长大,虽然 YTZ 晶粒
仍然保持等轴状,但 Al₂O₃ 晶粒沿拉应力方向拉长,同时内部产生了大量的空洞。Nieh 认为
其变形机理为晶界滑移,内部空穴的产生和蠕变裂纹的发展是导致材料最终破坏的原因,并
且使变形后材料的力学性能下降。Ishihara 等[66] 研究了 Al₂O₃-20% ZrO₂ 陶瓷在超塑变形
过程中的晶界滑移,估算了晶界滑移在此材料超塑性中的作用。其通过对大应变压缩变形
后材料的研究发现,在超塑变形中获得了晶界滑移,并估计在 Al₂O₃-20% ZrO₂ 陶瓷中晶界
滑移对总应变的贡献约为 40% ~60%,并且随着应变速率的增加而增加。

　　从图 2.77 已经知道,由于变形温度高达 1 600 ℃,原子扩散加速,变形过程的静态和动
态晶粒长大十分显著,基体 Al₂O₃ 晶粒发生了明显的长大,达到近 1 μm,但是仍然保持等轴
状,没有发生类似晶粒被拉长的现象;基体 Al₂O₃ 晶内的 ZrO₂ 球形颗粒由于受到基体的约
束难以发生合并长大,所以仍然呈细小分散的纳米颗粒。图 2.79 为 1 600 ℃挤压变形后复
相陶瓷的 TEM 形貌,变形前存在于 Al₂O₃ 晶内纳米 ZrO₂ 颗粒周围的大量位错结构在变形
后的基体晶粒内却很难看到,这是由于高温下原子的扩散加剧,导致了位错的消失。由于在
如此高应变时晶粒形状仍能够保持不变,同时
在晶粒内部没有位错活动,这表明晶界滑动是
变形的主要方式,晶界滑动的协调过程是控制
应变速率的机制[67]。同时,从图 2.79 中可以
明显看到,处于不同多相点之中的晶间 ZrO₂ 晶
粒在两相晶粒的滑动和转动过程中得以靠近,
并发生联结及合并长大,但仍然受到 Al₂O₃ 晶
粒的压力作用。如图 2.79 中箭头所指明显为
ZrO₂ 的合并痕迹,但在"B"、"C"两个基体
Al₂O₃ 晶粒的推挤、压缩作用下合并还不是很
完全,这部分颗粒也起到了显著阻止基体晶粒

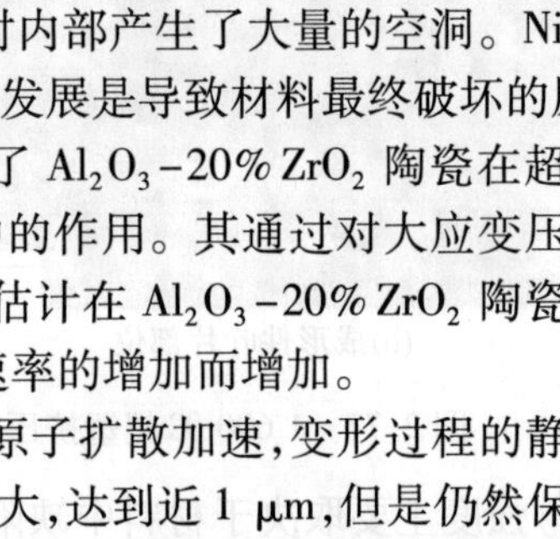

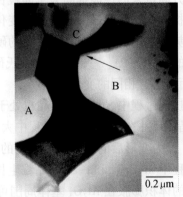

图 2.79　1 600 ℃挤压变形复相陶瓷的 TEM 形貌

合并长大的作用。由于 ZrO_2 的弹性模量远小于 Al_2O_3 的弹性模量,"A"、"B"两个 Al_2O_3 晶粒之间的 ZrO_2 晶粒边界在压应力作用下发生明显内凹,出现弧形晶粒边界。

综上所述,在复相陶瓷的挤压变形时,第二相 ZrO_2 在变形过程中不仅仅起到阻止基体晶粒长大的作用,同时由于它自身的变形、合并长大和被推挤,也起到了协调变形、润滑晶界、松弛晶界处应力集中的作用。两相晶粒均保持等轴状,所以复相陶瓷变形机制为基体晶粒的滑动和转动,晶间第二相的协调变形为其变形协调机制,同时伴随原子扩散的动态和静态晶粒长大也起着重要的作用。

2.5.2　$Si_2N_2O-Si_3N_4$ 复相陶瓷的塑性变形

1. 高温拉伸

从 $1\ 500 \sim 1\ 580\ ℃$,应变速率 $4.7×10^{-4}/s$ 对试样进行拉伸结果表明:$Si_2N_2O-Si_3N_4$ 复相陶瓷的最大延伸率发生在 $1\ 550\ ℃$,延伸率达到 65% 就发生断裂,试样的断口形状也比较不规则,而且试样的拐角处产生裂纹,$1\ 550\ ℃$ 的拉伸结果如图 2.80 所示。

图 2.81 为拉伸过程的应力-应变曲线。从图中可以看出:$Si_2N_2O-Si_3N_4$ 复相陶瓷材料 $1\ 500\ ℃$ 变形时的流动应力很高,达到 90 MPa,流动应力在 $1\ 550\ ℃$ 迅速降低至 17 MPa 左右。

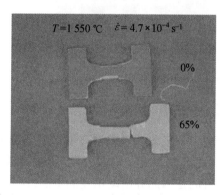

图 2.80　$Si_2N_2O-Si_3N_4$ 复相陶瓷高温拉伸试样

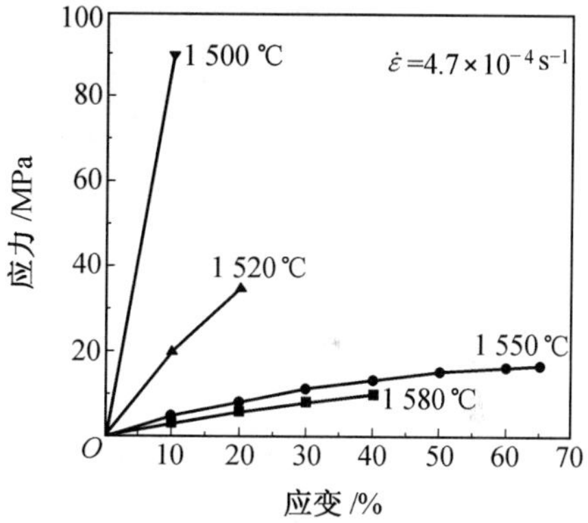

图 2.81　$Si_2N_2O-Si_3N_4$ 复相陶瓷不同应变速率拉伸应力-应变曲线

2. 拉深成形

实验采用拉深成形的方法研究了氮化硅-氮氧化硅复相陶瓷的成形性能。试样为直径 30 mm,厚度为 1 mm 的圆片,烧结条件与拉伸试样相同。

图 2.82 为拉深成形模具,成形温度 $1\ 550\ ℃$,冲头速率为 0.21 mm/min。图 2.83 给出了各种条件下的拉深成形试件。当成形速率为 0.2 mm/min 时,能拉深成形出顶高 10 mm 的良好的半球形试件,但由于锥形件的形状特点,因此,成形高度较球形件矮,高度仅为 5 mm。

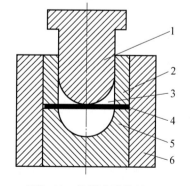

图 2.82　拉深成形模具

1—冲头;2—压边圈;3—BN 粉末;
4—陶瓷板;5—凹模;6—套筒

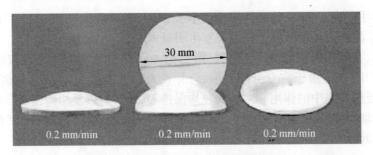

图2.83　不同成形条件的拉深成形试件

陶瓷塑性变形的过程也是空洞形成、生长和连接的过程。图2.84分别为拉深成形前后抛光表面的扫描照片。成形前，烧结体仅有少量的微小缺陷，成形后则形成了大量的"空洞集团"，大的空洞已经接近2 μm，这是导致成形体破裂的主要原因。

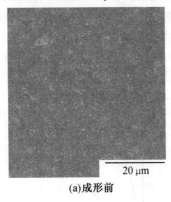

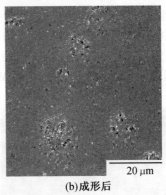

(a)成形前　　　　　　　　　　　(b)成形后

图2.84　成形前后的抛光表面

一般认为陶瓷塑性变形过程中的空洞形核有两种可能：即事先存在于材料中或者在塑性变形过程中产生。这些预先存在的空洞大都分布在孔洞及夹杂周围，是由使材料具备细晶组织所必需的变形热处理引起的缺陷造成的；也有的是因晶界滑动诱发的空洞，这是由于对材料施加太高的应变速率所致。本实验所制备材料的"空洞集团"的产生主要是由于烧结材料存在烧结缺陷，材料的塑性流动能力较差，变形过程中，在双向拉应力的作用下，以这些烧结缺陷为核心形成的。

3. 烧结锻造工艺

陶瓷烧结-锻造工艺是烧结与塑性成形相结合的一种成形方法，对烧结体进行后续的低速率锻造，以提高成形零件的致密度和性能。在1 550 ℃，应变速率为$4.7×10^{-4}$/s的条件下，对$Si_2N_2O-Si_3N_4$复相陶瓷进行锻造变形，然后对变形后的性能进行测试。图2.85为烧结锻造后材料的微观组织，可以看出：锻造对晶粒尺寸的影响较小，但造成晶粒沿垂直于受力方向取向。表2.13为变形前后材料性能的比较，变形后材料的性能和致密度有较为明显的提高，提高幅度均超过8%。这说明与钢铁材料一样，锻造也同样能提高陶瓷材料的各种力学性能，同时也能形成特定取向的组织结构，以利于提高陶瓷材料某一方向的力学性能。

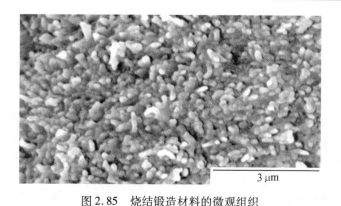

图 2.85　烧结锻造材料的微观组织

表 2.13　塑性变形前后材料的性能

材料	相对密度/%	显微硬度/GPa	杨氏模量/GPa	弯曲强度/MPa	断裂韧性/($MPa \cdot m^{1/2}$)
烧结	98.2	21.3	330	520	4.5
烧结锻造	99.3	23	360	550	4.8

　　复杂形状的零件在烧结过程中很难实现致密的均一化,因此目前氮化硅陶瓷主要应用于轴承、端盖和航天发动机喷嘴等一些形状简单的零件,对于齿轮来说,轮齿是齿轮工作的主要部位,因此对其性能要求很高,而齿形恰恰是烧结过程中较难致密的部位,因此需要采用特殊的烧结工艺。图 2.86 为烧结和烧结锻造采用的齿形导向模具示意图,烧结模具的型腔尺寸略小于锻造模具的型腔尺寸。图 2.87 为分别采用直接烧结和烧结-锻造工艺成形的 Si_3N_4-Si_2N_2O 复相陶瓷齿轮,烧结温度为 1 600 ℃,挤压温度为 1 550 ℃。从齿形上的微小飞边能明显地看出烧结-锻造成形齿轮发生了塑性变形。

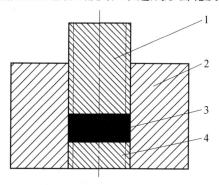

图 2.86　齿轮烧结锻造成形模具图
1—齿形压头;2—齿形凹模;3—锻造零件;
4—齿形垫片

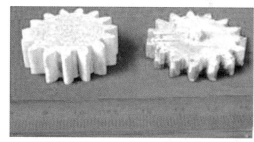

(a)烧结成形　　　　(b)烧结-锻造成形

图 2.87　烧结和烧结-锻造成形的齿轮

2.5.3　Si_2N_2O-Sialon 复相陶瓷的塑性变形

1. 高温拉伸

　　试样分为两组,一组是在 1 500 ~ 1 580 ℃的不同温度下,同一初始应变速率下进行拉伸,另一组是在 1 550 ℃,不同初始应变速率下进行拉伸,拉伸所得到的试样如图 2.88 所示。从试样的宏观形貌可以看出:Si_2N_2O-Sialon 陶瓷比 Si_2N_2O-Si_3N_4 陶瓷的塑性好,最大延伸率已经超过 100%，试样经长时间拉深变形后，颜色逐渐变淡，由深蓝变为浅灰，对拉伸后试样表面的 XRD 分析表明，在试样表面产生了大量的 $\alpha\text{-}Al_2O_3$，是导致试样表面变色的主要原因，$\alpha\text{-}Al_2O_3$ 产生的主要原因是由试样表面的成分分解，N 元素和 Si 元素挥发导致的。

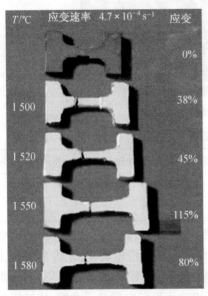

(a)不同温度下的拉伸试样

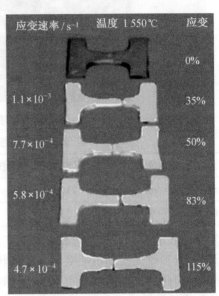

(b)不同应变速率下的拉伸试样

图 2.88　拉伸后试样

由于实验设备的限制，冲头速度为 0.2 ~ 0.5 mm/min。图 2.89 和图 2.90 为拉伸的应力-应变曲线。从图中可以看出：拉伸的最佳温度为 1 550 ℃，随实验温度的提高，流动应力逐渐降低，当烧结温度达到 1 580 ℃时，变形应力减小到 15 MPa；随应变速率的降低，延伸率逐渐增加，当变形温度为 1 550 ℃，应变速率为 4.7×10^{-4}/s 时，最大延伸率可达到 115%。

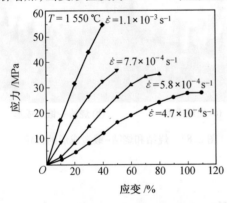

图 2.89　不同应变速率下的应力-应变曲线

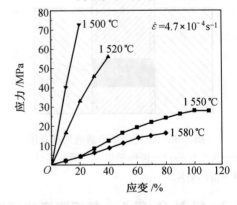

图 2.90　不同温度下的应力-应变曲线

采用速度突变法测量应力敏感性指数，在 1 550 ℃拉伸过程中，冲头速度从 0.2 mm/min 增加到 0.3 mm/min。应力敏感性指 n 数的计算式为

$$n=\frac{\ln(v_1/v_2)}{\ln(p_1/p_2)} \tag{2.35}$$

式中　v_1——突变前的速度；

v_2——突变后的速度；

p_1——突变前的应力；

p_2——突变后的应力。

通过计算，Si_2N_2O-Sialon 复相陶瓷拉伸时应力指数为 1.5 ~ 2.2，这与 Si_3N_4/SiC 复相陶瓷拉伸时的应力指数为 1.5 ~ 2.3 非常接近[75,76]。

变形激活能通过在拉伸过程中改变温度获得。烧结温度从 1 550 ℃ 增长到 1 580 ℃，冲头速度为 0.2 mm/min。激活能 Q 的计算式为

$$Q = nR\frac{\ln p_2 - \ln p_1}{1/T_2 - 1/T_1} \tag{2.36}$$

式中　Q——变形激活能；

n——应力指数；

R——气体常数；

T_1——突变前的温度；

T_2——突变后的温度；

p_1——T_1 对应的真实应力；

p_2——T_2 对应的真实应力。

通过计算，在应变速率为 $4.7×10^{-4}$/s 条件下的变形激活能为 320 ~ 800 kJ/mol。

图 2.91 为拉伸试样标距段抛光表面的 SEM 图像，从图中可以看出：在试样标距段产生了大量空洞，大的空洞已经超过 1 μm，这些空洞沿拉伸方向逐渐扩展并长大，最终导致试样的断裂，这与 Si_2N_2O-Si_3N_4 复相陶瓷拉深成形时的空洞形貌不同，并没有产生大量的"空洞集团"。这些空洞的产生机理与 Si_2N_2O-Si_3N_4 复相陶瓷拉深成形时空洞的产生机理不同，是塑性变形过程中晶粒滑动诱发形成的。两种材料空洞形貌及形成机理的不同，不仅仅与变形的受力状态有关，而且也在一定程度上说明，

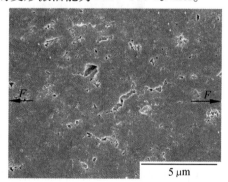

图 2.91　延伸为 115% 试样抛光表面的空洞组织

Si_2N_2O-Sialon 复相陶瓷较 Si_2N_2O-Si_3N_4 复相陶瓷具有更好的晶粒滑动性能。

2. 挤压

由于 Si_2N_2O-Sialon 复相陶瓷具有较高的延伸率和较好的塑性流动性能，因此对其进行了挤压变形的实验研究。图 2.92 为挤压成形的模具图，其模具由 6 部分组成，模具材料均采用高强石墨。为了便于加工，采用组合式凹模，凹模模口为椭圆形，长轴 16 mm，短轴 7 mm。挤压筒直径为 20 mm，挤压比达到 3.57。挤压试验所用毛坯为直径 20 mm，高 20 mm 的圆柱坯料，烧结条件与拉伸试样相同。模具和坯料一起放入真空热压炉中，当加热到指定温度并保温一段时间后，开始挤压，同时测量并纪录压头下降的速率、位移和载荷。

图 2.93 为挤压变形后的试样，最大挤压变形高度为 30 mm，挤压变形力小于 4 000 N，显示了材料具有较好的流动性能。但是，在靠近挤压模口的区域处还是产生了裂纹，这主要

是由于陶瓷材料塑性还远不能与金属相比,同时由于在如此高的挤压温度下,没有较好的润滑剂,导致流动的连续性较差,从而导致裂纹的产生。

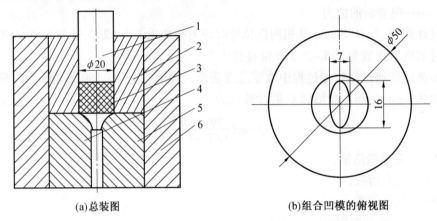

(a)总装图　　　　　　　　　　(b)组合凹模的俯视图

图 2.92　挤压成形模具图

1—压头;2—挤压筒;3—毛坯;4、5—组合凹模;6—外套

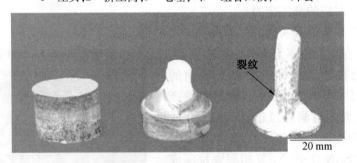

图 2.93　挤压变形后的试样

图 2.94 为挤压后,材料纵向断面和横断面的宏观照片及微观组织,箭头方向表示材料的流动方向。从宏观上看(图 2.94(a)、(b)),在横断面上,沿径向材料的颜色存在明显差异,出现了颜色各异的"圆环";在纵断面上,出现了明显的"Y"型轨迹流线。从微观结构上看(图 2.94(c)、(d)),横断面上形成了类似于"年轮"一样的多环结构,而纵向断口的微观结构则表明,有类似于层片状的结构产生。以上这些组织的变化,均说明变形导致了材料的不均匀性,材料出现分层现象。在挤压变形过程中,由于摩擦的影响,导致塑性变形流动的不连续性,从而会导致材料各区域之间的流动速度不同,产生"速度间断"的现象,从而材料中的一些杂质元素在速度间断面上定向排列,形成"锻造流线",这是金属变形过程中锻造流线产生的原因。挤压变形导致陶瓷材料的各向异性,沿挤压材料的流动方向,材料更容易破坏,而垂直于流动方向则具有较好的抗破坏性能,图 2.94(b)是沿流动方向破坏形成的典型断口。表 2.14 为对两个方向上性能进行测试的结果,结果表明,与烧结材料相比,硬度均有一定程度的提高,其余力学性能沿轴向方向上截取试样均有一定程度的提高,而沿径向方向截取试样的性能略有降低。

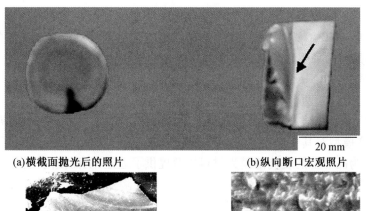

(a)横截面抛光后的照片   (b)纵向断口宏观照片

(c)横断面断口的微观照片   (d)纵断面断口的微观组织

图 2.94　挤压变形后的断口组织

表 2.14　变形后不同方向上材料的性能对比

方向	维氏硬度/GPa	杨氏模量/GPa	弯曲强度/MPa	断裂韧性/(MPa·m$^{1/2}$)
径向	21.3	335	470	3.8
轴向	21.5	365	580	4.3

3. 高温变形机理

经典蠕变模型认为蠕变变形是位错运动和扩散的结果,稳态应变速率 $\dot{\varepsilon}$ 是晶粒尺寸 d 和真实应力 σ 的函数,可用 Dorn-Boltzman 方程来描述[68]

$$\dot{\varepsilon} = A\sigma^n \frac{1}{d^p} \exp\left(\frac{-Q}{kT}\right) \tag{2.37}$$

式中　$\dot{\varepsilon}$——稳态应变速率;

    A——常数;

    σ——真实应力;

    d——晶粒尺寸;

    n——应力指数;

    p——晶粒指数;

    Q——激活能;

    k——玻耳兹曼常数;

    T——温度。

由方程(2.37)可得到如下的结论:当应变速率一定时,减小材料晶粒尺寸,可降低材料成形的温度;当成形温度一定时,减小材料的晶粒尺寸可提高材料成形时的应变率。对于陶瓷材料的塑性成形,降低成形温度和提高成形应变速率是至关重要的。本实验制备的两种复相陶瓷能在 1 550 ℃塑性变形,这比普通细晶氮化硅陶瓷高于 1 650 ℃的变形温度降低 100 ℃,主要是由于采用非晶纳米氮化硅粉体为烧结初始材料,获得了晶粒尺寸细小的氮化硅烧结体。同时,$Si_2N_2O-Si_3N_4$ 烧结体的粒径小于 300 nm,而 $Si_2N_2O-Sialon$ 的粒径小于 100 nm,为纳米材料,两者粒径的不同是塑性存在差异的原因之一。

对于采用液相烧结方法获得的晶界上有玻璃相的陶瓷材料,主要用溶解-析出和黏性流动两种蠕变模型对其变形机理进行解释[69]。Raj 和 Chyung 首先研究了溶解-析出蠕变模型,他们认为晶界上的玻璃薄膜为材料扩散提供了通道,从而使陶瓷材料的蠕变能力得到增强[70]。黏性流动模型是用晶粒的相互滑移来解释陶瓷的塑性变形,该模型认为:Si_3N_4 陶瓷在多晶交界处的空洞化过程是指空洞在晶界玻璃相内部的形核和长大。随着空洞的增长,材料中的玻璃相在变形过程中从晶粒间挤出,从一个区域转移(扩散或者流动)到另一个区域,从而导致晶粒相互滑移,目前,普遍认为两种机理在陶瓷的塑性变形过程中均发挥重要作用,因此,晶界滑移和扩散过程中的溶解-析出蠕变是细晶氮化硅陶瓷材料的塑性变形机理[71,72]。

所制备的 $Si_2N_2O-Sialon$ 复相陶瓷应力指数为 1.5 ~ 2.2,当应力指数小于 2 时,属于典型的非牛顿流变行为,其变形受黏性流动模型控制;而当应力指数大于等于 2 时,由于变形趋于稳定状态,其变形机理受溶解-析出蠕变模型控制。这与 Kondo 等人在研究细晶 β-Si_3N_4 陶瓷时的结果基本一致[73],但是也存在着不同,Kondo 等人的研究结果认为当延伸率超过 200% 时,应力指数才大于等于 2,溶解-析出蠕变机理起主要作用;而本书的实验结果表明,当延伸率达到 80% ,应力指数就已经达到 2,这说明本实验过程中拉伸稳定状态的发生时刻比 Kondo 等人的研究早得多。产生这一现象的结果可能与变形的应变速率有关,由于实验条件的限制,本书实验过程中选择的拉伸速率为 0.2 mm/min,所对应的应变速率较高,为 $4.7×10^{-4}$/s,而 Kondo 等人拉伸速率小于 0.02 mm/min,应变速率为 $3×10^{-5}$/s。

图 2.95 为 $Si_2N_2O-Si_3N_4$ 复相陶烧结体拉伸变形过程中断裂形成的高温断口。与室温断口相比:室温和高温断裂方式均为沿晶断裂,在室温断口上存在大量的细小的白色氮化硅颗粒;而高温断口上却几乎不存在这样的颗粒。这种现象可以利用氮化硅陶瓷的塑性变形机理进行解释。

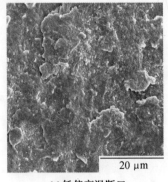 

(a)低倍高温断口　　　　　　　　　　　　　(b)高倍高温断口

图 2.95　不同放大倍数高温断口形貌

无论是溶解-析出模型,还是黏性流动模型都认为高温下晶界玻璃相的存在是氮化硅陶瓷塑性变形的必要条件,但是由于陶瓷的塑性成形温度很高,因此很难对其高温成形时的组织情况进行观察。目前,还没有发现一个研究高温成形过程中玻璃相形成和发展的有效实验手段[74~76]。

通过高温下晶界玻璃相存在,就可以对高温和室温断口形貌的不同进行解释。在室温下,晶界玻璃相硬化,当断裂发生时,一部分玻璃相与晶粒之间发生脆性断裂,从而使一部分晶粒裸露出来;而在高温成形过程中,晶界玻璃相软化,晶粒间发生黏性流动,在断裂时,晶粒表面上会留有大量的黏性玻璃相,从而高温断口很少会出现裸露的晶粒形貌。反过来,从高温和室温断口形貌的不同,也可以合理推测在高温成形过程中确实有软化玻璃相的存在,这与陶瓷的塑性变形机理是相符合的。

图 2.96 为 Si_2N_2O-Sialon 复相陶瓷烧结体拉伸变形过程中断裂形成的高温断口。与 Si_2N_2O-Si_3N_4 复相陶瓷的高温拉伸断口不同, Si_2N_2O-Sialon 复相陶瓷的高温拉伸断口表面存在大量的凹坑,而没有明显的玻璃相的痕迹呈现,这些凹坑是单向拉伸过程中,晶粒在单向应力的作用下拔出形成的,同时两种材料流动应力也存在差异, Si_2N_2O-Sialon 陶瓷的流动应力高于 Si_2N_2O-Si_3N_4 复相陶瓷,这些均表明 Si_2N_2O-Sialon 复相陶瓷烧结体中玻璃相的黏

图 2.96　Si_2N_2O-Sialon 复相陶瓷高温拉伸断口

度较 Si_2N_2O-Si_3N_4 复相陶瓷烧结体玻璃相的黏度高,在变形温度下并没有完全的软化,图 2.95(a)断口中出现的撕裂痕迹、拉伸断口形状的不规则性以及拉伸试样拉伸过程中产生的裂纹也是 Si_2N_2O-Si_3N_4 复相陶瓷玻璃相黏度较差的证据。

Luecke 和 Wiederhorn 考虑玻璃相黏度的影响,得到了如下描述氮化硅陶瓷塑性变形的方程[77]

$$\dot\varepsilon=\frac{\dot\varepsilon_0}{\eta}\frac{V_f^3}{(1-V_f)^2}\sigma\exp(\alpha\sigma) \tag{2.38}$$

式中　$\dot\varepsilon$——考虑空洞形成的应变速率;

$\dot\varepsilon_0$——不考虑空洞形成的应变速率;

V_f——第二相的体积分数;

σ——真实应力;

η——硅酸盐相的有效黏度;

α——系数。

按照方程(2.38)黏度越小,应变速率越高。但这是在一定范围内适用的,晶界的承载能力与材料中玻璃相的黏度有关,而陶瓷塑性变形需要材料的晶界具有一定的承载能力,因此,玻璃相应具有一个最适黏度。由于黏度受到变形的温度与受力状况的影响,所以对于不同的变形工艺,玻璃相的最适黏度值不同。不同材料中,玻璃相本身黏度的固有特性一般对材料的变形能力影响较大,玻璃相的黏度随温度的变化范围越大,越有利于获得较好的最适黏度,玻璃相黏度随温度的变化区间越小或者处于不利于变形的黏度区间,会对最适黏度值产生不利影响,从而影响陶瓷材料的成形性能。

以上所制备的两种陶瓷变形能力的不同,可能就是由晶界玻璃相的黏度不同造成的。$Si_2N_2O-Sialon$ 复相陶瓷中由于 AlN 的加入,从而晶界玻璃相中会产生大量的 $Si_2Al_6O_4N_6$,而 $Si_2N_2O-Si_3N_4$ 复相陶瓷中,玻璃相可能更多的为 $Y_2Si(Si_2O_3N_4)$,由于 Al 元素的介入,造成两种玻璃相黏度的不同,从而影响了材料的变形能力。

2.6　复相陶瓷的变形织构

织构的形成和控制被认为是一种提高材料机械和物理性能的重要方法[78,79]。通过模板或喂料晶粒生长、流延法等工艺获得织构化组织以提高陶瓷材料的力学性能已经获得广泛研究[80~82],但是通过高温变形也能使陶瓷产生织构化效应。陶瓷材料虽属脆性材料,但在高温条件下亦具有塑性变形的特点。因此,对于陶瓷材料亦可能采用类似于金属材料的热加工方法,比如热锻等热工艺改变材料显微结构,进而提高材料性能。Ma 和 Bowman[83] 在 1 800 ℃对 1 250 ℃烧结的 Al_2O_3 陶瓷进行热锻获得了织构化 Al_2O_3 陶瓷,绘制了{113}、{110}和{024}等晶面的极图。除了 Al_2O_3 陶瓷外,SiC[84]、Si_3N_4[85]等陶瓷的织构化也有研究,但是复相陶瓷的高温变形织构还未见报道。

2.6.1　压缩变形

1.压缩试样的制备

将配好的 3Y-TZP/Al_2O_3 复合陶瓷粉料装入高强石墨模具中,先在室温下 10 MPa 冷压,随后在相同的模具中 1 450 ℃下保压 30 MPa 真空热压烧结 1 h。烧结坯料为直径20 mm 的圆柱块,高度为 6 ~ 20 mm。根据阿基米得法测量,所有致密块的相对密度均在98%以上。

2.压缩实验

高温压缩变形在 1 500 ℃进行,试样的加载方向和热压烧结时保持一致。模具材料及上下垫块均采用高强石墨,为了减小摩擦,试样与垫块的表面均经过打磨,并喷涂约 0.2 mm 厚的六方 BN 润滑剂,所以压缩试验时炉腔内充 N_2 保护。升温时以 25 ℃/min 的速度由室温升到 1 000 ℃,以 10 ℃/min 的升温速度到 1 500 ℃。为了保证压缩变形前试样温度的均匀性,加压前在 1 500 ℃下保温 10 min。试验起始应变速率在 2×10^{-3} s^{-1} 左右,试验过程中测量并记录压头的位移和载荷,并根据陶瓷块料的高度变化动态计算压头的行进速率和即时应力,随时调整压头的载荷,保持变形过程压头保持恒压 25 MPa。表 2.15 所示为变形试验参数。

表 2.15　变形实验参数

真实应变	工程应力/MPa	温度/ ℃	时间/min
0.33	25	1 500	20
0.54	25	1 500	35
0.94	25	1 500	54
1.72	25	1 500	80

图 2.97 为具体的升温和加压工艺参数。压缩完成后磨掉表面润滑剂,量出高度后根据下列公式算出真应变

$$\varepsilon = \ln(h_0/h)$$

式中 h_0——试样的起始高度;

h——试样压缩后的高度。

实验共取 4 个试件,对应真应变分别为 0.33、0.54、0.94 和 1.72。图 2.98 为复相陶瓷的几个典型压缩件,可以看出压缩件质量良好,形状规则,无明显裂纹。

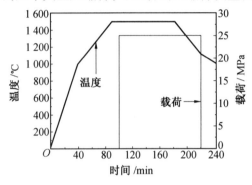

图 2.97 压缩变形时的加热和加压工艺参数($\varepsilon=1.72$)

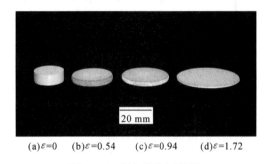

(a)$\varepsilon=0$ (b)$\varepsilon=0.54$ (c)$\varepsilon=0.94$ (d)$\varepsilon=1.72$

图 2.98 复相陶瓷压缩件

2.6.2 高温变形织构化

1. 变形前后材料的 XRD 谱

不同真应变下高温压缩变形 3Y-TZP/Al_2O_3 复相陶瓷在垂直于压缩轴方向(受压面)的 XRD 结果如图 2.99 所示,很明显材料主要为 α-Al_2O_3 和 t-ZrO_2。对比基体相 α-Al_2O_3 不

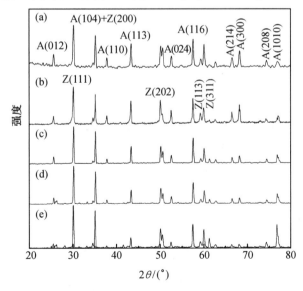

图 2.99 不同真应变压缩试样受压面(垂直于压缩轴)上的 XRD 谱

(a)烧结材料;(b)真应变 $\varepsilon=0.33$;(c)$\varepsilon=0.54$;(d)$\varepsilon=0.94$;

(e)$\varepsilon=1.72$(图中 A 代表 α-Al_2O_3,Z 代表 t—ZrO_2)

同真应变的晶面峰强度可以发现,从烧结坯料开始,随着应变量的逐步增加,部分衍射峰的强度发生明显的规律性增强或减弱,如(012)、(110)、(113)、(300)、(1010)等。(113)和(300)衍射峰的强度随应变量的增加呈现明显的逐步减弱趋势,而(1010)衍射峰的变化趋势正好相反,随应变量的增加逐步增强。与 Al_2O_3 不同,增韧相 ZrO_2 并没有发生类似的晶体取向变化,这说明变形对复相陶瓷基体相的晶体结构有着重要的影响,变形越大,晶体结构改变越强烈。

2. 压缩变形对材料晶向指数的影响

从 XRD 的数据可以计算出晶向指数的变化。现对 $(h_i k_i l_i)$ 面的晶向指数 $(N_{h_i k_i l_i})$ 作以下定义: $N_{h_i k_i l_i} = F_{h_i k_i l_i} / F^0_{h_i k_i l_i}$。其中, $F_{h_i k_i l_i}$ 是 $(h_i k_i l_i)$ 衍射峰的强度分数,其计算公式为: $F_{h_i k_i l_i} = I_{h_i k_i l_i} / (I_{h_1 k_1 l_1} + I_{h_2 k_2 l_2} + \cdots + I_{h_n k_n l_n})$,式中 $I_{h_i k_i l_i}$ 为 $(h_i k_i l_i)$ 晶面的衍射峰强度, n 是晶面的设定序数。另外, $F^0_{h_i k_i l_i}$ 为用作参考的标准 $(h_i k_i l_i)$ 衍射峰强度分数,本书将 $ZrO_2(3Y)$ 和 Al_2O_3 混合粉的 XRD 谱来计算某个晶面的 $F^0_{h_i k_i l_i}$ 值,以对比陶瓷材料在烧结前后以及变形前后的晶体结构及取向变化。对于基体相 $\alpha\text{-}Al_2O_3$,以 9 个主要晶面的衍射峰强度作为依据。以(012)晶面为例, F^0_{012} 的值即用下式计算:

$$F^0_{012} = \frac{I_{012}}{I_{012} + I_{110} + I_{113} + I_{024} + I_{116} + I_{214} + I_{300} + I_{208} + I_{1010}} \tag{2.39}$$

图 2.100(a)为从不同真应变压缩试样受压面测得的 ZrO_2 各晶面晶向指数的对比,可以看出变形试样(ε = 0.54、0.94 和 1.72)的(111)、(202)、(113)和(311)晶向指数值和烧结试样的值相比没有发生明显的变化,即晶向指数值对应变量没有体现出依赖性。随应变的增加 ZrO_2 没有体现出明显的择优取向,所以高温压缩变形对第二增韧相 ZrO_2 的晶体结构没有明显的影响。但是从图 2.100(b)中的基体相 Al_2O_3 的各晶面晶向指数的对比可以看出,晶向指数值随应变的增加体现明显的变化趋势。烧结试样的晶向指数值除(208)晶面外基本都在 1 附近,说明热压烧结对材料晶体结构的影响较小,没有织构化。当烧结试样压缩变形后,部分晶面的晶向指数逐渐发生改变,并且随着应变量的加大,偏离 1 的幅度越来越大。在真应变达到 1.72 时,晶向指数的最大值发生在(1010)衍射峰,达到 4.9,而烧结材料仅为 1.2;而最小值出现在(113)衍射峰,仅为烧结材料的 2/5。晶向指数值的变化充

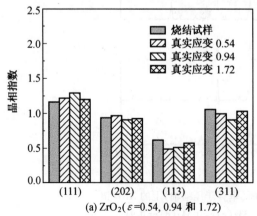

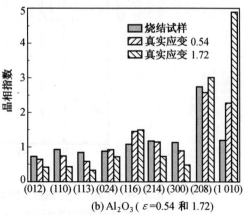

(a) ZrO_2(ε=0.54, 0.94 和 1.72)   (b) Al_2O_3(ε=0.54 和 1.72)

图 2.100   不同真应变压缩试样受压面上 ZrO_2 和 Al_2O_3 的晶向指数

分说明了高温压缩变形对基体相 Al_2O_3 晶体结构的影响,促进了陶瓷织构化的形成,以及织构化程度对变形量的依赖。

$\varepsilon = 1.72$ 变形试样中 Al_2O_3 基体受压面和垂直面之间的各个晶向指数对比如图 2.101 所示,这其中两者差距最大的发生在 (1010) 衍射峰。在试样垂直面上测得的 (1010) 衍射峰强度较弱,只有 0.6。相比之下,在受压面上测得的 (1010) 衍射峰强度很强,对应的晶向指数值是受压面上的 8 倍多(4.9)。和 (1010) 类似,(116) 和 (208) 衍射峰也体现了相同的趋势,受压面上的晶向指数值均远大于垂直面上的。同时,(100)、(114) 和 (300) 衍射峰呈现相反的趋势,垂直面上的晶向指数值远大于受压面上的。这些材料晶向指数在不同面上的变化体现了晶

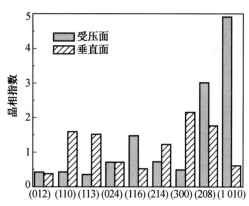

图 2.101 $\varepsilon = 1.72$ 压缩试样在受压面和垂直面上的 Al_2O_3 基体晶指数

体在高应变下沿某些具体方位的取向改变,也即织构的发生。一定应变下 Al_2O_3 某些具体衍射峰在受压面和垂直面上的不同在过去 Al_2O_3 陶瓷高温变形的研究中也有所体现,这也表明了材料本身特性的一致。

3. XRD 中峰强比的变化

峰强比的规律变化也可以描述材料织构的产生和织构强度的改变。峰强比就是两个不同衍射峰之间的强度比,一般来说,分析时会在 X 射线衍射峰中选取某个峰作为参考,分别计算其他衍射峰和此峰的强度比。

前面已经就压缩试样受压面的 XRD 谱和晶向指数进行了论述,证明 3Y-TZP/Al_2O_3 高温压缩变形时基体 Al_2O_3 产生了织构化,接下来就以 (110) 峰为参考,引入峰强比来说明基体 Al_2O_3 在垂直面上的晶体结构变化,来进一步阐释复相陶瓷高温压缩变形时的织构发展。通过混合粉的 XRD 结果可知,$(110)/(012)$、$(113)/(012)$ 和 $(300)/(012)$ 的峰强比分别为 0.63、1.46 和 0.77,为了充分说明热压烧结和随后的压缩变形对晶体取向的影响,图 2.102 给出了基体 Al_2O_3 在垂直面的部分峰强比随应变量增加的变化趋势。可以看出,在烧结材料($\varepsilon = 0$)中,$(110)/(012)$、$(113)/(012)$ 和 $(300)/(012)$ 的峰强比分别为 0.9、1.9 和 1.5,这说明热压烧结本身就会使材料产生了一定的晶体取向,但是这个幅度并不大。然而陶瓷经过高温变形后,峰强比的变化非常明显,并且显示出了对变形量的依赖性。$(110)/(012)$、$(113)/(012)$ 和 $(300)/(012)$ 这三个峰强比随着真应变的增加均呈现明显的逐步上升趋势,在真应变达到 1.72 时,三个峰强比分别达到 2.6、3.9 和 4.3,分别是混合粉料的 4.1 倍、2.7 倍和 5.6 倍。图 2.102 同样给出了 $(116)/(012)$ 峰强比的变化,其大小随着变形程度的加大逐渐减小。以上的分析表明,在垂直面上对比变形前后的复相陶瓷,发现变形后陶瓷的基体相 Al_2O_3 同样发生了强烈的晶粒转动,产生了明显的择优取向,并且压缩变形的程度直接影响到织构强度的大小。

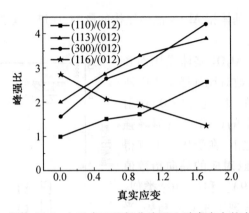

图 2.102　基体 Al_2O_3 在垂直面的部分峰强比随真应变的变化

2.6.3　极图分析

图 2.103 为真应变 1.72 的变形试样在垂直面上的计算 $Al_2O_3\{110\}$、$\{113\}$ 和 $\{300\}$ 极图,也就是测试面位于压缩试样截面,所有极图均平行于页面。由于 X 射线测试的试样形状为长方形,且尺寸较小,所以测得极图的形状不是圆形的,没能严格反映圆柱对称的几何特征。从图 2.103 中的极图特征来看,与 XRD 分析一样,材料的织构特征非常明显。$\{113\}$ 极图中心部位的最大织构强度达到 3.7,$\{300\}$ 极图中的最大织构强度达到 5.5,而 $\{110\}$ 极图达到 6.4,这与前面提到的晶向指数值比较一致。变形材料极图较好地展现了正交各向异性对称特征,同时清晰地表明复相陶瓷经过热压变形后,基体 Al_2O_3 被强烈地织构化,晶粒发生转动,体现出择优取向的各向异性。

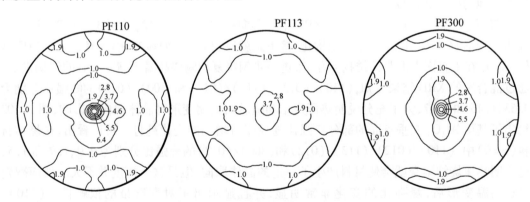

图 2.103　变形试样($\varepsilon=1.72$)垂直面上计算 $Al_2O_3\{110\}$、$\{113\}$ 和 $\{300\}$ 极图

真应变为 1.72 的变形试样在垂直面上的实测 $Al_2O_3\{110\}$、$\{113\}$ 和 $\{300\}$ 极图如图 2.104 所示,这些极图更加直观地揭示了基体织构的特征和强度。由于 Al_2O_3 材料本身衍射峰的结构参数较低,所以与 Al_2O_3 计算极图比较可以看出,实测极图和计算极图有一定的偏离。但是总体上来说,实测极图和计算极图较好地达到了一致。$\{110\}$ 和 $\{300\}$ 极图的最大织构强度达到 7.3,这高于过去包括 Al_2O_3、Si_3N_4 和 SiC 在内的很多材料的高温变形织构强度。

烧结和变形试样的 $Al_2O_3\{110\}$ 完整极图如图 2.105 所示。从图 2.105(a)可以看出,烧

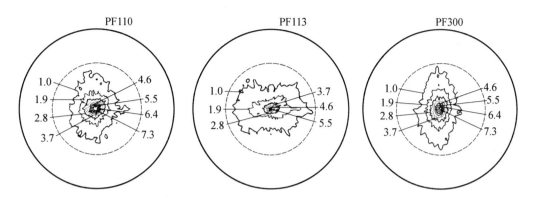

图 2.104　变形试样($\varepsilon = 1.72$)垂直面上实测 $Al_2O_3\{110\}$、$\{113\}$ 和 $\{300\}$ 极图

结试样的织构强度为 1.5,这说明热压烧结对材料结构也有一定的影响,所以从图 2.105 也可以看到烧结试样的晶向指数与 1 有一定的偏差。而图 2.105(b)$\varepsilon = 1.72$ 的 $Al_2O_3\{110\}$ 极图中心位置的最大织构强度达到 6.4,这充分说明烧结材料的织构可以忽略,而压缩变形促使了基体 Al_2O_3 高织构化组织的形成。

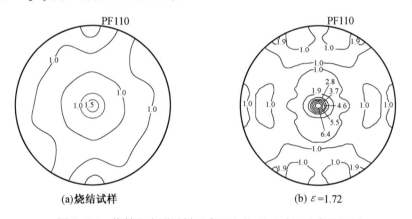

(a)烧结试样　　　　　　　　　　(b) $\varepsilon = 1.72$

图 2.105　烧结和变形试样垂直面上的 $Al_2O_3\{110\}$ 完整极图

2.6.4　陶瓷变形过程中组织形态演变机理

1. SEM 和 TEM 观察

图 2.106 为烧结和 1 500 ℃压缩变形试样经研磨、抛光和腐蚀后的 SEM 照片,为了较好地研究压缩变形对材料组织的影响,首先观察取自变形试样垂直面的样品,即垂直于压缩轴方向,如图 2.106(d)箭头所示,与热压烧结的受力方面保持一致。图中亮白色的为 ZrO_2 晶粒,灰暗色的为 Al_2O_3 晶粒,变形后陶瓷中 ZrO_2 晶粒仍比较均匀地分布在 Al_2O_3 晶粒的晶界上或晶体内。从图 2.106(a)中可以看出,烧结材料保持了均匀细小的等轴晶状,第二相 ZrO_2 晶粒均匀分布在 Al_2O_3 晶粒三相点,少量均匀位于 Al_2O_3 晶粒内部。通过这些等轴晶组织不能看出明显的织构特征。尽管热压烧结也可能导致一定程度的晶粒转动,但是由于热压烧结工艺本身的优点能使晶粒长大以及晶粒的各向异性排列均受到很大的抑制,从而使烧结材料保持了较好的等轴晶组织,这也促使复相陶瓷的超塑压缩变形能够成功完成。

　　不同于烧结试样,通过图 2.106(b)、(c)和(d)的变形试样 SEM 图可以看出,随着真应变从 0.54、0.94 到 1.72 的逐渐升高,变形对材料组织的影响逐步显著,能够观察到明显的织构特征。变形材料中的 Al_2O_3 晶粒尺寸远大于烧结试样中的,并且随着应变的增加,变形时间的延长,晶粒粗化愈发严重,晶粒尺寸呈明显的增大趋势。另外,变形材料中的 Al_2O_3 晶粒形状也发生了明显的改变,均匀的等轴晶开始向扁平状晶粒转变。特别是沿垂直于压缩轴方向,拉长的层片状晶粒开始出现,并且随着真应变的增加,片状晶粒的数量逐步增多,并逐渐占据主导。

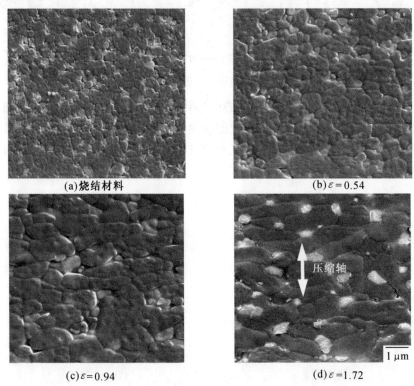

(a)烧结材料   (b)$\varepsilon=0.54$

(c)$\varepsilon=0.94$ (d)$\varepsilon=1.72$

图 2.106 烧结和 1 500 ℃ 变形试样垂直面上的抛光腐蚀 SEM 图

图 2.107 为烧结和变形试样受压面抛光腐蚀后的 SEM 图,变形试样压缩真应变为 1.72。从图中可以看出,变形后材料的受压面晶粒也明显长大,但是不同于垂直面,受压面的晶粒形状并没有明显的改变,仍主要呈等轴状。同时,在部分区域可以发现大量空洞,其多

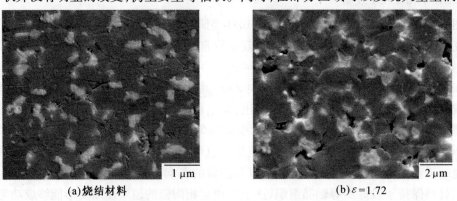

(a)烧结材料   (b)$\varepsilon=1.72$

图 2.107 烧结和变形试样($\varepsilon=1.72$)受压面上的 SEM 图

数存在于晶界第二相颗粒处或多晶粒的交界处,且空洞尺寸明显大于烧结试样中的。一些空洞经过延伸连接,逐步长大形成条状的孔隙,并且均匀分布于各个方向甚至开始形成裂纹状。通过对受压面上空洞体积分数的测量,得出压缩变形后对应真应变 0.33、0.54、0.94 和 1.72 的致密度分别为 98.4%、99.1%、99.5% 和 98.8%,这说明压缩变形能够有效提高材料的致密度,同时在极高应变下,大尺寸空洞出现,致密度又有一定程度的下降。

烧结和 $\varepsilon=1.72$ 压缩变形试样的 TEM 图像如图 2.108 所示,样品切割自变形试样的受压面。通过比较很明显可以看到,相对于烧结材料(图 2.108(a)),变形材料的 ZrO_2 晶粒大小变化不大,而基体 Al_2O_3 晶粒明显长大,但是晶粒形状和纵横比仅个别晶粒发生一定程度的改变。同时,从图 2.108(b)可以看到,变形材料中除了通常看到的晶内/晶界型结构外,还有一些位错、位错网甚至一些亚结构,如图 2.109(b)中的箭头“A”所示。

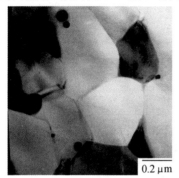

(a)烧结材料

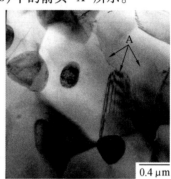

(b)$\varepsilon=1.72$

图 2.108　烧结和变形试样($\varepsilon=1.72$)的受压面 TEM 照片

图 2.109 为 $\varepsilon=1.72$ 变形试样在垂直面上的 TEM 照片,从中可以看出,部分基体 Al_2O_3 的晶粒形状发生了明显的改变,由变形前的等轴状变为扁平状或长条状,并且沿垂直于压缩轴方向(图中的箭头“C”所示)即材料流动方向比较规则地排列,这种基体晶粒的定向排列充分说明了高应变量变形材料的织构化。

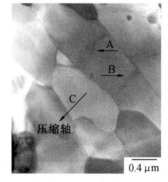

图 2.109　变形试样($\varepsilon=1.72$)的垂直面 TEM 照片

2. 变形过程中的晶粒大小和形状因子变化

表 2.16 显示的是从烧结和变形试样在受压面和垂直面上测量的 Al_2O_3 基体晶粒尺寸大小和晶粒形状因子随应变量增加的变化情况,表中 d_{pr} 表示受压面的平均晶粒尺寸,F_{pr} 表示受压面的晶粒形状因子,同理 d_{pe} 和 F_{pe} 分别表示垂直面上的晶粒大小和晶粒尺寸因子;$d_{=}$ 表示垂直面上在垂直于压缩轴方向的晶粒大小,$d_{\parallel}$ 表示垂直面上在平行于压缩轴方面的晶粒大小,$d_{=}$ 和 $d_{\parallel}$ 均采用线截距法测量。从表中很明显可以看出,相对于烧结材料,随着变形量的加大,压缩变形材料晶粒尺寸显著增加,在真应变达到 1.72 时,垂直面 Al_2O_3 的晶粒尺寸已经由变形前的 0.6 μm 粗化到 1.25 μm,长大一倍多。同时,垂直面上 Al_2O_3 晶粒的平均纵横比 $R(d_{=}/d_{\parallel})$ 显著变大。$\varepsilon=0.54$ 时尺寸纵横比由变形前的约 1 增大到 1.3,这说明此应变量下晶粒形状还未有很明显的改变,但

是当应变增大到0.94甚至1.72时,纵横比分别迅速达到2.3和3.0,这说明大变形对晶粒形状的改变起到重要的影响。类似还有晶粒形状因子F值的改变,垂直面基体Al_2O_3的晶粒形状因子F_{pe}由烧结材料的0.93降低到$\varepsilon=1.72$时的0.66,晶粒形状发生显著的改变。但是受压面上Al_2O_3的晶粒形状虽也发生一定改变,但变化不大。相对于烧结材料来说,变形材料中的ZrO_2晶粒却没有太明显的粗化,晶粒形状也基本保持了等轴状,没有明显织构特征。

表2.16 陶瓷变形前后Al_2O_3基体的晶粒尺寸和形状因子

真实应变/ε	受压面(pr)		垂直面(pe)				
	d_{pr}/μm	F_{pr}	$d_=$/μm	$d_\parallel$/μm	d_{pe}/μm	$R/(d_=/d_\parallel)$	F_{pe}
烧结试样	0.64	0.95	0.61	0.58	0.6	1.05	0.93
$\varepsilon=0.33$	0.72	0.95	0.71	0.64	0.68	1.1	0.92
$\varepsilon=0.54$	0.99	0.93	0.91	0.72	0.82	1.3	0.83
$\varepsilon=0.94$	1.49	0.89	1.67	0.70	1.19	2.3	0.71
$\varepsilon=1.72$	1.80	0.88	1.80	0.61	1.25	3.0	0.66

表2.17为复相陶瓷在不同应变时的晶粒尺寸,尽管ZrO_2晶粒粗化不是很严重,但从表中可以看出,随着应变的增加,材料整体晶粒长大依然比较明显,$\varepsilon=1.72$时的平均晶粒大小(0.75 μm)已是烧结材料的2倍以上(0.35 μm)。

表2.17 陶瓷变形前后复相陶瓷的晶粒尺寸

平均晶粒尺寸	烧结试样	$\varepsilon=0.33$	$\varepsilon=0.54$	$\varepsilon=0.94$	$\varepsilon=1.72$
d_{pr}/μm	0.36	0.41	0.49	0.64	0.86
d_{pe}/μm	0.34	0.37	0.43	0.56	0.75
d_{def}/μm	0.35	0.40	0.47	0.61	0.82

3. 应力敏感性指数 n

应力敏感性指数 n 是反应材料高温塑性变形特征的重要参数,简称应力指数,其体现了应变速率对应力的依赖关系。对了陶瓷材料来说,要实现超塑性,通常要 n 值≤3。

应力指数值可以通过恒应变速率试验测定。在变形温度和晶粒尺寸不变的条件下,高温超塑性变形的简化特征方程为

$$\dot{\varepsilon}=A\sigma^n \tag{2.40}$$

式中 $\dot{\varepsilon}$——应变速率;

       A——常数;

       σ——应力;

       n——应力指数。

根据式(2.40),应力指数可通过 $\ln \dot{\varepsilon}$ 和 $\ln \sigma$ 之间的关系求出,$\ln \dot{\varepsilon} \sim \ln\sigma$ 曲线的斜率就等于应力指数。为了测定复相陶瓷在1 500 ℃压缩变形时的应力指数,实验进行了等应变速率下的压缩变形,图2.110为3Y-TZP/Al_2O_3复相陶瓷压缩变形时的应力-应变曲线,恒定应变速率分别为1×10^{-4}s^{-1}、2.3×10^{-4}s^{-1}、3.5×10^{-4}s^{-1}和6.7×10^{-4}s^{-1}。由图2.110可以得

到应变速率随应力的关系。图 2.111 为复相陶瓷稳态变形时应变速率与应力之间的拟合关系，即 $\ln \dot{\varepsilon} \sim \ln \sigma$ 曲线，此曲线的斜率即为复相陶瓷稳态流动时的应力指数 n 值，经测算为 1.78，这与通常报道的 $ZrO_2-Al_2O_3$ 复相陶瓷的结果基本一致[86,87]。

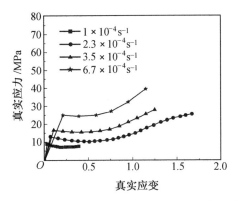

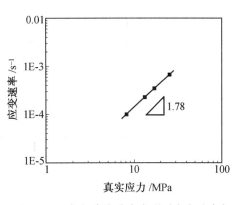

图 2.110　复相陶瓷在 1 500 ℃恒应变速率压缩　　　图 2.111　复相陶瓷稳态变形时应变速率与
变形时的真应力-真应变曲线　　　　　　　　　　　　　应力之间的拟合关系

通常求 n 值时都是取开始进入稳态变形时的应力应变值，但是随着变形的进行，虽然应变速率保持恒定，但如图 2.110 应力值却在发生变化。图 2.112 是复相陶瓷在 $\varepsilon = 1.0$ 时的应力指数值，$n = 1.17$，相比初始时略有减小，但变化不大，仍在通常的范围之内。但 n 值减小说明在超塑变形过程中超塑性变形机理发生了一定的变化，控制应变速率的机制可能产生一定的转折。对于 $ZrO_2-Al_2O_3$ 复相陶瓷来说，无论 n 值接近 1 还是接近 2，它的主要变形机理还是晶界滑移以及晶粒转动重排，因此如果说变形机理发生了变化，那只能是晶界滑移的适应过

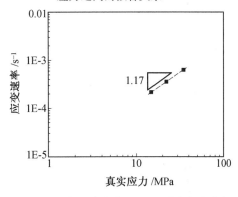

图 2.112　复相陶瓷在 $\varepsilon = 1.0$ 时应变速率与
应力之间的拟合关系

程发生了变化。比如一般认为 n 值约为 1 时，晶粒边界扩散控制占主导，n 值约为 2 时，界面反应控制占主导[88]。当然这些变形机理发生在一个较宽的范围内，往往由两种或两种以上的机理同时作用，如果它们是独立的，则变形受最快的过程控制，如果这些机理是相继的，则变形受最慢的过程所控制。

4. 复相陶瓷高温变形织构的形成机理

（1）复相陶瓷的主要变形机理

晶界滑动是目前陶瓷超塑变形广为接受的主要变形机制[89,90]。经测算，晶粒边界滑移对整个应变的贡献率达到 80%[91,92]，这个结论通过 SEM 也得到了直接证明[93]。前面已经提到，本研究中复相陶瓷的应力指数值为 1 ~ 2，一般认为应力指数值为 1 ~ 3 时，陶瓷的变形机理为晶粒边界滑移及晶粒重排[94]。另外，在多晶陶瓷的织构控制中，晶粒转动和定向长大也是两个主要的形成机制[95]。变形试样中的织构强度随应变的增加而增加，说明变形对高强度织构的形成起到有效地促进作用。热变形尤其是高温热锻促进陶瓷织构的产生已

经有较多报道,比如 Al_2O_3、Si_3N_4 和 SiC 等,其中织构形成的主要贡献归结于晶粒转动、滑动和一定程度的晶粒长大。从图 2.106 已经知道,在烧结材料中没有出现明显的定向晶粒排列,而在压缩变形材料中却非常明显,这说明在坯料的热压烧结过程中并没有按照某一个应力方向定向形核生成各向异性排列的晶粒,也没有发生具有方向性的晶粒转动。在 ZrO_2 – Al_2O_3 系统中,由于 ZrO_2 的添加,相对控制了晶粒尺寸的大小,改变了两相的分布,大大提高了 Al_2O_3 基复合材料的强度和韧性,使两相晶粒的转动更加容易。所以,在压缩变形过程中,尽管也可能发生一定程度的具有各向异性的晶粒形核和长大,但晶粒与压缩轴垂直的非约束方向的转动仍然是织构形成的主要机理。

事实上,无论对于任何一个多晶系陶瓷来说,其都不能够在单一的变形机理下完全支撑全部变形,一定会有几种同时发生的协调机制在作用。由于压缩变形后复相陶瓷特别是基体 Al_2O_3 的晶粒形状发生明显的改变,同时前面分析知道,变形过程中应力指数 n 值为 1 ~ 2,这说明在变形过程伴随着扩散过程,即扩散蠕变协调下的晶粒转动和滑动贡献了大多数的应变,而晶粒边界的扩散则在一定程度上导致了晶粒形状的改变,也即织构的形成。另外,应力指数 n 值在整个变形过程中发生了变化,由稳态的约 2 降低到高应变时的约 1,这说明控制扩散蠕变的方式也发生了变化,由界面反应控制为主转变为由晶粒边界扩散为主。当然这些变形机理往往发生在一个较宽的范围内,由两种甚至更多的机理同时作用。虽然变形温度较高,但应变速率也较高,变形时间相对蠕变来说很短,即使达到 1.72 真应变,变形时间也仅有 80 min 左右,扩散的时间并不充分,所以扩散蠕变一定程度上可能导致了基体晶粒形状的改变,但并不能完全导致高织构的形成。

(2)晶粒的定向长大

前面已经讨论,烧结材料中没有明显的定向晶粒排列,坯料的热压烧结过程中没有出现各向异性形核和长大,但是在压缩变形过程中形成了各向异性排列的晶粒。超塑压缩变形试样垂直面上的基体 Al_2O_3 晶粒尺寸随着变形量的加大显著增加,同时,Al_2O_3 晶粒的平均纵横比也随变形量的增加明显增大,晶粒形状逐渐呈现扁平状,这说明基体 Al_2O_3 的晶粒大小和晶粒形状对真应变的大小有着明显的依赖作用。在超塑变形初期,变形量较小的条件下,材料织构化不是很充分,但是大变形对晶粒形状的改变起到重要的作用。这是因为在变形初期,晶界滑移和晶粒转动引起的变形对整个变形起到绝对的主导作用,晶粒生长也能引起一定的变形,但是这个变形微乎其微,相对于晶界滑移和晶粒转动引起的变形微不足道。但是随着变形的进行,应变量的增大,材料保温时间的延长,尽管晶界滑移和晶粒转动仍是主导的变形机制,但由晶粒生长引起一定的变形起到的作用越来越大,这时的晶粒生长将大大提高晶粒的取向度。

尽管 ZrO_2 的加入对于基体 Al_2O_3 的晶粒长大起到很好的抑制作用,但是 ZrO_2 也能提高基体晶粒边界滑移和晶粒转动的能力。当在应力的作用下两相晶粒相互动态移动时,同相晶粒开始沿着相同的晶体方向发生合并和吞噬,最终在扩散的作用下,同相晶粒的一些晶粒边界消失,晶粒的定向长大完成,形成具有方向性的长条状晶粒。同时,两相晶粒的动态移动也使 Al_2O_3 晶粒沿着其长度方向即垂直于压缩应力轴方向定向排列。而且,变形过程中持续的加热保持也促使那些已经呈现各向异性的晶粒继续形核长大,周围的等轴晶继续消失,基体材料中的等轴晶也越来越少。从图 2.113 的 TEM 照片中的圆圈"A"和"B"可以隐约看到,压缩变形试样垂直面上有一些基体 Al_2O_3 晶界的残余,而这些残余晶界两侧的晶粒取向也已经基本达到了一致,所以可以预料,如果再适当的延长变形时间,这些残余晶界痕迹也将很快消失,从而形成单一的有同一取向的片状大晶粒,并沿垂直于压缩轴方向排列。

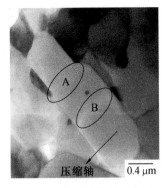

图 2.113　$\varepsilon=1.72$ 变形试样的垂直面 TEM 照片

尽管在超塑变形下的晶粒滑动一般不能导致强织构的出现[96],但是晶粒转动和同步的定向长大却能使材料产生很强的织构化结构[97~99]。相应的,在变形材料中最大取向指数值达到 5,极图体现的最强织构强度达到 7.3,这说明材料拥有高织构化结构,也就是说,晶粒转动重排和各向异性的定向晶粒长大对织构的形成和发展起到主要的作用。

(3)位错对织构形成的影响

超塑变形几乎不能对晶粒本身的变形起到作用,因为一般认为超塑变形是一种纯粹的晶粒边界行为[100]。但是在实际的超塑成形中,特别是一些大变形量变形中,一些辅助的变形机制是必须的,比如晶间颗粒调节、扩散机制,另外,位错运动、空洞的发展等也会起到重要的作用[101,102]。

相对于烧结材料,图 2.114 所示为变形材料中出现的一定数量位错结构,图 2.114(a)中的位错网,其显然是由 ZrO_2 晶粒在高应力下钉嵌到 Al_2O_3 晶粒内部引起的。图2.114(b)为 Al_2O_3 晶粒的晶界位错,位错在晶界附近或者穿过晶界攀移,从而有效释放晶界上的应力集中,有利于晶粒进一步滑动或转动。而通过图 2.114(c)中的多重位错及晶粒心部的位错塞积可以看出,位错会从心部向边界运动,这说明可能发生了一定程度的晶格蠕变;同时如图 2.114(b)中箭头"A"所示,这可能是由于在滑移过程中遇到了晶粒阻碍,晶粒内部位错开动,位错通过晶粒内部扩展到对面晶粒边界形成塞积,当内应力得到松弛以后,晶粒的转动或滑动得以继续。从图 2.114(d)中可以看到,晶内 ZrO_2 周围形成了晶内位错,这说明 Al_2O_3 晶粒在周围压应力作用下 ZrO_2 晶粒在内部钉扎,晶格畸变形成位错。除位错外,在 Al_2O_3 晶粒中还发现了边界结构,即亚晶界,如图 2.114(b)中箭头"B"所示,这可能是由于准备合并长大的 Al_2O_3 晶粒还未完全形成一致位向,留下亚晶界,如果保温时间延长,可能形成完整晶粒。显然,变形材料中的这些位错结构的出现暗示说明位错也是一个辅助的变形机制。

从图 2.114 中也可以看到,位于晶界或者三相点处的 ZrO_2 晶粒有更小的晶粒尺寸,其主要作用也主要是协调变形。晶粒边界滑移主要存在于 Al_2O_3 晶粒之间,相比 ZrO_2 晶粒,Al_2O_3 晶粒在外部施加应力下也"承受"着更高的残余应力。所以可以推断,在复相陶瓷的超塑变形过程中,Al_2O_3 晶粒发生了有效的塑性变形。在 Al_2O_3 晶粒中晶内位错运动时的复杂应力状态对于基体晶粒 Al_2O_3 的变形、纵横比的改变甚至高织构的形成都起到很重要的作用。晶内位错运动对应力集中的释放起到积极的作用,其回复速度也会影响到由晶粒边界滑移产生的变形速度。所以,考虑到表 2.16 中所体现的随应变量逐渐增加的纵横比和晶粒形状因子,可以说明高应变对基体晶粒纵横比的改变即织构的形成,也起到重要的作用。

位错运动协调的晶粒边界滑移的变形机制在金属的超塑变形中比较常见[103],但对于陶瓷材料,从理论上还是实际研究中均还没有完全实现[104]。所以,位错对于陶瓷变形以及

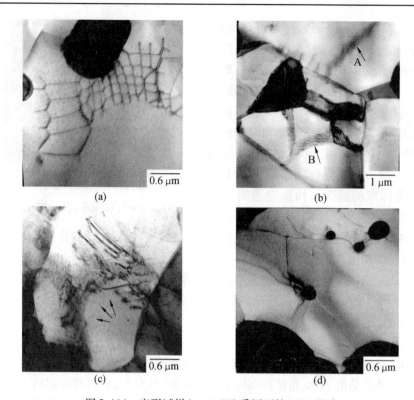

图 2.114　变形试样($\varepsilon=1.72$)受压面的 TEM 照片

织构形成的影响机理还不完全明朗,有待进一步分析。

从以上的分析可以推断,晶粒边界扩散协调下的晶粒边界滑动和转动依然是材料变形的主要变形机制。当在外力作用下晶粒发生转动和重排时,伴随的基体 Al_2O_3 晶粒各向异性长大构成了高织构形成的主要原因,同时在晶粒的滑动和转动过程中,位错运动也可能对变形的持续和高织构的形成和发展起到重要的作用。

2.7　复相陶瓷的织构与力学性能

织构材料由于内部结构的各向异性使材料的力学性能和物理性能呈现很强的各向异性。一般在陶瓷材料中,人们往往追求制备细晶、等轴状晶粒显微结构以期获得优良的性能,但同时由于各向异性结构能够引起陶瓷的原位自增韧,比如织构材料中由于裂纹的偏转作用,强度、韧性等力学性能能够得到显著提高。Yoshizawa 等对高温压缩得到的织构化细晶 Al_2O_3 陶瓷进行了研究,发现由于织构化 Al_2O_3 陶瓷中规则排列的片状晶粒提高了晶粒之间的桥联作用,织构化 Al_2O_3 陶瓷比普通非织构化 Al_2O_3 陶瓷的弯曲强度和断裂韧性均高出 30% 以上。陶瓷材料高温蠕变的研究,进一步证明了晶界滑移与晶粒取向间的关系。晶粒之间的取向差越大,高温状态下,越易沿晶界产生滑移,从而造成晶界滑移破坏。热加工后制成的陶瓷织构材料,由于晶粒取向较为一致,改善了晶界性质及晶粒之间的轴向膨胀差,降低了应力积存,有效提高了材料强度。

2.7.1　织构化复相陶瓷的力学性能

1. 抗弯强度和断裂韧性

为了分析织构化对复相陶瓷力学性能的影响,对织构化材料进行了抗弯强度和断裂韧性的三点弯曲测量。由于试样较小,测量抗弯强度时加载方向为复相陶瓷变形时的压缩轴方向,即测试试样的高度 w 为压缩试样的厚度,宽度 b 沿压缩面截取;而断裂韧性试样的高度 w 沿压缩面截取,宽度 b 为压缩试样厚度。

图 2.115 为 3Y-TZP/Al_2O_3 复相陶瓷压缩变形前后抗弯强度和断裂韧性的对比,变形前烧结坯料($\varepsilon=0$)的抗弯强度为 571 MPa,断裂韧性为 7.1 MPa·$m^{1/2}$。当真应变从 0 增大到 0.94 时,强度和韧性值呈明显的上升趋势,在 $\varepsilon=0.94$ 出现最大值,分别达到 933.8 MPa 和 10.4 MPa·$m^{1/2}$,增幅分别达到 64% 和 46.5%。但是当真应变达到 1.72 时,强度和韧性值又有一定的降低,分别为 850 MPa 和 8.54 MPa·$m^{1/2}$,这在过去的研究中并未出现过。Yoshizawa 在织构化 Al_2O_3 陶瓷的强度测试中发现了 48% 的提高,但是其最大真应变仅为 0.69(工程变 50%),可能还没有达到出现力学性能下降的高应变量。

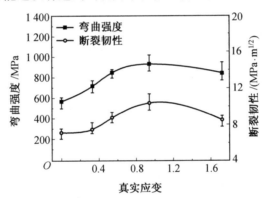

图 2.115　不同真应变下复相陶瓷的弯曲强度和断裂韧性

2. 弹性模量和维氏硬度

硬度值的测量分受压面和垂直面两种,图 2.116 给出了应变量对材料两个面上维氏硬度值的影响。很明显,包括烧结材料在内,在垂直面上的硬度值均大于受压面上的硬度值,且随着应变量的加大,两者的差距逐渐变大。对于烧结试样,两者的差距仅为 0.4 GPa,但是在 $\varepsilon=1.72$ 时,两者的差距达到 2.2 GPa,这说明随着变形量的增大,越来越强的织构化对材料性能的影响也逐步加强。另外,硬度值随真应变的变化趋势同强度值和韧性值的变化趋势一样,在 $\varepsilon=0.94$ 时为最大,达到 21 GPa 和 19.8 GPa;在 $\varepsilon=1.72$ 时出现降低,分别为 19.8 GPa 和 17.6 GPa,特别是在受压面上硬度下降幅度较大,几乎与烧结材料的持平。

图 2.117 为复相陶瓷的弹性模量随应变量的变化趋势,可以看出,材料的弹性模量基本一直呈上升的趋势,最大达到 477 GPa,直到 $\varepsilon=1.72$ 时才略有减少到 462 GPa,但相比坯料的 344 GPa 仍有较大提高。这是因为材料的致密度对其弹性模量影响是最大的,致密度越高,弹性模量也越大。由前面的叙述可知,随着应变量的加大,复相陶瓷的致密度是逐步提高的,所以弹性模量也逐渐增大,但变形量极大时由于大尺寸空洞的出现致密度又出现一定的下降,所以弹性模量也略有下降。

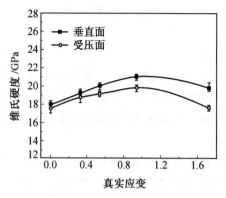

图2.116　不同真应变下复相陶瓷在受压面和垂直面上的硬度

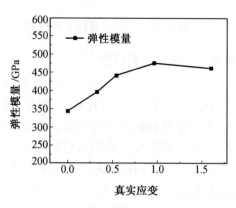

图2.117　不同真应变复相陶瓷的弹性模量

2.7.2　织构化陶瓷显微组织和力学性能的关系

图2.118是织构化3Y-TZP/Al$_2$O$_3$复相陶瓷弯曲测试试样的宏观照片,明显可以看出,裂纹传播路径明显不同于通常看到的直线状,呈现典型锯齿形,这说明虽然材料断裂过程速度极快,但裂纹在扩展过程中仍然受到强烈的前方阻碍而发生偏转。

图2.119为烧结和压缩变形试样在垂直面上的压痕裂纹扩展的SEM图,载荷为5 kg,为了保证拥有压痕的完整形貌,加载时间取30 s(图2.119(a))。从图2.119(b)烧结试样的裂

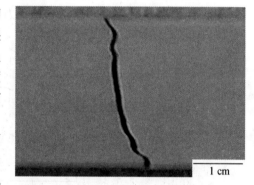

图2.118　弯曲测试试样的宏观裂纹扩展

纹扩展来看,裂纹在传播过程中也会发生比较轻微的偏转,较大的剪切应力使裂纹沿晶界扩展,但是裂纹多数情况下都穿晶而过,形成较为平直的传播路径。但是在变形织构化材料中,裂纹的传播会受到较大长晶粒或者扁平状晶粒的阻碍,扩展路径发生偏转,绕过基体晶粒继续传播。当裂纹沿垂直于压缩轴即扁长晶粒长轴方向传播时,由于扁平晶粒边界较长,裂纹沿晶界传播的路径长,界面摩擦和撕裂所需要消耗的能量大,所以长晶粒在高应力下可能发生松动或者偏转,当应力传递到晶粒的另一端并达到裂纹产生所需要的能量时,裂纹传播的路径就会发生跳跃偏转。如图2.119(c)所示,椭圆圈小区域即为裂纹在长晶粒两端的跳跃偏转。当裂纹沿平行于压缩轴即扁长晶粒短轴方向传播时(图2.119(d)),由于复相陶瓷在变形过程中发生应变量很大的晶粒滑动和转动,界面结合强度有所下降,裂纹前端在遇到基体长晶粒的阻碍后,就会沿界面绕过长晶粒继续在材料中扩展。不论对于裂纹沿哪个方向扩展,裂纹传播的路径均明显加长,为克服界面摩擦和开裂所需能量均加大,材料的韧性均有较大提高。

图2.120为3Y-TZP/Al$_2$O$_3$陶瓷压缩变形前后断口SEM照片的对比,材料的断裂方式发生了明显的改变,由变形前的以沿晶断裂为主转变为变形后的以穿晶断裂为主。图2.120(b)为$\varepsilon=1.72$的断口形貌,各向异性的片状晶粒导致晶粒桥联作用增强,裂纹发生偏

转,变形后断口表面也没有烧结材料的平整,部分区域甚至呈现锯齿状(图 2.120(b)中的波浪线),这种裂纹的脱层现象必然会吸收更多的能量,增大裂纹扩展阻力。所以,织构的形成大大增强了晶粒之间的桥联作用,在材料断裂过程中延长了裂纹的扩展路径,同时当裂纹传播遇阻过大时,裂纹便会直接穿过晶粒,增加了材料的断裂功。这种扁平状晶粒在裂纹面之间形成的桥联在裂纹尖端产生闭合应力因子降低了裂纹尖端的应力场强度因子,提高了材料的韧性。另外,陶瓷经压缩变形后致密度进一步提高,烧结坯料的相对致密度为96.3%,压缩变形后分别达到98.4%、99.1%、99.5%(对应真应变 0.33、0.54、0.94),致密度的提高对力学性能的提高有显著帮助。尽管高温变形促使晶粒长大也会带来材料性能的下降[105],但随着压缩变形量的增大,当致密度升高和织构化增强带来的性能提高远大于晶粒长大带来的降低时,3Y-TZP/Al$_2$O$_3$ 复相陶瓷的力学性能显著提高。

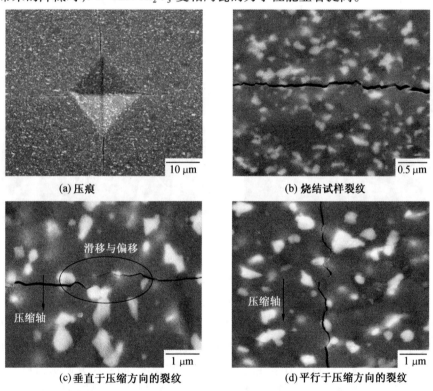

(a) 压痕　　　　　　　　　　　　　　(b) 烧结试样裂纹

(c) 垂直于压缩方向的裂纹　　　　　　(d) 平行于压缩方向的裂纹

图 2.119　烧结和压缩变形试样在垂直面上的压痕裂纹扩展

从前面分析已知,材料的力学性能随织构增强逐步提高,但当应变量很高时($\varepsilon=1.72$)又有一定的降低。一方面,在做高应变压缩时,材料保温时间较长,晶粒长大严重。在 $\varepsilon=1.72$ 时晶粒的平均大小已经由坯料的约 0.35 μm 粗化到约 0.75 μm,特别是基体 Al$_2$O$_3$ 晶粒,平均晶粒尺寸更达到 1.41 μm。当晶粒尺寸长大导致的性能下降达到一定程度时,织构化带来性能提升的影响就会减小。另一方面,材料中孔洞的数量、形貌和分布等也会影响到性能的表现。比如随着孔隙体积分数的升高,材料的强度和硬度值将会降低[106]。虽然有些研究认为均匀分布的小尺寸空穴能够释放裂纹尖端的应力集中,阻碍裂纹繁衍和增殖,提高断裂韧性[107],但是陶瓷材料高温主要变形机理为晶界滑移,在晶粒的转动和滑动过程中,随着变形时间的延长,小空穴便会随晶界不断发展,并不断吞噬或连接相邻的空穴最终发展成较大的空洞。在压缩变形中,空洞的体积分数随着变形量的加大呈先减小后增大的趋势。开始阶段,起始的空洞受到外部应力的压缩作用逐渐减少,虽然晶界滑移也开始促使空洞在晶界上孕育和长大,但是空洞的减少趋势占主导;随着变形量的加大,当新产生的空洞数量大于压缩带来的减少时,材料的致密度就开始下降。压缩应变速率和变形温度均很高,且在高应变压缩时,变形时间长,晶粒粗化使晶界滑移产生的局部应力集中也增大,这些都将严重增加大尺寸空洞形成的几率[108]。由图 2.121 的腐蚀面可以看到,在垂直于压缩轴方向,材料局部区域出现了较大尺寸的空洞,这与烧结材料中的显微空洞是不一样的。烧结块体中的原始空洞是材料不致密的表现,尺寸一般较小,且均匀分散在三相点附近或者单一晶界上。但高应变下材料的空洞在两相晶粒的协调滑动和转动下开始合并、长大,较长距离地存在于几个晶粒边界上,这些大尺寸空洞有可能成为潜在的裂纹源,降低材料的性能。同时,由于部分大尺寸空洞的出现,材料的致密度也由 $\varepsilon=0.94$ 时的99.5%下降到 $\varepsilon=1.72$ 时的98.8%。当这些在高应变速率和高应变量变形中形成的大尺寸空洞以及变形后的晶粒粗化导致的力学性能的下降大于由织构化带来的提高时,材料力学性能就出现了下降。

 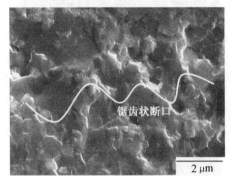

(a)烧结坯料　　　　　　　　　　　　　　(b)变形材料

图 2.120　烧结坯料和变形材料($\varepsilon=1.72$)的断口 SEM 照片

此外,由前面的分析测量已知,基体 Al_2O_3 在垂直面和受压面的平均晶粒尺寸分别为 1.25 μm 和 1.8 μm,而复相陶瓷的平均晶粒尺寸分别为 0.75 μm 和 0.86 μm。这种受压面上的晶粒尺寸大于垂直面上的晶粒尺寸的现象从热压烧结到压缩变形是一种普遍现象。晶粒尺寸的大小直接影响到材料的力学性能,比如强度和硬度,晶粒尺寸越大,性能越低。受压面方向晶粒呈扁平状(图 2.106(d)),相对于等轴晶粒,裂纹扩展路径长,扩展阻力较大。变形量越大,织构越强,晶粒长大越严重,两个方向的晶粒大小差异也越大,这些差异也直接造成两个面上的力学性能如硬度值的不同。另外从图 2.106(d) 和图 2.121 的比较也能发现,垂直面上基本没有大空洞,压缩变形对空洞的抑制作用非常明显,但是在受压面上空洞却合并长大,这也会导致两个面上的硬度值有较大差别。所以在图 2.116 中可以看到受压面和垂直面方向上的硬度有一定差别,并且差值随应变量的增加还呈上升的趋势。

通过分析不难看出,复相陶瓷通过高温变形织构化后材料的力学性能显著提高,但是很高的变形量又能导致晶粒的过分长大和空洞的增多,并逐渐"消化"织构化带来的性能提升。对比变形前后的力学性能说明压应力状态下的超塑性行为是提高烧结体材料性能的一个有效手段,由于变形后材料的性能得到了保证,与拉应力下的变形相比,压应力状态下的超塑性变形方式对实际应用更有价值。

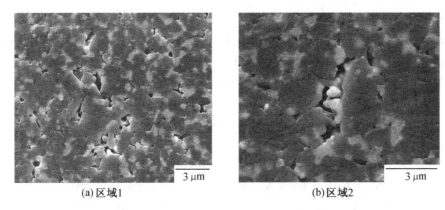

(a)区域1　　　　　　　　　　　　　　(b)区域2

图2.121　复相陶瓷压缩变形后受压面 SEM 图($\varepsilon = 1.72$)

参考文献

[1]WANG H,GAO L,LI W Q,et al. Preparation of nanoscale $\alpha - Al_2O_3$ powder by the polyacryl-amide gel method[J]. NanoStructured Materials,1999,11:1263-1267.

[2]DOUY A. Polyacrylamide gel:an efficient tool for easy synthesis of multicomponent oxide precursors of ceramics and glasses[J]. Int. J. Inorg. Mater,2001,(3):699-707.

[3]阎立峰,陈文明,赵秉熙,等.辐射法合成凝胶对高分子网络结构的探讨[J].高分子材料科学与工程,1999,15(6):164-166.

[4]高瑞平,李晓光.先进陶瓷物理与化学原理及技术[M].北京:科学出版社,2001:267.

[5]沈钟,王果庭.胶体与表面化学[M].北京:科学出版社,1991:10.

[6]SAITO N,MATSUDA S,IKEGAMI T. Fabrication of transparent yttria ceramics at low temperature[J]. J. Am. Ceram. Soc,1998,81(8):2023-2028.

[7]LI J G,IKEGAMI T,LEE J H,et al. Co-precipitationsynthesis and sintering of yttrium alumina garnet(YAG)powders:the effect of precipitant[J]. J. Euro. Ceram. Soc,2000,20:2395-2405.

[8]曾文明,陈念贻,归林华,等.无机盐制备氧化铝纳米粉及其物理化学的研究[J].无机材料学报,1998,13(6):887-892.

[9]高翔,丘泰,焦宝祥,等.纳米 ZrO_2 对 Al_2O_3 陶瓷性能的影响[J].硅酸盐通报,2005,24(1):12-16.

[10]JAYASEELAN D D,RANI D A,NISHIKAWA T,et al. Powdercharacteristics, sintering behavior and microstructure of sol-gel derived ZTA composites[J]. J. Euro. Ceram. Soc,2000,20:267-268.

[11]梁开明,顾扣芬,顾守仁,等. ZTA 陶瓷 ZrO_2 的韧化机制和断裂特征[J].硅酸盐学报,1995,23(5):477-487.

[12]LI Y L,LIANG Y,ZHENG F,et al. Crystalline and transition of amorphous silicon nitride[J]. J. Mater. Sci. Lett,1994,13:1588.

[13]ZALITE I,BODEN G,SCHUBERT C,et al. Sintering of silicon nitride powders[J]. Latv.

Chem. J,1992,2:152-159.

[14] HOLLENBERG G W,TERWILLIGER G R,GORDON R S. Calculation of stresses and strains in four-point bending creep tests[J]. J. Am. Ceram. Soc,1971,54:196-199.

[15] NORTON F H. The flow of ceramic bodies at elevated temperatures[J]. J. Am. Ceram. Soc, 1996,19:129-134.

[16] DAVIDGE R W,MACLAREN J R,TAPPIN G. Strengthprobability-time(SPT)relationship in ceramics[J]. J. Mater. Sci,1973,8:1699-1705.

[17] AKIMUNE Y,HIROSAKI N,OGASAWARA T. Mechanical properties and microstructure in sintered and HIPed SiC particle/Si_3N_4 composites[J]. J. Mater. Sci,1992,27:6017-6021.

[18] GRESKOVICH C,PASCO W D,QUINN G D. Thermomechanical properties of a new composition of sintered Si_3N_4[J]. Am. Ceram. Soc. Bull,1984,63:1165-1170.

[19] HIROSAKI I,AKIMUNE Y,MITOMO M. Effect of grain growth of β-silicon nitride on strength,webull modulus,and fracture toughness[J]. J. Am. Ceram. Soc,1993,76:1892-1894.

[20] BECHER F. Microstructural design of toughened ceramics[J]. J. Am. Ceram. Soc,1991,74:255-269.

[21] SAJGALIK I,DUSZA J,HOFFMANN M J. Relationship between microstructure,toughening mechanisms,and fracture toughness of reinforced silicon nitride ceramics[J]. J. Am. Ceram. Soc,1995,78:2619-2624.

[22] WEEREN V,REMCO,DANFORTH,et al. The effect of grain boundary phase characteristics on the crack deflection behavior in a silicon nitride material[J]. Scripta Mater,1996,34:1567-1573.

[23] YANG L,LI J,CHEN Y,et al. Secondary crystalline phases and mechanical properties of heat-treated Si_3N_4[J]. Mater. Sci. Eng,2003,363:93-98.

[24] 陈国清. Al_2O_3-ZrO_2 纳米复相陶瓷制备与超塑成形研究[D]. 哈尔滨:哈尔滨工业大学材料科学与工程学院,2004:65-68.

[25] JAYASEELAN D D,RANI D A,NISHIKAWA T,et al. Powder Characteristics,Sintering Behavior and Microstructure of Sol-gel Derived ZTA Composites[J]. J. Euro. Ceram. Soc,2000,20:269-275.

[26] JAYASEELAN,RANI D A,NISHIKAWA T,et al. Powdercharacteristics,sintering behavior and microstructure of sol-gel derived ZTA composites[J]. J. Euro. Ceram. Soc,2000,20:267-275 .

[27] 马伟民,修稚萌,闻雷,等. PSZ(3Y)含量对 Al_2O_3 陶瓷力学性能的影响[J]. 金属学报,2003,39(9):999-1003.

[28] HUANG X W,WANG S W,HUANG X X. Microstructure and mechanical properties of ZTA fabricated by liquid phase sintering[J]. Ceram. Int,2003,29:765-69.

[29] BRAUE W,PLEGER R,LUXEM W. Nucleation and growth of Si_2N_2O in Si_3N_4 materials employing different sintering additives[J]. Key Eng. Mater,1994,89-9:483-488.

[30] FABER T,EVANS A G. Crackdefection processes-2 experiment[J]. Acta Metall,1983,31

(4):577-584.

[31] BOSKOVIC S. Sintering of Si_3N_4 in the presence of additives form Y_2O_3-SiO_2-Al_2O_3 system [J]. J. Mater. Sci,1990,25:1513-1516.

[32] WANG C M,MITOMO M,EMOTO H. Nucleation and growth of silicon oxynitride grains in a fine-grained silicon nitride matrix[J]. J. Am. Ceram,1998,70:2036-2040.

[33] SCHEY J A. Monogr and Textbooks in Mater. Sci. 1. Metal deformation process,friction and lubrication[M]. New York: Marcel Dekker Inc,1970:807-815.

[34] 王菲. 3Y-TZP/Al_2O_3 纳米复相陶瓷的成形性能与微观组织[D]. 哈尔滨:哈尔滨工业大学材料科学与工程学院,2008.

[35] MALE A T,COCKROFT M G. A method for the determination of the coefficient of friction of metals under conditions of bulk plastic deformation[J]. J. Inst. Met,1964,93:38-46.

[36] RAO K P,SIVARAM K. A review of ring compression testing and applicability of the calibration curves[J]. J. Mater. Process. Technol,1993,37:295-318.

[37] 林治平. 上限法在塑性加工工艺中的应用[M]. 北京:中国铁道出版社,1991:146-155.

[38] AVITZUR B. Forging of hollow discs[J]. Israel J. Technol,1964,2:295-304.

[39] MALE A T,DEPIERRE V. Validity of mathematical solutions for determining friction from the ring compression test[J]. J. Lubric. Technol. Trans,1970,92(3):389-397.

[40] AVITZUR B,SAUERWINE F. Limit analysis of hollow disk forging[J]. J. Eng. Ind. Trans. ASME,1978,100:340-346.

[41] HWU Y J,CHWAN T,WANG F. Measurement of friction and the flow stress of steels at room and elevated temperatures by ring-compression tests[J]. J. Mater. Process. Tehnol, 1993,37:319-335.

[42] 汪大年. 金属塑性成形原理[M]. 北京:机械工业出版社,1982:1-25.

[43] LEE C H,ALTAN T. Influence of flow stress and friction upon metal flow in upset forging of rings and cylinders[J]. Eng. Ind,1972,94:775-782.

[44] DOUGLAS J R,ALTAN T. Flow stress determination for metals at forging rates and temperatures[J]. Eng. Ind. Trans. ASME,1975,97:66.

[45] MALE A T,DEPIERRE V. The relative validity of the concepts of coefficient of friction and interface friction shear factor for use in metal deformation studies[J]. Saul. ASLE. Trans, 1973,16:177.

[46] RAO K P,DEIVASIGAMANI R,SIVARAM K. Proc. of seminar on "modern trends in metal forming techniques"[M]. Hyderabad:The Institution of Engineers(India),1986:293.

[47] 王毓民,王恒. 润滑材料与润滑技术[M]. 北京:化学工业出版社,2005:439-457.

[48] PÖHLANDT K. Modeling hot deformation of steels[M]. Heidelberg:Springer,1989.

[49] WANG F,LENARD J D. Experimental study of interfacial friction-hot rring compression [J]. Trans. ASME. J. Eng. Mater. Technol,1992,114:13-18.

[50] LI L X,PENG D S,LIU J A,et al. An experiment study of the lubrication behavior of graphite in hot compression tests of Ti-6Al-4V alloy[J]. J. Mater. Process. Tehnol,2001,112:1-5.

[51] BRAITHWAITE E R. Solid lubricants and surfaces[M]. Oxford: Pergamon Press, 1964: 137-140.

[52] GOETZ R L, JAIN V K, MORGAN J T, et al. Effects of material and processing conditions upon ring calibration curves[J]. Wear, 1991, 143(1): 71-86.

[53] 张凯锋, 骆俊廷, 陈国清, 等. 纳米陶瓷超塑加工成形的研究进展[J]. 塑性工程学报, 2003, 10(1): 1-3.

[54] CHO H, ALTAN T. Determination of flow stress and interface friction at elevated temperatures by inverse analysis technique[J]. J. Mater. Process. Technol, 2005, 170(1-2): 64-70.

[55] YOSHIZAWA Y, SAKUMA T. Improvement of tensile ductility in high-purity alumina due to magnesia addition[J]. Acta. Metall. Mater, 1992, 40(11): 2943-2950.

[56] CHEN I W, XUE L A. Development of superplastic structural ceramics[J]. J. Am. Ceram. Soc, 1990, 73(9): 2585-2609.

[57] KONDO N, WAKAI F, NISHIOKA T, et al. Superplastic Si_3N_4 ceramics consisting of rod-shaped grains[J]. J. Mater. Sci. Lett, 1995, 14(19): 1369-1371.

[58] WAKAI F, KODAMA Y, SAKAGUCHI S, et al. A superplastic covalent crystal composite [J]. Nature, 1990, 344(3): 421-423.

[59] 王国峰, 张凯锋, 韩文波, 等. 陶瓷基层状复合材料超塑成形数值模拟与实验研究[J]. 航空材料学报, 2005, 25(4): 35-39.

[60] WITTENAUER J. Superplastic alumina-20% zirconia[J]. Mater. Sci. Forum, 1997, 243-245: 417-424.

[61] HAYASHI S, WATANABE K, IMITA M, et al. Superplastic forming of ZrO_2/Al_2O_3 composite [J]. Key. Eng. Mat, 1999, 159-160: 181-186.

[62] KELLETT B J, CARRY C, MOCELLIN A. High-temperature extrusion behavior of a superplastic zirconia-based ceramic[J]. J. Am. Ceram. Soc, 1990, 73(7): 1922-1927.

[63] GRIFFTH A A. The phenomenon of rupture and flow in solids[J]. Philos. R. Soc. London, 1920, 221: 163-198.

[64] 宋玉泉, 徐进, 胡萍, 等. 结构陶瓷的超塑性[J]. 吉林大学学报(工学版), 2005, 35(3): 225-242.

[65] NIEH T G, WADSWORTH J. Superplastic behavior of fine-grained yttria-stabilized tetragonal zirconia polycrystal(Y-TZP)[J]. Acta Metall. Mater, 1993, 38: 1121-1133.

[66] ISHIHARA S, TANIZAWA T, AKASHIRO K, et al. Stereographic analysis of grain boundary sliding in superplastic deformation of alumina-zirconia two phase ceramics[J]. Mater. T. JIM, 1999, 40(10): 1158-1165.

[67] NIEH T G, WADSWORTH T, SHERBY O D. Superplasticity in metals and ceramics[M]. Cambridge, UK: Cambridge University Press, 1997: 105-116.

[68] CHEN I W, HWANG H S L. Shear thicken creep in superplastic silicon nitride[J]. J. Am. Ceram. Soc, 1992, 75(5): 1073-1079.

[69] WU X, CHEN I W. Exaggerated texture and growth in a superplastic sialon[J]. J. Am.

Ceram. Soc,1992,75:2733-2741.

[70]KONDO Y,SUZUKI Y,OHJI T,et al. Change in stress sensitity and activation energy during superplastic deformation of silicon nitride[J]. Mater. Sci. Eng,1999,268:141-146.

[71]GASDASKA C J. Tensile creep in an in situ reinforced silicon nitride[J]. J. Am. Ceram. Soc,1994,77(9):2408-2418.

[72]SHELDON M,WIEDERHORN B J,HOCKEY J D. French. Mechanisms of deformation of silicon nitride and silicon crabide at high temperature[J]. J. Eur. Ceram. Soc,1999,19:2273-2284.

[73]KONDO Y,SUZUKI Y,OHJI T,et al. Change in stress sensitity and activation energy during superplastic deformation of silicon nitride[J]. Mater. Sci. Eng,1999,268:141-146.

[74]PHARR G M,ASHBY M F. On creep enhanced by a liquid phase[J]. Acta Metall,1983,31:129-138.

[75]PEZZOTTI G. Grain-boundary viscosity of calcium-doped silicon nitride[J]. J. Am. Ceram. Soc,1998,81:2164-2168.

[76]FOLEY M R,TRESSLER R E. Threshold stress intensity for crack growth at elevated temperatures in a silicon nitride ceramic[J]. Adv. Ceram. Mater,1988,3:382-386.

[77]LUECKE W E,WIEDERHORN S M,HOCKEY B J. Cavition to tensile creep in silicon nitride[J]. J. Am. Ceram. Soc,1995,78(8):2085-2096.

[78]HIRAO K,OHASHI M,BRITO M E,et al. Processing strategy for producing highly anisotropic silicon nitride[J]. J. Am. Ceram. Soc,1991,78(6),1687-1690.

[79]SUVACI E,MESSING G L. Critical Factors in the Templated grain growth of textured reaction-bonded alumina[J]. J. Am. Ceram. Soc,2000,83(8):2041-2048.

[80]CARISEY T, LEVIN I, BRANDON D G. Microstructure and mechanical properties of textured Al_2O_3[J]. J. Am. Ceram. Soc,1995,15(4):283-289.

[81]HALL P W,JSWINNEA S,KOVAR D. Fracture resistance of highly textured alumina[J]. J. Am Ceram. Soc,2001,84(7),1514-1520.

[82]MA Y,BOWMAN K J. Texture in hot-pressed or forged alumina[J]. J. Am. Ceram. Soc,1991,74(11):2941-2944.

[83]XIE R J,MITOMO M,KIM W,et al. Phase transformation and texture in hot-forged or annealed liquid-phase-sintered silicon carbide ceramics[J]. J. Am. Ceram. Soc,2002,85(2):459-465.

[84]KONDO N,OHJI T,WAKAI F. Strengthening and toughening of silicon nitride by superplastic deformation[J]. J. Am. Ceram. Soc,1998,81(3):713-716.

[85]YOSHIZAWA Y,TORIYAMA M,KANZAKI S. Fabrication of textured alumina by high-temperature deformation[J]. J. Am. Ceram. Soc,2001,84(6):1392-1394.

[86]NIEH T G,MCNALLY C M,WADSWORTH J. Superplastic behavior of a 20% Al_2O_3/YTZ ceramic composite[J]. Scripta Metallurgica,1989,23(4):457-46.

[87]ISHIHARA S,AKASHIRO K,TANIZAWA T,et,al. Superplastic deformation mechanisms of alumina zirconia two phase ceramics[J]. Mater. Trans. JIM,2000,41(3):376-382.

［88］FLACHER O,BLANDIN J J,PLUCKNETT K P,et,al. Microstructural aspects of superplastic deformation of Al_2O_3/ZrO_2 laminate composites［J］. Mater. Sci. Eng. A,1996,219(1−2): 148−155.

［89］CHOKSHI A H,SUDHIR B. Compression creep characteristics of 8mol% yttria−stabilized cubic−zirconia［J］. J. Am. Ceram. Soc,2001,84:2625−2632.

［90］DUCLOS R. Direct Observation of Grain Rearrangement during Superplastic Creep of a Fine−Grained Zirconia［J］. J. Eur. Ceram. Soc,2004,24:3103−3110.

［91］CHOKSHI A H. Evaluation of the grain−boundary sliding contribution to creep deformation in polycrystalline alumina［J］. J. Mater. Sci,1990,25(7):3221−3228.

［92］CLARISSE L,PETIT F,CRAMPON J,et al. Characterization of grain boundary sliding in a fine−grained alumina−zirconia ceramic composite by atomic force microscopy［J］. Ceram. Int,2000,26:295−302(R−107).

［93］DUCLOS R. Direct observation of grain rearrangement during superplastic creep of a fine−grained zirconia［J］. J. Eur. Ceram. Soc,2004,24(10−11):3103−3110.

［94］丘泰. 陶瓷及其复合物的塑性变形机理及特征［J］. 南京化工大学学报,1998,20(2): 98−102.

［95］YOSHIZAWA Y,SAKUMA T. Improvement of tensile ductility in high−purity alumina due to magnesia addition［J］. Acta Metall. Mater,1992,40(11):2943−2950.

［96］XU X,NISHIMURA T,HIROSAKI N,et. al. Superplastic deformation of nano−sized silicon nitride ceramics［J］. Acta Mater,2006,54:255−262.

［97］CALDERON−MORENOA J M,SCHEHL M. Microstructure after superplastic creep of alumina−zirconia composites prepared by powder alcoxide mixtures［J］. J. Eur. Ceram. Soc, 2004,24:393−397.

［98］LEE F, BOWMAN K J. Texture and anisotropy in silicon nitride［J］. J. Am. Ceram. Soc, 1992,75(7):1748−1755.

［99］LEE F,BOWMAN K J. Texture development via grain rotation in β−silicon nitride［J］. J. Am. Ceram. Soc,1994,77(4):947−953.

［100］MORITA K, HIRAGA K. Reply to "Comment on the role of intragranular dislocations in superplastic yttria−stabilized zirconia"［J］. Scripta. Mater,2003,48:1403−1407.

［101］CHEN G Q,ZHANG K F,WANG G F,et al. The superplastic deep drawing of a fine−grained alumina−zirconia ceramic composite and its cavitation behavior［J］. Ceram. Int, 2004,30:2157−2162.

［102］CHEN T,MECARTNEY M L. Superplastic compression,microstructural analysis and Mechanical properties of a fine grain three−phase alumina−zirconia−mullite［J］. Mater. Sci. Eng. A,2005,410−411(11):134−139.

［103］MUKHERJEE A K. Rate controlling mechanism in superplasticity［J］. Mater. Sci. Eng, 1971,8(2):83−89.

［104］DUCLOS R,PHILOS J C. Grain−boundary sliding and accommodation mechanism during creep of yttria−partially−stabilized zirconia［J］. Mag. Lett,2002,82:529−533.

[105] SCHISSLER D J, CHOKSHI A H, NIEH T G, et. al. Microstructural aspects of superplastic tensile deformation and cavitation failure in a fine-grained yttria stabilized tetragonal zirconia[J]. Acta. Metall. Mater, 1991, 39(12): 3227-3236.

[106] WAKAI F, KATO H, SAKAGUCHI S, et. al. Compressive deformation of Y_2O_3-stabilized ZrO_2/Al_2O_3 composite[J]. Yogyo. Kyokai. Shi, 1986, 94(9): 1017-1020.

[107] LAWN B R, EVANS A G, MARSHALL D B. Elastic/plastic indentation damage in ceramics: the median/radial crack system[J]. J. Am. Ceram. Soc, 1980, 63(9-10): 574-581.

[108] MOTOHASHI, SEKIGAMI T, SUGENO N J. Variation in some mechanical properties of Y-TZP caused by superplastic compressive deformation[J]. Mater. Process. Technol, 1997, 68(3): 229-235.

第 3 章　纳米晶 NiAl-Al$_2$O$_3$ 粉体及其复合材料的制备与成形

3.1　概　述

自 20 世纪 70 年代以来,航空航天和舰船技术的发展对高温结构材料的性能提出了越来越高的要求[1]。以航空工业中常用的涡轮叶片和前缘为例,就要求材料具有更高的推重比、更高的工作效率并能够满足在高温下长时间服役的要求[2,3]。目前常用镍基和钴基高温合金的使用温度为 950 ~ 1 000 ℃,已经达到材料绝对熔点的 0.8 倍左右,仍无法满足高温结构件更高服役温度的需求[4]。高温结构陶瓷材料具有较高的使用温度和高温强度,但导热性差、热塑性低以及难以加工的缺点限制了其实际应用[5]。

与传统高温合金相比,NiAl 金属间化合物具有更高的熔点(1 638 ℃),更低的密度(5.86 g/cm^3),良好的导热性(是传统镍基高温合金的 4 ~ 8 倍)和更加优异的抗氧化性能[6]。密度的降低可以降低零件的重量,提高比强度;而导热系数的提高可以降低零件的温度梯度和热应力,提高冷热疲劳性能。同时,在高温性能和成本方面,NiAl 也比镍基高温合金有明显的优势,可以在更高温度和恶劣环境下服役[7,8]。这些优异的性能使 NiAl 能够填补传统高温合金和高温结构陶瓷材料之间的空白,有希望成为新一代的高温结构材料而受到人们的广泛关注。

NiAl 是一种 B2 型长程有序立方晶体,空间群为 Pm$\bar{3}$m,其空间结构如图 3.1 所示。这种空间结构可以看做 Ni 和 Al 简单立方结构的交叉,Ni 原子和 Al 原子分别占据亚晶格的顶点。从电子结构分析,NiAl 的化学键由金属键和共价键组成,甚至还有少量的离子键,化学键的复杂性和共价键的方向性是 NiAl 难变形和塑性较差的根源[7,9]。在实际应用中,NiAl 表现出较差的室温塑性和较低的抗蠕变能力,这些缺陷使 NiAl 作为高温结构材料的实际应用还面临许多问题[10,11]。

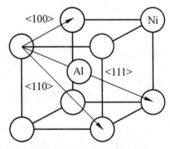

图 3.1　NiAl 金属间化合物的 B2 型晶体结构

1979 年,和泉修[12]等人发现微量的硼能够使金属间化合物得到明显的韧化。这在全世界范围内掀起了金属间化合物研究的热潮,研究的重点是提高以 NiAl 为代表的金属间化合物的高温强度和室温塑性,为此,世界各国都投入了大量的人力、物力开展了一系列的深入研究,从合金化到热处理,从单晶到多晶[13~17],取得了明显的进展。室温韧性和塑性的改善使 NiAl 迈出了走向实际应用的关键性一步。在基本解决了材料的室温塑性之后,研究的重点开始转向影响其应用的其他方面,如高温强度、高温抗蠕变性能和高温氧化性能,此外,

NiAl 基合金的成形技术也亟须进一步的研究。

合金化(包括微合金化和宏合金化)能够有效改善 NiAl 的力学性能,然而,单纯的合金化无法从根本上改善材料的高温蠕变性能,并且还存在比重大等缺点[18]。在改善综合性能方面,合金化已经越来越走向它的极限,为进一步改善 NiAl 的综合性能,必须寻找新工艺和新技术。制备复合材料是提高材料性能的一种有效方法。在基体中添加陶瓷增强相(包括颗粒、纤维及晶须状陶瓷),利用弥散粒子对裂纹的偏转和对位错的钉扎,可以有效提高材料的高温强度和抗蠕变性能,被认为是改善材料综合性能的一种可行方式[19]。

陶瓷增强金属间化合物复合材料兼有金属间化合物和陶瓷的优点,能够服役于高温、腐蚀和氧化等各种恶劣的工作环境[20,21]。目前,常用的增强相包括 TiC、TiB_2、HfC 和 Al_2O_3 等[22]。与其他增强相相比,Al_2O_3 具有比强度高、密度低等优点,特别是其化学性质非常稳定,在高温下不易分解,能够更好的适应高温工作环境,是 NiAl 基合金的一种理想增强相[21,23~25]。

NiAl 走向实际应用中面临的另一个问题是其制备和加工都比较困难,因此,其制备工艺和成形工艺的研究就具有重要的现实意义,是材料在大范围推广使用前必须解决的难题[26]。粉末冶金(包括粉末的机械合金化和块体材料的烧结)是制备金属间化合物块体材料的一种有效方法,通过粉末冶金能够制备晶粒细小且组织均匀的块体材料。然而,目前的研究普遍是通过直接添加氧化铝颗粒或氧化铝纤维的方式制备 NiAl–Al₂O₃ 粉末[6,27],还缺乏直接以元素 Ni 粉和 Al 粉为原料制备 NiAl–Al₂O₃ 复合材料粉末的研究。在块体材料的制备中,脉冲电流烧结能够在较低的温度和较短的时间内制备晶粒细小且致密度较高的块体材料。但国内外对脉冲电流法制备 NiAl–Al₂O₃ 复合材料的研究还非常有限,并缺乏烧结方法对材料组织性能影响的研究。

高温结构材料的工作环境是高温。探讨其高温下的变形规律有助于加深对其成形性能的深入理解,这无论在理论上还是在生产实践中都有重要的意义。压缩变形是一种常见的材料变形方式,是材料加工和成形工艺的基础。通过压缩变形实验可以考察材料在大应变情况下的塑性变形,揭示增强相与基体的变形协调行为,这对于揭示材料的变形机制、强化机制具有重要的理论意义。此外,压缩测试的工艺参数和经验也能为材料的成形提供参考。

抗氧化性能是材料能否满足高温服役条件的一个决定性因素。对于 Al 基材料,致密的 Al_2O_3 保护膜能够为基体提供良好的高温防护效果[28]。然而,传统工艺所制备的具有较大尺寸晶粒的 NiAl–Al₂O₃ 复合材料的抗氧化性能并不理想,表现为氧化膜较弱的黏附力和生成了保护性较差的镍的氧化物,使氧化膜易于开裂、剥落并可能导致严重的内氧化[29,30]。因此,NiAl–Al₂O₃ 复合材料氧化性能及抗氧化机制的研究,就具有非常重要的理论意义和实际应用价值。

1. 高温金属材料的发展

高温金属材料是指能够在 600 ℃ 以上长时间服役,并且具有足够的维形能力和极高的表面稳定性的金属材料[31,32]。20 世纪 40 年代,军用飞机的需求推动了高温金属材料的发展,并随后广泛应用于舰船和火箭的涡轮叶片、导向叶片、燃烧室和前缘等高温零部件[33]。

目前广泛使用的高温合金主要是铁基、镍基和钴基高温合金,这些合金的结合方式为金属键结合,其晶格结构多为 FCC 和 BCC 型[34]。在高温下,这些材料能够依然保持较高的强度,这有助于降低发动机的油耗。统计数据表明,材料的使用温度每提高 5 ℃,就能使飞机的油耗降低 1%[13];此外,高温结构材料具有良好的耐腐蚀能力,能够长时间抵御高温燃气的冲刷和腐蚀性环境的侵蚀而不丧失其性能。这些优良的性能使高温结构材料在军事领域得到了广泛应用。随社会需求的增大,其应用范围也逐渐从军用领域扩大到民用领域,如涡轮发动机和燃气轮机等。

目前,高温结构材料在军用飞机和燃气轮机中都得到了广泛应用,是推动航空工业和舰船工业发展的基础(见表 3.1 和表 3.2)。为满足大推力和高推重比的需求,先进战机和舰艇中高温合金的使用量越来越多。以发动机为例,第一代战机的 J79 发动机中高温合金的使用量仅为 10% 左右,而第三代战机的 F110 发动机的高温合金使用量已经达到了 55%[4]。

表 3.1　军用飞机的发展与高温金属材料的应用[33]

年代	型号	推力/kN	推重比	涡轮叶片材料	配装机型(代)
1956	J79-GE-17	79	4.63	Renë80	F100(一代)
1970	F100-PW-100	111	7.8	PWA1422	F4(二代)
1976	F110-GE-100	123	7.04	DS80H	F15,F16(三代)
研制中	F119	177	10	CMSX-4	F22(四代)

表 3.2　高温金属材料在燃气轮机中的应用[33]

年代	型号	功率/MW	涡轮叶片	涡轮导向叶片
1984	701D	137	U520,INCo X-750	ECY 768,X-45
1992	501F	160	IN738,U520	ECY768,X-45
1996	501G	250	MGA1400 DS,MGA1400 CC	MGA2400

近几十年来,由于对巡航速度、续航时间和低油耗的不断追求,人们对航空发动机和舰船燃气涡轮等关键零部件的推重比、服役温度等指标提出了更高的要求,使高温结构件的使用温度也越来越高[33]。从图 3.2 可以看出,高温结构件的使用温度在近 30 年内已经提高了近 300 ℃。目前,传统镍基、钴基高温合金的使用温度已经达到了 950 ℃ 左右,考虑到其液相温度(1 400 ℃ 左右),使用温度已经达到了绝对熔点温度的 0.8 倍,基本达到了材料使用温度的极限。为了提高高温合金的性能,人们进行了一系列的尝试,如固溶强化、第二相强化以及晶界强化等[33]。实验结果表明,这些强化手段仅能在一定程度上提高合金的使用温度,无法满足航空航天工业对使用温度的需求;另一方面,强化后高温合金的密度增大,难以满足航空工业对于结构减重和提高比强度的要求。

1914 年,英国的冶金学家提出了金属间化合物(Intermetallic compound)的概念[33],它是指由两种或两种以上的金属元素或者类元素按比例组成的具有长程有序晶体结构的化合物,构成化合物的原子有序的排列在亚点阵中,形成一个超点阵。与合金不同的是,金属间化合物中除存在金属键外,还存在共价键和少量的离子键,键结构的特殊性使其具有许多完全不同于其组成元素的特性。金属间化合物种类繁多,截至目前已经发现有近 30 000 种,这其中最常见的主要是铝化物(包括 Ni-Al、Ti-Al 和 Fe-Al 等)和硅化物(包括 Mo-Si、Fe-Si、Nb-Si 等)两种体系[36]。铝化物的晶格结构较为简单,其室温脆性问题也比硅化物要少得多,因而,目前的研究更多地关注于铝化物体系的研究。

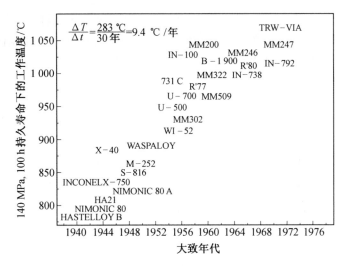

图 3.2　高温结构材料的发展[2,35]

金属间化合物具有较强的键合力和较高的熔点、比强度和更加优异的抗氧化能力。因此,在高温合金已经接近其使用温度极限的情况下,人们便把目光转向了金属间化合物。然而,长期以来,金属间化合物作为高温结构材料的实际应用一直停留在学术研究阶段,这是由它本身所固有的室温脆性等缺陷所决定的。20 世纪 70 年代,日本学者发现添加少量的 B 或引入适当的相变和变形,能够大大改善金属间化合物的韧性[34]。这一发现使金属间化合物迈出了走向实际应用的关键一步,并引发了世界各国科研人员研究和开发的热潮,研究的重点是提高以 NiAl 为代表的金属间化合物的高温强度和改善室温塑性。美国和欧美几个主要国家提出,发展金属间化合物的长远目标是开发一种介于 Ni 基高温合金和高温陶瓷材料之间的高温结构材料,它应该比 Ni 基高温合金具有更高的高温比强度,它的使用温度和力学性能也介于二者之间,以降低各种航天运载工具的重量,提高比推力和工作效率[12]。

2. NiAl 金属间化合物及其复合材料的发展

NiAl 是一种长程有序的金属间化合物,在其熔点以下均能保持晶体结构的高度有序性。与传统镍基高温合金相比,具有更高的强度、比刚度,更加优良的抗氧化性能和抗腐蚀性能。表 3.3 列出了几种商业化应用的 NiAl 基合金与镍基高温合金的性能参数,可以看出,NiAl 基合金的密度仅为镍基高温合金的 2/3 左右,其熔点约高 300 ℃。

表 3.3　NiAl 基合金与高温合金的比较[36]

合金	化学成分(质量分数)/%	密度/(g·cm⁻³)	熔点/℃
NiAl	$Ni_{50}Al_{50}$	5.86	1 638
JJ-3	$Ni_{33}Al_{33}Cr_{28}Mo_5Hf_1$	6.271	1 440
AFN-12	$Ni_{50}Al_{48.45}Hf_{0.5}Ti_{1.0}Ga_{0.05}$	6.00	>1 440
AFN-20	$Ni_{50}Al_{44.45}Hf_{0.5}Ti_{5.0}Ga_{0.05}$	6.12	>1 440
DZ22	Ni-9Cr-10Co-12W-5Al-2Ti-1Nb-2Hf	8.56	1 230
K640	Co-26Cr-11Ni-8W-0.5C	8.68	1 340
DD3	Ni-10Cr-5Co-6W-4Mo-6Al-2Ti	8.20	1 328

　　图 3.3 为 Ni-Al 的二元相图,从图中可以看出,NiAl 金属间化合物的熔点高达 1 638 ℃,并且存在一个很宽的单相区,大约为 45% ~ 60%,如此宽的单相区使得制备 NiAl 过程中不必过多考虑化学计量比的影响,为 NiAl 金属间化合物的制备提供了便利条件。

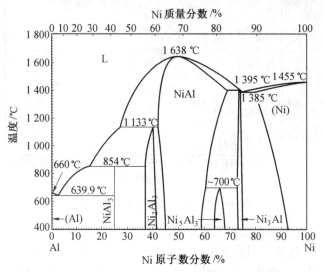

图 3.3　Ni-Al 二元相图[10]

　　(1)NiAl 金属间化合物及其复合材料的力学性能

　　NiAl 是一种 B2 型超点阵结构金属间化合物,它的超点阵派生于 BCC 点阵,是最简单的超点阵结构之一。变形过程中,其可能的滑移方向包括<100>、<110>和<111>,可能的滑移面包括{110}、{100}、{112}和{123}。低温下(<600 ℃),位错滑移是 NiAl 的主要变形机制,变形通过 a<100>、a<110>和 a<010>三组滑移系进行。由于滑移系数量较少,材料在变形过程中表现出较差的塑性和较高的韧脆转变温度。为改善 NiAl 金属间化合物的性能,推动其作为高温结构材料的实际应用,世界各国的研究人员进行了一系列的尝试,并取得了良好的效果。总体而言,改善的途径主要包括晶粒细化、合金化(包括宏合金化和微合金化)和制备复合材料[37,38]3 个方面。

　　晶粒细化是提高材料性能的一种常用手段。晶粒细化后,晶界原子的体积分数逐渐增大,例如,当晶粒尺寸细化至 5 nm 时,晶界原子所占的体积分数将达到 50%。这使细晶材料具有许多与平均晶粒尺寸较大的材料完全不同的性能,如高强度、高硬度以及良好的韧性和塑性[10,39,40]。Schulson[41]认为,晶粒尺寸降低至某一临界尺寸后,脆性材料的塑性将会得到明显改善。此前,沈阳金属所郭建亭[42]报道称,晶粒细化至纳米级别后,NiAl(含少量氧化铝)的室温压缩变形量提高至 5%,增幅达到 80%。

　　合金元素对 NiAl 性能有重要的影响,是改善材料室温塑性的常用手段。与晶粒细化相比,合金化具有成本低廉,工艺简单的优点,同时,还具有很好的热稳定性[42]。NiAl 金属间化合物具有很宽的单相区,可以很方便地实现合金化,根据产物组织的不同,合金元素可以分为三大类,如图 3.4 所示。A 类元素基本不发生固溶,主要以三元金属间化合物的形式存在,例如,Hf 加入 NiAl 后会生成 Laves 相和 Heusler 相[43];B 类元素倾向于占据 Al 的位置,与 NiAl 形成伪二元共晶[44];C 类元素最典型的例子就是 Fe,Fe 加入 NiAl 后能与 Al 形成 B2 型金属间化合物,因而有很大的固溶度[45]。除改变材料的组织结构外,合金元素对 NiAl 金属间化合物的性能也有显著影响。1990 年,George[46] 在多晶 NiAl 中添加了 B、C 和 Be 等元素,发现 B 会偏聚在 NiAl 晶界上,抑制材料的沿晶断裂,但未能改善其塑性;而 C 和 Be 既未偏聚到晶界,也没改善材料的塑性;1993 年,Darolia[47] 发现适量的 Fe 能把 NiAl 单晶的室温拉伸塑性从 1% 提高到 6%,但目前还不清楚其塑性改善机制;Liu[48] 研究了不同含量的难熔金属对 NiAl 性能的影响,发现仅有 Mo 能够改善其室温塑性,Mo 含量为 0.4% 时,材料室温拉伸塑性达最大值,约为 3.6%。

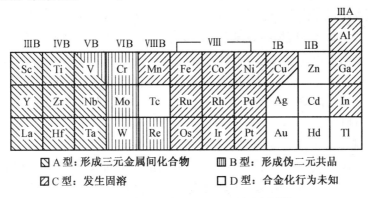

图 3.4　合金元素对 NiAl 组织的影响[48]

为进一步改善 NiAl 基合金的性能,特别是其抗蠕变能力,近年来,人们开展了 NiAl 基复合材料的研究,并取得了令人瞩目的成果。目前主要有三类复合材料,分别是氧化物、碳化物和氮化物颗粒强化复合材料[43],C 纤维或 Al₂O₃ 纤维强化复合材料[49~51],颗粒和纤维复合强化的复合材料[21]。添加弥散相后,材料的力学性能,特别是其高温蠕变强度和断裂韧性有了明显的改善(见图 3.5)。

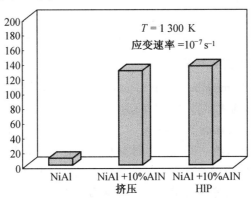

图 3.5　合金元素对 NiAl 组织的影响[54]

　　NiAl 基复合材料的预期服役温度为 900~1 200 ℃,要满足此服役条件,材料的高温热稳定性就显得尤为重要。TiC 等增强相在高温下会发生分解和氧化,严重损害了其在高温工作环境下的应用。Al₂O₃ 具有较高的熔点、较高的比强度和极高的化学稳定性,因而,从 20 世纪 90 年代开始,它作为一种氧化物增强相受到研究人员的关注。Choo[52] 和 Padma-vardhani[53] 通过粉末冶金的方式制备了 Al₂O₃ 纤维增强 NiAl 基复合材料。测试结果表明,该材料表现出良好的化学稳定性,其高温强度(1 300 K)与 NASAIR 100 镍基单晶基本相当。

（2）NiAl金属间化合物及其复合材料的高温氧化性能

在工程应用中，抗氧化性能是高温结构材料必须要考虑的问题。单相β-NiAl具有优异的抗氧化、抗腐蚀性能，常被用作镍基高温合金的涂层，这得益于它能够在表面形成保护性的α-Al_2O_3氧化膜。

氧化是一个热力学和动力学共同作用的过程。从热力学角度讲，合金中只要有铝存在就能形成α-Al_2O_3保护膜（Al含量在1 ppm以上就可以），但实际的氧化过程还受到氧化动力学，即氧化膜生长机制的影响。在NiAl合金中，Al_2O_3的生长是受Al的外扩散和O的内扩散共同影响的，只有当Al的扩散速度大于形成Al_2O_3氧化膜的消耗速度时，即$J_{Alloy}^{Al} > J_{Oxide}^{Al}$时，才能在材料表面形成连续、稳定的$Al_2O_3$保护膜[44]。对于化学计量比的NiAl，由于其Al含量足够高，达到了氧化物颗粒相连的临界条件。高温氧化中，Al的扩散速度能够满足生成外部氧化膜的需求，能够在材料表面形成连续的Al_2O_3薄膜，使材料具有优异的抗氧化性能和良好的热腐蚀性能。

然而，NiAl基合金和NiAl基复合材料的抗氧化性能却并不理想。在氧化过程中，NiAl-30Fe合金表面会形成大量的瘤状物，其成分主要为铁和镍的氧化物，长时间氧化后，合金基体中生成一层贫铝层，表面氧化膜发生严重剥落[55]。NiAl-Cr合金具有良好的力学性能，但在氧化性能测试中，由于Cr的氧化物生长速度较快，Al_2O_3保护膜来不及覆盖基体中的Cr，使氧化膜中形成一些主要成分为Cr_2O_3的瘤状物，这些瘤状物的黏附性较差，会在随后的氧化过程中脱落，导致氧化膜的剥离[56]。NiAl-TiC复合材料具有优良的高温强度和高温抗蠕变性能，但在氧化测试中，TiC的分解、氧化和严重的内氧化极大损害了材料的抗氧化性能，相同参数下，其氧化增重比单相NiAl高4倍左右，氧化膜的成分主要为Al_2O_3和TiO_2[57]。此前，Pint[31]和Lee[32,58]等人测试了NiAl-Al_2O_3复合材料的高温抗氧化性能，实验结果表明，该材料的抗氧化性能并不理想，主要体现在两个方面：一是氧化膜中生成了部分保护性较差的镍的氧化物；二是氧化膜黏附力较弱，存在严重的脱落现象。

3. NiAl基复合材料的主要制备方法

NiAl基复合材料（Intermetallic Matrix Composites，IMCs）的制备方法主要有燃烧合成法、熔铸法和粉末冶金法（包括机械合金化和随后的烧结）等。

（1）燃烧合成法（Combustion Synthesis）

燃烧合成法是利用反应物之间强烈的放热反应和自传导作用合成材料的一种技术。反应一旦引发就会迅速传播至整个粉体，直至反应完成。该技术是由前苏联学者Merzhanov最先提出的，利用此技术，前苏联合成了300多种新型材料并实现了批量化生产[32]。具体来说，燃烧合成法可以分为以下两类：

①自蔓延高温合成法（Self-propagating High-temperature Synthesis，SHS）。该法是燃烧合成法的一种，它是通过在粉末坯的一端施加热脉冲来实现合成。热脉冲能够引发粉末坯的反应并以燃烧波的形式迅速蔓延至整个坯体（见图3.6）。

SHS技术具有许多优点，如陶瓷颗粒增强相可以原位生成，颗粒与基体结合良好，界面干净等。通过SHS技术可以制备功能陶瓷、金属间化合物、电子材料和复合材料。

②放热弥散法（Exothermic Dispersion，XD）。该法是将金属粉末和反应剂粉末混合均匀，加热到其熔点以上，通过反应剂元素的放热反应生成陶瓷粒子的一种方法。与其他几种

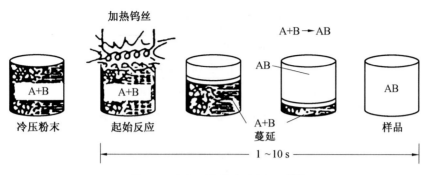

图 3.6　自蔓延高温合成原理图[58]

制备工艺相比,该工艺设备简单,所需要的能量较低。通过该方法制备的 IMCs 具有颗粒分布均匀,与基体结合较好等优点。美国的 Martin 公司利用该技术制备了 NiAl-TiB₂ 板材[59],日本也通过该方法制备了 TiNi 形状记忆合金[60]。目前,XD 工艺的研究主要集中在增强材料的韧性和抗蠕变性能方面。

（2）熔铸法(Fusion Casting)

熔铸法是制备材料的传统方法。对于 IMCs 的制备,它主要包括电弧熔炼和定向凝固两种工艺。

①电弧熔炼(Arc Melting)。电弧熔炼分为自耗型电弧熔炼和非自耗型电弧熔炼。自耗型电弧熔炼的本质是用合金的预制件作为自耗电极,在真空水冷结晶装置中,通过电极的放电融化进行合金冶炼的一种方式。通过自耗型电弧熔炼,可以制备纯度较高的大块材料。但该方法所需能量很高,实际应用中存在较大的物料损失,使熔炼的重复性变差。非自耗型电弧熔炼装置中有一个外部电极,通过电极的放电使合金融化进行熔炼。该方法材料损失较小,成分容易控制,可重复性好。但材料的致密度较低,且难以制备较大尺寸的合金锭。

②定向凝固(Directional Solidification,DS)。定向凝固是制备单晶、纳米晶以及纤维强化功能材料的一种重要方法,被广泛应用于航空结构件的制备。它通过在凝固的金属和未凝固的熔体之间建立特定方向的温度梯度,从而使熔体沿着与热流相反方向凝固,最终获得具有特定取向的块体材料。晶界的减少有助于提高材料的抗蠕变性能,通过定向凝固能够方便制备单晶,从而获得性能良好的零部件。目前,定向凝固法已经成功制备出 NiAl 单晶,以及 NiAl-Cr-Mo-Hf、NiAl-Cr-Mo-Zr、NiAl-Cr、NiAl-Cr-Mo、NiAl-V、NiAl-Ta 等共晶合金[10]。此外,定向凝固法也被用来制备单晶涡轮叶片毛坯,并取得很好的效果[61,62]。

（3）机械合金化(Mechanical Alloying,MA)

机械合金化是由美国国际镍公司的 Bengjamin 等人于 20 世纪 70 年代开发的一种制备合金粉末的新技术[47]。它通过粉末和磨球之间的碰撞来细化颗粒,使金属达到原子层面的紧密结合。机械合金化能够将两种或者多种非互溶性的材料相互均匀混合,尤其适应于组元熔点差别大的材料的制备[63]。此外,机械合金化还具有平衡和非平衡加工方法的特点。与其他工艺(如液相淬火、热蒸发和射频溅射)相比,机械合金化具有工艺简单、成分配比易于精确控制和设备要求低等优点,被广泛应用于各种材料的制备,如图 3.7 所示。

按运转方式来分,机械合金化所用的球磨设备可以分为三大类,分别是行星式球磨机、搅拌式球磨机和振动式球磨机,如图 3.8 所示。行星式球磨机是最常用的一种球磨机,它通过球磨机的公转和球磨罐的自转来对粉末进行球磨。行星式球磨的能量比较低,但它可以

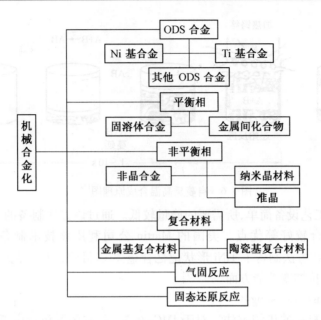

图3.7　机械合金化技术的应用[64]

多个罐同时运行,实现不同配比或不同球磨参数(如球料比、过程控制剂)的球磨。搅拌式球磨是通过搅拌杆带动钢球转动而实现球磨效果的,它的能量较高,能在较短的时间内实现合金化。此外,搅拌式球磨机的罐体通常比较大,一次球磨可以制备数公斤至数十公斤粉末。振动式球磨机是通过球磨罐的转动和震动来实现球磨的,它的球磨罐容量较小(约10 mL),常用于非晶合金等材料的制备。

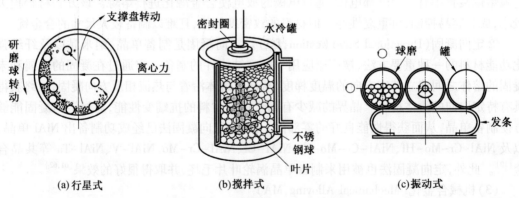

图3.8　球磨机的分类[65]

　　机械合金化过程是一个较为复杂的工艺过程,其主要的工艺参数有球磨转速、球磨时间和球料比等。球磨转速是球磨最重要的参数,提高球磨转速可以加快粉末的细化速率,增大粉末温升并加快合金化进程,但过高的转速也会造成粉末污染的加剧。球磨时间是球磨过程另一个重要的参数,球磨时间的选择与球磨设备、转速密切相关,延长球磨时间有利于粉末的细化,但也会加剧粉末污染并引入中间相。球料比是指磨球与粉末的质量比,其值一般为1∶8~1∶15,过高或过低的球料比会导致工作效率或球磨效率的降低。

　　早期,机械合金化主要用于研制氧化物弥散强化(ODS)高温合金,如MA753、MA6000和INCOMAP-Al 905XL等[66]。这些材料在抗拉强度、抗蚀性、断裂韧性等方面表现出很好的综合性能。1979 年,White[67] 首先提出机械合金化可能导致材料的非晶化。该猜测被 Ermakov[68] 等人证实,其在球磨 Y–Co 的过程中首次得到非晶态合金。80 年代中期, Schwarz[69] 用热力学方法预测了 Ni–Ti 二元系非晶合金的形成区域,并用固态反应理论解释了非晶形成机制。自此,机械合金化开始在世界各国迅猛发展。80 年代末期,Thompson[70] 等人发现可以通过机械合金化生成纳米材料,为纳米晶材料的制备和应用找到了一条实用化的途径。Eckert[71] 认为,球磨后所得到的最小晶粒尺寸决定于位错堆积速率和回复速率的动态平衡,材料熔点越高,回复速率就越低,最小晶粒尺寸也越小。Li 等人[72] 对球磨过程中晶粒尺寸的变化规律进行了研究,提出了一个晶粒细化模型,指出球磨初期晶粒尺寸的变化规律为

$$d = Kt^{-2/3} \tag{3.1}$$

式中　d——晶粒尺寸;

　　　t——时间;

　　　K——常数。

目前,机械合金化工艺已成功的制备了纳米级 NiAl 基复合材料,其制备方法主要有三种[73]:一是分别制备 NiAl 和强化相粉末,然后把这两种粉末混合球磨;二是把 Ni 和 Al 元素粉末与增强相粉末混合球磨,通过爆炸反应生成 NiAl 基体;三是把元素粉末混合球磨,通过爆炸反应生成 NiAl 和增强相,原位复合材料具有良好的界面结构以及颗粒分布,具有更加优越的性能。

(4)烧结

烧结是粉末冶金的后续步骤,它通常与机械合金化配合使用,将合金化后的粉末在加热、加压的情况下制备成块体材料。常用的烧结方法主要包括传统的热压烧结(HPS)和新兴的脉冲电流烧结(PCS)等。

①热压烧结。热压烧结是一种传统的烧结方法,它通过焦耳热和加压产生的塑性流动来促进烧结。机械球磨后的粉末具有发达的颗粒表面,处于高能状态,具有很高的表面能,粉末自由能的降低为烧结提供了驱动力[73,74]。烧结过程中,粉末压坯经历一系列的物理和化学变化,包括水分和吸附气体的挥发、应力的消除、表面氧化物的还原,以及随后的原子间扩散、黏性流动和塑性流动等。在此过程中,烧结件由粉末颗粒的聚合体变为晶粒的聚合体。经过烧结,烧结体强度增加,密度提高;同时,其力学性能也得到相应的提高[75,76]。

热压烧结的工艺流程如下:将粉末混合均匀后,装入石墨模具中压实,然后在真空热压炉中加热到某一温度(一般为 $0.8T_m$ 左右),施加一定的压力并保温一段时间后随炉冷却。热压烧结过程中虽然是单向施压,但由于模具的作用,粉末承受着各个方向的压力。HPS 能够获得致密的烧结件,试样的致密度受烧结温度、保温时间和烧结压力的影响。

②脉冲电流烧结。脉冲电流烧结是在自阻加热技术基础上发展起来的一种新型快速烧结技术,其原理图如图 3.9 所示。该技术通过在粉体两端施加脉冲电流和轴向压力实现烧结。与传统的烧结方法相比,PCS 除利用焦耳热和加压产生的塑性流动来促进烧结之外,还有效地利用了粉末间的电脉冲放电来促进烧结。具有烧结时间短、烧结温度低的优点,所制备的材料晶粒细小、致密度高,在制备细晶材料方面具有极大的优势。

M. Tokita 等人[77] 认为,在 PCS 烧结过程中,粉末颗粒之间的间隙和颗粒接触部位存在由电场诱导产生的正负极,在脉冲电流作用下,颗粒间发生间歇式快速放电,激发等离子体。

在放电产生的高能粒子的撞击下,颗粒间的接触部分(即放电部位)产生局部高温,使该部位发生熔化和蒸发并形成"颈部",如图3.10所示。随着热量向颗粒表面和四周的传递,"颈部"快速冷却而使得此处的蒸气压降低,形成蒸发-凝固传递过程。通过重复施加脉冲电流,放电点在粉体颗粒间移动而迅速遍布整个粉体。同时,在高温和电场的作用下,体扩散和晶界扩散得到加强,加速了烧结的致密化;此外,有学者认为,大脉冲电流能够降低晶粒的形核势垒,增加形核率,从而导致晶粒细化[78]。因此脉冲电流烧结能够以较短的烧结时间制备高质量的烧结件,广泛应用于金属间化合物、纳米材料、超导材料、复相陶瓷、复合材料和功能梯度材料的制备。

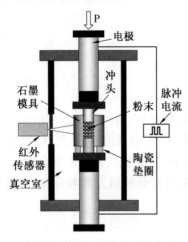

图3.9　PCS设备原理图

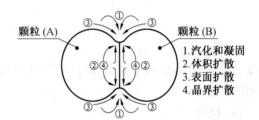

图3.10　烧结颈中的物质扩散路径[79]

3.2　纳米晶 NiAl-Al$_2$O$_3$ 复合粉体制备

纳米材料是材料学科的一个研究热点,它所具有的体积效应、表面效应和界面效应会引起材料在力学、电磁学、热力学和化学活性等方面的变化[80]。因而,NiAl晶粒的纳米化能够为其力学性能的提高,尤其是室温塑性的提高提供一种可能[81]。

机械合金化是制备细晶材料的一种有效方法。通过机械合金化可以制备晶粒细小、颗粒均匀的合金粉末,而且颗粒尺寸和成分易于得到精确控制[71]。与其他工艺(如液相淬火、热蒸发和射频溅射)相比,机械合金化具有工艺简单、成本低和成分配比易于精确控制等优点。而且它能够将两种或者多种非互溶性的材料相互均匀混合,尤其适应于组元熔点差别大的材料的制备。早期,机械合金化主要用于研制弥散强化(ODS)高温合金,其方法是通过将细小的氧化物引入高温合金中来获得弥散强化效果。20世纪80年代末期,Thompson[70]等人发现可以通过机械合金化生成纳米材料,为纳米晶材料的制备和应用找到了一条实用化的途径。

此前,已经有研究人员通过机械合金化成功地制备了NiAl-Al$_2$O$_3$复合材料粉末[64],但是,在这些研究中,增强相都是以Al$_2$O$_3$颗粒的形式直接添加的。以颗粒形式添加的弥散相较难非常均匀的分散在NiAl基体中,存在一定程度的偏聚,这会造成基体塑性的降低;同时,这些颗粒形式添加的弥散相也难以在球磨中得到充分的细化,也在一定程度上限制了其作为弥散相的强化效果。

机械合金化过程中,金属元素的氧化是一个常见的现象。通过合金化过程中剩余 Al 的氧化,可以在 NiAl 粉末中生成细小的 Al$_2$O$_3$ 增强相。这些 Al$_2$O$_3$ 增强颗粒非常细小,通常能够达到纳米级,能够实现很好的增强和增韧效果[28,31,52,54];此外,这些生成的 Al$_2$O$_3$ 颗粒能够均匀的弥散在基体中,也能够避免弥散相偏聚所导致的力学性能降低的现象。

本书制备 NiAl-Al$_2$O$_3$ 复合材料粉末的技术路线为:以元素粉末(Ni 粉和 Al 粉)为原料,通过机械合金化过程中的原位反应(包括 Ni 和 Al 的合金化以及剩余 Al 的氧化)来制备 NiAl 及 Al$_2$O$_3$ 弥散增强相,从而获得 NiAl-Al$_2$O$_3$ 复合材料粉末。因而,Ni 和 Al 的合金化是实现该技术路线的前提。首先研究了机械合金化过程中 NiAl 的合金化,根据合金化过程中粉末形貌、组成的变化总结出最佳的球磨工艺参数,进而制备了 NiAl-Al$_2$O$_3$ 复合材料粉末。

3.2.1　纳米晶 NiAl 粉体的机械合金化

为探索球磨设备和球磨工艺对合金化进程的影响,NiAl 金粉体的机械合金化分别在 QM-BP 行星式球磨机和 MJ-1 搅拌式球磨机中进行。通过分析球磨过程中粉末形貌、微观结构以及球磨产物的变化规律,确定最佳的工艺参数。

1. 行星式球磨

(1)球磨过程粉末的形貌变化

图 3.11 是转速为 220 rpm 时球磨过程中粉末形貌随球磨时间的变化规律。球磨 5 h 后,粉末变为薄片状,颗粒尺寸明显增大,约为 80 μm(图 3.11(a));随球磨时间的延长,粉末颗粒在很大程度上得到细化,片状颗粒变薄(图 3.11(b));球磨 24 h 后,部分片状颗粒的边缘发生翘曲,将粉末卷成空心粉末(图 3.11(c))。此外,从图中可以看出,球磨后粉末的粒径很不均匀,部分颗粒的粒径在 30 μm 以上,也存在一些粒径为几个微米的颗粒,并且颗粒形貌有很大差异。

(a) 5 h　　　　　　　(b)10 h　　　　　　　(c) 24 h

图 3.11　行星式球磨过程中粉末形貌随球磨时间的变化(220 rpm)

图 3.12 是转速为 300 rpm 时球磨过程中粉末形貌随球磨时间的变化规律。与图 3.11 相比,粉末颗粒的细化速度加快。球磨 5 h 后,粉末颗粒尺寸约为 40 μm,其中可观察到少量的薄片状粉末(图 3.12(a));随球磨时间的延长,粉末颗粒继续细化,薄片状颗粒基本消失,部分颗粒被细化至 5 μm 以下(图 3.12(b));球磨 24 h 后,粉末颗粒得到进一步细化,颗粒尺寸变得较为均匀,此时粉末中已经观察不到片状颗粒,大多数颗粒呈细碎的不规则外形(图 3.12(c))。

(a) 5 h　　　　　　　　(b)10 h　　　　　　　(c) 24 h

图 3.12　行星式球磨过程中粉末形貌随球磨时间的变化(300 rpm)

　　图 3.13 是转速为 350 rpm 时球磨过程中粉末形貌随球磨时间的变化规律。随球磨速度的增加,粉末细化的速度和程度进一步加快。球磨 5 h 后,粉末已经变得非常细碎,粉末颗粒呈各种不规则外形,没有观察到片状颗粒(图 3.13(a))。图 3.13(b) 是球磨 10 h 后粉末的形貌,可以看出,此时的粉末已经有明显的细化,大部分颗粒在 15 μm 以下。继续球磨到 24 h 后,粉末形貌和颗粒尺寸不再有明显的变化(图 3.13(c))。

(a) 5 h　　　　　　　　(b)10 h　　　　　　　(c) 24 h

图 3.13　行星式球磨过程中粉末形貌随球磨时间的变化(350 rpm)

　　图 3.14 是球磨过程中粉末粒径随球磨时间的变化规律。随球磨时间的延长,粉末粒径逐渐降低。球磨时间相同时,粉末粒径随球磨速度的升高而降低。在球磨初期,不同转速下制备粉末的粒径有很大差别,粉末粒径随球磨速度的增加而迅速降低;随球磨时间的延长,不同球磨转速下制备粉末的粒径差异逐渐减小;球磨 24 h 后,不同球磨转速下制备的粉末的粒径已经相差不大。

　　球磨过程中,粉末与磨球以及罐壁之间发生猛烈的碰撞。Ni 和 Al 均具有较好的塑性,其与磨球的碰撞过程如图 3.15 所示。在球磨初期,粉末的塑性较高,碰撞过程可以看做一个微锻过程,粉末颗粒被压扁为薄片状。同时,粉末原始表面的钝化层被破坏,形成新鲜的表面。新生表面的原子活性较高,易于在磨球的冲击下焊合在一起,使粉末粒径增大。随球磨时间的延长,粉末颗粒变得越来越薄。粉末在发生塑性变形的同时,也引入了大量的位错和缺陷,产生加工硬化现象。此时,粉末颗粒越来越容易碎裂,使粉末细化。因而,球磨 10 h 后,粉末发生明显的细化。在球磨的后期,粉末颗粒的塑性变形和加工硬化基本达到平衡,粉末不再有明显的细化,尺寸基本保持稳定。

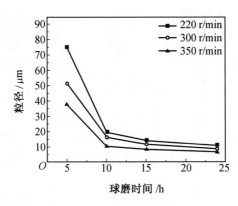

图 3.14　不同球磨速度下粉末粒径随球磨时间的变化(行星式球磨)

(2)球磨产物的 X 射线衍射分析

图 3.16 为球磨 24 h 后粉末的 X 射线衍射分析结果。可以看出,球磨后粉末的成分依然为 Ni 和 Al,没有生成 NiAl 金属间化合物。机械合金化过程中,NiAl 是通过爆炸式反应生成的,该反应的引发需要达到一定的临界条件,包括粉末的粒度、微观结构和温升等[82]。由于行星式球磨机的能量较低,无法满足反应的临界条件,因而没有实现 NiAl 的合金化。此外,通过衍射峰强度的对比可以发现,随着球磨转速的增加,Ni、Al 衍射峰的强度略有降低,这是由晶格畸变和晶粒细化所造成的。

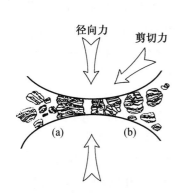

图 3.15　机械合金化过程中球-粉末-球的作用示意图[83]

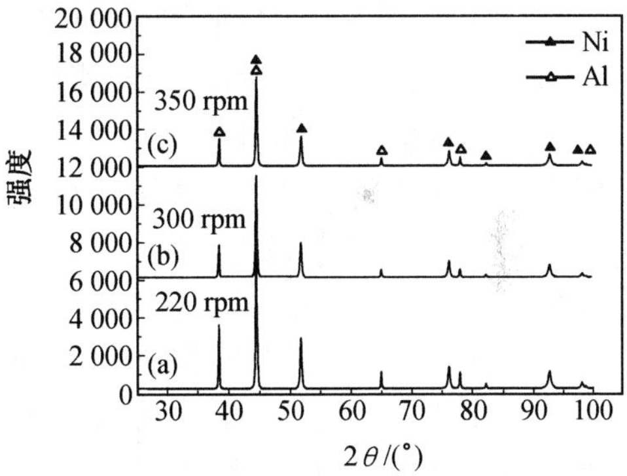

图 3.16　球磨 24 h 后粉末的 XRD

2. 搅拌式球磨

(1)球磨过程粉末形貌和粒度的变化

实验结果表明,由于行星式球磨机能量较低,无法实现 Ni、Al 的合金化。因而,下面将尝试通过高能球磨(即搅拌式球磨)进行 Ni 和 Al 的合金化。

球磨过程中,Ni-Al 混合粉末的形貌发生明显的变化。图 3.17 为球磨转速为 300 rpm 时粉末形貌随球磨时间的变化规律。球磨 40 min 后,粉末颗粒出现明显的增大趋势(图 3.17(a)),并在球磨 80 min 时达到最大值,约为 100 μm(图 3.17(b))。在后续的球磨中,粉末颗粒尺寸逐渐减小。球磨 22 h 后,粉末颗粒细化至 8 μm 左右(图 3.17(f))。

机械合金化是一个冷压焊和破碎动态平衡的过程。在球磨初期,粉末有良好的塑性,Ni、Al 粉末在磨球的碾压、轧制和冷镦作用下相互焊合在一起。此时粉末的加工硬化程度

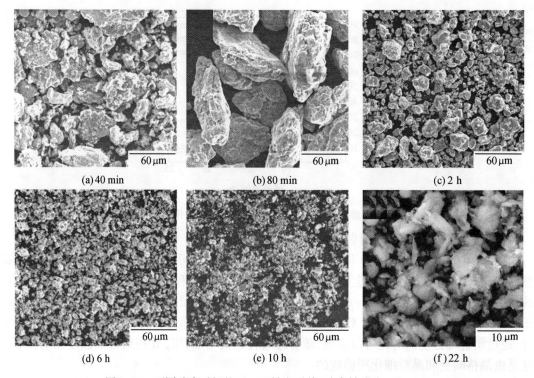

(a) 40 min　　　　　　(b) 80 min　　　　　　(c) 2 h

(d) 6 h　　　　　　(e) 10 h　　　　　　(f) 22 h

图 3.17　不同球磨时间的 Ni-Al 粉末形貌(球磨转速为 300 rpm)

较低,塑性变形较小,粉末中缺陷少,冷压焊的作用比较显著,因而粉末颗粒的尺寸急剧增加。随球磨时间的延长,粉末的变形量逐渐增大,加工硬化的作用明显增加,粉末在应力应变的作用下产生大量的缺陷并诱发微裂纹。此外,由于加工硬化的影响,粉末变得越来越脆,从而在磨球的冲击下发生碎裂。当首次达到冷压焊和断裂的平衡时,粉末颗粒的尺寸达到最大值,如图 3.17(b)所示。后续的球磨中,加工硬化的程度进一步增大,粉末的尺寸迅速下降。当再次达到焊合与断裂平衡时,粉末颗粒尺寸不再随球磨时间的延长而有明显的变化[84,85]。在粉末尺寸逐渐减小的同时,粉末尺寸的分布也逐渐趋于均匀。这是由于延长球磨时间使得较大的颗粒被磨球捕获的几率增加,从而有效地降低了它的颗粒尺寸。

　　图 3.18 为不同转速下球磨时粉末颗粒尺寸随球磨时间的变化规律。球磨转速的升高加速了颗粒尺寸变化的进程,并对前后两次达到冷压焊-断裂平衡的时间有很大的影响。球磨转速越高,粉末颗粒达到平衡时所需要的时间就越短。这是由于转速越高,磨球碰撞的速度也就越高,其能量越大;同时,转速越高,粉末的碰撞频率也就越高。因而,随着球磨转速的提高,单位时间内的碰撞次数增加,碰撞的变形量增大,加速了粉末冷压焊和断裂的速度,加快了颗粒尺寸细化的进程。

　　需要注意的是,虽然球磨转速对粉末的细化速率有很大的影响,但对粉末的最终颗粒尺寸并没有明显的影响。当球磨转速从 200 rpm 逐步提高到 400 rpm 时,经过 22 h 的球磨,粉末的粒径没有很明显的差别,皆在 8 μm 左右(图 3.18)。长时间球磨所能获得的最小粉末粒度被称为球磨的极限粒度。横山丰和等人[86]认为,极限粒度的大小与磨球直径以及磨球的密度密切相关,而与球磨转速并没有直接的联系。粉末的极限粒度可以用如下经验公式来描述:

$$d_{50} = 0.87 a_{max}^{0.167} \rho_B^{0.167} d_B^{0.50} \tag{3.2}$$

式中 d_{50}——球磨极限粒度，μm；

a_{max}——磨球的最大加速度，m/s^2；

ρ_B——磨球密度，kg/m^3；

d_B——磨球直径，mm。

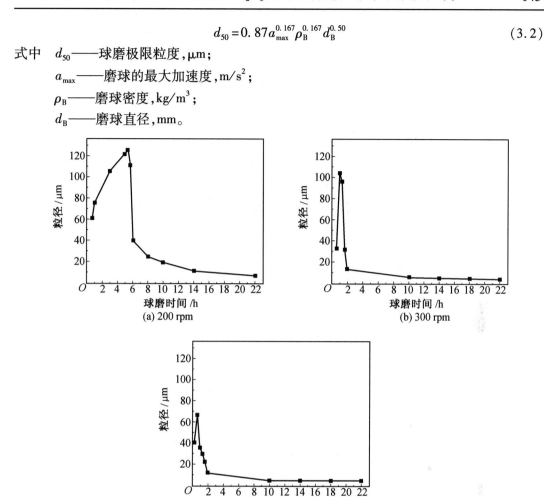

图 3.18 不同转速下粉末粒径随球磨时间的变化

（2）球磨后粉末的 X 射线衍射分析和成分分析

图 3.19 为球磨转速为 300 rpm 时粉末的 X 射线衍射分析结果随球磨时间的变化规律。在球磨初期，XRD 结果中仅观察到 Ni 和 Al 的衍射峰。随球磨的进行，Ni 和 Al 的衍射峰逐渐变宽，强度也逐渐下降（图 3.19(b)），这说明球磨过程中存在明显的晶粒细化和晶格畸变。球磨 100 min 后，在 XRD 图谱中观察到了很强的 NiAl 衍射峰，表明大部分 Ni 和 Al 已经实现合金化（图 3.19(c)）。此外，在图 3.19(c)中还能观察到少量剩余的 Ni 和 Al。随着球磨时间的延长，残余的 Ni 和 Al 逐渐合金化为 NiAl，使衍射峰逐渐降低（图 3.19(d)）。球磨 10 h 后，XRD 分析结果中已经无法观察到 Ni 和 Al，标志着 NiAl 合金化的完成。

图 3.20 为合金化的开始时间、最终得粉率与球磨转速的关系。球磨转速的提高有利于 NiAl 合金化的进行。例如当转速从 200 rpm 增大到 300 rpm，Ni 和 Al 开始合金化的时间缩短了 120 min。因而，从加快合金化进程的角度分析，球磨转速的适量增加有利于加快 NiAl 的合金化进程。

此外，从图 3.20 中可以看出，随球磨转速的增加，得粉率不断降低。转速从 300 rpm 增

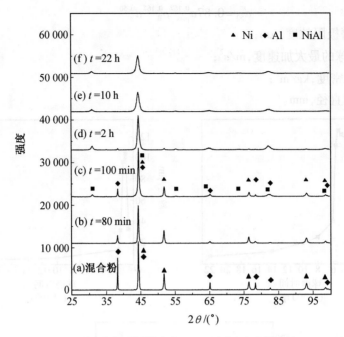

图3.19 不同球磨时间粉末的 XRD 图谱(球磨转速为 300 rpm)

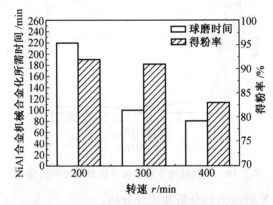

图3.20 球磨转速与 NiAl 合金化起始时间及得粉率的关系

加到 400 rpm 时,得粉率的下降趋势尤为明显。球磨过程中的物料损失主要有两种途径:一方面,由于摩擦及冷压焊的影响,部分粉末会粘在磨球或罐壁上,从而造成物料的损失;另一方面,由于磨球的撞击,粉末颗粒具有一定的速度并在球磨罐中上下翻滚,部分粉末由于具有比较高的速度和能量,能够飞溅并黏附在罐壁的顶部。这些黏附在球磨罐顶部的粉末不再参与球磨过程,这也会造成物料的损失。随球磨转速的增加,磨球的速度也增加,粉末碰撞后的能量也增大,有更大的几率黏附在罐壁的顶部,从而造成得粉率的降低。从这一角度分析,较低的球磨转速有利于提高合金化粉末的得粉率。

机械合金化过程中,磨球与磨球之间以及磨球与罐壁之间发生剧烈的碰撞和摩擦,从而在粉末中混入一定量的杂质元素。表3.4 为不同球磨转速下球磨后粉末的元素组成。可以看出,球磨后粉末中的杂质元素主要为 Fe、Ti、Cr 和 Si 等元素,其中,Fe 和 Cr 为磨球和罐壁的磨损所引入的,Ti 和 Si 为原始元素粉末中所掺杂的杂质。随球磨转速的增加,磨球的磨损加剧,从而在粉末中引入更多的杂质。例如,当球磨转速从 300 rpm 增大到 400 rpm 时,粉末中的杂质含量(Fe、Cr 等杂质含量之和,原子数分数)迅速从 0.60% 增加至 2.02%。

综合上述实验结果可知,NiAl 合金化的最佳球磨转速为 300 rpm。在此转速下,可以得到较高的球磨效率、较高的得粉率,粉末的杂质含量也较低。

表 3.4　不同转速下球磨后 NiAl 粉末的元素组成

转速/rpm	原子数分数/%						
	Ni	Al	Fe	Cr	Ti	Si	C
200	49.64	49.41	0.36	–	0.39	0.15	0.05
300	49.57	49.33	0.54	0.06	0.32	0.14	0.04
400	48.89	48.65	1.83	0.19	0.27	0.11	0.06

(3)球磨过程中 Ni-Al 粉末层片结构的演变

球磨过程中,粉末颗粒受冲击、摩擦、压缩和剪切等多种力的作用,产生强烈的塑性变形,使粉末被碾成薄片,形成大量的新生表面。这些新生表面具有很高的能量,很容易发生冷压焊并形成具有层状结构的粉末,随着球磨时间的延长,颗粒内部的层状组织逐渐变薄,这被称为机械合金化的揉搓作用[87]。

机械合金化过程中揉搓作用的实现需要具备如下条件:

①足够的延展性。如果粉末很容易加工硬化,则揉搓效果不理想。Benjamin 报道称,在制备镍基等高温合金时,粉末中具有良好的压缩延展性的粉末至少要超过 15%(体积分数)[88]。

②球磨机需要具有足够的能量。只有足够的冲击压缩力和摩擦力才能够实现充分的揉搓效果;并且,合金化时也应选择较大的球料比,以促进揉搓效果的实现。

对于二元粉末,机械合金化过程中的揉搓作用往往会导致复合层片结构的生成。图 3.21 为球磨过程中层片结构形成过程示意图。在球磨初期,两种元素粉末在磨球的碾压作用下,逐渐变薄;在进一步的碾压、轧制作用下,这些薄片状的粉末冷压焊在一起;随球磨时间的延长,粉末的变形量增大,粉末发生显著的硬化,薄片出现破碎、变小的现象,最终形成细小且不连贯的层片状结构。

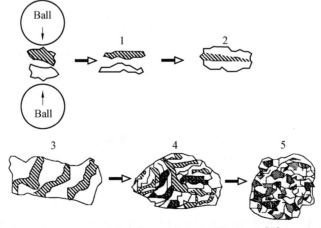

图 3.21　机械合金化过程中层片结构的演变[89]

图 3.22 为转速为 300 rpm 时经不同时间球磨后粉末剖面的背散射电子像。在球磨初期，Ni 粉和 Al 粉具有较好的塑性，在磨球的撞击作用下发生塑性变形并冷压焊在一起(图 3.22(a))。随球磨时间的延长，冷压焊越来越明显，粉末颗粒逐渐增大并形成 Ni 和 Al 互相夹杂的复合结构，如图 3.22(b)所示。后续的球磨过程中，在频繁的碾压、轧制和镦粗作用下，Ni-Al 复合结构的粉末中的 Ni 和 Al 的片层都逐渐变薄、变细、变长，部分层状组织甚至可以伸长到约 50 μm(图 3.22(c))。随球磨时间的进一步延长，Ni、Al 的片层进一步变薄。由于加工硬化的作用，Ni 和 Al 粉中的片层结构开始碎裂，其长度普遍小于 10 μm。粉末内部呈现细小且极薄的 Ni-Al 复合层片结构(图 3.22(d))。

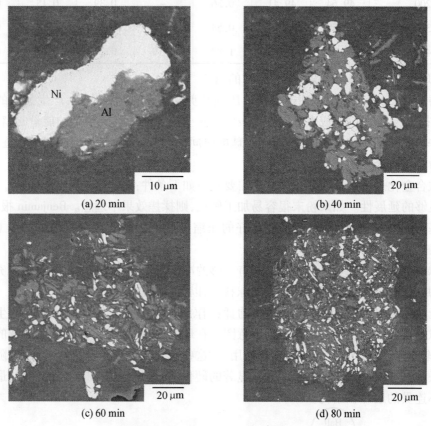

图 3.22 不同球磨时间粉末剖面背散射电子像

图 3.23 为球磨过程中 Ni-Al 层片结构的厚度随球磨时间的变化规律。可以看出，球磨转速的升高加速了层片结构的形成和演化的进程，并且影响了其最终的层片间距。当球磨转速为 300 rpm 时，球磨 60 min 后，层片的间距已经降至约 4 μm，继续球磨至 80 min，间距进一步降低至约 2 μm；当球磨转速增大到 400 rpm 时，则仅需 40 min 就能使片层间距降低至约 3 μm；继续球磨至 60 min 时，其层片结构的厚度降低至约 1.5 μm。

(4)球磨过程中 NiAl 晶粒尺寸的变化

机械合金化能够制备细晶材料，甚至是纳米晶材料。球磨过程中，粉末在很高的应变速率下发生塑性变形，使晶粒中产生晶格畸变和大量位错。高应变速率下，由大密度的位错网络所形成的剪切变形带是粉末的主要变形机制。在球磨初期，位错密度逐渐增大，原子水平

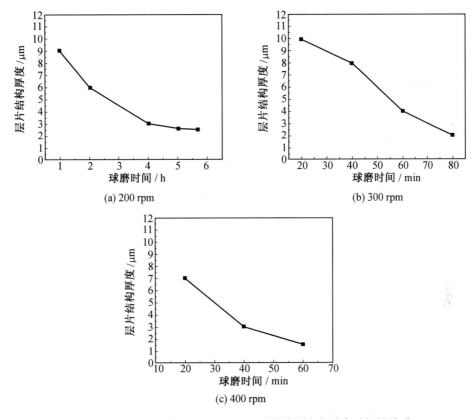

图 3.23　不同球磨转速下 Ni-Al 层片结构厚度与球磨时间的关系

的应变也随之增大,当晶粒内的位错密度达到临界密度时,晶粒被破碎,出现小角度晶界,形成亚晶粒[90,91]。随球磨时间的延长,未变形部分会在随后的球磨过程中发生变形,并产生剪切应变带,而已变形部分的亚晶粒尺寸则进一步的降低。此过程不断重复,使晶粒不断细化,最终获得纳米尺寸的晶粒。

Scherrer 公式[92]可以用来计算球磨后 NiAl 晶粒的尺寸,其表达式为

$$D = \frac{K\lambda}{\beta\cos\theta} \tag{3.3}$$

式中　D——晶粒尺寸,nm;

　　　K——Scherrer 常数,其值为 0.89;

　　　β——积分半高宽,rad;

　　　θ——布拉格衍射角;

　　　λ——X 射线波长,其值为 0.154 056 nm。

图 3.24 为球磨转速为 300 rpm 时 NiAl 晶粒尺寸随球磨时间的变化规律。随球磨时间的延长,NiAl 晶粒的尺寸逐渐降低。球磨 22 h 后,NiAl 的晶粒尺寸已经细化至约 20 nm。通常,晶粒尺寸为 1～100 nm 的材料被认为是纳米晶材料,本研究中,尽管 NiAl 粉末的平均粒径在微米级别(约 8 μm),但粉末中的 NiAl 晶粒已经细化至纳米级别(约 20 nm)。因而,该粉末可被认为是纳米晶粉末。

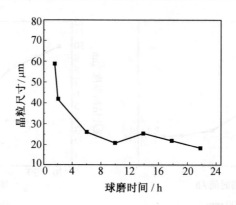

图 3.24　NiAl 粉末的晶粒尺寸随球磨时间的变化

(5)纳米晶 NiAl 金属间化合物的表征

机械合金化过程中,强烈的塑性变形在细化晶粒的同时,还会破坏原子间的晶格结构,在晶内产生显微应力,使晶格点阵中的粒子排列不再长程有序,导致有序度的降低,形成晶格缺陷。扣除设备宽化和晶粒尺寸宽化的影响后,材料的微观应力可由 Williamson-Hall 公式[93]计算得出,其表达式为

$$\beta\cos\theta = \frac{K\lambda}{D} + 2A\sqrt{(\varepsilon^2)}\sin\theta \qquad\qquad (3.4)$$

式中　　D——晶粒尺寸,nm;

　　　　β——积分半高宽,rad;

　　　　K——Scherrer 常数,其值为 0.89;

　　　　A——应变分布系数;

　　　　λ——X 射线波长;

　　　　θ——布拉格衍射角;

　　　　ε——晶格畸变率。

根据 X 射线衍射分析的结果,球磨转速为 300 rpm 时 NiAl 的晶格畸变随球磨时间的变化规律如图 3.25 所示。此前,Enayati 等人发现纳米晶 NiAl 的晶格畸变随球磨时间的延长而单调递增[94]。在本书中,在球磨前期,晶格畸变呈上升的趋势,与 Enayati 等人的研究结论相符;在球磨后期,晶格畸变迅速下降,这与此前众多研究人员的结论不一致。

Chen 等人[95]对粉末的显微硬度进行了研究,结果表明,由于加工硬化的影响,粉末的显微硬度随球磨时间的延长而逐渐升高。图 3.26 为本实验中粉末的显微硬度随球磨时间的变化规律。由于新生的金属间化合物 NiAl 具有较高的硬度,因而,球磨 2 h 后,粉末的显微硬度迅速增大(由 86 HV 增大至 200 HV);随后的球磨过程中,加工硬化的作用逐渐变得明显,粉末的显微硬度逐渐增大;在球磨后半阶段,显微硬度出现反常的下降;球磨 22 h 后,显微硬度降低至约 95 HV。

材料的微观应力和显微硬度受几个因素的影响,如 Hall-Petch 效应和偏离化学计量比等[96~98]。

Tabor 认为,材料的压缩屈服强度和维氏硬度之间存在三倍的数量关系[99]。而根据 Hall-Petch 公式,材料的屈服强度随晶粒尺寸的增大而减小,因而,材料的显微硬度会随晶粒尺寸的增大而减小。然而,在球磨后期,NiAl 晶粒的尺寸并没有出现增大的趋势,所以,显微硬度的降低不能用 Hall-Petch 效应来解释。

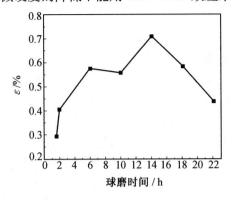

图 3.25　晶格畸变随球磨时间的变化

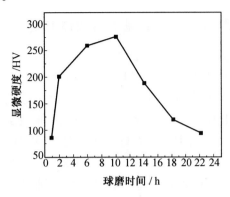

图 3.26　显微硬度随球磨时间的变化

偏离化学计量比对材料的显微硬度也有明显的影响。对于 NiAl 基合金,偏离化学计量比主要是由 Al 在球磨过程中的氧化所造成的。由于氩气气氛的保护,Al 的氧化被有效地抑制,所以,显微硬度的降低也不能从偏离化学计量比的角度来解释。因而,机械合金化过程中肯定存在其他能够影响显微硬度和微观应力的因素。

机械合金化过程具有很高的能量。在此过程中,粉末颗粒在磨球的撞击下发生反复的塑性变形,导致粉末中能量的积累和温度的上升。NiAl 的合金化是通过爆炸式反应来实现的,一旦达到反应的临界条件,反应将立即进行并蔓延至整个粉体。该反应的临界触发温度在 600 ℃ 左右,具体的温度受粉末状态和设备工艺参数的影响[98]。值得注意的是,此温度接近 $0.4T_m$(T_m 为 NiAl 的熔点,1 638 ℃),所以,球磨后期可以看做退火的过程。长时间的退火一方面能够减轻加工硬化的影响,从而造成显微硬度的降低;另一方面,长时间退火有效地降低了材料的内应力,使晶格畸变程度降低。因而,粉末在球磨后期呈现出显微硬度和微观应力降低的趋势。

有序度是材料无序程度的指标,它反应的是材料晶体结构的质点在空间分布的周期性和规律性。机械合金化过程能够破坏材料的晶体结构,因而,金属间化合物的有序度通常会随球磨时间的延长逐渐降低。有序化合物的无序化能够显著的改变材料的力学、电磁学性能,是近年来的一个研究热点[96,100]。

材料的有序度可以通过 X 射线衍射结果计算得出,其计算公式如下[101]:

$$S^2 = \frac{I_{S(\mathrm{dis})}/I_{F(\mathrm{dis})}}{I_{S(\mathrm{ord})}/I_{F(\mathrm{ord})}} \quad (3.5)$$

式中　I_S——超晶格反射的积分强度;

　　　I_F——基本反射的积分强度;

　　　(dis)——无序状态;

　　　(ord)——有序状态。

图 3.27 为 NiAl 金属间化合物的有序度与球磨时间的关系曲线。球磨过程中,有序度并没有出现明显的降低,在球磨后期甚至有轻微增大的趋势。这是由于温升所带来的退火效果能够消除空位、位错和晶格缺陷,从而导致有序

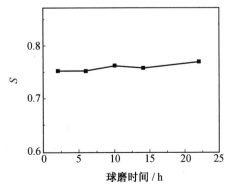

图 3.27　球磨过程中 NiAl 有序度的变化

度的上升[102]。

3.2.2　纳米 NiAl 基复合粉体制备

　　制备复合材料是改善 NiAl 力学性能的一种可行方法。与其他工艺方法相比,该方法工艺简单,且制备的材料具有各向同性、基体与增强相之间热膨胀系数匹配系数不敏感等优点。目前,常见的 NiAl 基复合材料的增强相主要有 TiC、HfB$_2$、TiB$_2$ 和 Al$_2$O$_3$ 等,其中,Al$_2$O$_3$ 增强相因其密度低,比强度高等优点而受到人们的关注。此外,与其他几种增强相相比,Al$_2$O$_3$ 增强相具有非常好的热稳定性,这对于提高材料的高温抗氧化性是非常有利的。而其他几种增强相在高温下易发生分解或氧化,因而其高温环境下的应用受到一定的限制。

　　前面的研究已经通过机械合金化制备了 NiAl 金属间化合物,分析并总结出合金化过程的最佳球磨参数。在此基础上,将进一步讨论 NiAl-Al$_2$O$_3$ 复合材料粉末的制备。机械合金化制备 NiAl-Al$_2$O$_3$ 复合材料的工艺分两步进行。第一步将 Ni 和 Al 的元素粉末在氩气气氛中球磨,使 Ni 和 Al 合金化生成 NiAl;第二步是将合金化后的粉末在空气气氛中球磨,使合金化之后剩余的 Al 发生氧化生成 Al$_2$O$_3$。实验已经证实,NiAl 合金化的最佳球磨转速为300 rpm,在此转速下球磨 100 min 就可以实现 NiAl 的合金化。因而,把本次实验的球磨转速确定为 300 rpm,并把氩气气氛中球磨的时间确定为 2 h。

1. 球磨过程中粉末成分的变化

　　图 3.28 为球磨转速为 300 rpm 时 Ni-Al 粉末的 X 射线衍射图谱随球磨时间的变化规律。第一阶段球磨在氩气气氛下进行,其目标是实现 Ni 和 Al 的合金化并生成 NiAl。由于该阶段的球磨参数与前面研究中球磨参数完全一致,为避免重复,此处不再对其进行详细的描述。

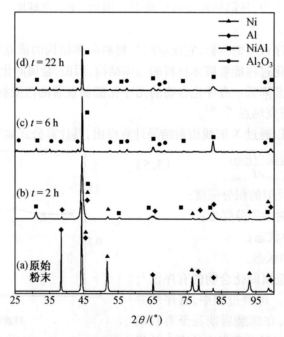

图 3.28　不同球磨时间 Ni-Al 粉末的 XRD 结果

球磨 2 h 后,大部分 Ni 和 Al 转变为 NiAl,球磨的第一步完成(见图 3.28(b)),从 XRD 结果中可观察到新生的 NiAl 以及少量剩余的 Ni 和 Al。后续的球磨在空气气氛中进行,由于氧气的介入,剩余的 Al 发生反应生成 Al₂O₃ 增强相。此外,此阶段还存在剩余的 Ni 和 Al 的合金化反应。随球磨时间的延长,Ni 和 Al 的含量逐渐降低,球磨 6 h 后,XRD 结果中已经完全检测不到 Ni 和 Al 的存在,这表明 Ni 和 Al 已经完全合金化为 NiAl(见图 3.28(c))。

Al 的部分氧化能够促进 NiAl 合金化的进行。在图 3.28 中,Ni 和 Al 在球磨 6 h 后都已经完全转变为 NiAl。Al 具有非常高的化学活性,能够在空气中发生氧气反应,其反应方程式及反应的吉布斯自由能为

$$2Al + \frac{3}{2}O_2(g) = Al_2O_3(s)$$

$$\Delta G^0 = -1\ 676\ 000 + 320T\ J \tag{3.6}$$

该反应为放热式反应,反应后能产生大量的热。这些热量能够引发 Ni 和 Al 的合金化反应,从而使 NiAl 的合金化进程加快。

此外,从球磨产物的 XRD 图谱中可以看出,Ni-Al 粉末在空气气氛中球磨时并没有 Ni 的氧化物生成,这可以从实验的工艺步骤以及 Ni、Al 的化学活性方面来解释。

Ni 的氧化物的出现有两种可能:一是通过 Ni 元素的氧化来生成;二是通过 NiAl 的氧化生成。众所周知,NiAl 具有非常好的抗氧化性,可以用作高温结构件的抗氧化涂层,在低温下其氧化几乎可以忽略;而且由于化学计量比的关系,NiAl 氧化产物为 Al₂O₃,而不会生成镍的氧化物。所以,如果有镍的氧化物出现,也只可能是通过 Ni 元素的氧化来生成的。而 Al 具有较高的还原性,它能够与氧化镍发生还原反应,生成 Ni 和 Al₂O₃。因而,即使有 NiO 生成,也会在球磨中与 Al 反应生成 Ni 和 Al₂O₃。还原生成的 Ni 在球磨中进而与 Al 发生反应生成 NiAl。此前,Lee[32] 曾在混有氧气的氩气气氛中球磨 Ni 粉和 Al 粉,其最终产物也与本实验一致,仅观察到 NiAl 和 Al₂O₃,而没有观察到镍的氧化物。

2. 球磨过程中粉末形貌和粒度的变化

图 3.29 为球磨过程中粉末形貌的变化。在球磨的初期,粉末在磨球反复撞击作用下发生变形,粉末颗粒变得较为扁平(图 3.29(a))。在此阶段,粉末的塑性较好,加工硬化程度较低,而且球磨中的新生表面具有很高的能量,因而,变形后的粉末在球磨过程中冷压焊在一起,粉末颗粒的尺寸逐渐增大(图 3.29(b))。在此过程中,粉末颗粒的表面逐渐变粗糙,且能观察到较为粗糙的层状结构。

在球磨的第二阶段,由于氧气的介入,NiAl 粉末中会夹杂有细小的氧化铝颗粒。后续的球磨过程中,这些氧化铝颗粒会造成应力集中,降低 NiAl 粉末片层结构的韧塑性,并在这些颗粒夹杂处产生裂纹源,从而加速粉末的细化。表 3.5 为氩气及空气气氛下球磨时粉末粒度随时间的变化规律。在空气气氛下球磨时,由于氧化铝夹杂的影响,粉末的细化速度明显加快,粉末粒径较小。需要说明的是,氧化铝颗粒对粉末的最终尺寸没有明显的影响。粒度分析结果表明,经 22 h 球磨,空气和氩气气氛下所获得的粉末颗粒的粒度基本一致。

表 3.5　球磨气氛对粉末粒度的影响

时间	2 h	6 h	10 h	14 h	22 h
粉末粒径/μm(氩气气氛)	14.7	10.9	9.8	8.4	7.8
粉末粒径/μm(空气气氛)	15.0	10.2	9.2	7.9	7.6

图 3.29　粉末形貌随球磨时间的变化

3. 球磨过程中球磨时间的确定

球磨时间是机械合金化过程中的一个重要参数,它取决于球磨机的类型、球磨转速、球料比和球磨温度[103]。球磨时间对机械合金化产物的影响具有双面性,一方面,延长球磨时间能够细化粉末,提高烧结性能;另一方面,过长的球磨时间也会使粉末中的污染加剧,并且超细粉在后续的球磨中可能出现严重的团聚现象。所以,最佳的球磨时间应该是达到极限粒度所需的时间,而不要超过该时间。

机械合金化的目标是获得颗粒均匀,且充分细化的粉末,以此为出发点确定了最佳球磨时间。球磨过程中粉末尺寸的变化可以分为三个阶段:第一阶段为冷压焊阶段,在此阶段,颗粒尺寸逐渐增大;第二阶段为碎裂阶段,在此阶段,由于加工硬化的作用逐渐显著,粉末颗粒逐渐破碎细化;第三阶段为团聚阶段,在此阶段,粉末已经达到其极限粒度,由于此时粉末粒径已经非常细小,此时粉末之间的相互连接力增加,很容易发生团聚现象。

对球磨过程中粉末形貌、粒度的分析结果表明,当破碎－焊合达到第二次平衡时(22 h),粉末颗粒已经充分细化(图 3.30(a))。继续延长球磨时间至 24 h,粉末粒度基本保持稳定,颗粒细化效果不明显,而且还会出现严重的团聚现象(图 3.30(b))。因而把 22 h 确定为最佳的球磨时间。

4. 球磨后粉末的表征

图 3.31(a)为球磨后粉末的粒度分布。从图中可以看出,球磨后粉末的粒度基本呈正态分布,其平均粒径约为 8 μm。XRD 结果表明,粉末的成分为 NiAl 和 Al_2O_3(图 3.31(b))。由 Scherrer 公式计算可知,NiAl 和 Al_2O_3 的晶粒尺寸分别约为 18 nm 和 35 nm。

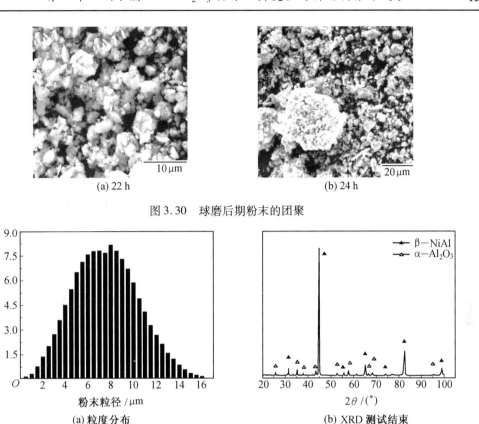

(a) 22 h　　　　　　　　　　　　　(b) 24 h

图 3.30　球磨后期粉末的团聚

(a) 粒度分布　　　　　　　　　　(b) XRD 测试结束

图 3.31　机械合金化后粉末的粒度分布和 XRD 结果

图 3.32(a) 为机械合金化后 NiAl-Al$_2$O$_3$ 粉末的形貌,可以看出粉末尺寸比较均匀。在更高的放大倍数下,可以观察到 Al$_2$O$_3$ 颗粒外形不规则,具有尖锐的尖角和棱边(图 3.32(b) 和图 3.32(c))。部分 Al$_2$O$_3$ 颗粒镶嵌在 NiAl 粉末颗粒的表面形成凸起(图 3.32(b));同时也观察到有部分 Al$_2$O$_3$ 并未嵌入 NiAl 粉末中,而是以独立形式存在(图 3.32(c))。值得注意的是,Al$_2$O$_3$ 颗粒不易被包裹在 NiAl 粉末颗粒内部。这是因为,在机械合金化过程中,磨球和粉末之间的剧烈撞击会在粉末颗粒中产生极大的应力和应变。即使有 Al$_2$O$_3$ 颗粒被包裹在 NiAl 粉末颗粒中,由于 Al$_2$O$_3$ 和 NiAl 的变形不协调性,在撞击过程中,其界面处容易萌生裂纹,从而导致粉末的破碎,也会使 Al$_2$O$_3$ 颗粒重新暴露在 NiAl 粉末的表面。

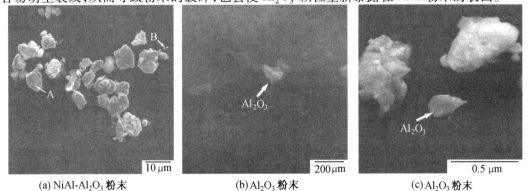

(a) NiAl-Al$_2$O$_3$ 粉末　　　　(b) Al$_2$O$_3$ 粉末　　　　(c) Al$_2$O$_3$ 粉末

图 3.32　球磨后粉末的扫描电镜观察

　　表 3.6 为球磨后 $NiAl-Al_2O_3$ 粉末的元素组成,其中的 Fe、Si 等元素是球磨过程中球磨罐和磨球的污染所造成的。根据其中氧元素的含量,并假定所有的氧是以氧化铝的形式存在,计算得出氧化铝的体积分数约为 5.2% ,与设计值基本相符。

表 3.6　球磨后粉末的元素组成

元素	Ni	Al	O	Fe	Ti	Si	Cr
原子数分数/%	46.12	48.69	4.18	0.52	0.28	0.14	0.07

3.3　$NiAl-Al_2O_3$ 纳米复合粉体的热压烧结

　　块体材料的制备是材料制备中的一个重要环节,也是粉末冶金过程中的一道重要工序。熔炼铸造是目前制备 NiAl 基复合材料的常用方法,它包括真空熔炼、电弧感应和定向凝固等多种方式[104]。非自耗真空熔炼炉和真空电弧感应炉可以制备纯度较高的合金锭或者精铸试样,工艺较为简单,但此种制备方法能耗较高,且在高温下难以维持晶粒的尺寸。定向凝固炉可以制备高质量的定向凝固试样棒或单晶试样,该方法制备的试样组织均匀,致密度较高,力学性能较好,然而,该工艺较为复杂,且生产效率较低,生产周期较长,也在很大程度上制约了其应用。

　　真空热压烧结是制备块体材料的一种传统方式。在烧结过程中,粉末压坯通过原子间扩散、黏性流动和塑性流动等方式实现烧结件的黏结和致密,使烧结件由粉末颗粒的聚合体变为晶粒的聚合体。烧结后,烧结体强度增加,密度提高;同时,其力学性能也得到了很大提高[61,62]。与熔炼铸造相比,其工艺较为简单,能够获得致密度较高、力学性能较好的烧结件。

　　脉冲电流烧结(PCS),是近年来发展起来的一种新型快速烧结技术,它通过在粉体两端施加脉冲电流,利用脉冲电流的放电效应来促进烧结。脉冲电流能够击穿空隙内的残留气体,产生局部放电现象,在颗粒表面产生局部高温,引起颗粒的蒸发和融化并激活颗粒表面。与传统的烧结方法相比,PCS 除利用传统烧结方法的焦耳热和加压产生的塑性流动来促进烧结之外,还有效地利用了粉末间的电脉冲放电来促进烧结。具有烧结时间短、烧结温度低和升温速度快等优点,所制备的材料晶粒细小、致密度高,在制备细晶材料和复合材料方面具有极大的优势。

　　目前,关于脉冲电流烧结制备 $NiAl-Al_2O_3$ 复合材料的研究还比较少,对于该烧结方法对材料组织性能影响的报道更是未见。为此,本书分别介绍真空热压烧结和脉冲电流烧结制备 $NiAl-Al_2O_3$ 块体材料,以及烧结设备和烧结制度对材料组织和性能的影响。

3.3.1　热压烧结工艺

　　热压烧结在 ZRY55 多功能真空热压烧结炉中进行,设备如图 3.33 所示。该设备采用液压加压,最高压力为 200 kN;其设计真空度最高可达 $1×10^{-3}$ Pa,控温精度为 ±5 ℃。

　　热压烧结所用模具为石墨模具,模具和压头分别采用抗压强度为 $\sigma = 70$ MPa 和 $\sigma = 110$ MPa 的石墨,模具示意图如图 3.34 所示。模具由外模套、分瓣模和上下压头组成。分瓣模由两瓣组成,以方便脱模。烧结前,在模具内壁及上下压头的端面涂抹氮化硼润滑剂,以防止烧结过程中试样与模具发生黏结而影响脱模。烧结分别在 1 200 ℃、1 300 ℃ 和 1 400 ℃ 进行,烧结压力为 50 MPa。升温过程中,RT ~ 1 000 ℃ 阶段的升温速率为 15 ℃/min;1 000 ℃ 以上的升温速率为 12 ℃/min。烧结结束后随炉冷却。

图 3.33　ZRY55 多功能真空热压烧结炉

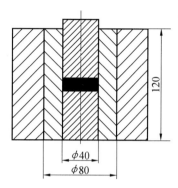

图 3.34　热压烧结石墨模具示意图

1. 热压烧结基本过程

热压烧结是一种传统的烧结方式,它通过焦耳热和加压所造成的塑性变形来促进烧结。烧结过程中,粉末颗粒通过黏性流动、蒸发和凝聚、体积扩散、表面扩散、晶界扩散和塑性流动实现烧结体的致密,其烧结过程大致可以分为烧结初期、烧结中期和烧结末期三个阶段,如图 3.35 所示。

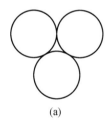
(a)
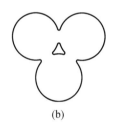
(b)
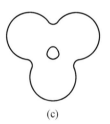
(c)
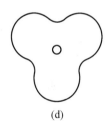
(d)

图 3.35　粉末颗粒烧结模型[74]

(1)开始阶段

在烧结初期,颗粒间通过形核、晶粒长大等原子跃迁过程形成烧结颈,使颗粒间的接触方式由原先的原始点接触或面接触转变为晶粒结合。在这一过程中,颗粒的晶粒不发生变化,颗粒外形也基本保持不变,烧结坯体积无明显收缩,其密度也仅有轻微的增加。由于颗粒结合面的增大,烧结坯的强度和导电性明显提高。对于 NiAl-Al₂O₃ 复合材料粉末,由于其在机械合金化过程中形成了细密的层片结构,因而,在此阶段中,烧结颈不仅出现在粉末颗粒之间,也会出现在颗粒内部的层片结构中,层片结构的存在加速了材料的致密化进程。

(2)中间阶段

中间阶段即烧结颈长大阶段。在此阶段,大量原子向颗粒结合面迁移,使烧结颈长大,颗粒间距缩小,形成孔隙的连续网络。同时,晶粒长大使晶界越过粉末孔隙移动,被晶界扫过的地方,孔隙大量消失,导致烧结件体积的收缩。致密度和强度的增加是这个阶段的主要特征。对于 NiAl-Al₂O₃ 坯体,该阶段是致密的主要阶段。

（3）最终阶段

最终阶段也即孔隙的球化和缩小阶段。在烧结末期，烧结件的致密度已经很高（大于90%）。此时，大部分的孔隙被隔离开来，闭合孔隙的数量大为增加，空隙趋于球状并不断缩小。在此阶段，烧结体主要依靠孔隙数量的减少和小孔的消失而趋于致密。这一阶段可延续很长时间，但仍残留有少量的隔离小孔隙不能完全消除。

2. 烧结制度

合适的烧结温度对细晶材料的制备非常重要，一方面，为保持晶粒的细小，希望烧结温度尽可能低；另一方面，为获得较高的致密度，希望烧结温度尽可能高。一般来说，烧结温度是材料熔点的 0.8 倍左右。为探索最佳的烧结温度，分别在 1 200 ℃、1 300 ℃和 1 400 ℃进行烧结。烧结过程中，先以 15 ℃/min 的升温速度升温至 1 000 ℃，然后以 12 ℃/min 的速度升温至目标温度。为更加直观的描述热压烧结过程，图 3.36 给出了 NiAl-Al$_2$O$_3$ 在 1 300 ℃烧结过程中的工艺路线。

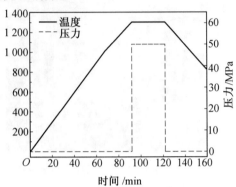

图 3.36　　NiAl-Al$_2$O$_3$ 在 1 300 ℃热压烧结的工艺路线

3. 烧结的致密化过程

由粉末烧结动力学可知，提高烧结温度和延长保温时间有助于提高材料的致密度。但在实际应用中，过高的烧结温度和过长的保温时间会导致晶粒的过度长大，造成材料性能的降低。为得到最佳烧结温度，利用阿基米得排水法计算了不同烧结温度下块体材料的密度，并测试了材料的维氏硬度，以考察烧结温度对 NiAl-Al$_2$O$_3$ 试样致密度的影响。同时，对保温过程中烧结件的致密化过程进行了分析，从而确定最佳的保温时间。

材料的致密化过程受烧结动力学和物质迁移的影响，烧结颈的生长和烧结体的致密化归根结底是物质迁移的结果，是由原子或空位运动引起的。原子的扩散流动是大多数烧结过程中最主要的物质迁移机理，其扩散的难易程度可以用原子自扩散系数来表示，计算公式如下[74]：

$$D = D_0 \exp\left(-\frac{\Delta G}{RT}\right) \tag{3.7}$$

式中　　D——扩散系数；

　　　　D_0——材料系数；

　　　　R——气体常数；

　　　　ΔG——扩散激活能；

　　　　T——热力学温度；

　　　　$-\dfrac{\Delta G}{RT}$——原子克服能量势垒而跃迁的几率。

从公式可以看出，烧结过程中，原子的扩散系数与烧结温度密切相关。随温度升高，原子扩散系数呈指数倍数增大，有利于实现材料的迅速致密化。同时，烧结温度的提高也能促使粉体软化，降低屈服强度。在外加载荷的作用下，软化的粉体发生塑性变形，从而促进材料的致密化。但过高的烧结温度也会使晶粒变得粗大,同时阻碍晶界滑动和位错运动,阻碍材料的进一步致密,甚至可能造成材料致密度的降低[75]。

图 3.37 为 NiAl-Al₂O₃ 块体材料的致密度和硬度随烧结温度的变化规律。烧结温度为 1 200 ℃ 时,材料的致密度较低,仅为 93% 左右。随烧结温度的提高,材料的致密度迅速上升。烧结温度为 1 300 ℃ 时,烧结件的致密度已经达 96% 以上。与此同时,烧结件的硬度也随烧结温度的提高有明显的上升。这说明烧结温度的增加有利于提高材料致密度,增强材料的性能。烧结温度大于 1 300 ℃ 时,材料致密度不再随温度的提高有明显的变化,而维氏硬度则有一定的降低。硬度的降低是由过高的烧结温度造成晶粒过度长大,使细晶强化效应降低造成的,这将在后面的章节中进行说明。

烧结时间也是影响材料致密度的一个重要因素。图 3.38 是不同烧结温度下的致密化曲线。从曲线的对比可以看出,延长保温时间有利于获得较高的致密度。例如,在各烧结温度下,保温时间为 40 min 时,所制备材料的致密度皆大于经 20 min 保温所制备的材料。值得注意的是,材料的致密化基本是在前 30 min 的保温过程中实现的,进一步延长保温时间仅能小幅度的提高材料的致密度。例如,烧结温度为 1 300 ℃ 时,在保温初期,材料致密化速率很大,保温时间为 5 min 时,压头的压下量达 5.5 mm 以上;随保温时间的增加,压下量也进一步增加,但材料的致密化速率明显降低。保温时间达到 30 min 后,材料的压下量基本不再有明显的变化。继续延长保温时间,材料的致密度已经没有明显的提高,反而会造成晶粒的异常长大。因而,在 1 300 ℃ 烧结时,最佳保温时间确定为 30 min。

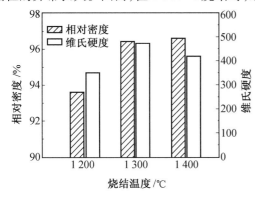
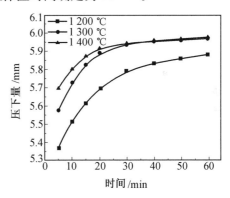

图 3.37　烧结温度对材料致密度和
　　　　维氏硬度的影响

图 3.38　不同烧结温度下的压下量-时间曲线

从前面的数据可以看出,本书中所制备的热压烧结件的致密度普遍较高,如 1 300 ℃ 烧结所制备烧结件的致密度为 96.4%。如此高的致密度是由于机械合金化所制备的粉末具有较高的能量,能够为烧结的进行提供较大的驱动力。在球磨过程中,粉末在反复的塑性变形、冷压焊、断裂过程中产生了大量的应力、应变、高密度位错、严重的晶格畸变以及大量的晶界和表面,存储了很高的能量;同时,机械合金化后,粉末颗粒得到细化,粉末呈细小的颗粒状,这增加了粉末间的扩散界面并缩短了扩散距离,大大提高了粉末的活性,有利于烧结的进行。

综合上面的实验结果可知,NiAl-Al₂O₃ 的最佳热压烧结温度是 1 300 ℃,在此温度下,保温 30 min 即可获得致密度良好、力学性能较高的块体材料。

3.3.2　热压烧结块体材料的显微组织

图3.39(a)为1 300 ℃烧结所制备的NiAl-Al$_2$O$_3$复合材料的背散射电子像,材料由网络状的白色区域和灰色区域组成。EDS分析结果表明,白色区域和灰色区域的成分(原子数分数,%)分别为50.24Ni-49.76Al和30.77Ni-46.15Al-23.08O。烧结件的XRD结果表明,块体材料由NiAl和Al$_2$O$_3$组成(图3.39(b))。由此可知,白色区域为NiAl,灰色区域为NiAl和Al$_2$O$_3$。

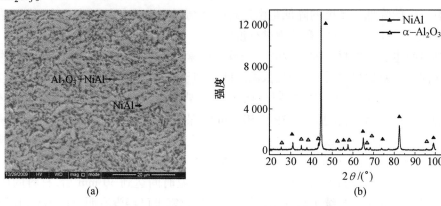

图3.39　NiAl-Al$_2$O$_3$的组织观察和XRD图谱

晶粒长大是烧结过程中的一种常见现象。对于多晶材料,晶粒长大能够降低材料的界面能和自由能。根据Gibbs-Thompson公式,晶粒长大的驱动力的计算式为

$$\Delta\mu = \frac{2\gamma\Omega}{d} \tag{3.8}$$

式中　Ω——原子体积;

　　　γ——常数;

　　　d——晶粒半径。

由公式可知,晶粒长大的驱动力会随晶粒尺寸的降低而迅速增加。纳米晶材料的晶粒尺寸在纳米级别,具有极大的界面面积和极高的界面能,因而其晶粒长大驱动力非常大,极易在烧结过程中长大[105,106]。所以,对于纳米晶NiAl-Al$_2$O$_3$粉末而言,其晶粒尺寸在烧结过程中很难维持在纳米级别。例如,郭建亭等人[107]在1 000 ℃烧结时发现NiAl的晶粒尺寸从8 nm增大至100 nm;杨福宝等人[108]也有类似的发现,在他们的实验中,NiAl晶粒从15 nm长大至200~500 nm。

图3.40(a)为1 300 ℃热压烧结制备的NiAl-Al$_2$O$_3$块体材料的透射电镜明场像。从图中可以看出,烧结后NiAl晶粒的尺寸有明显的长大,大部分NiAl晶粒的尺寸为200~600 nm,其平均晶粒尺寸约为500 nm,但也观察到少量大于1 μm的晶粒(图3.40(b))。图3.40(d)为1 400 ℃烧结件的透射电场明场像。对比图3.40(a)和3.40(d)可以发现,1 400 ℃烧结温度过高,试样的晶粒有明显的长大,这也证实了图中试样硬度的降低是由晶粒长大造成的。

此外,透射电镜明场像还揭示了Al$_2$O$_3$在NiAl基体中的分布情况。从图3.40(a)和图3.40(b)可以看出,Al$_2$O$_3$在NiAl基体中弥散分布,晶粒尺寸为50~200 nm,平均晶粒尺寸

约 100 nm。部分较小的 Al_2O_3 颗粒(<100 nm)分布在较大的 NiAl 晶粒内,形成"内晶型"结构(图 3.40(b)),较大的颗粒分布在 NiAl 基体的晶界处,形成"晶界型"结构。

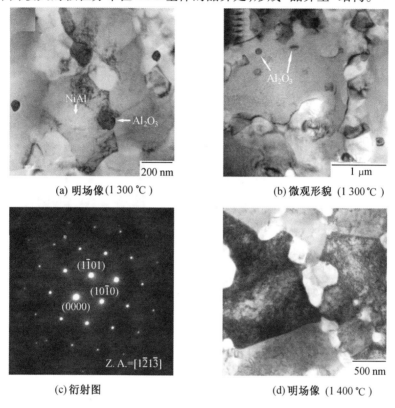

(a) 明场像(1 300 ℃) 　　　　　(b) 微观形貌 (1 300 ℃)

(c) 衍射图 　　　　　(d) 明场像 (1 400 ℃)

图 3.40　热压烧结制备的 NiAl-Al₂O₃ 块体材料的 TEM 观察

Al_2O_3 的晶界和晶内分布的形成机制如图 3.41 所示。在烧结开始前,颗粒之间比较松散。随着温度的升高,颗粒开始聚集,表现为宏观的体积收缩,同时伴随着晶粒的长大。在晶粒长大过程中,部分较小的 Al_2O_3 被夹在两相邻 NiAl 晶粒中间不能移动。随着烧结进行,两晶粒的共同晶界在晶粒长大过程中发生迁移或"合并",将 Al_2O_3 晶粒纳入 NiAl 晶粒内部形成"内晶"。较大的 Al_2O_3 晶粒由于钉扎作用较强而不易被吞并,在 NiAl 晶粒长大所造成的推挤作用下聚集在 NiAl 的晶界处。因而,位于基体晶界上的 Al_2O_3 晶粒一般比较大,而 NiAl 晶内的 Al_2O_3 晶粒较小。由于晶界各处受到的钉扎阻力不同,NiAl 晶粒外形很不规则,如图 3.41 所示。

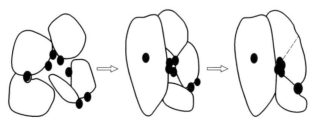

图 3.41　内晶形成机制[109]

3.4 NiAl-Al$_2$O$_3$ 纳米复合粉体的电脉冲烧结

3.4.1 电脉冲烧结工艺

脉冲电流烧结在 ZLY-60 型脉冲电流烧结炉中进行,设备如图 3.42 所示。该设备最大输出电流为 3 000 A,最大输出电压为 20 V,极限真空度为 1×10^{-3} Pa,压机吨位 500 kN,加压精度为 1%,压头加压速度为 1 ~ 60 mm/min。

脉冲电流烧结所用模具为石墨模具。模具和压头分别采用抗压强度为 $\sigma = 70$ MPa 和 $\sigma = 110$ MPa 的石墨。模具示意图如图 3.43 所示。实验中采用红外测温。为提高所测温度的准确度,在模具靠近烧结件的位置钻孔并将红外测温点对准此位置。装粉前,在模具内壁涂抹氮

图 3.42 ZLY-60 型脉冲电流烧结炉

化硼,并在上下冲头端面贴覆石墨纸,以防止烧结过程中试样与模具发生黏结而影响脱模。模具放入烧结炉后,抽真空至 1.3×10^{-2} Pa,并对粉体在 200 ℃预热 30 min,以排出粉末中吸附的气体。烧结分别在 1 100 ℃、1 150 ℃、1 200 ℃ 和 1 250 ℃进行,升温速率为120 ℃/min,烧结压力为 50 MPa。烧结结束后随炉冷却。

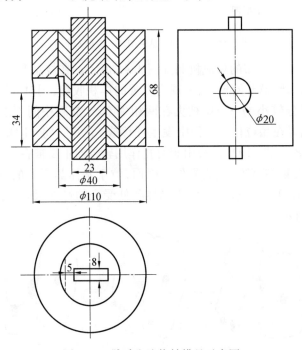

图 3.43 脉冲电流烧结模具示意图

1. 烧结制度

脉冲电流烧结工艺具有烧结时间短的特点,其烧结时间通常只有几分钟,仅为传统热压烧结工艺的 1/10 左右,这可能对粉末中气体的排出有不利的影响。为尽可能排出粉末中吸附的气体,在烧结前对粉末进行真空低温预热除气,预热温度为 200 ℃,预热时间为 30 min。图 3.44 为预热除气过程中炉体真空度的变化。在除气过程中,炉体中的气压先急剧升高后逐渐降低。初始阶段气压的升高是由粉末中吸附气体的排出所造成的,随预热时间的延长,吸附气体被排空,炉体的气压逐渐降低。预热 30 min 后,炉体的气压基本和预热前相当,标志着除气过程的完成。

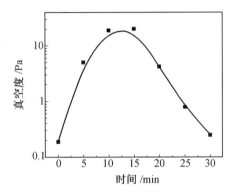

图 3.44　除气过程中 PCS 烧结炉真空度的变化

通常,脉冲电流烧结所需的烧结温度比热压烧结要低,为获得该工艺下的最佳烧结温度,分别在 1 100 ℃、1 150 ℃、1 200 ℃和 1 250 ℃进行烧结。脉冲电流烧结通过调节烧结电流的强度来获得不同的烧结温度,电流强度和烧结温度之间的关系见表 3.7。达到烧结温度后,保温 5 min,然后随炉冷却。脉冲电流烧结工艺存在一个长期令人诟病的缺陷,就是无法准确测定烧结试样的实际温度。本实验中,为尽可能准确的测定烧结温度,将红外线测温点对准模具中预先钻好的孔中。测温点与烧结件之间的距离仅为 5 mm。为了更加形象地说明脉冲电流烧结的工艺过程,图 3.45 给出了在 1 200 ℃下制备 NiAl-Al$_2$O$_3$ 的工艺参数曲线。

表 3.7　电流密度与烧结温度的关系

电流密度/(A·mm^{-2})	11.4	12.5	14.1	16.2
温度/℃	1 100	1 150	1 200	1 250

2. 烧结的致密化过程

球磨后的粉末具有非常大的比表面积,极易吸附气体,使材料的烧结性能降低。本实验中,尽管在烧结前已经进行了除气操作,但粉末中依然不可避免的残存有一部分气体,这些残存的气体对材料致密度有很大影响。烧结温度较低时,材料的致密度随烧结温度的提高而迅速增加。这是由于较高的温度能够促进物质迁移和吸附气体的排出,从而促进烧结的进行。但在过高的烧结温度下,如 1 250 ℃时,却可能会导致材料性能的降低。F. V. 莱内尔[110]认为,烧结温度过高时,材料的致密化速率将明显加快,但也会使烧结件中过早的出现封闭的孔洞。孔洞中的气体无法顺利排出,导致烧结件致密度的降低。此外,由于烧结温

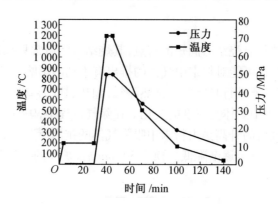

图 3.45　PCS 的工艺路线（1 200 ℃）

度的提高,孔洞中气体压力增加,使孔洞体积膨胀,也对致密度的降低有一定的影响。

图 3.46 是脉冲电流烧结制备的 $NiAl-Al_2O_3$ 块体材料的致密度和硬度随烧结温度的变化规律。在 1 100 ℃烧结时,材料的致密度较低,仅为 91% 左右。随烧结温度的提高,材料的致密度迅速上升。例如,在烧结温度为 1 200 ℃时,烧结件的致密度已经达 99.7%。与此同时,随烧结温度的提高,烧结件的硬度也有明显提高。这表明,适当提高烧结温度有利于提高材料致密度,增强材料的性能。当烧结温度大于 1 200 ℃时,致密度不再随温度的升高而增加,反而会有一定程度的降低。相应的,材料的硬度也有一定程度的降低。因而,1 200 ℃是脉冲电流烧结的最佳烧结温度。

图 3.47 为 1 200 ℃烧结过程中的致密化曲线。可以看出,保温时间也是影响 PCS 烧结过程的一个重要因素。随保温时间的增加,压下量逐渐增大,表明材料致密度的提高。保温 5 min 后,材料的致密度不再有明显的变化,进一步延长保温时间可能会导致晶粒的过度长大。因而,PCS 的最佳保温时间为 5 min。

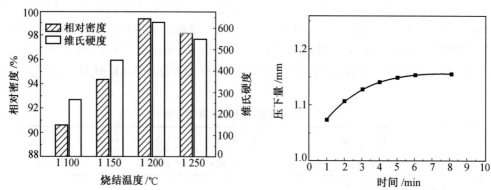

图 3.46　烧结温度对材料致密度和
维氏硬度的影响

图 3.47　脉冲电流烧结保温过程的压下量-
时间曲线（1 200 ℃）

可以发现,PCS 烧结保温过程中的压下量比热压烧结小得多,这是由烧结工艺不同造成的。粉末烧结过程中会发生体积收缩,这是在保温阶段压下量增加的根本原因。热压烧结是通过炉氛加热实现烧结,因而在烧结升温过程中不必加压,达到烧结温度后再迅速施加烧结压力,在保温阶段,材料迅速致密,因而压下量较大。PCS 是通过在粉体两端直接施加电流来实现烧结,这就要求烧结过程中一直保持粉末和上下压头的充分接触。而在烧结过程中,随着粉末的软化和坯料的致密,粉体体积会逐渐收缩,所以,在烧结过程中,为保持压头和粉体的良好接触,压头会随粉体的收缩而逐渐下降,因而其保温阶段压下量较小。

3.4.2　电流烧结块体材料的显微组织

图 3.48 为 1 200 ℃烧结所制备的 NiAl-Al₂O₃ 复合材料的背散射电子像。可以看出,材料的组织和热压烧结所制备材料的组织相似,由网络状的白色区域和灰色区域组成。EDS 分析结果表明,白色区域和灰色区域的成分(原子数分数,%)分别为 50.14Ni-49.86Al 和 31.91Ni-51.06Al-25.53O。由此可知,白色区域为 NiAl,灰色区域为 NiAl 和 Al₂O₃。

图 3.49 为 1 200 ℃脉冲电流烧结所制备的 NiAl-Al₂O₃ 块体材料的透射电镜明场像。烧结后,NiAl 晶粒也有一定的长大,但明显小于热压烧结的晶粒。NiAl 晶粒的平均尺寸约为 200 nm,Al₂O₃ 颗粒在 NiAl 基体中弥散分布,晶粒尺寸为 50~200 nm,平均晶粒尺寸约 100 nm。部分较小的 Al₂O₃ 颗粒(<100 nm)分布在较大的 NiAl 晶粒内,形成"内晶型"结构

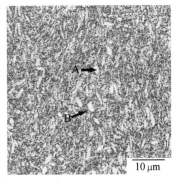

图 3.48　脉冲电流烧结所制备的 NiAl-Al₂O₃ 复合材料的 BSE 观察

(图 3.49(b)),较大的颗粒分布在 NiAl 基体的晶界处,形成"晶界型"结构。由于 Al₂O₃ 的钉扎,NiAl 晶粒呈不规则外形。

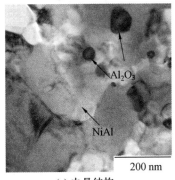
(a) 内晶结构

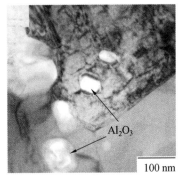
(b) 内晶结构

图 3.49　NiAl-Al₂O₃ 复合材料的透射电镜明场像

3.4.3　电流烧结块体材料显微组织特点

传统的热压烧结和新兴的脉冲电流烧结都能制备致密的 NiAl-Al₂O₃ 块体材料。但目前鲜见脉冲电流烧结制备 NiAl-Al₂O₃ 的报道,而关于两种烧结方法对材料组织性能对比的研究更是非常少。为此,本节对两种烧结方法所制备的试样进行了对比。

为保证实验的可对比性,在脉冲电流烧结和真空热压烧结中,都选择 1 200 ℃和 50 MPa 作为其烧结温度和烧结压力,以消除烧结工艺参数对材料组织的影响。同时,为便于描述,由脉冲电流烧结和真空热压烧结制备的 NiAl-Al₂O₃ 复合材料分别简称为 PCS-1200 和 HPS-1200。

图 3.50 为烧结后试样的 XRD 结果,可以看出,烧结后的组织成分均为 NiAl 和 Al₂O₃。通过 Archimedes 排水法,测得 PCS-1200 和 HPS-1200 的致密度分别为 99.7% 和 93.6%,可

见 PCS 方法更有利于获得致密的 NiAl-Al₂O₃ 块体材料。

图 3.51 为 PCS-1200 和 HPS-1200 的背散射电子像。EDS 分析结果显示,图 3.51(a)中白色区域和灰色区域的成分(原子数分数,%)分别为 50.14Ni-49.86Al 和 31.91Ni-51.06Al-25.53O;图 3.51(b)中白色区域和灰色区域的成分(原子数分数,%)分别为 50.08Ni-49.92Al 和 30.75Ni-46.13Al-23.12O。由能谱分析结果可知,PCS-1200 和 HPS-1200 的白色区域为 NiAl,灰色区域为 NiAl 和 Al₂O₃。此外,从背散射结果可以看出,HPS-1200 的组织明显较为粗大。

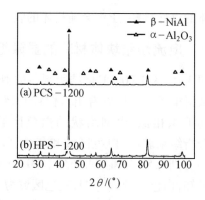

图 3.50 NiAl-Al₂O₃ 烧结件的 XRD 结果

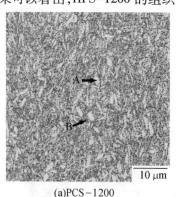

(a)PCS-1200

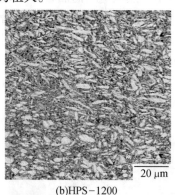

(b)HPS-1200

图 3.51 NiAl-Al₂O₃ 复合材料的背散射照片

从上面的分析可知,脉冲电流烧结能够在相同的烧结温度下获得致密度较高的块体材料,这是由其烧结机理所决定的。脉冲电流烧结是通过在粉体两端直接施加脉冲电流来实现烧结,在脉冲电流作用下,粉末颗粒间有放电现象,在此过程中,粉末颗粒表面的氧化层被击穿,粉末表层得到净化,促进了物质扩散和传递,从而加速了材料的致密化。

图 3.52 为 HPS-1200 的透射电镜明场像,通过前面对比分析可以看出,PCS-1200 中的 NiAl 晶粒相对较小,约 200 nm;HPS-1200 中的 NiAl 晶粒相对较大,约为 500 nm。PCS-

(a) 内晶结构

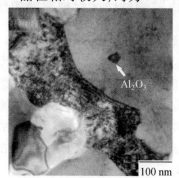

(b) 内晶结构

图 3.52 HPS-1200 的 TEM 明场像

1200 较小的晶粒尺寸有两方面的原因:一方面,PCS 的烧结时间非常短,仅为 HPS 的 1/10 左右,晶粒来不及长大;另一方面,大脉冲电流能够通过减小形核势垒来增大形核率,引起晶粒细化[78]。因此 PCS 能够制备在相同的烧结温度下晶粒更加细小的块体材料。

在两组材料中,较大的 Al$_2$O$_3$ 颗粒皆沿 NiAl 晶界分布。高倍下的观察可以发现部分较小的 Al$_2$O$_3$ 颗粒(<50 nm)被包裹在 NiAl 晶粒中,形成"内晶型"结构。进一步地观察可以发现,HPS-1200 中的 Al$_2$O$_3$ 颗粒依然保持了粉末中 Al$_2$O$_3$ 颗粒的不规则外形,而 PCS-1200 中的 Al$_2$O$_3$ 颗粒却有明显的球化。Al$_2$O$_3$ 颗粒的球化是个值得关注的现象,因为 1 200 ℃ 的烧结温度远低于 Al$_2$O$_3$ 的熔点,并不足以使其软化,其球化机理必然来自 PCS 独特的烧结机制。

目前,关于脉冲电流烧结的机理还存在一定的争议,其烧结的中间过程还有待进一步研究。尽管如此,但多数研究人员还是认同 Tokita[111] 所提出的观点,认为粉末颗粒的间隙以及粉末颗粒的接触部分存在由电场诱导的正负极,在脉冲电流的作用下,正负电极间放电并激发等离子体,从而促进烧结的进行,其烧结致密过程如图 3.53 所示。烧结过程中,流经粉体的电流在粉末颗粒间诱发放电现象并激发等离子体,等离子体和高速反向运动的粒子流对粉末颗粒表面产生巨大的冲击力,使颗粒表面吸附的气体逸散,并击穿颗粒表面的氧化膜,使粉末得到净化和活化。同时,高能粒子的轰击会在颗粒表面产生瞬时局部高温,使颗粒表面发生熔化和蒸发并形成"颈部";随着热量的传递,"烧结颈"迅速冷却,使颈部的蒸气压迅速降低,蒸发的气相物质在颈部重新凝聚,从而实现蒸发-凝聚传递过程。刘雪梅[112] 等人在 Ni 粉的烧结过程中观察到熔融状的烧结颈部和粉末颗粒间的网络状"桥连",证实了烧结过程中局部高温的存在。

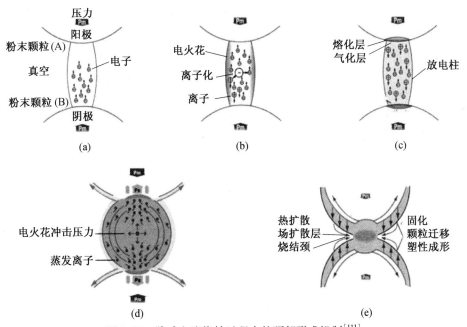

图 3.53　脉冲电流烧结过程中的颈部形成机制[111]

需要指出的是,烧结过程中的脉冲放电和由此产生的瞬间局部高温也正是 Al$_2$O$_3$ 颗粒的球化机理。机械合金化后,Al$_2$O$_3$ 颗粒或嵌入 NiAl 粉末的表面形成突起,或以独立形式存在,这两种存在方式都具有尖锐的几何特征。在 PCS 烧结过程中,脉冲放电所产生的瞬时高温可能高达几千度,甚至上万度,根据放电过程的尖端效应,放电现象将会更易于在尖锐的部分进行,这些部位会被瞬时高温熔化,并在随后的烧结压力作用下发生变形,使该部位的尖锐化程度降低。因此,经 PCS 烧结所制备的材料中的 Al_2O_3 颗粒发生明显的球化,呈近球形的规则外形。

3.5 NiAl-Al_2O_3 复合材料前缘模拟件的烧结-锻造

前缘是航空航天中广泛应用的一种高温结构件,由于工作环境的限制,其对材料强度、密度等方面有很高的要求。NiAl 基复合材料具有密度低、熔点高和良好的导热性等优点,被认为是具有广阔应用前景的新一代高温结构材料,有望应用于发动机涡轮叶片和机翼前缘等关键零部件[10]。然而,目前的研究多关注于 NiAl 单晶的制备,如 Bridgeman 法制备 NiAl 单晶高压涡轮导向叶片和涡轮动叶片[7,9],鲜见 NiAl-Al_2O_3 复合材料成形技术的研究。NiAl-Al_2O_3 的硬度高、室温塑性差,常规机械加工方法成形零件非常困难,迫切需要研究其近净成形技术。烧结-锻造短流程工艺结合了粉末冶金和传统锻造工艺的特点,材料利用率高,不需要二次加工,是一种节能高效的成形技术。本书采用烧结-锻造短流程工艺制备了 NiAl-Al_2O_3 前缘模拟件,工件一次成形,实现了材料工艺一体化。

3.5.1 成形工艺

图 3.54 为烧结-锻造短流程成形过程示意图,烧结-锻造模具由上下压头、分瓣模和模套四部分组成,模具材料采用 110 MPa 高强石墨。前面的实验结果表明,脉冲电流烧结有助于获得晶粒细小,且致密度较高的块体材料,因而,烧结-锻造短流程工艺在脉冲电流烧结炉中进行,烧结温度为 1 200 ℃,烧结压力为 50 MPa。

烧结-锻造短流程工艺兼有粉末冶金和精密锻造的优点,高温下,金属粉末具有良好的流动性和延展性,能够提高零件的致密度和综合性能。烧结-锻造过程中,达到预定温度后,施加 50 MPa 单向压力。图 3.55 为烧结-锻造过程的压下量与时间关系曲线。在烧结-锻造初期,粉末颗粒发生移动和重新排列,材料致密化速率很大;在烧结-锻造中期,初步致密化的材料发生塑性变形,孔隙缩小,此时,致密化速率减慢;在烧结-锻造末期,材料接近最终密度时,塑性流动基本消失,依靠扩散、蠕变达到最终密度[47]。

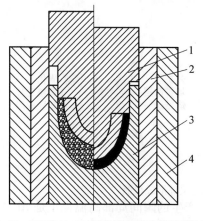

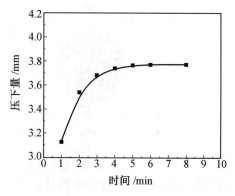

图 3.54 NiAl-Al_2O_3 复合材料前缘模拟件的
烧结-锻造成形过程示意图

1—上压头;2—分瓣模;3—下压头;4—模套

图 3.55 烧结-锻造短流程工艺中的压下量-
时间曲线

3.5.2　前缘模拟件的显微组织分析

烧结-锻造短流程工艺制备 NiAl-Al$_2$O$_3$ 的前缘模拟件如图 3.56 所示,材料完全充满型腔,零件表面质量较好,无飞边、毛刺,成形精度较高。阿基米得排水法测试结果表明,试样的相对密度达 97.6%。

烧结-锻造完成后,从零件中取样以观察其显微组织。图 3.57 为零件的透射电镜明场像。可以看出,零件的微观组织块体材料相一致。NiAl 的晶粒尺寸在 200 nm 左右,Al$_2$O$_3$ 在 NiAl 基体中弥散分布,较大的 Al$_2$O$_3$ 在 NiAl 晶界处钉扎,而部分较小的 Al$_2$O$_3$ 被包裹在 NiAl 晶粒中,形成"内晶"结构。

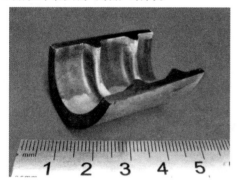 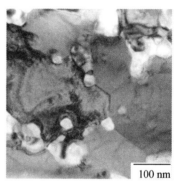

图 3.56　烧结-锻造短流程工艺所制备的　　　　图 3.57　前缘模拟件的透射电镜明场像
　　　　　NiAl-Al$_2$O$_3$ 前缘模拟件

3.6　NiAl-Al$_2$O$_3$ 复合材料的力学性能

3.6.1　概　述

1966 年,Seybolt[49]首先通过粉末冶金法制备了氧化物增强 NiAl 基复合材料,颗粒体积分数为 0% ~6%,在较低温度下,复合材料的强度比基体有明显的提升,在高温下,增强相的强化效果不明显,且塑性有一定程度的降低。1988 年,Jha 和 Ray[113]通过快速凝固制备了 TiB$_2$ 和 HfC 增强 NiAl 基复合材料,测试结果表明,在各种增强相中,只有 HfC 能够很好地强化 NiAl 基体。德国马普研究所通过机械合金化制备了 Y$_2$O$_3$ 弥散增强 NiAl 复合材料[114]。该材料具有细小的晶粒,纳米尺寸的氧化钇弥散分布在基体中,该材料在 1 400 ℃依然保持了良好的抗蠕变性能,但其低温断裂韧性依然有待进一步改善。沈阳金属所的郭建亭等人[10]采用 HPES(Hot Pressing-Aided Exothermic Synthesis)、HIP(Hot Isothermic Pressing)和 DS(Directional Solidification)等方法制备了 TiC、TiB 和 HfC 颗粒增强复合材料,并系统地研究了其合成机理、微观组织和力学性能。与 NiAl 相比,这些弥散增强复合材料的强度、韧塑性都得到了明显的提高。进一步的研究表明,增强颗粒的形状、尺寸、体积分数和分布、目标工作温度下的热稳定性、界面结合强度都对复合材料的性能有明显的影响。

NiAl 基复合材料的预期服役温度为 900 ~1 200 ℃,要满足此服役条件,材料的高温热稳定性就显得尤为重要。从 20 世纪 90 年代开始,以 Al$_2$O$_3$ 为代表的氧化物增强相开始受到研究人员的关注[24,25,50]。然而,在这些研究中,Al₂O₃增强相都是以氧化铝颗粒或氧化铝纤维的形式直接添加的,鲜有原位增强 NiAl-Al₂O₃ 复合材料性能的研究,而关于 PCS 制备的 NiAl-Al₂O₃ 复合材料性能的研究甚少。为此,本书通过压缩、断裂韧性和维氏硬度等方式测试了 NiAl-Al₂O₃ 复合材料的力学性能,讨论了其强韧化机制并揭示了材料的变形机理。

3.6.2　NiAl-Al₂O₃ 的力学性能及其强化机制

前面的分析结果表明,PCS 所制备的 NiAl-Al₂O₃ 块体材料具有更细小的晶粒和更高的致密度。因而下面就对 PCS 所制备的块体材料进行力学性能测试,所提到的 NiAl-Al₂O₃ 块体材料皆为 PCS 在 1 200 ℃烧结所制备的试样。

1. 室温维氏硬度

通过维氏硬度仪测量了 NiAl-Al₂O₃ 块体材料的维氏硬度,结果见表 3.8。同时,表中还列出了此前的研究人员所制备的 NiAl、NiAl-TiB₂ 和 NiAl-TiC 的维氏硬度值。测试结果表明,NiAl-Al₂O₃ 的维氏硬度达 627 HV,比 NiAl 基体有很大幅度的提高,而且也明显高于 TiB₂ 和 TiC 增强 NiAl 基复合材料。

表 3.8　NiAl 基复合材料的维氏硬度

材料	NiAl[21,52]	NiAl-10% TiB₂[115]	NiAl-20% TiC[115]	NiAl-20% TiB₂[115]	NiAl-5% Al₂O₃
维氏硬度(HV)	314	511	538	566	627

注:10%、20%、5%指体积分数。

图 3.58 为 NiAl-Al₂O₃ 维氏硬度压痕的形貌。可以看出,压痕四周及对角没有观察到明显的扩展痕迹。这说明,通过脉冲电流烧结所制备 NiAl-Al₂O₃ 块体材料具有较好的室温韧塑性。

20 μm

图 3.58　NiAl-Al₂O₃ 复合材料的维氏硬度
测试压痕

2. 压缩性能及强化机制

图 3.59 为 NiAl-Al₂O₃ 复合材料在不同温度下的压缩真应力-真应变曲线,应变速率为 $1 \times 10^{-2} \text{s}^{-1}$。从图中可以看出,材料的压缩性能受测试温度的影响比较显著,随温度的升高,屈服强度迅速降低,压缩变形量明显增大。在低温下,材料发生屈服后发生明显的加工硬化;在高温下,材料的加工硬化不明显,屈服后迅速进入稳定的流变过程。此时,材料的流变应力稍有降低,随变形量增大出现应变软化现象。与单相 β-NiAl 相比[115],颗粒增强 NiAl-Al₂O₃ 复合材料的室温和高温的压缩屈服强度均有明显提高,其室温压缩塑性也有显著改善。室温下,材料的压缩屈服强度高达 2 050 MPa,压缩变形量达 17%。当温度超过 300 ℃时,压缩屈服强度迅速下降,伴随着压缩变形量的明显增加,试样不再碎裂。温度超过 1 000 ℃后,材料的屈服强度进一步降低,1 200 ℃压缩屈服强度仍可达 140 MPa。

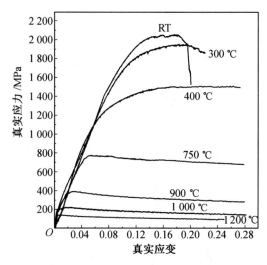

图 3.59　不同温度下 NiAl-Al₂O₃ 复合材料的压缩真应力-真应变曲线

　　材料强度的提高是细晶强化和弥散相强化共同作用的结果;同时,细晶强化也是材料塑性增加的主要因素。

　　细晶强化能够有效增强材料的强度和塑性。随着晶粒的细化,晶界逐渐增多,材料的屈服强度会相应增加。当晶粒尺寸由数十微米至数百微米细化至纳米或者亚微米级别时,材料屈服强度通常会有成倍提高。同时,晶粒细化也能促进材料塑性的提高,其促进作用表现在以下几个方面:可以增加变形的均匀性,为更多晶粒的塑性变形提供了机会;增加晶界的协调性,细小的晶粒塑性变形时所要求的晶粒转动较小,并且晶界附近区域容易产生滑移,从而能减少 Von Mises 条件的约束;降低应力集中,细小的晶粒内部位错数目相对较少,从而可以推迟微裂纹的形成,可以充分发挥材料的潜在塑性[10]。

　　弥散分布于基体中的第二相粒子可以阻碍位错的运动,是强化金属基材料的一种常用方式。Al₂O₃ 的熔点较高(2 000 ℃以上),硬度较大,在目标服役温度下不会发生变形,是一种理想的增强相。弥散分布于基体中的 Al₂O₃ 增强相将会对基体晶界的滑移、变形产生阻碍。Orowan 认为,当位错遇到不可变形的弥散相粒子时,位错不能切过粒子,而只能绕过,从而在粒子周围产生位错环,引起位错增殖。Al₂O₃ 颗粒的弥散强化效应可通过修正后的 Orowan 模型来描述:

$$\sigma^{*} = \frac{CG\boldsymbol{b}}{L}\ln(D/\boldsymbol{b}) \qquad (3.9)$$

式中　C——修正常数,其值在 1 左右;

　　　σ^{*}——临界切应力;

　　　G——基体的切变模量;

　　　L——弥散颗粒的间距;

　　　D——颗粒直径;

　　　$\boldsymbol{b}$——柏氏矢量。

　　公式(3.9)是以计算位错绕过颗粒时由位错长度的增加所引起的相界面和位错之间的相互作用为基础而建立的。作为一个普适规律,Orowan 模型具有一定的局限性,它忽略了位错塞积、颗粒的界面特征以及颗粒与基体之间的变形协调性等因素,因而该模型仅能定性的描述弥散相对复合材料的强化趋势。此外，Al_2O_3 颗粒在基体中的分布状况对材料的力学性能也有直接影响。在 NiAl-Al_2O_3 块体材料中，较大的 Al_2O_3 颗粒主要沿 NiAl 基体的晶界分布，它能够钉扎晶粒，抑制 NiAl 晶粒的滑动和转动，阻碍位错穿过晶界，提高晶界强度；较小的 Al_2O_3 颗粒分布在 NiAl 晶粒中，能够阻碍位错的运动，提高基体强度。晶内强度和晶界强度的共同提高导致材料整体强度的提高。

晶粒细化和弥散相对材料力学性能的影响并不是孤立的。Al_2O_3 的钉扎可以抑制 NiAl 晶粒长大，细化晶粒；而 NiAl 晶粒长大过程中对 Al_2O_3 颗粒的推挤作用，以及相邻晶粒共同晶界的迁移也可以影响弥散相的分布。当弥散相发生一定程度的偏聚时，会加大裂纹偏转的程度，提高材料的塑性。

应该指出的是，细晶强化机制是材料在室温的主要强化机制，这种强化机制可以维持到中温（$<0.5T_m$）[116]；在超过 NiAl 基体熔点的 50%（即 $>0.5T_m$）时，弥散强化机制逐渐成为材料的主要强化机制。

3. 室温断裂韧性及韧化机制

NiAl 及其复合材料的断裂韧性（K_{IC}）见表 3.9。结果表明，NiAl-Al_2O_3 复合材料的平均 K_{IC} 值（$8.2\ \text{MPa} \cdot \text{m}^{1/2}$）比 NiAl 基体 K_{IC} 值（$5.9\ \text{MPa} \cdot \text{m}^{1/2}$）提高了约 39%，也比 NiAl-2TiB$_2$ 高出 24%。

表 3.9　NiAl 金属间化合物及其复合材料的断裂韧性

材料	$K_{IC}/(\text{MPa} \cdot \text{m}^{1/2})$			$K_{I平均}/(\text{MPa} \cdot \text{m}^{1/2})$
NiAl[117]	5.89	5.92	5.95	5.9±0.1
NiAl-20%TiB$_2$[115]（体积分数）	6.33	6.55	6.82	6.6±0.3
NiAl-5% Al_2O_3（体积分数）	8.14	8.33	8.28	8.2±0.1

材料的载荷-裂纹张口位移（COD）曲线如图 3.60 所示。随 COD 的增加，NiAl 金属间化合物的载荷几乎呈直线上升，达到极大值后迅速下降，没有观察到稳定的裂纹扩展过程，这说明 NiAl 在断裂前几乎没有发生塑性变形。在测试的前期，NiAl-Al_2O_3 复合材料的 COD 曲线也近似呈直线上升，达到一定载荷后，COD 曲线呈锯齿状。这说明在裂纹扩展过程中存在裂纹的萌生与停止，即存在裂纹尖端和材料微观组织的相互作用。

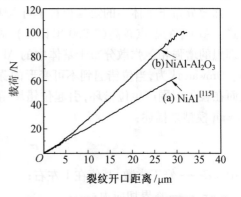

图 3.60　断裂韧性测试中的裂纹开口曲线

强度和塑性是材料的两个对立的性能指标，材料强度的提高通常是以牺牲塑性为代价的。在经脉冲电流烧结制备的亚微米晶 NiAl-Al_2O_3 复合材料强度提高的同时，其塑性和韧性也得到了很大的提高。这可以从材料的微观结构方面来解释，包括基体的晶粒尺寸、弥散相的外形及尺寸以及 NiAl 基体和颗粒的界面等方面。

晶粒细化能够有效改善材料的韧性。在裂纹扩展过程中，裂纹尖端遇到晶界时将改变方向。细晶材料中的晶界较多，裂纹转折次数也就较多，消耗的能量较大，使裂纹扩展的临界应力变大,因而裂纹不易扩展;同时,随着晶粒细化,单个晶粒内空位和位错将随之减少,位错塞积的程度较低,从而减少应力集中,降低裂纹形成的几率。

材料的断裂韧性也受弥散相的影响。Al$_2$O$_3$ 增强相和 NiAl 基体之间存在热膨胀系数和弹性模量的差异,冷却过程中,材料内部将不可避免地产生残余应力,这将对裂纹起到钉扎和偏转的作用。当裂纹尖端扩展到 Al$_2$O$_3$ 颗粒时,如果外加应力不再增加,则裂纹就会在此处钉扎,不再继续扩展;如果外加应力继续增大,裂纹扩展可能有以下几种途径:其一是裂纹穿过 Al$_2$O$_3$ 颗粒,即弥散颗粒发生穿晶断裂;其二是裂纹向 NiAl 基体内偏转,这可能会造成 NiAl 晶粒的穿晶断裂;其三是裂纹绕过 Al$_2$O$_3$ 颗粒,沿 Al$_2$O$_3$/NiAl 的界面扩展,即发生沿晶断裂。无论裂纹以哪种方式扩展,都需要消耗额外的能量去克服阻力,从而起到增韧的作用。在扩展过程中,裂纹总是选择克服能量最小的路径扩展。穿晶断裂需要克服新生表面的表面能;沿晶断裂需要克服 Al$_2$O$_3$/NiAl 的界面断裂能。此前有研究证实,裂纹穿过弥散相所消耗的能量比绕过弥散相所消耗的能量要多[18]。因而,裂纹在扩展过程中更易于选择绕过弥散相扩展的方式。

此外,值得注意的是,Al$_2$O$_3$ 弥散相对材料性能的影响具有两面性:一方面,弥散颗粒能够阻碍裂纹尖端的运动,使裂纹发生弯曲或偏转,降低应力强度,延缓裂纹的扩展;另一方面,在变形过程中,由于 Al$_2$O$_3$ 弥散相和 NiAl 基体之间变形的不协调性,它们之间的界面容易成为微裂纹的发源地,在相界上引起显微空洞,使材料的韧塑性变差[118]。微裂纹的萌生和扩展与弥散相颗粒的外形、尺寸及强化相/基体的界面密切相关。外形不规则、颗粒较大的强化相更容易诱发微裂纹[119]。对于外形规则、尺寸细小的颗粒,其弱化作用被降低,而其强化作用成为主要方面。所制备的块体材料中,强化相是在球磨过程中通过原位反应生成的,颗粒尺寸非常细小(约 100 nm);同时,由于脉冲电流烧结过程中的放电效应,Al$_2$O$_3$ 颗粒被明显的球化,在强化基体的同时,没有造成材料内裂纹源的增加,从而有效地提高了材料的韧塑性。

NiAl 金属间化合物的断裂模式为典型的穿晶解理断裂,其宏观断口非常平整,说明断裂过程中存在裂纹的迅速扩展,因而其断裂韧性较低。图 3.61 为 NiAl-Al$_2$O$_3$ 复合材料室温断裂韧性测试的断口形貌。与 NiAl 相比[120],NiAl-Al$_2$O$_3$ 的断口形貌较为粗糙,但从宏观上看也存在一些较为平整的解理面(图 3.61(a))。在较高的倍数下可以观察到在较大的 NiAl 晶粒断裂面上有典型的河流状花样,说明其断裂模式为穿晶解理断裂;较小的晶粒基本

(a)宏观断口形貌　　　　　　　　　　(b)较高倍数下断口形貌

图 3.61　NiAl-Al$_2$O$_3$ 复合材料室温断裂韧性测试的断口形貌

都呈沿晶断裂,且能观察到一些颗粒断裂及拔出的迹象。可见,$NiAl-Al_2O_3$ 复合材料的断裂模式为沿晶和穿晶混合型脆性断裂。

穿晶断裂是"晶界型"和"内晶型"Al_2O_3 共同作用的结果。在裂纹扩展过程中,当裂纹尖端传播到"晶界型"Al_2O_3 时,它对裂纹扩展起阻碍作用,裂纹会在更大的外力作用下偏折进入晶内;另一方面,Al_2O_3 的热膨胀系数小于 NiAl 基体,"内晶型"Al_2O_3 冷却过程中会对 NiAl 晶粒产生径向压应力和周向拉应力,冷却后,热应力降低了晶界强度,使得裂纹容易扩展到晶粒内部,形成穿晶断裂。

3.6.3　$NiAl-Al_2O_3$ 复合材料的压缩变形行为

压缩变形是材料加工和材料成形工艺的一种常用变形方式。通过压缩变形实验,可以系统的考察材料的塑性变形过程,揭示增强相与基体的变形协调行为,这对于揭示材料的变形机制、强化机制具有重要的理论意义。此外,压缩测试的工艺参数和经验也能为材料的成形提供参考。

1. 应变速率对材料压缩性能的影响

流变应力是材料在一定变形温度和应变速率下的屈服极限,是材料在高温下重要的塑性指标。在成分和微观结构一定的情况下,材料的流变应力主要受变形温度、变形程度和应变速率的影响,是变形过程中材料显微组织演变和性能变化的综合反映。

图 3.62 为不同应变速率下材料的真应力-真应变曲线。在各应变速率下,实验结果表现出相似的变化趋势。温度较低时,材料屈服强度非常高,达 2 000 MPa 左右,材料的塑性较差,压缩过程中发生碎裂;当温度超过一定值后,材料的流变应力迅速降低(降至约几百兆帕),塑性明显提高。在较低的温度下,材料受细晶强化和弥散相强化的共同作用,其屈服强度较高;高温下,由于热激活机制的影响,原子的动能显著增加,晶界的滑移阻力明显降低,从而有利于材料的塑性变形;同时,随温度的提高,动态回复和动态再结晶也更容易进行,减轻了材料的加工硬化,降低了材料的变形抗力。因而,达到某一温度后,材料的流变应力迅速下降。

此外,从图 3.62 还可以看出,随应变速率的增加,$NiAl-Al_2O_3$ 复合材料的流变应力逐渐升高,说明材料的变形受热激活机制的影响。流变应力的提高是由两方面的原因造成的,首先,随应变速率的提高,单位时间内的变形量增大,材料中产生大量的位错塞积,无法实现充分的动态回复和动态再结晶,导致材料强度的提高;此外,应变速率提高后,变形时间缩短,塑性变形来不及协调,增强相颗粒对材料的塑性变形造成严重的阻碍,也使得材料强度增加。

在室温到高温的压缩变形过程中,材料会经历一个明显的韧脆转变过程,这一转变过程通常用韧脆转变温度(Ductile-brittle Transition Temperature, DBTT)来描述。随应变速率的提高,$NiAl-Al_2O_3$ 复合材料的韧脆转变温度也相应提高,表现出明显的应变速率依赖性。应变速率为 $1 \times 10^{-4} \mathrm{s}^{-1}$ 时(图 3.62(d)),室温下,材料塑性很差,变形过程中发生碎裂;而在 300 ℃ 以上时,压缩塑性明显提高,压缩变形量明显增大,说明材料在此应变速率下的 DBTT 在室温到 300 ℃ 之间。随应变速率的提高,材料的 DBTT 逐渐向高温区移动。应变速率增加到 $1 \times 10^{-3} \mathrm{s}^{-1}$ 时,DBTT 上升到 300~400 ℃(图 3.62(c));应变速率增加到 $1 \times 10^{-1} \mathrm{s}^{-1}$ 时,材

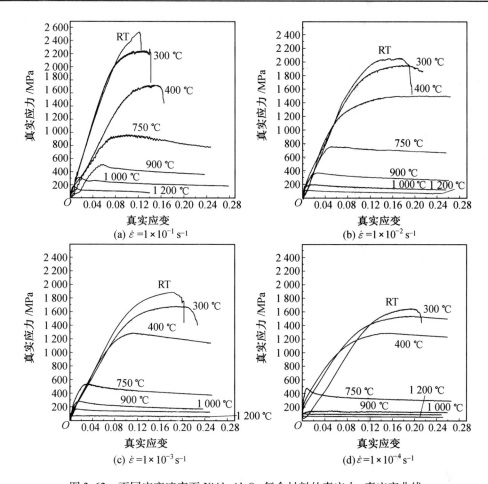

图 3.62　不同应变速率下 NiAl-Al$_2$O$_3$ 复合材料的真应力-真应变曲线

料的 DBTT 进一步升高至 400 ~ 750 ℃(图 3.62(a))。材料的韧脆转变温度与位错的热激活密切相关。高应变速率下,位错运动的激活时间较短,需要较高的温度才能达到位错运动所需的激活能,所以对应的 DBTT 较高;应变速率较低时,位错运动的激活时间较长,在较低的温度下就能达到所需的激活能,所以对应的 DBTT 较低。

图 3.63 为高温压缩前后试样形状的变化,可以看出,压缩后的试样呈鼓形。鼓形的出现是由端部摩擦力和试样温度不均两方面的原因造成的。压缩时,试样两端与夹头接触,受

图 3.63　压缩前后的试样照片

摩擦力的作用,试样端部垂直于轴向的变形受到约束,因此试样中部容易变形,使试样呈鼓形;另一方面,材料变形量受变形温度的影响,GLEEBLE 系统采用电感应加热,加热速度较快,由于试样两端与夹头接触,导致两端的温度比中间低,试样的各个部位温度不均匀,这也是试样出现鼓形的一个重要原因。

2. 压缩变形的变形机理分析

图 3.64 为不同应变速率下 NiAl−Al₂O₃ 的压缩屈服强度与温度的关系曲线。可以看出,曲线上有两次明显的转折,把曲线分为Ⅰ、Ⅱ、Ⅲ三个区域。Ⅰ区在室温到 300 ℃之间,材料的屈服强度非常高,随测试温度的升高,屈服强度没有明显的变化;300 ~ 1 000 ℃为Ⅱ区,材料的屈服强度随测试温度的升高而急剧降低;1 000 ℃以上是第Ⅲ区,曲线发生第二次转折,材料的屈服强度的下降速度明显降低。

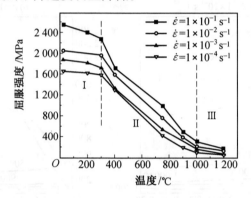

图 3.64　NiAl−Al₂O₃ 屈服强度与温度的关系

压缩变形过程中,材料的流变应力、应变速率和温度之间存在如下关系:

$$\dot{\varepsilon} = A\sigma^n \exp(-Q/RT) \tag{3.10}$$

式中　$\dot{\varepsilon}$——应变速率;

　　　A——常数;

　　　σ——流变应力;

　　　n——应力指数;

　　　Q——激活能;

　　　R——普适气体常数;

　　　T——绝热温度。

应力指数 n 是描述材料变形过程的一个重要参数。根据 n 值的大小,可以大致推断材料的变形机制。对于常见的镍基、铜基和铝基复合材料,n 值可以为 3、5 和 8,分别对应于晶界滑移机制、位错攀移机制和结构不变的晶格扩散机制[121]。由公式(3.10)可知,通过做应力和应变速率的双对数曲线,就可以计算出 n 值。

图 3.65 为 NiAl−Al₂O₃ 复合材料的应力−应变速率的双对数曲线。随测试温度的升高,n

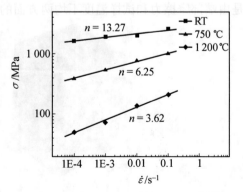

图 3.65　压缩变形的应力−应变速率双对数曲线

值不断减小。室温下,材料的 n 值为 13.27,说明此时的主要变形机制为结构不变的晶格扩散机制;750 ℃时,n 值降至 6.25,与位错攀移机制的 n 值相近,说明此时的主要变形机制逐渐转变为位错攀移机制;1 200 ℃时的 n 值降至 3.62,说明此时的变形主要受晶界滑移机制所控制。

3.7　NiAl-Al$_2$O$_3$ 复合材料抗氧化性能

氧化是金属腐蚀的一种常见方式。广义的氧化是指合金中的金属元素与氧、硫等发生反应,在材料表面生成一层氧化物、硫化物的现象;狭义的氧化是指合金中的金属元素与服役环境中的氧或含氧物质(如水蒸气、CO$_2$、SO$_2$ 等)发生反应,在材料表面生成一层氧化物薄膜的现象。

氧化膜的形成过程是一个电化学过程。当金属元素与氧接触时,由于氧和电子的结合力较大,金属中的电子被氧原子夺走,使氧原子变为氧离子 O^{2-},并使金属表面呈正电,形成双电层。在电场力作用下,表面的金属离子向外移动,氧离子向内移动,两者相遇并化合为金属氧化物,此过程的示意图如图 3.66 所示。

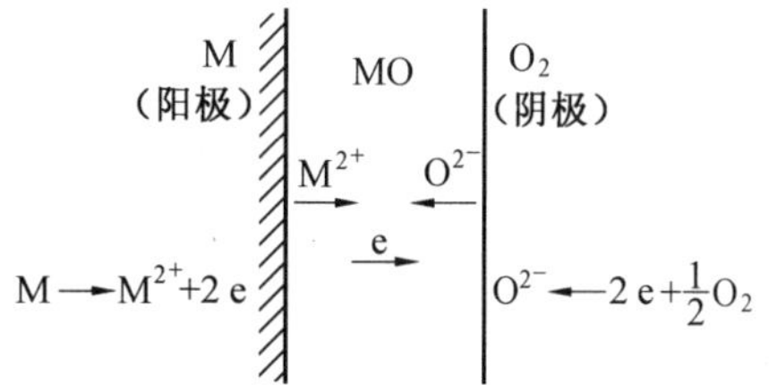

图 3.66　氧化膜形成的电化学机制[122,123]

高温抗氧化性能是制约材料是否能够在高温下服役的一个重要因素。单相 β-NiAl 具有良好的高温抗氧化性能,可以作为某些高温结构件的抗氧化涂层。但对于一般的 NiAl 基复合材料,其抗氧化性能并不理想。平均晶粒尺寸较大的 NiAl-Al$_2$O$_3$ 复合材料较弱的抗氧化性主要表现在以下两方面[32]:一是氧化膜附着力较低,二是会生成保护性较差的氧化物,如 NiO。这严重损害了材料的抗氧化性能,使氧化膜易于开裂、剥落并可能发生严重的内氧化。因此,提高 NiAl-Al$_2$O$_3$ 的高温抗氧化性能已成为目前亟须解决的问题。

为了获得良好的抗氧化性能,高温结构材料所形成的抗氧化膜应该具有致密、生长缓慢、化学成分稳定和良好的黏附性的特点[32]。众所周知,材料的显微结构,如晶粒尺寸能够显著的影响,甚至改变材料的高温抗氧化性能。此前的一些研究结果证实,降低晶粒尺寸能够促进 α-Al$_2$O$_3$ 氧化膜的形成,并提高氧化膜的黏附力[31]。此外,有研究表明[124,125],Y、Ce、Dy、Hf 等活性元素能够改变材料氧化机理、提高氧化膜的黏附力,从而提高 NiAl 基材料的高温抗氧化性能。然而,对于 NiAl 基材料而言,传统工艺(如机械力变形或热处理)难以降低其晶粒尺寸[126~129]。PCS 是一种新颖的快速烧结方法,通过烧结过程中的放电效应,它能够通过低温快速烧结制备致密度较高且晶粒细小的块体材料。独特的烧结机制使其能够在兼顾致密度的同时控制材料的晶粒大小。

分别通过恒温氧化和循环氧化实验考察了亚微米晶 NiAl-Al$_2$O$_3$ 复合材料的抗氧化性能,前者用来分析试样的氧化速度和氧化增重,后者用来检测氧化膜的黏附力。在此基础上,又通过机械力混合的方式,在 NiAl-Al$_2$O$_3$ 粉末中添加了质量分数为 0.2% 的 Y,考察了稀土元素 Y 的添加对 NiAl-Al$_2$O$_3$ 复合材料高温氧化性能的影响。

3.7.1　NiAl–Al$_2$O$_3$复合材料的高温氧化性能

1. 恒温氧化过程

通常,材料的抗氧化性能是通过在材料表面形成一层保护性氧化膜来实现的。为了达到良好的防护效果,氧化膜应该是完整、连续的,且具有一定的厚度。

在氧化的初期,金属表面的氧化膜较薄,且很不完整,无法有效地阻止材料的氧化。此时,氧化膜的生长过程受界面反应速度所控制,试样的增重与时间基本呈线性关系。氧化一段时间后,氧化膜达到了一定的厚度,能够对基体起到较好的防护,此时的氧化速度主要受氧化膜中的物质迁移速率决定。随氧化膜厚度的增加,物质迁移速率逐渐降低。形成氧化膜后,材料的增重与时间关系曲线基本呈抛物线关系,即

$$\left(\frac{\Delta W}{A}\right)^2 = k_\text{p}t \tag{3.11}$$

式中　ΔW——试样的重量变化,mg;

　　　　A——试样的总表面积,cm^2;

　　　　k_p——氧化膜的生长速率,mg$^2 \cdot$ cm$^{-4} \cdot$ h^{-1};

　　　　t——氧化时间,h。

(1)氧化增重分析

图 3.67 为 NiAl–Al$_2$O$_3$ 在氧化过程中的增重–时间关系曲线。在测试温度范围内,试样的氧化增重都很小,表现出良好的抗氧化性。在 1 000 ℃下恒温氧化 24 h 后,亚微米晶NiAl–Al$_2$O$_3$ 试样增重仅约为 1.2 mg/cm^2,比常规方法制备的平均晶粒尺寸较大的 NiAl 基复合材料小得多(3.0 mg/cm^2[27]),也远远低于传统的Ni 基高温合金。

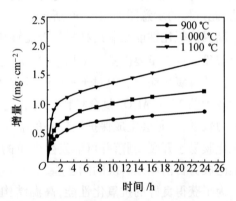

图 3.67　NiAl–Al$_2$O$_3$ 在 900 ℃、1 000 ℃和 1 100 ℃
恒温氧化过程的时间–增重曲线

随测试温度的升高,试样的增重逐渐增加,说明材料的抗氧化性能随温度的升高而降低。在所有测试温度下,试样的重量随氧化时间的延长而单调递增。氧化初期,试样表面尚未生成完整的氧化膜,无法有效隔绝氧元素与基体的接触,材料的氧化受界面反应速度控制,氧化速率较高,试样的重量急剧增加。

氧化 2 h 后,试样表面已经生成了完整的保护性氧化膜,并具有一定的厚度,保护性的氧化膜阻碍了 O 元素的内扩散和试样中金属元素的外扩散,从而降低反应速度。此时,材料的氧化速度取决于氧化膜中的物质扩散速度,试样的增重速度明显降低,曲线趋于平缓,氧化增重遵循经典的抛物线规律。

在氧化初期,较高的氧化速度是由材料表面生成的会迅速生长且保护性较差的亚稳态 γ–Al$_2$O$_3$(针状)或 θ–Al$_2$O$_3$(刀锋状)所造成的。在 950 ℃时,亚稳态 γ–Al$_2$O$_3$ 和 θ–Al$_2$O$_3$ 生长速度(k_p 值)为 3.8×10^{-13} g$^2 \cdot$ cm$^{-4} \cdot$ s^{-1} 和 6.3×10^{-13} g$^2 \cdot$ cm$^{-4} \cdot$ s^{-1},比稳定态 α–Al$_2$O$_3$ 的生长速度高 2 个数量级(3.5×10^{-15} g$^2 \cdot$ cm$^{-4} \cdot$ s^{-1})[32]。在后续氧化中,亚稳态氧化铝逐渐

转变为稳定的、保护性能更好的 α-Al$_2$O$_3$,使氧化速率逐渐降低。

（2）氧化膜的成分分析

氧化过程是由氧化热力学和氧化动力学共同决定的。氧化膜的成分和组织对材料的抗氧化性能有至关重要的影响。根据 Vant Hoff 方程,温度为 T 时氧化反应的吉布斯自由能变化为

$$\Delta G = \Delta G^0 + RT\ln P_{O_2} \tag{3.12}$$

式中　ΔG^0——T 温度下反应的标准自由能;

　　　R——气体常数;

　　　T——测试温度;

　　　P_{O_2}——氧化过程中的氧分压。

热力学分析能够确定氧化反应进行的可能性。若反应能自发进行,则该体系的吉布斯自由能为负值,即

$$\Delta G = (G_{产物} - G_{反应物}) < 0 \tag{3.13}$$

负值越大,反应越容易自发进行,氧化产物也就越稳定。

$$2Al + 3/2O_2(g) = Al_2O_3(s)$$

$$\Delta G^0(J) = -1\ 676\ 000 + 320T \tag{3.14}$$

$$Ni + 1/2O_2(g) = NiO_3(s)$$

$$\Delta G^0(J) = -234\ 514 + 85T \tag{3.15}$$

$$NiO(s) + Al_2O_3(s) = NiAl_2O_4(s)$$

$$\Delta G^0(J) = 66\ 913 - 35.8T \tag{3.16}$$

公式(3.14)~(3.16)为氧化温度为 T 时各种氧化物的吉布斯自由能。在测试温度范围内(900~1 100 ℃),反应的吉布斯自由能均为负值,说明反应可以自发进行。从热力学分析结果可知,NiAl 在氧化时会优先生成 Al$_2$O$_3$,其次是 NiO 和 NiAl$_2$O$_4$。

热力学分析仅能够确定氧化反应进行的可能性,而实际的氧化过程是由氧化动力学所决定的。通过动力学分析能够了解材料在实际氧化过程中的氧化速度和氧化机制。Pilling 和 Bedworth[130]认为,按氧化结果来分,材料的氧化可以分为两种,一种在氧化过程中能够形成完整、连续的保护性氧化膜,另一种则不能。完整的氧化膜能够阻挡表面金属与氧化气氛的接触,阻碍物质传递,从而实现对内层金属的保护。

材料的微观组织,特别是晶粒尺寸是影响氧化动力学的一个重要因素。此前,Lee[32]通过粉末冶金的方式制备了晶粒较为粗大的 NiAl-Al$_2$O$_3$ 块体材料,该材料在 900~1 100 ℃ 恒温氧化测试中表现出较差的抗氧化性能,除 α-Al$_2$O$_3$ 外,氧化膜中还检测到部分 NiO 和 NiAl$_2$O$_4$。图 3.68 是亚微米晶 NiAl-Al$_2$O$_3$ 在不同温度下恒温氧化 24 h 后氧化膜的 X 射线衍射结果。从图中可以看出,氧化膜中仅观察到一种氧化物,即 α-Al$_2$O$_3$。α-Al$_2$O$_3$ 氧化膜具

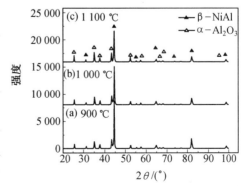

图 3.68　经 24 h 恒温氧化后试样氧化膜的 XRD

有热稳定性高、生长速度慢的优点,能够有效阻止底层材料的进一步氧化。因此,在氧化过程中应促进 α-Al₂O₃ 氧化膜的形成,以达到良好的抗氧化性能。此外,在氧化膜的 XRD 图谱中可以观察到大量的 NiAl。这是由于试样中生成的 α-Al₂O₃ 氧化膜非常薄,X 射线可以很容易的穿透氧化膜而与基体发生衍射。

氧化膜的成分是由氧化机理所决定的。1993 年,Pint[131] 通过 O¹⁸ 同位素跟踪的方法研究了 α-Al₂O₃ 氧化膜的生长机制。结果表明,α-Al₂O₃ 氧化膜的生长是受 O 的内扩散和 Al 的外扩散同时控制的,其生长机理如图 3.69 所示。需要说明的是,氧化膜的生长虽然同时受 O 的内扩散和 Al 的外扩散的影响,但这两者的影响并不一致。根据材料成分和显微结构的不同,实际生长过程中,α-Al₂O₃ 氧化膜会以 O 的内扩散或者 Al 的外扩散为主,另外一种扩散方式仅占次要地位。以 Al 的外扩散为主的氧化过程会在材料外表面形成氧化层,因而,氧化过程中可以通过加强 Al 的外扩散来促进外表面 α-Al₂O₃ 氧化膜的形成。

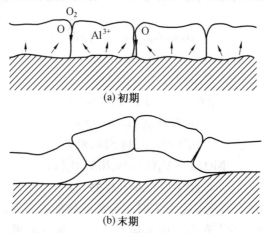

(a) 初期

(b) 末期

图 3.69　NiAl 合金中 Al₂O₃ 氧化膜的生长机理[124]

根据能量最低原理,物质扩散总是选择最容易扩散的路径进行。与晶格内部相比,晶界可以看做一个高缺陷区。在晶界处,物质扩散所需的激活能远小于晶内扩散所需的激活能,因而,O 和 Al 通常都选择晶界作为其扩散通道[19,131]。进一步的研究表明,Al 和 O 在晶格内的扩散系数基本相当;在晶界处,Al 的扩散系数比 O 要高 1~2 个数量级[132]。由此可知,细晶材料中的高密度晶界有利于 Al 阳离子的快速扩散,促进其选择性氧化。同时,细小的晶粒和高密度的晶界为氧化物提供了足够的形核点,有利于氧化铝的形成[133]。氧化物生成之后,高密度的晶界能够为其侧向生长提供足够的、源源不断的 Al 阳离子,从而迅速生成连续的氧化膜,覆盖整个试样。一旦试样表面被致密、连续的 α-Al₂O₃ 氧化膜所覆盖,Ni 的氧化就能得到有效的抑制。因而,在亚微米晶 NiAl-Al₂O₃ 的氧化膜中仅观察到 α-Al₂O₃,而没有观察到镍的氧化物。

(3)氧化膜形貌分析

图 3.70 为恒温氧化过程中亚微米晶 NiAl-Al₂O₃ 试样表面氧化膜形貌的变化。随温度的升高,氧化膜变得越来越粗糙。氧化一段时间后(900 ℃),材料表面逐渐生成一些刀锋状特征。此前的研究证明,这些刀锋状特征是瞬时氧化所形成的亚稳态 θ-Al₂O₃[134];随着氧化时间的延长,刀锋状特征越来越明显,表明亚稳态 θ-Al₂O₃ 的长大;氧化 24 h 后,绝大部

分的刀锋状 θ–Al₂O₃ 已经转变为等轴的 α–Al₂O₃（图 3.70（c））。随氧化温度的升高,氧化物的 θ–α 转变逐渐加快。在 1 000 ℃ 和 1 100 ℃ 氧化 24 h 后,刀锋状的 θ–Al₂O₃ 已经全部转变为等轴的 α–Al₂O₃。

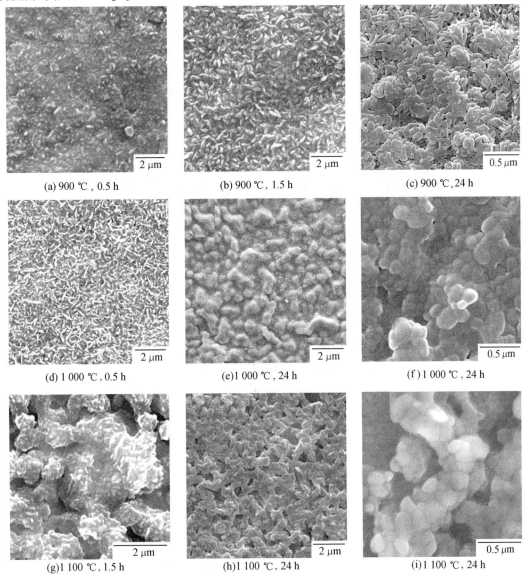

(a) 900 ℃ , 0.5 h　　　　(b) 900 ℃ , 1.5 h　　　　(c) 900 ℃ , 24 h

(d) 1 000 ℃ , 0.5 h　　　(e)1 000 ℃ , 24 h　　　(f) 1 000 ℃ , 24 h

(g)1 100 ℃ , 1.5 h　　　(h)1 100 ℃ , 24 h　　　(i)1 100 ℃ , 24 h

图 3.70　各温度下恒温氧化后试样氧化膜的 SEM 形貌观察

此外,氧化 24 h 后,试样的氧化膜中观察到了屋脊状形貌的形成,如图 3.70（e）所示。随着氧化温度的升高,这些屋脊状形貌变得越来越明显,越来越密集（图 3.70（h））。屋脊状形貌的形成是 NiAl 基合金在高温氧化中一种特有的现象,Pint 将其分为本征脊和外来脊,分别对应不同的形成机制[135]。本征脊是由 Al 阳离子沿氧化膜晶界向外扩散所造成的;外来脊主要出现在添加活性元素的 NiAl 基合金中,是由氧化膜中氧化铝的 θ–α 相转化所造成的,其形貌特征分别如图 3.71 所示。高密度的晶界促进了 Al 的外扩散,从而促进了本征脊的形成和长大。

如图 3.70(c)所示,在 900 ℃下氧化 24 h 后,试样的氧化膜中依然可以观察到少量的刀锋状 θ-Al$_2$O$_3$。然而,图 3.71 的 XRD 结果表明,氧化膜完全由 α-Al$_2$O$_3$ 构成,并没有观察到亚稳态 θ-Al$_2$O$_3$。这是由于氧化膜中 θ-Al$_2$O$_3$ 的含量非常少,低于 XRD 的探测范围。有报道称,氧化铝的 θ-α 转变是从基体/氧化膜的界面开始的[136]。因而可以推出,当空气/氧化膜界面上的氧化物大部分为 α-Al$_2$O$_3$ 时,底层的氧化物已经完全转变为 α-Al$_2$O$_3$。

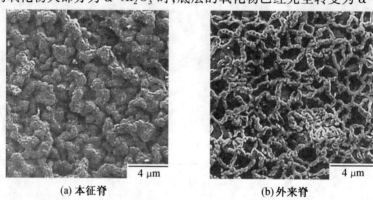

(a) 本征脊　　　　　　　　　　　(b) 外来脊

图 3.71　氧化膜中的"本征脊"和"外来脊"形貌特征示意图[137]

2. 循环氧化过程

在实际应用中,高温结构件常工作在热循环状态。在热循环状态下,黏附性较弱的氧化膜容易发生开裂和剥离。当剥离程度较重时,氧化膜就丧失了其保护性。因此,氧化膜的黏附性成为衡量材料抗氧化性能的一个重要指标。相对于恒温氧化而言,NiAl 基材料循环氧化的研究要少得多。在循环氧化测试中,氧化物和基体热膨胀系数之间的差异会造成氧化膜的剥落,使氧化在下层金属中继续进行。由于不断的剥离,氧化膜无法达到足够的厚度,不能有效的抑制 Al 阳离子的外扩散。因此,在循环氧化测试中,试样的氧化程度比恒温氧化要严重得多。

(1)氧化增重分析

图 3.72 为亚微米晶 NiAl-Al$_2$O$_3$ 在循环氧化测试中的氧化增重曲线,曲线上的每个点代表一次热循环过程。从图中可以看出,循环氧化增重曲线的变化趋势与恒温氧化基本一致。在氧化初始阶段,试样重量迅速增加,氧化速率很高;经过几次热循环之后,试样的增重

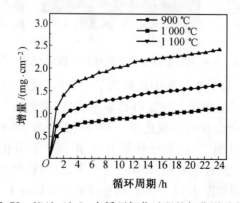

图 3.72　NiAl-Al$_2$O$_3$ 在循环氧化过程的氧化增重曲线

明显放缓。在整个循环氧化过程中,试样的增重比恒温氧化都要大一些,但与传统工艺所制备的平均晶粒尺寸较大的材料相比,制备的亚微米晶 NiAl-Al₂O₃ 的氧化增重要小得多。在测试温度和时间范围内,试样的增重曲线比较平缓,没有明显的波动,更没有观察到试样重量的降低,这说明氧化膜与基体的结合比较紧密,没有发生剥落现象。较小的增重和平缓的增重曲线表明,亚微米晶的 NiAl-Al₂O₃ 具有优异的循环氧化性能。

（2）氧化膜形貌分析

图 3.73 为 1 100 ℃ 循环氧化前后试样的宏观形貌。从图中可以看出,试样表面形成了一层均匀、致密的氧化膜,其颜色为浅灰色,氧化膜与基体之间没有发现氧化膜的剥落现象。

(a) 氧化前　　　　　　　　　　　　　(b) 氧化后

图 3.73 　NiAl-Al₂O₃ 试样循环氧化前后的宏观形貌

此前,Pint[136] 测试了颗粒弥散增强 NiAl 基复合材料的抗氧化性能。实验结果表明,添加 Al₂O₃ 颗粒后,材料的抗氧化性能明显恶化,氧化膜中产生大量的裂纹,随着氧化的进行,氧化膜不断剥落。Pint 认为这是由 Al₂O₃ 增强相能够加速氧化膜的 θ-α 相转变所造成的。亚稳态 θ-Al₂O₃ 转变为稳态 α-Al₂O₃ 时,会造成 9.7% ~13% 的体积收缩,在不考虑氧化膜弹性的前提下,这会在氧化膜中产生较大的张应力,使其易于破裂[31,136]。由于氧化铝弥散相的加速作用,θ-α 的相转变加快,使氧化膜的体积收缩加剧,造成氧化膜的破裂。

图 3.74 为 1 100 ℃ 下循环氧化 24 次后氧化膜试样的显微组织。从图 3.74(a)可以看出,试样表面生成的氧化膜是致密且连续的,氧化膜晶粒非常细小,平均晶粒尺寸低于300 nm。从氧化膜的剖面观察可以看出,氧化膜厚度较薄,仅为几个微米。氧化膜与基体接触良好,没有出现氧化膜剥离的现象。在氧化膜/基体界面上,仅观察到少量的空洞(图

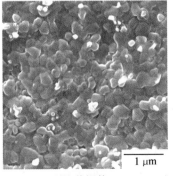
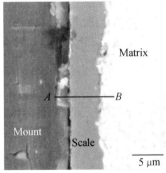

(a) 俯视前　　　　　　　　　　　　　(b) 剖面后

图 3.74 　循环氧化后 NiAl-Al₂O₃ 氧化膜形貌观察

3.74(b))。致密且黏附性良好的氧化膜使材料具有良好的抗氧化性能。

　　为测定氧化膜各处的成分,利用 EDS 线扫描测试了图 3.74 中 *A–B* 处的元素组成,结果如图 3.75 所示。从图中可以看出,氧化膜的主要组成元素为 Al 和 O。此外,在氧化膜/基体界面处,观察到一个较窄、贫铝程度较轻的贫铝层,此处的 Al 元素含量稍低于内层基体,这是由氧化膜的生长机制造成的。

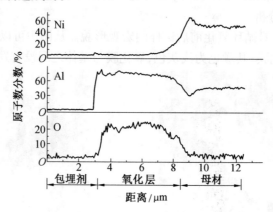

图 3.75　氧化膜断面的 EDS 线扫描结果

3.7.2　抗氧化性能的增强机制

　　良好的黏附性是氧化膜实现防护效果的必要条件。通常,氧化膜黏附力的降低是由氧化膜/基体界面上的空洞和氧化膜中的内应力所造成的。

　　空洞的形成是 NiAl 基合金氧化过程中的一种常见现象,其形成机理如图 3.76 所示。氧化过程中,氧化膜/基体界面上的 Al 向外扩散并与氧化合生成氧化物,界面附近 Al 的消耗使得此处 Ni 的浓度升高。在浓度差的作用下,富余的 Ni 会向基体内扩散。Ni 和 Al 的共同消耗造成氧化膜和基体的分离,形成空位。随空位的增多和增殖,最终在氧化膜/基体界面处形成空洞。空洞的存在不会影响随后的氧化动力学过程,但它会大大减少氧化膜和基体的接触,使氧化膜的黏附力降低。许多学者认为,界面空洞是影响氧化膜黏附性的一个决定性因素。

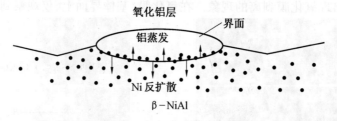

图 3.76　NiAl 基材料的界面空洞形成过程示意图[135]

　　内应力也是影响氧化膜黏附性的一个重要因素。在氧化过程中,氧化膜中存在热应力、生长应力和相变应力等几种内应力。热应力(σ^T)是冷却过程中由氧化膜和基体热膨胀系数的差异所引起的;晶界是氧化过程中主要的物质扩散通道,氧化物将首先在晶界处生成,从而在氧化膜中产生压应力,即生长应力(σ^G);相变应力(σ^P),是由氧化膜中的相变所引起的。因此,氧化膜中的总应力可表达为

$$\sigma = \sigma^T + \sigma^G + \sigma^P \tag{3.77}$$

氧化膜与基体接触良好,表现出良好的黏附性。氧化膜黏附力的提高是由晶粒细化所造成的。

首先,细晶材料能够抑制空洞的形成。由于基体晶粒细小,高密度的晶界促进了 Al 的外扩散,同时也为氧化物的形成提供了数量众多的形核点,因而,晶粒细化的基体上能够迅速形成一层保护性的氧化膜。氧化膜形成后,基体金属的扩散受到极大的抑制,减少金属的消耗,氧化膜/基体界面上不会形成 Al 的耗尽层,从而大大减少了空位的形成。

其次,细晶材料氧化膜的应力也较小。氧化过程中,氧化物是在晶界处形核并长大的。氧化物晶粒的侧向生长受到周围一起长大的氧化物晶粒的制约,因此,细晶材料所形成的氧化膜的晶粒也会非常细小。Klam[138]认为,晶界的热膨胀系数比晶粒内部大得多(2.5 ~ 5 倍)。由此可以推知,细晶材料氧化膜的热膨胀系数也较高。所以,亚微米晶 NiAl-Al$_2$O$_3$ 氧化膜中的热应力会比较低。同时,由于晶界处生成的氧化物晶粒比较细小,其所产生的生长应力也就比较小。热应力和生长应力的共同减小降低了氧化膜中的应力,从而有利于其黏附力的提高。

3.7.3 前缘模拟件的氧化测试

由于受各种因素的影响,实验中性能表现良好的材料,在实际应用中却未必能发挥出优良的性能。前面实验结果表明,亚微米晶 NiAl-Al$_2$O$_3$ 复合材料具有良好的高温抗氧化性能。为测试其在实际应用中的表现,本书对制备的前缘模拟件进行了氧化性能测试。

前缘模拟件的氧化测试在 1 100 ℃进行,氧化时间共计 48 h。图 3.77 为氧化前后前缘模拟件的宏观形貌。氧化后,零件表面生成一层致密的氧化膜,氧化膜与基体结合良好,未观察到明显的开裂和剥离,证明了该材料所制备的零件具有良好的高温抗氧化性能,能够满足高温工作环境的需要。

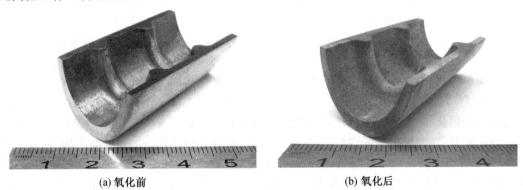

(a) 氧化前　　　　　　　　　　　　　　　　(b) 氧化后

图 3.77　前缘模拟件氧化前后的宏观形貌对比

3.7.4 稀土元素钇对 NiAl-Al$_2$O$_3$ 复合材料抗氧化性能的影响

此前,有学者研究了活性元素对合金抗氧化性能的影响。实验表明,活性元素能够有效提高材料的抗氧化性能,表现为较低的氧化速率,较小的氧化增重和氧化膜良好的黏附性[138]。本书中,在 NiAl-Al$_2$O$_3$ 复合材料中添加了质量分数为 0.2% 的稀土元素 Y,测试了试样的抗氧化性能并与 NiAl-Al₂O₃ 的抗氧化性能进行了对比,分析了稀土元素 Y 对材料抗氧化性能的影响。

1. 恒温氧化

(1)氧化增重分析

图 3.78 为 NiAl-Al₂O₃ 和 NiAl-Al₂O₃-Y 复合材料在恒温氧化过程中的氧化增重曲线。随氧化时间的延长,NiAl-Al₂O₃-Y 试样的重量单调递增,没有出现重量降低的现象。与 NiAl-Al₂O₃ 相比,NiAl-Al₂O₃-Y 的氧化增重显著降低,降幅约为 40%。这说明,稀土元素 Y 的添加能够提高氧化膜的保护性,减轻材料的氧化。

(2)氧化产物及氧化膜形貌分析

图 3.79 为 1 000 ℃恒温氧化 24 h 后氧化膜的 XRD 结果。从图中可以看出,氧化膜中仅观察到一种氧化物,即 α-Al₂O₃,这说明 Y 对 NiAl-Al₂O₃ 的氧化产物没有影响。由于试样的氧化膜较薄,在图 3.79(a)和(b)的衍射结果中均可以观察到 NiAl 衍射峰。此外,对比 NiAl 衍射峰的强度可以看出,NiAl-Al₂O₃-Y 衍射结果中 NiAl 的衍射峰强度较高,这说明 X 射线衍射这两种试样的氧化膜时采集到更多的基体,也从侧面证实了 NiAl-Al₂O₃-Y 上生成的氧化膜较薄,与氧化增重结果相吻合。

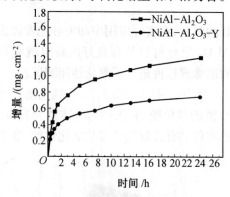

图 3.78　1 000 ℃恒温氧化过程的时间-
增重关系曲线

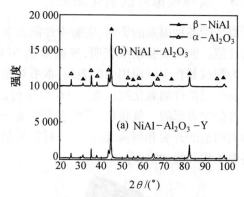

图 3.79　24h 恒温氧化后试样的 X 射线
衍射结果

图 3.80 为恒温氧化后氧化膜形貌的对比图。在氧化初期,在 NiAl-Al₂O₃ 试样和 NiAl-Al₂O₃-Y 试样的氧化膜中均能观察到刀锋状的亚稳态 θ-Al₂O₃(图 3.80(a)和(e))。随着氧化时间的延长,θ-Al₂O₃ 逐渐转变为稳态的 α-Al₂O₃,使刀锋状形貌逐渐被等轴晶所取代。与此同时,在两种试样的空气/氧化膜界面上,都观察到了独特的屋脊状形貌,这种形貌是 NiAl 基合金所特有的。随着氧化的进行,NiAl-Al₂O₃ 的屋脊状特征变得越来越粗大,越来越密集,而 NiAl-Al₂O₃-Y 中的屋脊状形貌却逐渐消失。NiAl 基材料氧化膜的生长机制是由 Al 的外扩散和 O 的内扩散同时控制的,表现为外部氧化和内部氧化的同时进行。对于细晶材料,高密度的晶界促进了 Al 的选择性氧化,其氧化机制以 Al 的外扩散为主。Al 的外扩散促进了屋脊状形貌的生长,使其越来越粗大、密集。此前,有学者通过对比实验研究了稀土元素 Y 对 NiAl 抗氧化性能的影响。结果表明,添加 Y 后,氧化膜的生长机制发生改变,Al 的外扩散受到明显的抑制,其物质扩散以 O 的内扩散为主[126~128]。由于 Al 外扩散的减少,屋脊状形貌的生长受到抑制,不能够充分生长,反而随氧化物晶粒的侧向生长而趋于消失(图 3.80(f)~(h))。

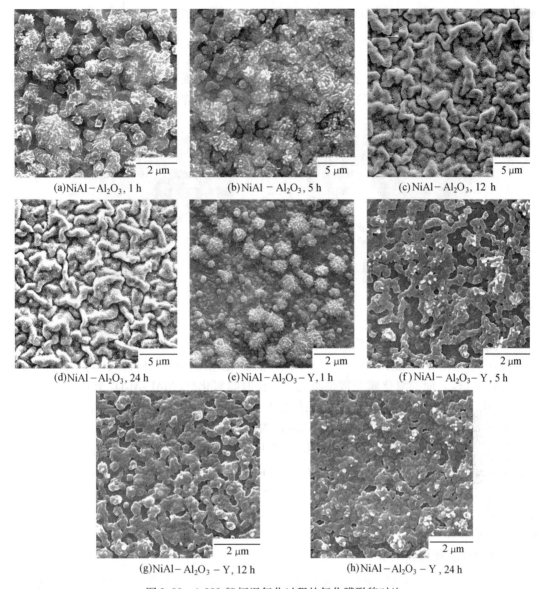

(a)NiAl – Al$_2$O$_3$, 1 h

(b)NiAl – Al$_2$O$_3$, 5 h

(c)NiAl – Al$_2$O$_3$, 12 h

(d)NiAl – Al$_2$O$_3$, 24 h

(e)NiAl – Al$_2$O$_3$ – Y, 1 h

(f)NiAl – Al$_2$O$_3$ – Y, 5 h

(g)NiAl – Al$_2$O$_3$ – Y, 12 h

(h)NiAl – Al$_2$O$_3$ – Y, 24 h

图 3.80　1 000 ℃恒温氧化过程的氧化膜形貌对比

2. 循环氧化

（1）氧化增重分析

图 3.81 为 1 000 ℃循环氧化测试中, NiAl-Al$_2$O$_3$ 试样和 NiAl-Al$_2$O$_3$-Y 试样氧化增重的对比, 曲线上的每个点代表一次热循环过程。在热循环初期, 试样重量均迅速增加, 表明此时的氧化速率较高。几次热循环之后, 试样的增重逐渐平缓。在测试时间范围内, 试样均没有出现重量降低的现象, 说明没有发生氧化膜剥

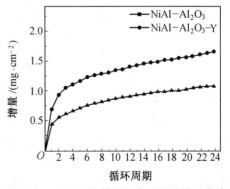

图 3.81　1 000 ℃循环氧化过程的增重曲线

离的现象。与 NiAl-Al$_2$O$_3$ 试样相比，NiAl-Al$_2$O$_3$-Y 试样的循环氧化增重明显较小，曲线也更加平缓。

（2）氧化膜形貌分析

图 3.82 为 24 次循环氧化前后NiAl-Al$_2$O$_3$-Y 试样的宏观形貌。氧化后，试样表面形成一层致密的保护性氧化膜，其颜色呈暗绿色，氧化膜与基体结合紧密，没有出现氧化膜的剥离现象。

(a)氧化前　　　　　　　　　　　　　　(b)氧化后

图 3.82　循环氧化前后 NiAl-Al$_2$O$_3$-Y 试样的宏观形貌对比

图 3.83 为循环氧化后 NiAl-Al$_2$O$_3$-Y 试样的显微组织形貌。图 3.83(a)为大尺度的氧化膜形貌，试样表面的氧化膜非常平整光滑。长时间氧化后，NiAl-Al$_2$O$_3$ 氧化膜中的亚稳态 θ-Al$_2$O$_3$ 已经完全转变为稳态 α-Al$_2$O$_3$；而在 NiAl-Al$_2$O$_3$-Y 中，稀土元素 Y 的添加延缓了氧化膜中 θ-α 的转变，较高的放大倍数下，可以看出氧化膜依然存在刀锋状的 θ-Al$_2$O$_3$（图 3.83(b)）。从氧化膜的剖面观察可以看出，氧化膜厚度较薄，仅为 3 μm 左右。氧化膜与基体接触良好，没有观察到裂纹和剥落现象，在氧化膜/基体界面上，也没有观察到空洞的形成（图 3.83(c)）。图 3.83(d)为氧化膜剖面上 A-B 处的 EDS 线扫描结果，从图中可以看出，氧化膜的主要元素组成为 Al 和 O，这与 XRD 结果相对应。此外，在氧化膜/基体的界面附近，没有形成贫铝层。

3. 抗氧化性能增强机制

从氧化增重曲线和氧化膜形貌观察可以看出，添加稀土元素 Y 后，NiAl-Al$_2$O$_3$ 复合材料的抗氧化性能得到进一步的改善，表现为氧化增重的降低、空洞的消失和氧化膜黏附力的进一步提高。其增强机理包括以下几个方面：

（1）改变氧化膜的形成机制

稀土元素 Y 能够改变材料氧化膜的生长机制。添加稀土 Y 后，Y 会在相界或晶界处偏聚，抑制基体内元素的扩散，使氧化物的生长机制由以 Al 的外扩散为主变为以 O 的内扩散为主[131]。扩散机制的改变减少了氧化膜/基体界面处出现空位的可能性，因而在图 3.83(d)中没有出现贫铝层。氧化机制的改变对材料的抗氧化性有两方面的影响：首先，以 O 的内扩散为主的生长机制使新生的氧化物能够与基体紧密结合，增大了氧化膜与基体的接触，提高了氧化膜的黏附力；其次，这种生长机制也能减轻氧化膜中的空隙或开裂，粒子通过氧化膜的扩散会在氧化膜中产生内应力，使氧化膜疏松或开裂，加入稀土之后，改变了元素的扩散机制，减少了氧化膜的开裂。

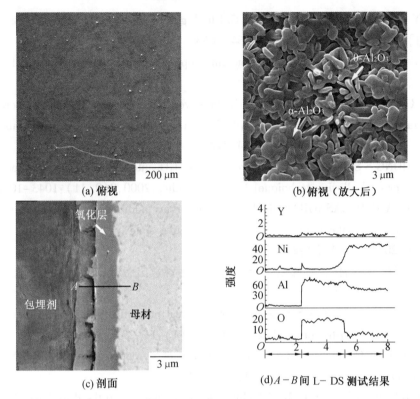

图 3.83　NiAl-Al$_2$O$_3$-Y 氧化膜显微组织观察及氧化膜剖面的元素线扫描结果

（2）抑制了氧化物的相转变

氧化初期，试样表面形成亚稳态氧化物，这些氧化物在后续氧化过程中逐渐转变为稳态 α-Al$_2$O$_3$。理论上，α-Al$_2$O$_3$ 与 θ-Al$_2$O$_3$ 之间存在 9.7% ~ 13% 的体积差，这将使氧化膜中产生裂纹。稀土元素 Y 能够减缓氧化物的转变速度，降低了产生裂纹的可能性。

（3）在氧化膜中形成"楔形"结构

由于氧化机制的改变，氧化过程中发生一定程度的内氧化，在基体中形成一些"楔形"结构。这些"楔形"结构的氧化物钉扎在基体中，能够额外的增加氧化膜与基体的接触面积，增强氧化膜的黏附力。

参考文献

[1] SUBRAMNIAN P R, MENDIRATTA M G, DIMIDUK D M. The Development of Nb-based advanced intermetallic alloys for structural applications[J]. Journal of Metallurgy, 1996, 48: 33-38.

[2] 陈国栋. 高温合金[M]. 北京: 冶金工业出版社, 1988: 38.

[3] CALKA A, R A P. Mechanical alloying for strucutral applications[J]. Materials Park. OH: ASM International, 1993: 189-195.

[4] 张永刚, 韩雅芳, 陈国良. 金属间化合物结构材料[M]. 北京: 国防工业出版社, 2001: 905-908.

[5]BEWLAY B P,JACKSON M R,ZHAO J C. Ultrahigh-Temperature Nb-Silicide-Based Composites[J]. MRS Bulletin,2003,28(9):646-653.

[6]STOLOFF N S,LIU C T,DEEVI S C. Emerging applications of intermetallics[J]. Intermetallics,2000,8(9-11):1313-1320.

[7]ALBITER A,SALAZAR M,BEDOLLA E. Improvement of the mechanical properties in a nanocrystalline NiAl intermetallic alloy with Fe,Ga and Mo additions[J]. Materials Science and Engineering A,2003,347(1-2):154-164.

[8]LIN C K,HONG S S,LEE P Y. Formation of NiAl-Al_2O_3 intermetallic-matrix composite powders by mechanical alloying technique[J]. Intermetallics,2000,8(9-11):1043-1048.

[9]CAMMAROTA G P,CASAGRANDE A. Effect of ternary additions of iron on microstructure and microhardness of the intermetallic NiAl in reactive sintering[J]. Journal of Alloys and Compounds,2004,381(1-2):208-214.

[10]郭建亭.有序金属间化合物镍铝合金[M].北京:科学出版社,2003:140,383,426,529,587,610.

[11]SMITH T R,VECCHIO K S. Synthesis and mechanical properties of nanoscale mechanically-milled NiAl[J]. Nanostructured Materials,1995,5(1):11-23.

[12]AOKI K,LZUMI O. Ductility and fracture behavior of B-doped polycrystalline Ni_3Al[J]. Journal of institute of metals,1979,(43):1190-1194.

[13]MURTY B S,JOARDAR J,PABI S K. Influence of Fe and Cr on the disordering behavior of mechanically alloyed NiAl[J]. Nanostructured Materials,1996,7(6):691-697.

[14]ALBITER A,ESPINOSA-MEDINA M A,GONZALEZ-RODRIGUEZ J G. Effect of Mo,Ga and Fe on the corrosion resistance of nanocrystalline NiAl alloy in acidic media[J]. International Journal of Hydrogen Energy,2005,30(12):1311-1315.

[15]GAO Q,GUO J T,HUAI K W. The microstructure and compressive properties of as-cast NiAl-28Cr-5.8Mo-0.2Hf containing minor Dy[J]. MaterialsLetters,2005,59(23):2859-2862.

[16]SHENG L Y,GUO J T,YE H Q. Microstructure and mechanical properties of NiAl-Cr (Mo)/Nb eutectic alloy prepared by injection-casting[J]. Materials & Design,2009,30(4):964-969.

[17]GUO J T,SHENG L Y,TIAN Y X. Effect of Ho on the microstructure and compressive properties of NiAl-based eutectic alloy[J]. Materials Letters,2008,62(23):3910-3912.

[18]WITKIN D B,LAVERNIA E J. Synthesis and mechanical behavior of nanostructured materials via cryomilling[J]. Progress in Materials Science,2006,51(1):1-60.

[19]曹国剑.放电等离子烧结 Ni_3Al 及其复合材料的高温压缩与抗氧化性能[D].哈尔滨:哈尔滨工业大学材料科学与工程学院,2007:148.

[20]CHANG S T,TUAN W H,YOU H C. Effect of surface grinding on the strength of NiAl and Al_2O_3/NiAl composites[J]. Materials Chemistry and Physics,1999,59(3):220-224.

[21]DOYCHAK J,NESBITT J A,NOEBE R D. Oxidation of Al_2O_3 continuous fiber-reinforced/NiAl composites[J]. Oxidation of Metals,1992,38(1):45-72.

[22] CLOSE C M W, MINOR R. Intermetallic-matrix composites-a review [J]. Intermetallics, 1996, (4): 217-229.

[23] LEE D B, KIM G Y, PARK S W. High temperature oxidation of mechanically alloyed NiAl-Fe-AlN-Al$_2$O$_3$ [J]. Materials Science and Engineering A, 2002, 329-331: 718-724.

[24] ZHOU L Z, GUO J T, FAN G J. Synthesis of NiAl-TiC nanocomposite by mechanical alloying elemental powders [J]. Materials Science and Engineering A, 1998, 249(1-2): 103-108.

[25] 杨福宝, 郭建亭, 周继扬. HfC 颗粒增强 NiAl 基纳米复合材料的机械合金化与力学性能 [J]. 材料工程, 2001, (7): 7-10.

[26] LI Z W, GAO W, ZHANG D L. High temperature oxidation behaviour of a TiAl-Al$_2$O$_3$ intermetallic matrix composite [J]. Corrosion Science, 2004, 46(8): 1997-2007.

[27] LIU Z, GAO W, DAHM K L. Oxidation behaviour of sputter-deposited Ni-Cr-Al microcrystalline coatings [J]. Acta Materialia, 1998, 46(5): 1691-1700.

[28] KRISHNAN P, SILVA A C E, KAUFMAN M J. Synthesis of NiAl/Al$_2$O$_3$ composites via in-situ reduction of precursor oxides [J]. Scripta Metallurgica et Materialia, 1995, 32(6): 839-844.

[29] BURTIN P, BRUNELLE J P, PIJOLAT M. Influence of surface area and additives on the thermal stability of transition alumina catalyst supports. I: Kinetic data [J]. Applied Catalysis, 1987, 34: 225-238.

[30] BURTIN P, BRUNELLE J P, PIJOLAT M. Influence of surface area and additives on the thermal stability of transition alumina catalyst supports. II: Kinetic model and interpretation [J]. Applied Catalysis, 1987, 34: 239-254.

[31] PINT B A, TRESKA M, HOBBS L. The Effect of Various Oxide Dispersions on the Phase Composition and Morphology of Al$_2$O$_3$ Scales Grown on β-NiAl [J]. Oxidation of metals, 1997, 47(1): 1-20.

[32] LEE W W, LEE D B, KIM M H. High temperature oxidation of an oxide-dispersion strengthened NiAl [J]. Intermetallics, 1999, 7(12): 1361-1366.

[33] 郭建亭. 高温合金材料学 [M]. 北京: 科学出版社, 2010: 4-5.

[34] KOCH C C, WHITTENBERGER J D. Mechanical milling/alloying of intermetallics [J]. Intermetallics, 1996, 4(5): 339-355.

[35] HUANG B L, VALLONE J, LUTON M J. Formation of nanocrystalline B2 NiAl through cryo-milling of Ni-50% Al at 87 K [J]. Nanostructured Materials, 1995, 5(4): 411-424.

[36] 陈国良, 林均品. 有序金属间化合物结构材料物理金属学基础 [M]. 北京: 冶金工业出版社, 1999: 215.

[37] BAKER H. Alloy phase diagrams [J]. ASM International, Materials park, Ohio, 1992, 3: 249.

[38] BAKER I, NAGPAI P, LIU F. The Effect of Grain Size on the Yield Strength of NiAl [J]. Acta Metall. Mater, 1991, 36.

[39] WAGNER C N J, YANG E, BOLDRICK M S. The structure of nanocrystalline Fe, W and NiAl powders prepared by high-energy ball-milling [J]. Nanostructured Materials, 1996, 7

(1-2):1-11.

[40] WAGNER C N J,YANG E,BOLDRICK M S. The structure of nanocrystalline NiAl powders prepared by high-energy ball-milling[J]. Journal of Non-Crystalline Solids,1995,192-193:574-577.

[41] SCHULSON E,BAKER D R. A brittle to ductile transition in NiAl of a critical grain size [J]. Scripta Materialia,1983,17:519-522.

[42] 郭建亭,周兰章,李谷松. 纳米金属间化合物 NiAl 的机械合金化合成及性能[J]. 金属学报,1999,(08):846-850.

[43] COTTON J D,NOEBE R D,KAUFMAN M J. The effects of chromium on NiAl intermetallic alloys:Part I. microstructures and mechanical properties[J]. Intermetallics,1993,1(1):3-20.

[44] NOEBE B R R R D,NATHAL M V. The physical and mechanical metallurgy of NiAl[J]. Physical Metallurgy and Processing of Intermetallic Compounds,1996,3(25):212-250.

[45] F R L. Statistics of stabilities of ternary elements in intermetallic compounds[J]. Journal of material science,1988,(7):525-561.

[46] GEORGE E P,LIU C T. Brittle fracture and grain boundary chemistry of micro-alloyed NiAl [J]. Journal of material research,1990,(5):754-762.

[47] DAROLIA R,WALSTON W S,NATHAL M V. NiAl alloys for turbine airfoils[J]. Supperalloys,1996,18(3):561-570.

[48] LIU C T,HORTON J A. Effect of refractory alloying additions on mechanical properties of near-stoichiometric NiAl[J]. Materials Science and Engineering A,1995,192-193(Part 1):170-178.

[49] SEYBOLT A U. Oxide dispersion strengthened NiAl and FeAl[J]. Trans. am. soc. met,1966,59(8):860-867.

[50] 邢占平,于立国,郭建亭. NiAl-TiC 原位复合材料的室温韧化机制研究[J]. 材料工程,1997,(5):20-22.

[51] 宋桂明,周玉,王玉金. TiC$_p$/W 复合材料的制备工艺与力学性能[J]. 稀有金属材料与工程,1999,28(3):171-175.

[52] CHOO H,NASH P,DOLLAR M. Mechanical properties of NiAl-AlN-Al$_2$O$_3$ composites[J]. Materials Science and Engineering A,1997,239-240(7):464-471.

[53] PADMAVARDHANI D,GOMEZ A,ABBASCHIAN R. Synthesis and microstructural characterization of NiAl-Al$_2$O$_3$ functionally gradient composites[J]. Intermetallics,1998,6(4):229-241.

[54] GONZáLEZ-CARRASCO J L,PéREZ P,ADEVA P. Oxidation behaviour of an ODS NiAl-based intermetallic alloy[J]. Intermetallics,1999,7(1):69-78.

[55] DOYCHAK J,SMIALEK J L,BARRETT C A. Oxidation of High-Temperature Intermetallics [J]. Warrendale,1988:41-55.

[56] YANG S L,WANG F H,WU W T. Effect of a NiAl coating on the oxidation resistance of a NiAl-TiC composite[J]. Oxid. Met,2001,(56):33-39.

[57] 徐春梅,郭建亭,杨福松. NiAl-33.5Cr-0.5Zr 合金的高温氧化行为研究[J]. 材料工程, 2001,(4):103-108.

[58] CRIDER S F. Self-propagating high-temperature synthesis-a soviet method for producing ceramic materials[J]. ceram. eng. sic. proc,1982,(3):9.

[59] STOLOFF N,DAVIES B. The mechanical properties of ordered alloys[J]. Process in materials science,1966,7(32):1-84.

[60] WHITTENBERGER J D,GRAHLE P,BEHR R. Elevated temperature compressive strength properties of oxide dispersion strengthened NiAl after cryomilling and roasting in nitrogen [J]. Materials Science and Engineering A,2000,291(1-2):173-185.

[61] DU X H,GUO J T,ZHOU B D. Superplasticity of stoichiometric NiAl with large grains[J]. Scripta Materialia,2001,45(1):69-74.

[62] QI Y H,GUO J T,CUI C Y. Superplasticity of a directionally solidified NiAl-Fe(Nb)alloy at high temperature[J]. Materials Letters,2002,57(3):552-557.

[63] BENJAMIN J S. Dispersion strengthened superalloys by mechanical alloying[J]. Metallurgical Transactions,1970,1:2943-2951.

[64] 刘长松,殷声. 自蔓延高温合成(SHS)反应机械合金化[J]. 稀有金属,1999,23(2): 137-141.

[65] 陈振华,陈鼎. 机械合金化与固液反应球磨[M]. 北京:化学工业出版社,2006:2-8,15, 53,79,150,218-221,269,349.

[66] SURYANARAYANA C. Mechanical alloying and milling[J]. Progress in Materials Science, 2001,46(1-2):1-184.

[67] WHITE R L. The superconductivity of Nb₃Sn[J]. Materials science,1979,(4):65-69.

[68] ERMAKOV A E,YURCHIKOV E E. Magnetic properties of amorphous powders of Y-Co alloys prepared by mechanical grinding[J]. Fizika Metallov i Metallovedenie,1981,52(6): 1184-1193.

[69] SCHWARA R B,PETRICH R R,SAW C K. The synthesis of amorphous Ni-Ti alloy powders by mechanical alloying[J]. Journal of Non-Crystalline Solids,1985,76(2-3):281-302.

[70] THOMPSON J R,POLITIS C. Formation of amorphous Ti-Pd alloys by mechanical alloying methods[J]. Europhsics Letters,1987,3(2):199-205.

[71] ECKERT J,HOLZER J C,KRILL C E. Structural and thermodynamic properties of nanocrystalline fcc metals prepared by mechanical attrition[J]. Journal of Materials Research,1992, 7(7):1751-1761.

[72] LI S,SUN L,WANG K. A Simple Model for the Refinement of Nanocrystalline Grain Size During Ball Milling[J]. Scripta Metallurgica etMaterialia,1992,27(4):437-442.

[73] 贾建刚,马勤,吕晋军. 机械活化/热压 Fe₃Si 有序金属间化合物的制备[J]. 兰州理工大学学报,2007,33(1):14-17.

[74] 黄培云. 粉末冶金原理[M]. 北京:冶金工业出版社,1982:334-340.

[75] 国世驹. 粉末烧结理论[M]. 北京:冶金工业出版社,1998:12-15.

[76] 王盘鑫. 粉末冶金学[M]. 北京:冶金工业出版社,1997:355.

[77] TOKITA M. Development of large-size ceramic/metal bulk FGM fabricated by spark plasma sintering[J]. Materials Science Forum,1999,308-311:83-88.

[78] 张春萍. γ-TiAl 基合金的电脉冲辅助烧结及组织性能研究[D]. 哈尔滨:哈尔滨工业大学材料科学与工程学院,2009:18.

[79] KIM H,KAWAHARA M,TOKITA M. Specimen temperature and sinterability of Ni powder by spark plasma sintering[J]. Powder Metallurgy,2000,47(32):887-891.

[80] 周玉. 陶瓷材料学[M]. 哈尔滨:哈尔滨工业大学出版社,1995:326-340.

[81] FECHT H,HELLSTERN E,FU Z. Nanocrystalline metals prepared by high-energy ball milling[J]. Metallurgical and Materials Transactions A,1990,21(9):2333-2337.

[82] UDHAYABANU V,RAVI K R,VINOD V. Synthesis of in-situ NiAl-Al_2O_3 nanocomposite by reactive milling and subsequent heat treatment[J]. Intermetallics,2010,18(3):353-358.

[83] ATZMON M. Characterization of AlNi formed by a self-sustaining reaction during mechanical alloying[J]. Materials Science and Engineering:A,1991,134:1326-1329.

[84] MURTY B S,RANGANATHAN S. Novel Materials Synthesis by Mechanical Alloying/Milling[J]. International Materials Reviews,1998,43(3):1-141.

[85] 李小强,胡连喜,王尔德. Ti/Al 二元粉末的机械合金化[J]. 中国有色金属学报,2001,(01):55-58.

[86] 横山丰和,谷山芳树. 游星ミルにと硅砂の水中粉砕に粉砕平衡粒度[J]. 粉体工学会志,1991,28(12):751.

[87] 赵千秋,山田茂树,神保元二. 游星ミルの粉砕机构と限界粒度[J]. 粉体工学会志,1988,25(5):297.

[88] 新宫秀夫. メカニカルクロィソダ熱力學[J]. 日本金属学會會報,1988,27(10):805-807.

[89] BENJAMIN J S. Powder metallurgy[M]. American society for metals,1984:56.

[90] GAFFET E,BERNARD F,JEAN-CLAUDE. Some recent developments in mechanical activation and mechanosynthesis[J]. Journal of materials chemistry,1998,9(35):305-314.

[91] HELLSTERN E. Structural and hermodynamic properties of heavily mechanically deformed Ru and AlRu[J]. Journal of Applied Physics,1989,65(1):305-310.

[92] S P. Bestimmung der grosse und inneren Struktur von Kolloidteilchen mittels Rontgenstrahlen[J]. Nachrichten Gesellschaft Wissenschaft Gottingen,1918,26:98-100.

[93] WILLIAMSON H W H. K. X-ray line broadening from field aluminum and wolfram[J]. Acta Materialia,1953,1:22-31.

[94] ENAYTI M H,FARIMZADEH F,ANVARI S Z. Synthesis of nanocrystalline NiAl by mechanical alloying[J]. Journal of Materials Processing Technology,2008,200(1-3):312-315.

[95] CHEN T,HAMPIKIAN J M,THADHANI N N. Synthesis and characterization of mechanically alloyed and shock-consolidated nanocrystalline NiAl intermetallic[J]. Acta Materialia,1999,47(8):2567-2579.

[96] MOSHKSAR M M, MIRZAEE M. Formation of NiAl intermetallic by gradual and explosive exothermic reaction mechanism during ball milling[J]. Intermetallics,2004,12(12):1361-1366.

[97] ZHOU L Z, GUO J T, LI G S. Investigation of annealing behavior of nanocrystalline NiAl [J]. Materials and Design,1997,18(4-6):373-377.

[98] HAHN K H, VEDULA K. Room temperature tensile ductility in polycrystalline B2 NiAl[J]. Scripta Metallurgica,1989,23(1):7-12.

[99] TABOR D. The hardness of solids[J]. Review of Physics in technology,1970,1(3):145-179.

[100] OZDEMIR O, ZEYTIN S, BINDAL C. A study on NiAl produced by pressure-assisted combustion synthesis[J]. Vacuum,2009,84(4):430-437.

[101] BAKER H, ZHOU G F, YANG H. Mechanically driven disorder and phase transformations in alloys[J]. Progress in Materials Science,1995,39(3):159-241.

[102] SURYANARAYANA C, NORTON M G. X-ray diffraction:a practical approach[J]. NY: Plenum,1998.

[103] ANVARI S Z, KARIMZADEH F, ENAYATI M H. Synthesis and characterization of NiAl-Al₂O₃ nanocomposite powder by mechanical alloying [J]. Journal of Alloys and Compounds,2009,477(1-2):178-181.

[104] SURYANARAYANA C. Nanocrystalline materials [J]. International Materials Reviews, 1995,40(2):41-64.

[105] 王长丽,张凯锋. SiCₚ/Ni 纳米复合材料的超塑性[J]. 复合材料学报,2005,22(4):68-75.

[106] MAO S X, MCMINN N A, WU N Q. Processing and mechanical behaviour of TiAl/NiAl intermetallic composites produced by cryogenic mechanical alloying[J]. Materials Science and Engineering A,2003,363(1-2):275-289.

[107] GUO J T, ZHOU L Z, LI G S. Mechanically synthesis and mechanical properities of nanocrystalline intermetallics NiAl[J]. Acta Materialia Sinca,1999,35(8):846-850.

[108] YANG F B, GUO J T, ZHOU J Y. Mechanically synthesis and mechanical properties of nanocrystalline NiAl matrix composite reinforced by HfC particles[J]. Journal of Materials Engineering,2001,32(07):7-10.

[109] XIN W, YAN S, HONGYU G. Formation mechanism of intragranular structure in nano-composite. Trans[J]. Nonferrous Met. Soc. China,2004,14(2).

[110] F. V. 莱内尔. 粉末冶金原理和应用[M]. 北京:冶金出版社,1989:537.

[111] TOKITA M. Trends in advanced SPS spark plasma sintering system and technology[J]. Journal of the society of powdertechnlogy,1993,11(30):709-804.

[112] 刘雪梅,宋晓艳,张久兴. 单质导电材料 SPS 过程中颈部形成机理[J]. 中国有色金属学报,2006,16(3):422-429.

[113] JHA S C, RAY R. Dispersion strengthened NiAl alloys produced by rapid solidification processing[J]. Journal of Materials Science Letters,1988,7(3):285-288.

[114] VILLARS P, CALVERT L D. Person's handbook of crystallographic data for intermetallic phase 2[J]. Metal park, 1985.

[115] 邢占平. 颗粒增强 NiAl 基内生复合材料的界面结构及力学性能[D]. 哈尔滨:哈尔滨工业大学材料科学与工程学院, 1995:84-90.

[116] LASALMONIE A, STRUDEL J L. Influence of grain size on the mechanical behaviour of some high strength materials[J]. Journal of Materials Science, 1986, 21(6):1837-1852.

[117] 郭建亭. 有序金属间化合物镍铝合金[M]. 北京:科学出版社, 2003.

[118] 黄传真, 孙静, 邹斌. ZrO_2/Al_2O_3 陶瓷刀具材料的增韧补强机理分析[J]. 先进制造技术, 2003, 23(7):3-6.

[119] FABER K T, EVANS A G. Crack deflection processes-I, theory[J]. Acta Metallurgica, 1983, 31(4):565-576.

[120] 李玉清, 刘锦岩. 高温合金晶界间隙相[M]. 北京:冶金工业出版社, 1990:380.

[121] 张光业, 郭建亭, 张华. 定向凝固 NiAl/Cr(Mo,Hf)合金的微观组织及力学性能[J]. 材料工程, 2006, (11):30-35.

[122] TJONG S C, MA Z Y. Microstructural and mechanical characteristics of in situ metal matrix composites[J]. Materials Science and Engineering:R:Reports, 2000, 29(3-4):49-113.

[123] 黄淑菊. 金属腐蚀与防护[M]. 西安:西安交通大学出版社, 1988.

[124] ZHOU Y, PENG X, WANG F. Oxidation of a novel electrodeposited Ni-Al nanocomposite film at 1 050 ℃[J]. Scripta Materialia, 2004, 50(12):1429-1433.

[125] YANG S, WANG F, WU W. Effect of microcrystallization on the cyclic oxidation behavior of β-NiAl intermetallics at 1 000 ℃ in air[J]. Intermetallics, 2001, 9(8):741-744.

[126] PINT B A, HAYNES J A, BESMANN T M. Effect of Hf and Y alloy additions on aluminide coating performance[J]. Surface and Coatings Technology, 2010, 204(20):3287-3293.

[127] ZHANG G, ZHANG H, GUO J. Improvement of cyclic oxidation resistance of a NiAl-based alloy modified by Dy[J]. Surface and Coatings Technology, 2006, 201(6):2270-2275.

[128] SCHUMANN E, YANG J C, GRAHAM M J. The effect of Y and Zr on the Oxidation of NiAl [J]. Materials and Corrosion, 1996, 47(11):631-632.

[129] BRUMM M W, GRABKE H J. The oxidation behaviour of NiAl-I. Phase transformations in the alumina scale during oxidation of NiAl and NiAl-Cr alloys[J]. Corrosion Science, 1992, 33(11):1677-1690.

[130] PILLING N B, BEDWORTH R E. The oxidation of metals at high temperatures[J]. Journal of institute of metals, 1923, 29:529-591.

[131] PINT B A, MARTIN J R, HOBBS L W. 18O/SIMS characterization of the growth mechanism of doped and undoped $\alpha-Al_2O_3$[J]. Oxidation of metals, 1993, 39(3):167-195.

[132] 杨松兰, 王福会. NiAl 金属间化合物高温氧化研究进展[J]. 腐蚀科学与防护技术, 2002, 2:209.

[133] DOMINGUEZ-RODRIQUEZ A, CASTAING J. Diffusion fluxes and creep of polycrystalline compounds:Application to alumina[J]. Scripta Metallurgica et Materialia, 1993, 28(10):1207-1211.

[134] GRABKE H J, STEINHORST M, BRUMM M. Oxidation and Intergranular Disintegration of the Aluminides NiAl and NbAl₃ and Phases in the System Nb—Ni—Al[J]. Oxidation of Metals, 1991, 35: 199−203.

[135] PINT B A, MARTIN J R, HOBBS L W. The oxidation mechanism of θ−Al₂O₃ scales[J]. Solid State Ionics, 1995, 78(1−2): 99−107.

[136] PINT B A. The Oxidation Behavior of Oxide−Dispersed β−NiAl−I. Short−Term Performance at 1 200 ℃[J]. Oxidation of metals, 1998, 49: 516−544.

[137] YANG J C, SCHUMANN E, LEVIN I. Transient oxidation of NiAl[J]. Acta Materialia, 1998, 46(6): 2195−2201.

[138] KLAM H J, HAHN H, GLEITER H. The thermal expansion of grain boundaries[J]. Acta Metallurgica, 1987, 35(8): 2101−2104.

第4章　纳米镍及其复合材料的制备与成形

4.1　概　述

纳米材料的性能表现与其内部组织特点息息相关。脉冲电沉积制备的纳米材料具有高密度、高纯度、晶粒细小以及成分可控的特点,为纳米材料性能方面的研究提供了理想的模型。目前困扰着纳米材料的主要问题之一,是晶粒在温度或者应变作用下的长大现象。如果没有一系列行之有效的控制方法,那么一旦晶粒长大的程度过高,就会损害纳米材料的独特性能。

纳米材料超塑性的研究兴趣来源于微米级材料变形中晶粒尺寸细化引发延伸率显著提高的现象。超塑性通用的本构方程表明了纳米材料细小的晶粒组织有利于实现低温高应变速率超塑性,这正是超塑性新的发展方向。既然实现纳米材料超塑性的想法是以其内部组织为起点,可见纳米材料的热稳定性也是很重要的研究方向。众所周知,第二相颗粒的加入能有效地提高材料的热稳定性,但这方面的研究大多是在等温热处理的条件下进行的,在实际超塑性变形过程的作用有待进一步的系统研究。此外,目前进行的纳米材料超塑性研究过程中,选用的纳米材料,特别是纳米复合材料的种类有限,很难满足实际生产中对材料多样性的要求。纳米材料超塑性的获得大部分是在单向应力状态下,这种方式虽然能够评价材料的性能,但和实际应用中的应力状态相差甚远,因此有必要采用多种超塑成形的方法共同检验材料的超塑性能。

在宏观世界中,塑性成形技术具有低成本批量制造零件的特点。为此,科学工作者将微塑性成形技术应用到微型零件的制造领域,大大地拓宽了该项技术的应用范围。目前为止,微塑性成形在实际生产中并没有得到大量的应用,主要原因之一就是在微成形过程中,材料的成形性能对于坯料尺寸和微观结构变得十分敏感。如果选用常规材料进行微塑性成形,随着薄板厚度降低,板厚方向上晶粒数减少,晶粒的异向性及晶粒界间的影响突出,在成形中容易形成材料变形不均匀。如何方便地制备适合于微成形的材料,满足实际生产的需要,也是亟待解决的问题。超塑性状态下材料能够在低应力下获得大的变形,具有良好的微成形性能,那么纳米材料优秀的超塑性是否也同样适合于微成形工艺,也是值得探讨的问题。

4.2　脉冲电沉积制备纳米镍及其复合材料

4.2.1　脉冲电沉积制备纳米 Ni 和 ZrO_2/Ni 纳米复合材料

1.脉冲电沉积装置

电沉积制备纳米 Ni 和 ZrO_2/Ni 纳米复合材料的实验装置如图 4.1 所示。脉冲电沉积的电源为邯郸市大舜电镀设备厂生产的 SMD-10 型数控双脉冲电镀电源脉冲,最大峰值电流为 10 A。电沉积过程中选用单脉冲电流,脉冲通断比为 3∶2,50 ms 为一周期。当电流导通时,电化学极化增大,阴极区附近金属离子充分被沉积,镀层结晶细致、光亮;当电流关断时,阴极区附近放电离子又恢复到初始浓度,浓差极化消除。搅拌器为金坛市荣华仪器制造有限公司生产的 DJ-1 型大功率磁力搅拌器,可以实现 200～2 000 转/分的搅拌速度。电沉积溶液的温度采用天津市泰斯特仪器有限公司生产的恒温水浴锅控制。此外,作为增强相的纳米 ZrO_2 颗粒容易形成尺寸较大的团聚体,因此选用上海致丰电子科技有限公司 ZF-300 型超声波清洗机来分散分体。

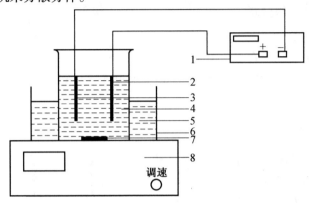

图 4.1　脉冲电沉积实验装置图
1—脉冲电源;2—阳极(Ni 板);3—阴极(不锈钢板);4—电沉积液;
5—水;6—水浴锅;7—搅拌子;8—磁力搅拌器

2. 电沉积液

本实验采用低应力镀 Ni 溶液,各种试剂的用量配比见表 4.1,所用试剂为分析纯,溶液采用蒸馏水配制。采用该配方的溶液沉积速度很快,可以在低电流密度、阳极无活化的条件下获得低应力的材料。在电沉积液中,$Ni(SO_3NH_2)_2$ 是主盐,它的加入能够提高电沉积液分散能力,使得沉积层结晶细致。$NiCl_2$ 是阳极活化剂,它的加入能使阳极电位变负,促进阳极极化,从而保证阳极处于活化状态而正常地溶解,保证 Ni 离子的正常补充。HBO_3 是缓冲剂,起主要作用是稳定电沉积液的 pH 值,提高阴极极化和改善沉积层形貌的作用。$C_7H_5NO_3S$ 是初级光亮剂,同时又是晶粒细化剂和应力消除剂,它可以使沉积层的结晶细小,并且能使沉积层光亮,可有效地改善电沉积液的分散能力,降低沉积层的内应力,提高沉积层的韧性[1]。十二烷基硫酸钠是很好的润湿剂,它能有效地降低电极/溶液间界面张力,使溶液易于在电极表面铺展,防止针孔的产生。

表 4.1　电沉积纳米 Ni 和 ZrO_2/Ni 纳米复合材料的镀液配方

电沉积液成分	含量/$(g \cdot L^{-1})$	产地
$Ni(SO_3NH_2)_2 \cdot 4H_2O$	300	天津科密欧化学试剂开发中心
$NiCl_2 \cdot 6H_2O$	15	天津科密欧化学试剂开发中心
HBO_3	40	上海化学试剂厂
$C_7H_5NO_3S$	0～10	天津北方食品有限公司
$C_{12}H_{25}NaSO_4S$	0.1	上海协泰化工有限公司
ZrO_2	10～50	大连路明纳米材料有限公司

3. 电极材料及其预处理

阳极材料为纯度99.6%的Ni板,阴极采用不锈钢板。先将阴阳极材料裁剪成合适大小,依次用800#、1200#、2000#SiC金刚砂纸打磨光亮,以除去表面氧化物和污染物等,然后将其放入乙醇与丙酮混合液中,超声波清洗除油3 min,以蒸馏水清洗干净。此后,对于阳极Ni板,将其用电吹风吹干待用。对于阴极不锈钢板,将其浸入5%的稀盐酸溶液中酸洗活化2 min,以清除电极表面的氧化层和冷加工硬化层,为电极反应提供活性表面。电沉积前用绝缘胶带封闭阴极一侧,进行单面镀覆。

4. 沉积态材料的组织分析

(1)分析测试方法

电沉积试样的衍射分析在D/max-γB旋转阳极X射线衍射仪上进行。衍射靶材为铜靶,电子加速电压为40 kV,电流为45 mA。扫描速度5(°)/min。利用获得的衍射图样,晶粒尺寸采用Scherrer公式计算[2]:

$$D_{hkl} = \frac{K\lambda}{B\cos\theta} \tag{4.1}$$

式中　D_{hkl}——(hkl)晶面法向方向的晶粒尺寸;

　　　K——常数,取0.89;

　　　B——衍射峰(hkl)的半宽高;

　　　θ——衍射峰的布拉格角;

　　　λ——衍射光波波长,取0.154 2 nm。

常用晶面织构系数TC_{hkl}表示(hkl)A,定义为[3]:

$$TC_{hkl} = \frac{I_{(hkl)}/I_{0(hkl)}}{\sum I_{(hkl)}/I_{0(hkl)}} \times 100\% \tag{4.2}$$

式中,$I_{(hkl)}$和$I_{0(hkl)}$分别是具有择优取向和无择优取向的沉积层中(hkl)晶面的X射线衍射相对强度。本实验计算中,$I_{0(hkl)}$取自ASTM卡中无择优取向的标准金属Ni粉末的X射线衍射相对强度。

采用JEM-1200EX型透射电镜(TEM)观察了ZrO_2纳米粉体的形貌和平均粒径。

在电沉积过程中,电流的初次分布取决于溶液电阻,而溶液的电阻又与阴阳极之间的距离成正比,也就是说距离阳极近的阴极部位的电流密度要比距离阳极远的部位的电流密度大。霍尔槽实验就是利用电流密度在远、近阴极上分布不同的原理设计的,将平面阴极和平面阳极构成一定倾斜度,实验中可以在一块阴极基体上观察到电流密度从很小值到一个较大值变化范围间的镀层外观情况,从而在很大程度上减少了实验的次数,降低了工作量和成本投入[4]。

采用267 mL霍尔槽进行实验,如图4.2所示。霍尔槽相对两侧槽壁上钻有小孔,是为了使槽内的镀液和大槽的镀液形成连通器,这样在实验时可以有效地降低镀液成分变化对镀层外观的影响,保证实验结果的可重现性。阴极试样为不锈钢板,大小为100 mm×50 mm。阳极为Ni板,大小为50 mm×50 mm。实验采用直流电流,电流密度为3 A/dm²,时间为20 min,温度为50 ℃。

霍尔槽试片镀完后,用清水冲洗干净,并用吹风机吹干观察,其结果如图4.3所示。对比标准的霍尔槽试片电流密度分布,就可以获得材料适镀的电流密度区间,见表4.2。霍尔槽实验结果表明:随着电流密度 D_k 的降低,从近端到远端点沉积材料厚度逐渐减小。当 $D_k>10$ A/dm² 时,材料表面烧焦;当 7 A/dm²<D_k<10 A/dm² 时,材料表面发乌;当 5 A/dm²<D_k<7 A/dm² 时,材料表面有明显的针孔或麻点产生;当 0.3 A/dm²<D_k<5 A/dm² 时,材料表面光亮,表面质量好;当 D_k<0.3 A/dm² 时,镀层厚度很薄,几乎可见基体。根据霍尔槽实验的结果,初步选定电沉积实验中选用电流密度为 0.3~5 A/dm²。

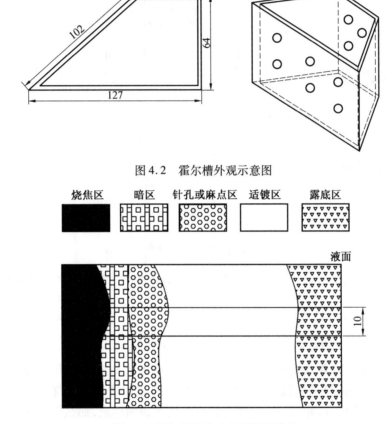

图 4.2　霍尔槽外观示意图

图 4.3　霍尔槽实验中电沉积物外观

表 4.2　阴极电流密度范围表

	烧焦区	暗区域	针孔或麻点区域	适镀区域	露底区域
电流密度 D_k/(A·dm⁻²)	>10	7~10	5~7	5~0.3	<0.3

(2)脉冲电流密度对组织结构的影响

①脉冲电流密度对组织结构的影响。脉冲电流密度是电沉积过程中的一个重要参数,选择合理的电流密度对于电沉积材料的外观和内部组织都有重要的影响。图4.4为不同脉冲电流密度条件下纳米 Ni 的 XRD 衍射谱线。4 种电流密度下制备的纳米 Ni 在 2θ 为44°和52°附近出现明显的衍射峰,(111)面织构程度较强,显示出(111)面择优取向。

根据式(4.1),衍射峰的半宽高反映了晶粒尺寸的大小。以(111)面为例,随着脉冲电流密度升高,衍射峰逐渐宽化,可见提高电流密度能够细化晶粒。电沉积过程中,晶体的形核和晶粒的长大是两个相互竞争的过程。如果在沉积表面形成大量的晶核,且晶核和晶粒的生长得到较大的抑制,就有可能得到纳米晶。根据经典理论,随着脉冲电流密度的增大,阴极极化程度也相应增大,使得电沉积反应在较高的过电位下进行,使形核的驱动力增加,沉积物的晶粒尺寸减小。

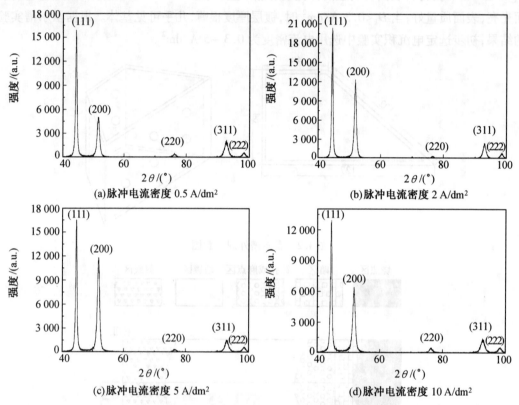

图 4.4　不同脉冲电流密度时纳米 Ni 的 XRD 谱线

　　电流密度对纳米 Ni 织构的影响见表 4.3。当脉冲电流密度逐渐升高时,TC_{200} 先增加,而后又减小。可见提高脉冲电流密度,在一定程度上可以促进纳米 Ni 在(200)晶面的择优生长。Pangarov 曾计算过,如果一个二维晶核自发地在表面形成,那么能形成这种二维晶核的表面将取决于过电位。Ni 晶体在最低的过电位下,最容易形成的是(111)面;随着过电位的增高,其他面也进一步有机会作为优先生长面。在本章实验中,脉冲电流密度逐渐提高,对应的过电位也逐渐提高,因此有机会在(200)面上形成二维晶核。随着脉冲电流密度的提高,这些晶核生长而成的晶粒组成整个 Ni 沉积层表面时,在(200)方向上可以形成织构。

表 4.3　脉冲电流密度对纳米 Ni 织构的影响($C_7H_5NO_3S$ 含量 1 g/L)

脉冲电流密度/$(A \cdot dm^{-2})$	0.5	2	5	10
$TC_{111}/\%$	65.4	56.5	53.5	60.2
$TC_{200}/\%$	21.6	33.3	38.5	28.9
$TC_{220}/\%$	1.9	1.1	1.1	0.6
$TC_{311}/\%$	8.5	6.2	4.8	6.1
$TC_{222}/\%$	2.6	2.9	2.1	4.2

②$C_7H_5NO_3S$ 对组织结构的影响。图 4.5 为 $C_7H_5NO_3S$ 不同含量时纳米 Ni 的 XRD 衍射谱线。与图 4.5(a) 中 $C_7H_5NO_3S$ 含量为 0 的谱线相比较,随着 $C_7H_5NO_3S$ 的加入,(111)和(200)衍射峰在 2θ 为 44°和 52°附近出现的明显宽化,Ni 晶体的晶粒得到了细化,说明 $C_7H_5NO_3S$ 能有效地细化晶粒。在电沉积过程中,$C_7H_5NO_3S$ 分子在沉积层生长时吸附在晶体生长的活性点上,有效地抑制了晶体生长,促进了晶核的形成。同时阴极表面有析氢现象,氢气在 Ni 离子的阴极还原时为 Ni 也能提供一定程度上成核中心,使得沉积层的 Ni 结晶细致,晶粒得到细化。

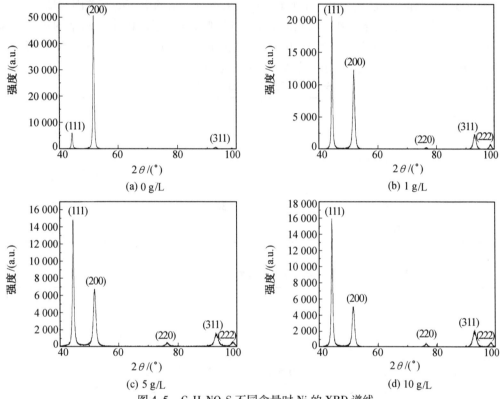

图 4.5　$C_7H_5NO_3S$ 不同含量时 Ni 的 XRD 谱线

晶体 Ni 的织构系数见表 4.4。$C_7H_5NO_3S$ 含量对纳米 Ni 的组织有明显的影响。普通 Ni(111)面和(200)面织构程度分别为 10.4% 和 86.9%,具有沿(200)明显择优取向。而随着 $C_7H_5NO_3S$ 的不停加入,纳米 Ni 的(111)面织构程度较强,显示出显著的(111)面择优取向。当 $C_7H_5NO_3S$ 含量逐渐升高时,TC_{111} 缓慢增加,而 TC_{200} 减小。可见在普通氨基磺酸 Ni 镀液中适当增加 $C_7H_5NO_3S$ 含量,可以促进纳米 Ni 的(111)晶面择优生长。

表 4.4　$C_7H_5NO_3S$ 含量对 Ni 织构系数的影响(电流密度 2 A/dm^2)

$C_7H_5NO_3S$ 含量/$(g \cdot L^{-1})$	0	1	5	10
TC_{111}/%	10.4	56.5	61.7	65.4
TC_{200}/%	86.9	33.3	27.8	21.6
TC_{220}/%	—	1.1	1.9	1.9
TC_{311}/%	2.7	6.2	6.2	8.5
TC_{222}/%	—	2.9	2.4	2.6

5. 成形工艺参数

（1）电沉积纳米 Ni 工艺参数的确定

在进行脉冲电沉积制备纳米 Ni 工艺条件的研究中，影响因素众多。不同电沉积工艺参数（阴极电流密度、pH 值、温度以及搅拌强度等等）情况下，所得到电沉积材料的表面形貌、组织以及性能是不同的，因此选用正交实验，以最少的实验次数，通过对正交实验数据的比较，运用综合平衡法来确定电沉积纳米 Ni 的最佳工艺条件。正交表具有均衡分散性和综合可比性，因此它能用尽可能少的实验次数，获得典型的数据，并通过对数据的分析获得最优方案，同时还可以作进一步的分析，得到比实验结果本身给出的更多的有关因素信息。

为了全面考察工艺参数对纳米 Ni 制备过程的影响，进行了四因素三水平的正交实验。实验的四因素分别为 A（脉冲电流密度 D_k）、B（镀液 pH 值）、C（镀液温 T）及 D（$C_7H_5NO_3S$ 含量）。正交实验因素水平表及对应的实验分组见表 4.5 和表 4.6。

表 4.5　正交实验因素水平表

因素	水平		
	1	2	3
$A(D_k, \mathrm{A/dm^2})$	0.5	2	5
$B(\mathrm{pH})$	2.5	3	4.5
$C(T, \text{℃})$	30	50	70
$D(C_7H_5NO_3S, \mathrm{g/L})$	1	5	10

表 4.6　正交实验方案

编号	A	B	C	D	$D_k/(\mathrm{A \cdot dm^{-2}})$	pH	$T/\text{℃}$	$C_7H_5NO_3S$ $/(\mathrm{g \cdot L^{-1}})$
1	1	1	1	1	0.5	2.5	30	1
2	1	2	2	2	0.5	3	50	5
3	1	3	3	3	0.5	4.5	70	10
4	2	1	2	3	2	2.5	50	10
5	2	2	3	1	2	3	70	1
6	2	3	1	2	2	4.5	30	5
7	3	1	3	2	5	2.5	70	5
8	3	2	1	3	5	3	30	10
9	3	3	2	1	5	4.5	50	1

由于沉积出的纳米 Ni 薄板要作为以后超塑成形的原材料，因此在选择沉积物脆性作为正交实验评价指标之一。脆性是沉积材料物理性能中的一项重要指标，它的存在直接影响试件的使用价值。在电沉积过程中，合金某些金属的组分不当、镀液中重金属离子的共沉积以及光亮镀 Ni 中采用有机添加剂及其分解产物在沉积物中的夹杂等因素，均能引起脆性的增大。由于镀层的延伸率能从另一方面反映镀层的脆性程度，所以也可以采用试样受力时

不出现镀层裂纹的变形,即延伸率来评估镀层的脆性。实验中采用弯曲法测量沉积物的脆性,将试片在虎钳上夹紧,然后加以弯曲,用五倍或者十倍放大镜观察弯曲部位变化,至出现第一个裂纹为止,记下90°~180°弯曲的次数,作为比较脆性大小的指标。对沉积材料的脆性,用五级评分制,标准见表4.7。

表4.7 沉积物脆性评分标准

等级	评定标准	评定分数
一级	材料弯曲180°两次以上不断裂	10分
二级	材料弯曲180°两次断裂	8分
三级	材料弯曲180°一次断裂	6分
四级	材料弯曲90°~180°之间断裂	4分
五级	材料弯曲小于90°断裂	2分

选择电流效率作为另一项评价指标。对于电流效率的评价,借助于称重法测定沉积速率。称重法测定速率时,先将阴极材料经过充分酸洗和活化,吹风机烘干后放在天平上进行称重,然后放入电沉积液中进行电沉积反应,沉积结束后将其放入沸水中充分清洗,除尽表面残余的盐类物质,烘干后再次放入天平中称重,两次称重之差即为电沉积层的全部质量ΔM,然后再除以沉积时间即得到平均沉积速率。根据法拉第电解第一定律,理论沉积质量为

$$M = KIt \tag{4.3}$$

式中 K——电化当量,取 1.095 g/(A·h);

I——通过的电流强度,A;

t——通电的时间,s;

M——理论沉积质量,g。

沉积层的理论沉积质量与沉积时电流强度和沉积时间成正比,将实际沉积层质量与理论沉积层质量相比即得到电流效率:

$$\eta = \Delta M / M = \Delta M / KIt \tag{4.4}$$

根据表4.6所列出的正交实验方案分别做了9组实验,并以脆性指标和电流效率指标作为评定,结果见表4.8和表4.9。

表4.8 工艺参数对沉积物脆性影响的正交实验结果

编号	因素				脆性评分
	A	B	C	D	
1	1	1	1	1	10
2	1	2	2	2	4
3	1	3	3	3	2
4	2	1	2	3	6
5	2	2	3	1	8
6	2	3	1	2	4
7	3	1	3	2	4

续表 4.8

编号	因素				脆性评分
	A	B	C	D	
8	3	2	1	3	2
9	3	3	2	1	6
T_1	16	20	16	24	46
T_2	18	14	16	12	
T_3	12	12	14	10	
M_1	5.3	6.7	5.3	8	
M_2	6	4.7	5.3	4	
M_3	4	4	4.7	3.3	
R	6	8	2	14	

注:表中实验标号与正交实验的编组号相同,每组实验的结果均是同组中各平行实验结果的平均值。$T_i(i=1,2,3)$ 为各因素同水平下指标之和,$M_i(i=1,2,3)=T_i/3$,为 T_i 的均值。极差 $R=\mathrm{Max}(T_i)-\mathrm{Min}(T_i)$,用以通过极差来确定影响指标的显著因子及较优因素水平。

表 4.9 工艺参数对电流效率影响的正交实验结果

编号	因素				电流效率
	A	B	C	D	
1	1	1	1	1	62.5
2	1	2	2	2	69.6
3	1	3	3	3	64.1
4	2	1	2	3	70.8
5	2	2	3	1	72.3
6	2	3	1	2	68.7
7	3	1	3	2	78.9
8	3	2	1	3	71
9	3	3	2	1	73.2
T_1	196.2	210.2	202.2	208	629.1
T_2	211.8	212.9	213.6	215.2	
T_3	221.1	206	213.3	205.9	
M_1	65.4	70.1	67.4	69.3	
M_2	70.6	70.9	71.2	71.7	
M_3	73.7	68.7	71.1	68.6	
R	24.9	6.9	11.4	9.3	

注:表中各参数均同表 4.8。

由表 4.8 和表 4.9 中 9 组实验结果直观判断可知,所得 Ni 薄板脆性最小的是第 1 组,即 $A_1B_1C_1D_1$;电流效率最高的是第 7 组,即 $A_3B_1C_3D_2$。为了进一步了解各因素对纳米 Ni 性能和电流效率的影响,对实验所得的数据进行极差分析,并作出各因素对结果影响的曲线(图 4.6),分别得出如下结论:对纳米 Ni 脆性的影响顺序为:$C_7H_5NO_3S$ 含量>pH>电流密度>温度。制备纳米 Ni 脆性最小的工艺参数为 $A_2B_1C_1D_1$ 或 $A_2B_1C_2D_1$,即电流密度为 2 A/dm^2、pH 值为 2.5、温度为 30 ℃或 50 ℃、$C_7H_5NO_3S$ 含量为 1 g/L。对电流效率的影响顺序为:电流密度>温度>$C_7H_5NO_3S$>pH。制备纳米 Ni 电流效率最高的工艺参数为 $A_3B_2C_2D_2$,即电流密度为 5 A/dm^2,pH 值为 3,温度为 50 ℃,$C_7H_5NO_3S$ 含量为 5 g/L。

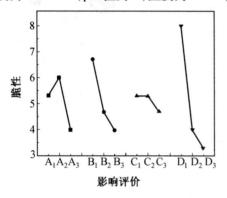 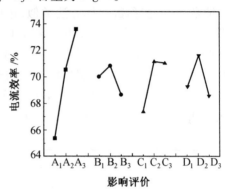

图 4.6　各因素水平对纳米 Ni 脆性和电流效率的影响

在实验中所选的因素不一定对脆性都有显著的影响,需要进行统计的假设检验。表 4.10 和表 4.11 分别为纳米 Ni 脆性和电流效率的方差分析。从中可见,所得的结果与极差分析基本一致。在所研究的影响因素中,$C_7H_5NO_3S$ 含量对纳米 Ni 的脆性影响最显著,同时镀液的 pH 值对纳米 Ni 的脆性也有一定的影响;而电流密度和镀液温度对电流效率的影响较为显著。

表 4.10　纳米 Ni 脆性的方差分析

方差来源	偏差平方和	自由度	方差	F 值	F_a	显著性
$A(D_k)$	6.27	2	3.14	9.09		
$B(pH)$	11.94	2	5.97	17.31	$F_{0.1}(2,2)=9$	*
$C(T)$	0.81	2	0.41	1.17	$F_{0.05}(2,2)=19$	
$D(C_7H_5NO_3S$ 含量$)$	38.67	2	19.34	56.04		**
误差	0.69	2	0.35			

表 4.11　纳米 Ni 电流效率的方差分析

方差来源	偏差平方和	自由度	方差	F 值	F_a	显著性
$A(D_k)$	105.54	2	52.77	173.02		**
$B(pH)$	7.44	2	3.72	12.19	$F_{0.1}(2,2)=9$	
$C(T)$	28.14	2	14.07	46.13	$F_{0.05}(2,2)=19$	**
$D(C_7H_5NO_3S$ 含量$)$	15.87	2	7.94	26.02		**
误差	0.61	2	0.31			

（2）电沉积 ZrO_2/Ni 纳米复合材料工艺参数的确定

作为增强相的 ZrO_2 纳米颗粒平均粒径为 40 nm，分散均匀，如图 4.7 所示。由于纳米粉体化学活性高，极易形成团聚而影响沉积产物的性能。为了避免这种现象，配制复合材料沉积液时分若干次加入部分 ZrO_2 颗粒，直至达到所需含量要求。在电沉积实验开始前，采用超声波分散处理 0.5 h，以最大限度减少 ZrO_2 颗粒的团聚。

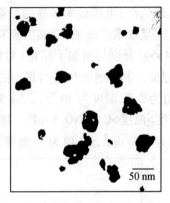

图 4.7　ZrO_2 纳米颗粒 TEM 形貌

与纳米 Ni 工艺参数选择方法类似，选用四因素三水平的正交实验来研究电沉积制备 ZrO_2/Ni 纳米复合材料过程中的影响因素。设计正交实验时，同样选择脆性和电流效率作为材料性能的评定指标；在实验因素的确定时，借鉴了影响纳米 Ni 的显著因素，选择的四因素分别为 A（阴极电流密度 D_k）、B（ZrO_2 含量）、C（镀液温度 T）及 D（$C_7H_5NO_3S$ 含量），获得的实验结果见表 4.12。

表 4.12　正交实验因素水平表

因素	水平		
	1	2	3
$A(D_k, A/dm^2)$	0.5	2	5
$B(ZrO_2, g/L)$	10	30	50
$C(T, ℃)$	30	50	70
$D(C_7H_5NO_3S, g/L)$	1	5	10

选用同样的计算方法对脆性指标和电流效率指标进行评定，对实验所得的数据进行极差分析，并作出各因素对结果影响的曲线（图 4.8），分别得出如下结论：制备 ZrO_2/Ni 纳米复合材料脆性最小的工艺参数为 $A_2B_1C_1D_1$ 或 $A_2B_2C_1D_1$，即电流密度为 2 A/dm^2，ZrO_2 为 10 g/L 或 30 g/L，温度为 50 ℃，$C_7H_5NO_3S$ 含量为 1 g/L；制备 ZrO_2/Ni 纳米复合材料电流效率最高的工艺参数为 $A_3B_3C_2D_2$，即电流密度为 5 A/dm^2，ZrO_2 为 50 g/L，温度为 50 ℃，$C_7H_5NO_3S$ 含量为 5 g/L。

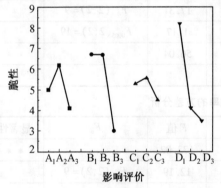
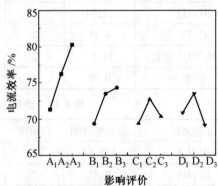

图 4.8　各因素水平对 ZrO_2/Ni 纳米复合材料脆性和电流效率的影响

根据正交实验的结果，综合考虑电沉积纳米 Ni 的塑性加工性能以及经济因素，选用

$A_2B_2C_2D_1$，即电流密度为 2 A/dm^2，pH 值为 3，温度为 50 ℃，$C_7H_5NO_3S$ 含量为 1 g/L 作为电沉积的最佳工艺参数。ZrO_2/Ni 纳米复合材料的最佳工艺参数则选择电流密度为 2 A/dm^2，ZrO_2 含量为 30 g/L，温度为 50 ℃，$C_7H_5NO_3S$ 含量为 1 g/L。

由于正交实验中并没有选定的组合，为了验证由正交实验所得的最佳工艺是否可靠，本章还对此进行了追加实验。在此工艺条件下得到的电沉积纳米 Ni 室温下可弯曲成 180°4 次，电流效率可达到 78.6%；ZrO_2/Ni 纳米复合材料室温下可弯曲成 180°3 次，电流效率可达到 80.5%。脆性和电流效率指标均高于实验所得其他数据，说明正交实验结果可靠。

6. 纳米 Ni 和 ZrO_2/Ni 纳米复合材料微观组织分析

实验所选用的试件均为氨基磺酸镍溶液中，采用最佳工艺条件脉冲电沉积制备出的纳米材料。经过约 7 h 的电沉积后，薄板厚度为 0.1 ~ 0.12 mm。采用 Philips CM-12 型透射电镜(TEM)观察沉积态材料的组织和进行选区电子衍射分析，加速电压为 120 kV。用于透射分析的试样是从电沉积材料上切得直径为 3 mm 的圆片，采用机械抛光的方法预先将其减薄至 30 μm，然后在 6% 高氯酸+15% 甲醇+79% 冰醋酸减薄液中减薄。Hitachi S-4700 型扫描电镜(SEM)观察材料的表面形貌。

图 4.9 为沉积态纳米 Ni 和 ZrO_2/Ni 纳米复合材料表面形貌 SEM 照片。从照片中可以看出，两种材料表面规整光滑，致密性好。在电沉积方法制备的纳米材料中，树枝状晶的生长是一种常见的现象[5]，这是因为镀层在电沉积过程中不断增厚，表面上适合于晶粒形核的生长点分布逐渐趋向不均匀，使得镀层在阴极表面各部分的沉积速度存在较大差异，沉积速度较快的部分就形成微凸体。阴极表面状态变得不均匀，电力线在电极表面分布不均匀，在微凸体的尖端出现尖端放电现象，使镍离子优先在此处获得电子而被还原成镍原子[6]。对于加入了 ZrO_2 纳米颗粒的复合电沉积来说，此时阴极表面的 ZrO_2 颗粒在镍离子被还原的过程中被镍原子包裹，由于纳米颗粒的高表面活性而容易成为镍原子的沉积点，使镍原子在此处能优先于临近区域沉积，形成小的微凸体，这就形成了常见的树枝晶结构。虽然树枝晶组织具有良好的耐磨性，但是对以后要研究的超塑性能却是不利的。因此，在电沉积制备纳米材料中添加了糖精等有机添加剂，利用它们的活性为镀层均匀增加新的放电点和镍原子的生长点，因此阴极表面上的电力线很均匀，使镀层在阴极表面各部分的沉积速度比较一致，得到等轴晶组织。

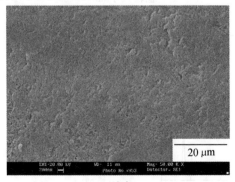 

(a) 纳米 Ni   (b) ZrO_2/Ni 纳米复合材料

图 4.9 沉积态纳米 Ni 和 ZrO_2/Ni 纳米复合材料表面 SEM 照片

　　图4.10(a)是沉积态纳米 Ni 的 TEM 照片和该区域的衍射环。从图中可以看出纳米 Ni 的晶粒大小分布比较均匀,大部分呈现等轴形状。图中右上角为该区域的衍射环,证明了细晶组织的存在。通过对衍射环晶面间距进行标定,得到(111)、(200)、(220)这三个主要晶面,说明电沉积制备的纳米镍为面心立方结构。图4.10(b)是镍晶粒尺寸分布柱状图,可以看出 Ni 晶粒尺寸分布较窄,截线法测得晶粒平均尺寸为 70 nm。图4.11(a)和(b)分别是 ZrO_2/Ni 纳米复合材料的 TEM 照片和晶粒尺寸分布柱状图。基体 Ni 的平均晶粒尺寸约为 45 nm。加入的 ZrO_2 颗粒在复合电沉积过程中有效地抑制了基体 Ni 的生长,因此获得了更为细小的纳米晶体组织。图4.11(c)为 ZrO_2/Ni 纳米复合材料的 EDS 分析,ZrO_2 在该复合材料中的质量分数约为 2%。

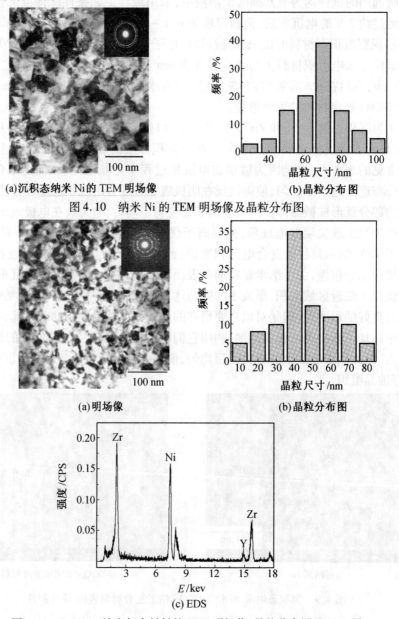

(a)沉积态纳米 Ni 的 TEM 明场像　　　　(b)晶粒分布图

图4.10　纳米 Ni 的 TEM 明场像及晶粒分布图

(a)明场像　　　　(b)晶粒分布图

(c) EDS

图4.11　ZrO_2/Ni 纳米复合材料的 TEM 明场像、晶粒分布图及 EDS 图

4.2.2　脉冲电沉积制备 SiC_p/Ni 纳米复合材料

1. 制备装置及方法

本书采用脉冲电沉积法制备 SiC_p/Ni 纳米复合材料,为了进行对比分析,还制备了纳米 Ni 和 SiC_p/Ni 微米级复合材料。通过电沉积参数的合理选择可以控制成形后的晶粒及组织,为后续实验的进行提供良好的材料基础。本实验选取的溶液为低应力电沉积溶液,各种试剂的用量配比情况及试剂的生产商见表 4.13。

表 4.13　实验用主要试剂

试剂名称(化学式)	生产商	用量
氨基磺酸镍	日本株式会社	300 g/L
氯化镍	Fisher Scientific UK limited	15 g/L
硼酸	BDH Laboratory Supplies	30 g/L
十二烷基硫酸钠	RdH Laborchemikalien GmhB & Co. KG D-30926 Seelze	0.5 g/L
碳化硅	合肥开尔纳米技术发展有限公司	40 g/L
蒸馏水	城市蒸馏水	约 600 mL

电沉积所需基本装置同 4.2.1 节中所用仪器,电沉积 SiC_p/Ni 复合材料前,将所配的电沉积溶液超声处理 100 min,目的是为了打开团聚的纳米 SiC 颗粒,电沉积过程始终采用磁力搅拌,以保持颗粒均匀悬浮在沉积液中,维持溶液的均匀性。共沉积所用的 β-SiC 纳米颗粒从合肥开尔纳米技术有限公司购买,公司提供 SiC 颗粒的平均粒度为 50 nm。β-SiC 的主要性能指标见表 4.14。

表 4.14　β-SiC 颗粒的主要性能

分子式	纯度/%	外观颜色	晶型	理论密度/(g·cm⁻³)	比表面积/(m²·g⁻¹)	莫氏硬度
SiC	>99.0	绿色	立方晶型	3.21	>90	9.5~9.75

为了最大限度地避免加入纳米 SiC 颗粒的团聚,配制电沉积复合材料沉积液时,将部分纳米 SiC 颗粒与少量的沉积液在小烧杯中搅拌均匀,然后逐步加入 SiC 颗粒并搅拌均匀,如此反复多次直至所需克数,然后将搅拌均匀的液体倒入烧杯中,加入蒸馏水直至溶液体积达到 1 000 ml。在电沉积实验开始前,采用磁力搅拌沉积液 24 h,得到混合均匀的溶液;在每次电沉积前对沉积液进行超声震荡处理 60 min,以期达到减少 SiC 颗粒团聚的目的。

实验用阳极为日本产的镀金用 Ni 阳极,其纯度为 99.98%,尺寸为 63.5 mm×63.5 mm×2 mm;阴极为不锈钢,尺寸为 70 mm×90 mm×1 mm。实验时阴极和阳极之间的距离固定为 3 cm。脉冲通断比为 1:1,时间均为 100 ms,平均电流密度为 2 A/dm²,电沉积温度为 50 ℃,沉积时间为 6~7 h。在上述条件下获得的材料的厚度为 100~130 μm。

电沉积装置原理图类似于图 4.1。电沉积前,对阴极不锈钢的前处理同 4.2.1 节。将获得的沉积层采用线切割方法加工成尺寸为 10 mm×10 mm 的小块试样、标距为 10 mm× 3 mm 的拉伸试样和直径为 30 mm 的圆片试样,分别用于形貌观察、组织分析及各种性能测试、超塑拉伸试验和超塑成形研究。

当电沉积结束后,采用机械方法将沉积层与不锈钢基体分离,超声清洗后,进行各种特征表征实验,主要分析测试仪器设备在4.2.1节中已有介绍。用于透射分析的试样是从电沉积材料上切得直径为 3 mm 的圆片,采用机械抛光的方法预先将其减薄至 20 μm,然后采用装有液氮冷却台的离子减薄机对其进行减薄而制得。减薄液的成分为:6% 高氯酸+15% 甲醇+79% 冰醋酸。减薄所用电压为直流电压,大小为 6 V。电沉积试样在获得衍射衍射图样后,晶粒尺寸可采用 Scherrer[7] 公式计算:

$$d = (0.9\lambda)/B\cos\theta_B \tag{4.5}$$

式中　　d——晶粒尺寸,Å;

　　　　B——衍射峰半最大值全宽(FWHM),Å;

　　　　λ——衍射光波波长,Å;

　　　　θ_B——半布拉格衍射角,(°)。

计算晶粒尺寸时选取晶面指数最低的衍射峰(111)。

2. SiC_p/Ni 纳米复合材料成形质量分析

(1) SiC_p/Ni 纳米复合材料显微组织

SiC_p/Ni 纳米复合材料和纳米 Ni 沉积态表面形貌 SEM 照片如图 4.12 所示。图 4.13 是 SiC_p/Ni 纳米复合材料的 Simapping 照片,可以看出 SiC 颗粒分布还是比较均匀的。沉积层表面的不光滑特征,通过简单的表面处理即可消除,不会对拉伸实验造成影响。

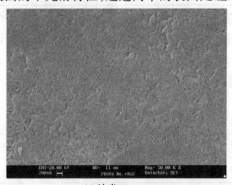

(a)纳米Ni
(b) SiC_p/Ni纳米复合材料

图 4.12　SiC_p/Ni 纳米复合材料和纳米 Ni 沉积态表面形貌 SEM 照片

图 4.13　SiC_p/Ni 纳米复合材料的 Simapping 照片

图 4.14 和 4.15 分别是沉积态纳米 Ni 和 SiC_p/Ni 纳米复合材料的 TEM 照片。利用 TEM 暗场像,采用截线法测得纳米 Ni 和 SiC_p/Ni 纳米复合材料的平均晶粒尺寸分别为

65 nm和 42 nm。图 4.14(a)和图 4.15(a)中的衍射环,表明所获得的材料晶粒非常细小。制备纳米 Ni 和 SiC$_p$/Ni 纳米复合材料的参数相同,加入 SiC 颗粒获得比纯 Ni 更细的组织。晶粒结果表明本书选择的实验条件是合适的,可以获得纳米材料。

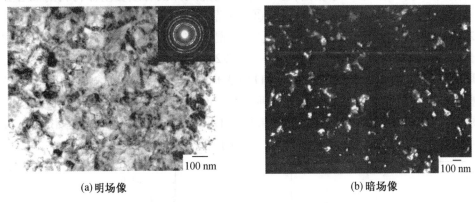

(a)明场像　　　　　　　　　　　　　　(b)暗场像

图 4.14　沉积态纳米 Ni 的 TEM 照片

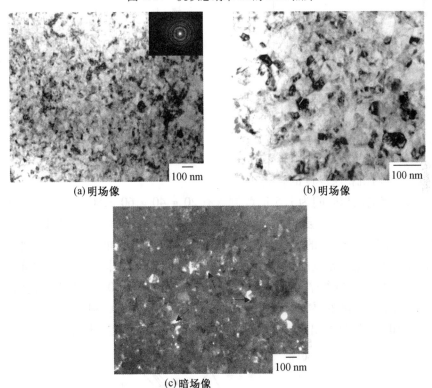

(a)明场像　　　　　　　　　　　　　　(b)明场像

(c)暗场像

图 4.15　沉积态 SiC$_p$/Ni 纳米复合材料的 TEM 照片

(2)结晶学取向的变化

由于电沉积条件不同,沉积材料会表现出不同的结晶学取向。采用 XRD 获得微米晶 Ni、纳米 Ni 和 SiC$_p$/Ni 纳米复合材料的衍射图谱如图 4.16 和图 4.17 所示。通过对比微米晶 Ni 和本书获得的两种纳米材料的 XRD 衍射图谱可以得到以下几点结论:①与微米晶 Ni 相比,纳米 Ni 和 SiC$_p$/Ni 纳米复合材料的衍射峰出现了宽化现象。以(111)晶面为例,平均晶粒尺寸较大的 Ni 的(111)峰的 FWHM 为 0.234 97°(标准 Ni 粉的 FWHM 为 0.22°[8]),纳米 Ni 的 FWHM 为 0.398 75°,SiC$_p$/Ni 纳米复合材料的 FWHM 为 0.475 84°。采用 Scherrer 公式计算的纳米 Ni 和 SiC$_p$/Ni 纳米复合材料的晶粒分别为 67 nm 和 40 nm,这与采用 TEM 暗场像截线法计算的晶粒尺寸相当;②SiC 颗粒的加入并没有改变基体材料的面心立方结构,上面 TEM 的衍射环也证明了这一点;③微米晶 Ni 的结晶取向是随机的,表现出了较强的(220)取向。当晶粒尺寸减小到纳米量级时,晶粒结晶取向发生了变化,纳米 Ni 的择优取向为(200)和(111)。(200)取向略强一些,(220)取向消失;而 SiC$_p$/Ni 纳米复合材料的择优取向虽然仍为(111)和(200),但是(111)表现略强一些,(220)取向又出现,只是强度弱一些。电沉积两种材料的条件相同,说明加入 SiC 后,会引起晶粒择优取向的变化、衍射峰强弱的变化和宽度的变化。本书的结果与 Gyftou[9]等人的研究结果有些不一致,分析其原因可能是由于沉积条件及 SiC 颗粒的大小不同导致的。

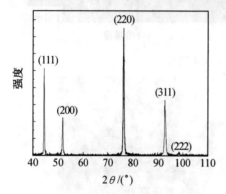

图 4.16　Ni 微米晶 XRD 衍射图谱

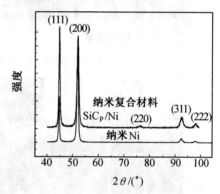

图 4.17　SiC$_p$/Ni 纳米复合材料和纳米 Ni 的 XRD 衍射图谱

(3)电流密度对沉积层厚度的影响

本书采用固定电沉积时间为 1.5 h,配制含有 20 g,40 g,60 g,80 g,100 g SiC 的电沉积溶液,研究了电流密度对沉积层厚度的影响。沉积温度为 50 ℃,所用添加剂为糖精,质量为 1 g。电流密度与沉积层厚度的关系如图 4.18 所示(此处所用电流密度均为平均电流密度)。可以看出,随着电流密度的增加,沉积层厚度增加。对于不同 SiC 含量的沉积液,厚度的增加基本相同,电流密度每增加 1 A/dm^2,沉积层的厚度增加 10 μm 左右。说明在本实验的条件下电沉积厚度变化主要与电流密度有关。当含有 60 g SiC 和 20 g SiC,电流密度为 3 A/dm^2 和 4 A/dm^2 时,厚度出现异常,可能是由于材料的表面状态影响测量误差导致的。

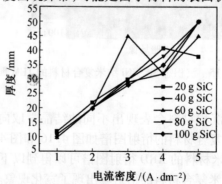

图 4.18　不同电流密度对 SiC$_p$/Ni 纳米复合材料沉积层厚度的影响

（4）添加剂对沉积材料质量的影响

电沉积材料沉积态的表面状况、组织及内部应力对材料的后续研究有很大影响,一般通过加入添加剂来达到改善电沉积材料表面形貌及内部状况的目的。常用的添加剂有糖精和十二烷基硫酸钠。加入糖精可以减小内应力,促进形核,达到细化晶粒的目的,还可以起到增加材料表面光亮的作用,但是也是 S 杂质的来源[10~12]。S 对纳米 Ni 超塑性的影响主要体现在[13,14]:阻止晶粒长大,促进晶界滑移;变形后会引起材料的脆性;文献[14]还指出在电沉积 Ni 中 S 的存在对获得超塑性的重要性。十二烷基硫酸钠作为润湿剂,可以克服材料中出现的针孔。图 4.19 是添加糖精(左侧试样)和十二烷基硫酸钠(右侧式样)得到的沉积材料表面,可以看出添加糖精可以获得比添加十二烷基硫酸钠更好的表面质量。本书前期的预研究中初步拉伸结果表明添加糖精制备的材料比添加十二烷基硫酸钠制得的材料的超塑性要好,因此本书中所有实验用的材料,全部都是采用糖精作为添加剂制得的。

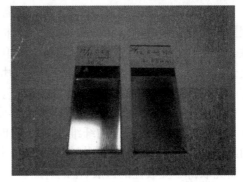

图 4.19　不同添加剂对沉积层表面质量的影响

（5）SiC 的影响

SiC$_p$/Ni 纳米复合材料的超塑性,除了与组织有关以外,还受 SiC 含量的影响。SiC 的共沉积量与 SiC 颗粒的尺寸及其在沉积液中的含量有直接的关系。当颗粒的尺寸很小时,表面积很少,与尺寸较大的 SiC 颗粒相比,吸附的 Ni 离子少,这样吸附在阳极而与 Ni 共沉积的几率也减小。当悬浮在电解液中的 SiC 颗粒很多时,阳极溶解的 Ni 原子不足以覆盖到所有颗粒的表面,而且电沉积过程中的搅拌,使得附着在阴极上的 SiC 颗粒由于碰撞而脱落,因此当 SiC 的含量很高时,沉积量也并不大。许多研究表明随着 SiC 颗粒的减小,共沉积的 SiC 颗粒减少。Maurin[15]等人的研究表明,当 SiC 颗粒尺寸为 100 nm 时,在硫酸镍溶液中,共沉积量仅为 0.7%。当 SiC 颗粒的尺寸分别为 0.8 μm 和 2.8 μm 时,共沉积量分别达到2% 和 5%。SiC 含量的变化还可以通过添加添加剂如六硝基钴三钠($Na_3Co(NO_2)_6$)[16]来实现。添加阳离子表面活性剂[17]也可以达到增加 SiC 颗粒共沉积量的目的。本书用于实验的 SiC$_p$/Ni 纳米复合材料都是在没有上述两种添加剂的情况下获得的。采用 EDS 测得本书的 SiC 颗粒含量为 1%。Ni-SiC 共沉积符合 G 模型。

4.2.3　脉冲电沉积制备 Fe$_{78}$Si$_9$B$_{13}$/Ni 层状复合材料

非晶合金由于其独特的结构具有许多优异的力学性能,如高强度和高硬度、高耐磨性、高抗疲劳性等。如 Zr 基大块非晶拉伸和压缩时其断裂强度和弹性极限分别可达 1 900 MPa和 2%,平面断裂韧性值超过 50 MPa·m$^{1/2}$,已被成功用作高尔夫球杆等体育器材。人们已经成功研制出 Fe 基、Ni 基、Co 基、Zr 基、Ti 基、Al 基、Mg 基、Ln 基、Cu 基、Pd 基、Pt 基、Ca 基等多种系列的非晶合金。非晶合金的室温变形行为表现为高度局域化的、不均匀的流变,在屈服点处形成集中的剪切带。因为不存在晶粒组织,也就没有晶界可言,所以大块非晶合金不存在任何应变硬化行为,反而表现为应变软化。因此,一旦变形集中在少数剪切带中,便由于应变软化而使剪切带迅速增殖,即剪切带的产生与增殖过程是同时发生的,最终造成裂纹迅速扩展而突然发生断裂。由此可以看出,非晶合金的变形是通过在高度局域化的剪切带中的塑性应变的聚集而进行的。尽管在单个剪切带中的局部塑性变形量可能相当大,但由于断裂前参与变形的剪切带数目有限,整体塑性变形量却较小,因而表现为典型的脆性断裂方式。脆性严重限制非晶合金作为工程材料的广泛应用。如何克服非晶合金材料的脆性,一直是该领域的重要研究方向。

为了提高非晶合金室温塑性,获得所需要的力学性能,就要控制剪切带的形成和增殖过程。阻碍剪切带的增殖能分散塑性变形,极大地提高整体塑性,减轻非晶合金的固有局限性。近年来的研究发现,在大块非晶合金组织中引入第二相可以增加其室温塑性。在这种复合材料中,非晶相作为基体,第二相作为增强材料,其性能既保持了非晶相的高强度,又具有晶体相的高塑性、高韧性,综合性能较好。其原因在于第二相可以阻碍、转移甚至开动新的剪切带,从而改变剪切带的分布,促使形成多个剪切带,相应提高了整体塑性。第二相可以是外加的(金属或陶瓷的纤维或颗粒),也可以是内生的(在冷却或退火过程中原位生成的结晶相)。通过对这类复合材料的国内外研究现状的综述可以看到,近年来对这种材料的研究取得了突破性的进展,不断有新颗粒、新枝晶及新非晶基体的复合材料出现,但研究还远不完善。如制备的试样尺寸较小、性能不稳定等,这缘于对该类材料的凝固过程、变形机理等理论的认识不足。今后应进一步加强以下几个方面的研究:①凝固过程的研究,②变形机理的研究,③力学性能的控制,④新型廉价块状韧性枝晶增韧非晶基复合材料的发现。

受到 Alpas 利用电镀和扩散连接的工艺制备了 $Cu/Ni_{78}Si_{10}B_{12}$ 层状复合材料,复合材料的应变达到了 0.47 的启发。利用电沉积的工艺制备了纳米 Ni 与 $Fe_{78}Si_9B_{13}$ 非晶合金带复合成的层状复合材料,以期望提高 $Fe_{78}Si_9B_{13}$ 非晶合金带的室温塑性。

1. 电沉积 Ni 层添加剂的选择

电沉积材料沉积态的表面状况、组织及内部应力对材料的后续研究有很大的影响,一般通过加入添加剂来达到改善电沉积材料表面形貌及内部状况的目的。常用电沉积 Ni 的添加剂有糖精和十二烷基硫酸钠。加入糖精可以减小内应力,促进形核,达到细化晶粒的目的,还可以起到增加材料表面光亮的作用,但它同时也是杂质 S 的来源。S 对纳米 Ni 超塑性的影响主要体现在:阻止晶粒长大,促进晶界滑移;变形后会引起材料的脆性;电沉积 Ni 中 S 的存在对获得超塑性具有重要的作用。十二烷基硫酸钠作为润湿剂,可以克服材料中出现的针孔。电沉积时添加糖精获得的材料表面不仅光亮,而且表面质量也比较好。本书采用了混合添加剂来电沉积 Ni 层,即 0.5 g/L 十二烷基硫酸钠和 1 g/L 糖精。

2. $Fe_{78}Si_9B_{13}/Ni$ 层状复合材料的微观分析

图 4.20 是 $Fe_{78}Si_9B_{13}/Ni$ 层状复合材料的 OM 微观照片。复合材料为三层结构,图中上边和下边白色层是镍层,每层的厚度约为 50 μm,中间颜色较深的 $Fe_{78}Si_9B_{13}$ 非晶合金层厚度为 30 μm。三层复合板的结构为 $Ni-Fe_{78}Si_9B_{13}-Ni$ 层状结构,厚度约为 130 μm,增加了 $Fe_{78}Si_9B_{13}$ 非晶合金带的使用厚度。$Fe_{78}Si_9B_{13}$ 非晶合金带现在主要是用于替代硅钢片,作为各种形式、不同功率的工频配电变压器、

30 μm

图 4.20　$Fe_{78}Si_9B_{13}/Ni$ 层状复合材料的 OM 微观形貌

中频变压器铁芯。由于非晶带的厚度远小于硅钢片的厚度,因此生产变压器的设备需要改装,从而非晶带的厚度需要提高。Raybould[20]等人通过热压的工艺将 $Fe_{78}Si_9B_{13}$ 非晶合金带固结在一起生产出较厚的带材。从图 4.20 还可以看出 $Fe_{78}Si_9B_{13}$ 非晶层和电沉积 Ni 层的界面结合良好。事实上将层状复合材料进行 180°弯曲试验,没有出现分层现象。

对层状材料中的 Ni 层进行了 TEM 分析,所得到的 TEM 明场像以及衍射花样如图 4.21 所示。图 4.21(b)中衍射环表明所获得的材料晶粒非常细小,晶粒的平均大小约为 50 nm,这一结果与 Chan[21]等人获得的结果是相符的。

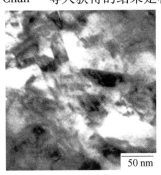

| (a)明场像 | (b)电子衍射花样 |

图 4.21　电沉积 Ni 层的 TEM 照片

3. $Fe_{78}Si_9B_{13}/Ni$ 层状复合材料的界面分析

图 4.22 为 $Fe_{78}Si_9B_{13}/Ni$ 层状复合材料的 SEM 形貌、EDS 以及线分析结果。从图 4.22 (a)可以看出层状复合材料的界面没有出现裂缝,表明非晶层和镍层有一个好的界面连接。

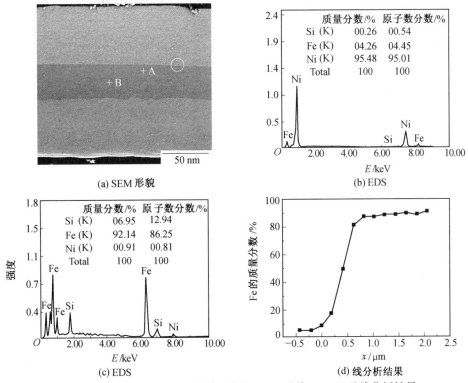

图 4.22　$Fe_{78}Si_9B_{13}/Ni$ 层状复合材料的 SEM 形貌、EDS 以及线分析结果

从图4.22(b)和(c)的能谱分析结果表明Fe原子扩散到Ni层,同时Ni原子扩散到非晶层,还可以发现Fe原子较Ni原子容易扩散,扩散的程度更大。然而层状材料的界面区域非常小,而能谱分析的区域大约为2 μm×2 μm,所以用能谱分析可能存在误差。进一步应用SEM线分析技术研究了Fe原子浓度随着离界面距离的变化规律,结果如图4.22(d)所示。Fe原子扩散到纳米Ni层的厚度明显少于1 μm,在纳米级范围。由于Fe原子和Ni原子的扩散从而使非晶层和纳米Ni层形成了良好的连接。

4.3　纳米镍及镍基纳米复合材料的室温性能

4.3.1　纳米 Ni 和 ZrO₂/Ni 纳米复合材料室温性能

ZrO_2 纳米颗粒与基体金属镍的共沉积过程直接影响到复合材料的组织和微观结构,而复合材料的显微组织又决定了材料的使用性能。本节研究了纳米 Ni 和 ZrO_2/Ni 纳米复合材料的室温性能,分析了材料的表面形貌和显微组织,研究了电沉积液中纳米颗粒含量对显微硬度的影响,并探讨了纳米材料的强化机理。

1. 实验材料与方法

室温拉伸实验是在 Instron-5500 型万能实验机上进行的,选用应变速率范围为 $5×10^{-5} \sim 5×10^{-2}$ s^{-1}。拉伸试样用线切割方法切成如图 4.23 所示的尺寸。

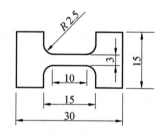

图4.23　拉伸试样尺寸图

纳米 Ni 和 ZrO_2/Ni 纳米复合材料显微硬度和弹性模量的测定是在 MTS Nano indenter XP 纳米压痕仪上进行。采用 Berkovich 形三棱椎金刚石压头,加载速度 0.05 s^{-1},载荷分辨率为 50 nN,位移分辨率为 0.1 nm。测试前,实验测试面须用金相砂纸磨光、磨平。为防止试样的不均匀性以及系统和人为造成的误差,每个试样测 5 个点,要求这 5 个点均匀地分布在试样的表面上,所得值为 5 个点的平均值。实验载荷、压入深度和时间的关系可以连续记录。材料的硬度和弹性模量通过卸载曲线来计算。硬度的计算公式为

$$H = \frac{P_{max}}{A} \tag{4.6}$$

式中　H——硬度;

　　　P_{max}——最大载荷;

　　　A——接触面积,mm。对 Berkovich 形三棱锥压头接触面积为 $A = 24.56h_c^2$,h_c 为接触深度。

材料的弹性模量,同样可以通过纳米压痕曲线得到。弹性模量由压头的形状函数 A 和载荷-位移曲线(载荷 P,位移 h)确定[23]:

$$\frac{1}{E_r} = \frac{1-v^2}{E} + \frac{1-v_i^2}{E_i} \tag{4.7}$$

其中 E_r 是简约弹性模量（又称折合模量或复合模量），即

$$E_r=\frac{\sqrt{\pi}}{2}\cdot\frac{\mathrm{d}p}{\mathrm{d}h}\cdot\frac{1}{\sqrt{A}}=\frac{\sqrt{\pi}}{2\beta}\cdot\frac{S}{\sqrt{A}} \tag{4.8}$$

式中，v 和 v_i，E 和 E_i 分别是试样和压头材料的泊松比与弹性模量。对于金刚石压头，E_i 取 1 140 GPa，v_i 取 0.07。大多数的金属材料，v 通常取为 0.25[24]，式中 $S=\mathrm{d}P/\mathrm{d}h$ 为载荷–位移曲线卸载曲线的斜率。β 为与压针形状有关的常数，Berkovich 压头取 $\beta=1.034$。

2. 纳米 Ni 和 ZrO$_2$/Ni 纳米复合材料拉伸实验

图 4.24 为纳米 Ni 和 ZrO$_2$/Ni 纳米复合材料在室温下，应变速率范围为 $5\times10^{-5}\sim5\times10^{-2}\mathrm{s}^{-1}$ 时的真实应力应变曲线。从图中可以看出，随着应变速率的提高，纳米 Ni 和 ZrO$_2$/Ni 纳米复合材料拉伸试件的延伸率降低，而拉伸断裂强度（σ_{UTS}）几乎保持恒定。在选定的应变速率范围内，纳米 Ni 拉伸断裂强度超过了 1 000 MPa，是平均晶粒尺寸较大的 Ni 拉伸断裂强度（约 350 MPa）[25]的 3.5 倍。ZrO$_2$/Ni 纳米复合材料的拉伸断裂强度约为 1 700 MPa，是平均晶粒尺寸较大的 Ni 拉伸断裂强度的 4.9 倍。与纳米镍相比较，ZrO$_2$/Ni 纳米复合材料的拉伸强度有了更明显的提高，这一方面是由于复合材料中加入了坚硬的增强相粒子而形成的强化作用，另一方面则是由于复合材料的基体晶粒细小而引发的强度提高。至于这两种强化机理在 ZrO$_2$/Ni 纳米复合材料的使用过程中究竟占有多少的权重，将在强化机理的研究中作以具体解释。

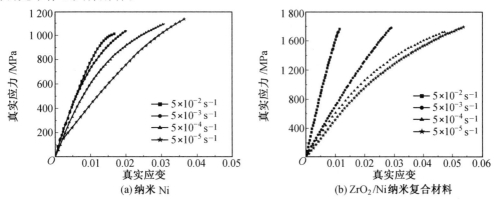

图 4.24　室温时不同应变速率的真实应力–应变曲线

纳米 Ni 和 ZrO$_2$/Ni 纳米复合材料在室温下的拉伸过程中，均表现出了一定程度的加工硬化趋势（$\sigma_{UTS}-\sigma_{0.2}\approx280$ MPa）。图 4.25 为应变量为 0.5% 处的应力与应变速度双对数曲线，通过测量应力与应变速度双对数曲线，测得纳米 Ni 的应变速率敏感指数 m 值为 0.027，而 ZrO$_2$/Ni 纳米复合材料的应变速率敏感指数 m 值为 0.032。两者的数值很相近，这说明纳米 Ni 和 ZrO$_2$/Ni 纳米复合材料在选定条件下的拉伸过程中具有相近的均匀变形能力。

低延伸率也是两种材料室温拉伸的一个共性问题。对于纳米 Ni，延伸率在低应变速率 $5\times10^{-5}\mathrm{s}^{-1}$ 时为 4%，而在高应变速率 $5\times10^{-2}\mathrm{s}^{-1}$ 时减少到 2.3%。而 ZrO$_2$/Ni 纳米复合材料室温下的最大延伸率 5.1% 是在应变速率 $5\times10^{-5}\mathrm{s}^{-1}$ 得到的；应变速率 $5\times10^{-2}\mathrm{s}^{-1}$ 时获得的延伸率最小，约为 1.2%。迄今为止的实验结果表明绝大多数纳米晶体材料室温下的塑性很差。例如，单晶 Cu 的晶粒尺寸小于 25 nm 时，其延伸率低于 10%，比平均晶粒尺寸较大的 Cu 小

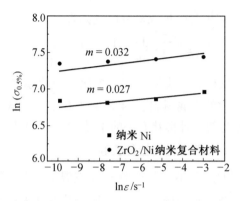

图 4.25　室温,应变量 0.5% 时应力与应变速率的双对数曲线

得多,而且塑性随着晶粒的减小而减少[26]。Torre[25] 等人在不同应变速率下获得纳米晶体 Ni 的延伸率也不超过 3%,认为纳米晶体材料缺乏室温塑性这种现象与样品中的缺陷和杂质密切相关。在脉冲电沉积过程中,由于使用添加剂、盐类物质,导致镀 Ni 层中含有一定量的杂质,例如糖精的使用会产生 S 杂质,它们更容易在晶界处偏聚,导致晶界处的 S 浓度高于在晶粒内部的浓度。在平均晶粒尺寸较大的 Ni 中,几百 ppm 浓度的 S 杂质就足以使得其晶界变脆。而纳米电沉积 Ni 中晶界的数量远远高于平均晶粒尺寸较大的材料的晶界数量,因此同样 S 杂质在纳米 Ni 晶体中是否会致脆仍无定论。Ebrahimi[27] 曾在无添加剂的氨基磺酸镍电沉积液中制备了平均晶粒尺寸为 44 nm 的纳米 Ni,但得到的最大室温延伸率也只有 1.3%。因此,又有学者提出电沉积过程中析氢反应在晶界处形成细小的孔隙,也许是纳米晶体 Ni 室温脆性产生的原因之一。

图 4.26 是扫描电镜观察到的纳米 Ni 和 ZrO$_2$/Ni 纳米复合材料在室温,应变速率 $5 \times 10^{-3} \mathrm{s}^{-1}$ 下拉伸断裂后断口形貌。从图中可以看出,两种材料的断口表面粗糙且不规则,分布着大小不等的韧窝。对于纳米 Ni 断口上的韧窝细小,约为 100 nm,在整个断口上几乎均匀分布;而 ZrO$_2$/Ni 纳米复合材料的韧窝尺寸则为 100 nm ~ 3.5 μm,大小韧窝交错混合。这可能是由于增强相的加入,使得纳米颗粒与基体金属的界面上存在一定程度的点阵畸变和应力场,从而影响了材料的断裂行为。Torre[25] 在纳米 Ni 的室温拉伸中,选取了总长分别为 3 mm 和 20 mm 试件。3 mm 试件的断口也发现了不规则粗糙表面,而在 20 mm 试件的断口还发现了垂直于薄板表面的柱状区。这说明纳米晶体的断裂方式受到了几何尺寸的影响,

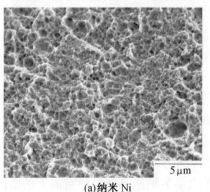
(a)纳米 Ni

(b)ZrO$_2$/Ni 纳米复合材料

图 4.26　纳米 Ni 和 ZrO$_2$/Ni 纳米复合材料应变速率 $5 \times 10^{-3} \mathrm{s}^{-1}$ 时室温断口 SEM 照片

很可能与沉积物内部组织的不均匀相关。

3. 纳米 Ni 和 ZrO$_2$/Ni 纳米复合材料纳米压痕实验

硬度是指材料抵抗外物压入其表面的能力,它可以表征材料的坚硬程度,反映材料抵抗局部变形的能力。硬度作为材料多种力学特性的"显微探针",与材料的强度、耐磨性、弹性、塑性、韧性等物理量之间都有着密不可分的联系。传统硬度测量只适用于较大尺寸的试样,这不仅是由于测量仪器本身的限制,更重要的是当压痕小到微纳米级时,残余压痕已经无法正确反映试样的真实硬度,而纳米硬度测量由于采用了新的测量技术和计算方法,更能准确反映出试样在微纳米尺度下的硬度特性。在纳米薄膜材料的硬度测量中,纳米压痕实验具有其他硬度实验方法无法比拟的优势[28]。

图 4.27 为纳米 Ni 和 ZrO$_2$/Ni 纳米复合材料以恒定加载速度 0.05 s^{-1} 进行纳米压痕实验获得的载荷-位移曲线,加载和卸载曲线均在图上给出。从图中可以看出,两种材料的变形行为是有差别的。纳米 Ni 的最大深度为 921.22 nm,卸载以后的残余深度为 839.56 nm;而对于 ZrO$_2$/Ni 纳米复合材料的试件,载荷虽然相同,但其最大深度为 900.06 nm,卸载以后的残余深度为 674.98 nm,这说明加入了 ZrO$_2$ 增强相的复合材料硬度要更高一些。图 4.27 (a)、(b)中两条曲线虽然压痕深度有所差别,但是加载和卸载的曲线是连续的,没有台阶现象出现,说明材料在该条件下的变形过程中并未出现表面或者界面裂纹[29]。金属材料的塑性变形通常都是以位错运动的形式进行的。与纳米 Ni 试件相比较,ZrO$_2$/Ni 纳米复合材料在压痕实验中出现相对小的塑性变形,有可能是与其基体晶粒细小,使得位错活动受限有关。

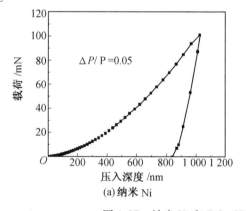
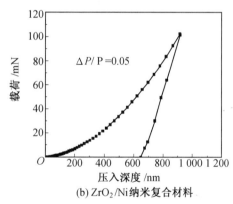

(a) 纳米 Ni　　　　　　　　　　(b) ZrO$_2$/Ni 纳米复合材料

图 4.27　纳米 Ni 和 ZrO$_2$/Ni 纳米复合材料载荷-位移曲线

图 4.28 为纳米 Ni 和 ZrO$_2$/Ni 纳米复合材料的弹性模量-位移曲线。从图中可以看出弹性模量对组织的变化似乎不很敏感。晶粒尺寸为 70 nm 的纯 Ni 的弹性模量为 225 GPa,添加了 ZrO$_2$ 粒子,但基体尺寸为 45 nm 的 Ni 复合材料的弹性模量为 200 GPa。这与普通多晶 Ni 的弹性模量(197~225 GPa)相吻合。细小的误差可能来源于实验方法的选择,有文献曾指出在选用拉伸实验测量材料的弹性模量时,夹持部位的变形和试样表面粗糙度会引起 20%~25% 的测量误差[30]。

图 4.29 为纳米 Ni 和 ZrO$_2$/Ni 纳米复合材料的硬度-位移曲线。两种材料的硬度曲线相似,当压头的压入深度超过 800 nm 后,硬度值几乎不依赖于压入深度的变化;而当压头的压入深度低于 800 nm 时,硬度值先随着压入深度的增加迅速增加,而后明显下降。例如,当

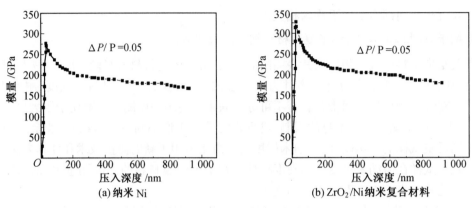

图 4.28　纳米 Ni 和 ZrO₂/Ni 纳米复合材料的弹性模量-位移曲线

压入深度从 600 nm 减小至 50 nm 时,纳米纯 Ni 的硬度从 5.4 GPa 升高至 12.6 GPa,这可能是纳米压痕实验中尺寸效应或者局部塑性变形集中引起的。因此,选用压入深度 800 nm 以后的数值作为材料的平均硬度。晶粒尺寸为 70 nm 的纳米 Ni 的硬度为 5.1 GPa,而添加了 ZrO_2 颗粒,基体尺寸为 45 nm 的 ZrO_2/Ni 纳米复合材料的硬度为 6.8 GPa。硬度作为材料的性能评价指标,应该是独立的,不依赖于承受的载荷或者压痕尺寸。但在实验中,发现电沉积制备的两种纳米材料在纳米压痕实验中压入深度小时获得的硬度值是深度大时的 2 倍多,而且纳米压痕实验获得的平均硬度值远远高于其在单向拉伸实验中获得数值,这种现象也在其他很多纳米压痕实验中出现。Gutierrez[31] 以钢板为材料,通过大量的实验证明纳米压痕实验中得到的硬度值是单向拉伸实验的 4.3 倍。压头与试件之间的摩擦、试件表层加工硬化、测量手段的滞后以及表面层、表面氧化层、杂质的存在等均会引起硬度值的剧烈变化,即通称的压痕尺寸效应。

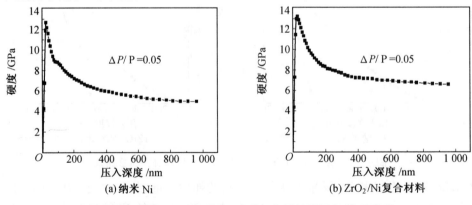

图 4.29　纳米 Ni 和 ZrO₂/Ni 纳米复合材料的硬度-位移曲线

对于工程材料而言,耐磨能力也是重要的机械性能指标,因为材料在服役状态,有一半以上的材料消耗是由磨损造成的。Jeong 等人[32] 设计了大量的对比实验,认为在 H-P 关系成立的晶粒范围内,纳米 Ni 镀层的抗磨损能力正比于其硬度值。材料的硬度增加 5 倍,相应的耐磨性将增加 1~2 倍。由此可见,添加了 ZrO_2 粒子不但可以提高纳米复合材料的室温下硬度,也能提高其室温时的耐磨能力。因此可以得出,通过合理加入增强相颗粒能够改善材料的室温机械性能。

4. 纳米镍和镍基纳米复合材料强化机理

图 4.30 综合了本实验所得的纳米 Ni 和 ZrO$_2$/Ni 纳米复合材料室温拉伸时在应变量 0.2 处获得的屈服应力,同时在该图上也标出了其他作者获得的相应结果[33]。材料的硬度按照 $d^{-1/2}$ 关系线性增大,符合 H–P 关系,设定 h 为 1, n 为 $-1/2$。通过线性拟合获得常数值分别为 $\sigma_0 = 8.32$ MPa, $k = 5\,980$ MPa·nm$^{-1/2}$。因此可以将上式具体演化为:

$$\sigma = 8.32 + 5\,980d^{-1/2} \tag{4.9}$$

从图 4.30 中可以看出,Ni 晶粒的尺寸从几百个 μm 到十几个 nm 之间均遵循着 H–P 关系。Schuh 等人[32]的研究也表明,在 Ni 材料中能够保持 H–P 关系的最小晶粒约为 10 nm。如果纳米晶粒的尺寸小于 10 nm,将会出现硬度随晶粒减小而降低的反 H–P 现象。因此,与微米 Ni 相比较,纳米 Ni 和 ZrO$_2$/Ni 纳米复合材料在室温拉伸中得到的高屈服强度和高拉伸断裂强度也是可以通过细晶强化来解释的。由于本实验中纳米 Ni 和 ZrO$_2$/Ni 纳米复合材料的晶粒尺寸均显著大于镍晶粒的临界尺寸,因此晶粒尺寸细化对复合材料强度的贡献可以由公式(4.9)进行估算[6]。

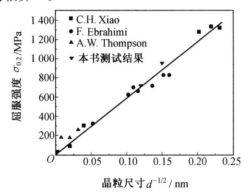

图 4.30　Ni 晶粒尺寸与屈服强度的 H–P 关系曲线

纳米 Ni 的晶粒尺寸与其强度的关系为

$$\sigma_{\mathrm{Ni}} = \sigma_0 + Kd_{\mathrm{Ni}}^{-1/2} \tag{4.10}$$

ZrO$_2$/Ni 纳米复合材料的晶粒尺寸与其强度的关系为

$$\sigma_{\mathrm{C}} = \sigma_0 + Kd_{\mathrm{C}}^{-1/2} \tag{4.11}$$

则晶粒细化对镀层强度的贡献为

$$\frac{\Delta\sigma}{\sigma_{\mathrm{C}}} = \left(1 - \left(\frac{d_{\mathrm{Ni}}}{d_{\mathrm{C}}}\right)^{-1/2}\right)\left(1 - \frac{\sigma_0}{\sigma_{\mathrm{C}}}\right) \tag{4.12}$$

将纳米 Ni 的晶粒尺寸的晶粒尺寸 70 nm 以及 ZrO$_2$/Ni 纳米复合材料的晶粒尺寸 45 nm 代入上式,则室温下晶粒细化对强度的贡献为

$$\frac{\Delta\sigma}{\sigma_{\mathrm{C}}} = 0.198\left(1 - \frac{\sigma_0}{\sigma_{\mathrm{C}}}\right) \tag{4.13}$$

由于通过线性拟合 H–P 关系获得 σ_0 值为 8.32 MPa,这与 ZrO$_2$/Ni 纳米复合材料室温拉伸实验中获得的屈服强度(>1 000 MPa)相比,数值很小。因此 $\dfrac{\sigma_0}{\sigma_{\mathrm{C}}}$ 的比值可忽略不计,那么晶粒细化对纳米复合材料强度的贡献可近似认为是 19.8%。

　　与纳米 Ni 的硬度相比较,ZrO$_2$/Ni 纳米复合材料在室温拉伸和纳米压痕中表现出的硬度更高。这除了复合材料的晶粒细小的原因外,坚硬的增强相粒子也是原因之一。实验中采用脉冲电沉积的方法在 ZrO$_2$ 颗粒含量 5 ~ 70 g/L 的镀液中制备了不同的 ZrO$_2$/Ni 纳米复合材料,并分别对其进行压痕测试获得相应的硬度值。图 4.31 为镀液中 ZrO$_2$ 含量与硬度的关系。纳米颗粒的含量对硬度的影响过程中存在着某一临界值(30 g/L),在 ZrO$_2$ 含量低于该数值时,硬度值随着 ZrO$_2$ 的含量增加而迅速增加;而超过该数值后,硬度值基本保持恒定。这主要是由于镀液中 ZrO$_2$ 含量不同,沉积得到的材料中参与强化作用的增强相含量不同,进而影响了硬度值。图 4.32 为材料中的 ZrO$_2$ 颗粒含量与相应镀液中 ZrO$_2$ 颗粒含量的关系。可见,随着镀液中 ZrO$_2$ 颗粒含量从 5 g/L 增加到 30 g/L,沉积材料中 ZrO$_2$ 的体积分数从 1.2% 迅速上升到 3%;当镀液中 ZrO$_2$ 颗粒含量继续上升到 60 g/L,沉积材料中的 ZrO$_2$ 含量增加变缓;镀液中 ZrO$_2$ 颗粒含量为 70 g/L 时,沉积材料的 ZrO$_2$ 体积分数下降至 3%。随着电沉积液中加入的 ZrO$_2$ 纳米颗粒增加,纳米颗粒与阴极表面的接触几率增大,被有效吸附与 Ni 基体共沉积的机会增加,因此在沉积材料中 ZrO$_2$ 的含量呈现上升趋势。当镀液中的 ZrO$_2$ 含量过高时,与阴极表面接触的纳米颗粒数量超过了基体金属 Ni 的包埋能力,同时纳米颗粒的活性大,在彼此碰撞的过程中容易形成大的团簇,影响共沉积过程。而且纳米颗粒过多,有可能降低增强相与基体金属的界面结合强度,这对材料强度性能也是不利的。在电沉积过程中,沉积材料内 ZrO$_2$ 含量的改变,会影响到晶粒尺寸等组织结构的变化,这些也会对材料的硬度表现有所影响,因此图中的数据只能定性作为纳米颗粒影响硬度的参考数据。

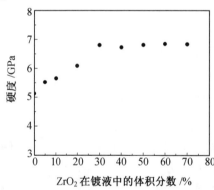

图 4.31　ZrO$_2$/Ni 纳米复合材料镀液中 ZrO$_2$　　图 4.32　ZrO$_2$/Ni 纳米复合材料中 ZrO$_2$ 含量与
含量与硬度的关系　　　　　　　　　　　相应镀液中 ZrO$_2$ 含量的关系

　　对于 ZrO$_2$ 纳米颗粒对复合材料的增强作用可以从增强粒子表面积和颗粒间距两方面分析。复合材料中增强相粒子的表面积可描述为

$$S \propto \frac{\varphi}{d_m} \tag{4.14}$$

式中　S——增强相 ZrO$_2$ 纳米颗粒的表面积;

　　　φ——增强相 ZrO$_2$ 纳米颗粒的体积分数;

　　　d_m——增强相平均粒径。

　　材料中增强相粒子的颗粒间距可以描述为

$$L = \left(\frac{6}{\pi}\varphi\right)^{-1/3} d_m \tag{4.15}$$

式中 L——增强粒子的颗粒间距;

φ 和 d_m——同式(4.14)。

可见虽然纳米颗粒本身的高硬度的强化作用是受体积分数限制的,但是 ZrO_2 细小的粒径使得其具有大的表面积,因此与基体 Ni 的结合界面增多。此外 ZrO_2 还具有小的颗粒间距,在变形过程中起到了有效的钉扎位错作用,因而使得纳米复合材料的强度显著提高。

传统的位错堆积模型是否仍适用于纳米晶体材料中,一直是有争议的问题,但是目前较为公认的纳米 Ni 能够产生位错源的最小尺寸为 38 nm[2]。本实验制备的沉积态纳米 Ni 晶粒尺寸为 70 nm,ZrO_2/Ni 纳米复合材料的基体晶粒尺寸为 45 nm,均有可能产生位错。一旦位错产生并开动起来,就会受到附近分布的坚硬的 ZrO_2 的钉扎作用。根据 Orowan 原理,复合镀层的屈服强度 σ 与其中增强粒子的颗粒间距 L 关系为[6]

$$\sigma = \frac{Gb}{L} \tag{4.16}$$

式中 G——基体的剪切模量;

b——位错的柏氏矢量。

对于 Ni 基体,G,b 均为常数,而 ZrO_2 粒子间距 L 与其体积分数 φ 的关系如式(4.16)所示。对于 ZrO_2/Ni 纳米复合材料,其屈服强度 σ 与纳米颗粒的含量 φ 的关系为

$$\sigma = \frac{Gb}{d_m}\left(\frac{6}{\pi}\varphi\right)^{1/3} \tag{4.17}$$

从上式推断出的强度与增强相之间的关系与前面得到的硬度曲线在一定程度上是相符的。当镀液中 ZrO_2 颗粒含量在 30 g/L 以下得到的复合材料的硬度都符合 Orowan 机理的解释。当镀液中纳米颗粒含量进一步升高后,ZrO_2 颗粒本身的团簇等原因,影响了共沉积过程,出现与式(4.17)不符的情况。因此,当位错运动遇到均匀弥散分布的 ZrO_2 颗粒后,增强颗粒将以 Orowan 进行强化。此外,基体金属与增强相 ZrO_2 颗粒之间的界面存在一定程度的错配,也可能阻碍一部分位错的运动,形成强化。

对于电沉积制备的纳米 Ni 和 ZrO_2/Ni 纳米复合材料,总会有一些其他元素的共沉积。例如阳极 Ni 板溶解过程中引入的 Co 元素,氨基磺酸 Ni 溶液引入的 Fe、Cr 元素,添加剂引入的 S 元素等。有些元素在共沉积过程中进入基体 Ni 的晶格成为溶质原子,溶质原子分布的不均匀能够阻碍位错的运动;有些元素则在晶界处大量偏析,从而也起到一定的强化作用。

4.3.2 $Fe_{78}Si_9B_{13}$/Ni 层状复合材料的室温性能

1. 室温拉伸条件

对 $Fe_{78}Si_9B_{13}$/Ni 层状复合材料进行了室温拉伸试验。试验的拉伸试样标距的尺寸为 10 mm×3 mm,拉伸初始应变率为 $8.33 \times 10^{-4} s^{-1}$,在相同条件下,重复试验三次。单相电镀 Ni 层在同样的条件下也进行了拉伸试验。拉伸试验完成后,采用 SEM 对试样的断口表面进行观察,分析层状材料中的镍层和非晶层的变形情况。

2. 拉伸结果

拉伸所得到的试样如图 4.33 所示。与原始试样相比,复合材料在室温明显被拉长,延

伸率达到 8.5%,远大于单相 Fe$_{78}$Si$_9$B$_{13}$非晶带在室温的延伸率,这也实现了试验的预期设计,提高了单相非晶带在室温的变形性能。

图 4.34 为 Fe$_{78}$Si$_9$B$_{13}$/Ni 层状复合材料和单相 Fe$_{78}$Si$_9$B$_{13}$非晶带在室温的工程应力-应变曲线,Fe$_{78}$Si$_9$B$_{13}$非晶带在室温仅发生弹性变形,断裂强度达到 1 390 MPa,拉伸试样突然断裂,断裂时伸长率为 1.39%。Fe$_{78}$Si$_9$B$_{13}$/Ni 层状复合材料开始也发生弹性变形,然后显著发生应变硬化现象直至断裂,拉伸强度达到 2 090 MPa,伸长率达到 8.5%。试验得到单相 Ni 层的拉伸断裂强度为 1 600 MPa,伸长率达到 9%。层状复合材料的拉伸强度比单相非晶带和 Ni 层的拉伸强度都高,延伸率远大于非晶带而接近于纳米 Ni 层。

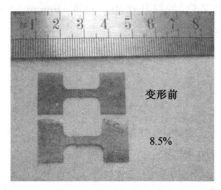 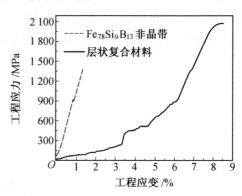

图 4.33　Fe$_{78}$Si$_9$B$_{13}$/Ni 层状复合材料在室温下　图 4.34　Fe$_{78}$Si$_9$B$_{13}$/Ni 层状复合材料和 Fe$_{78}$Si$_9$B$_{13}$
　　　　拉伸前后试样对比图　　　　　　　　　　　非晶带在室温的工程应力-应变曲线

由于 Fe$_{78}$Si$_9$B$_{13}$/Ni 层状复合材料以及单相非晶带和 Ni 层都是在等应变条件下进行拉伸的,复合材料的拉伸强度可以试用混合法则来表示:

$$\sigma_{lc} = V_a\sigma_a + V_{Ni}\sigma_{Ni} \tag{4.18}$$

式中　σ_a——非晶带拉伸应变等于复合材料断裂应变时相应的断裂强度,$\sigma_a = E_a \cdot \varepsilon \approx$ 100 000×0.085 = 8 500 MPa;

　　　σ_{Ni}——Ni 层拉伸应变等于复合材料断裂应变时相应的断裂强度;

　　　V_a——层状复合材料中非晶层的体积分数,$V_a = 0.23$;

　　　V_{Ni}——层状复合材料中 Ni 层的体积分数,$V_{Ni} = 0.77$。

$\sigma_{Ni} = 1\ 600$ MPa,则层状材料的理论断裂强度 $\sigma_{lc} \approx 3\ 180$ MPa,远大于试验值(2 090 MPa)。试验值和预测值之间的不一致表明混合法则可能不适合解释现在的结果。Fe$_{78}$Si$_9$B$_{13}$/Ni 层状复合材料的断裂应变接近于单相纳米 Ni 层的断裂应变而远大于单相非晶带的断裂应变。在等应变条件下,层状复合材料的断裂应变主要是由脆性相决定的,也就是说由脆性 Fe$_{78}$Si$_9$B$_{13}$非晶带决定的。但是 Fe$_{78}$Si$_9$B$_{13}$/Ni 层状复合材料的断裂应变接近塑性基体,这不同于混合法则所描述的结果。在电沉积的过程中由于 Fe 原子和 Ni 原子的扩散,尽管扩散厚度在纳米级,但层状材料具有好的界面连接。非晶层由于界面连接的限制与纳米 Ni 层一起变形。在这种限制下非晶层的拉伸颈缩不稳定性被推迟了,非晶层可以显著地被拉长而不发生断裂。由于非晶层的塑性显著提高,可以把它看成一种新的增强相,这就充分利用了非晶相高强度的特性,因此层状复合材料的拉伸强度高于单相 Fe$_{78}$Si$_9$B$_{13}$非晶带和电沉积纳米 Ni 层。因此而准确描述韧性金属/非晶合金层状复合材料的拉伸特性需要一个新的理论,所得到的结果与 Alpas[42,43] 和 Leng[44,45] 不同,与 Nieh[46,47] 得出的结论一致。

Fe$_{78}$Si$_9$B$_{13}$/Ni 层状复合材料室温拉伸完以后,对其断口进行 SEM 观察,所得到的断口形貌如图 4.35(a) 所示。经过拉伸完后复合材料试样没有出现分层现象。为了仔细观察复合材料中各层的断口形貌,对其进行了放大观察。从图 4.35(b) 可以看出,大量的韧窝存在 Ni 层的断口上,这也表明 Ni 层发生了强烈的塑性变形,这与前面的分析结论是一致的。正因为 Ni 层发生较大的塑性变形,抑制了非晶层中裂纹的扩展,从而提高非晶带的室温延伸率。如图 4.35(c) 所示,非晶层的断口表面呈现脉状纹络,有些条纹没有形成胞状。图 4.35(d) 所示的是单相 Fe$_{78}$Si$_9$B$_{13}$ 合金非晶带典型的断口形貌,周期性胞状结构形成了脉状条纹。与单相非晶带相比,复合材料中的非晶层断口上胞状结构的尺寸明显变大,胞状结构的直径由单相的 0.75 μm 增大到复合材料的 4 μm,这与材料的变形量有密切的关系。

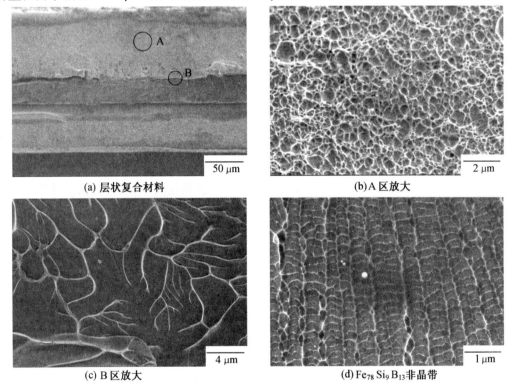

(a) 层状复合材料   50 μm

(b) A 区放大   2 μm

(c) B 区放大   4 μm

(d) Fe$_{78}$Si$_9$B$_{13}$ 非晶带   1 μm

图 4.35 拉伸断裂表面的 SEM 照片

由于非晶合金具有高的强度和断裂应变,当非晶层拉伸断裂时,大量储存的能量就会释放出来,导致在非晶层的断口表面出现脉状条纹。脉状条纹是由于断裂表面局域软化剪切扩展而产生的,也被认为是非晶合金的韧性剪切断裂特征。事实上虽然层状的拉伸件尺寸较小,但当拉伸件断裂时伴随巨大的响声。Park[48] 报道了在非晶合金/金属层状复合材料中非晶层的断口表面出现类似的形貌。层状复合材料断裂表面上脉状条纹的胞状尺寸与单相非晶带相比发生显著的变化。比观表面能 γ_f 包含了塑性变形功,其值的大小间接地反应了塑性变形的大小。在胞状脉状条纹形成的过程中非晶材料的 γ_f 可以用下式表示[49]:

$$\gamma_f = (12\pi^2 1.2\sqrt{3})^{-1} \times \frac{\sigma_f}{N} \tag{4.19}$$

式中 σ_f —— 断裂强度;

N——线性密度,其值代表胞状直径的倒数。

在层状复合材料中,$\sigma_f = 2.09$ GPa,$N = 2.5 \times 10^5$ m^{-1},则 $\gamma_f = 33.9$ J/m^2。在单相 Fe$_{78}$Si$_9$B$_{13}$非晶合金中,$\sigma_f = 1.39$ GPa,$N = 13.3 \times 10^5$ m^{-1},则 $\gamma_f = 4.2$ J/m^2。可以看出在层状复合材料中 Fe$_{78}$Si$_9$B$_{13}$非晶带的 γ_f 值是单相非晶带的 8 倍,这也间接地表明了在层状复合材料中非晶带的塑性得到了较大的提高。进一步的研究工作将集中于脉状条纹的变化规律。

4.4　纳米镍及其复合材料的超塑性能

4.4.1　纳米 Ni 和 ZrO$_2$/Ni 复合材料的超塑性能

迄今为止,绝大多数的纳米金属和合金在室温拉伸变形时均表现出了低的延伸率。这主要是两方面的因素引起的,其一是纳米材料制备引入的气孔或者第二相夹杂物等外在因素;其二是纳米材料在塑性变形中缺乏强化的内在因素[50,51]。因此,很多学者都致力于各种纳米材料的增韧措施[52],比如在纳米材料内部形成大小晶粒的双峰分布,通过位错运动、剪切带局部变形以及变形孪晶等协调机理来提高材料的塑性变形能力[53,54]。

早在 1991 年 R. Bohn 等人[55]就根据纳米材料的特殊结构做出推断,多晶材料的塑性将随着晶粒的减小而提高。一旦材料能够获得纳米尺寸的晶粒大小,通常被认为几乎不能变形的陶瓷或金属间化合物将有可能获得大塑性变形。该结论的理论依据主要来源于晶界扩散蠕变的变形机理特征,晶界扩散蠕变的应变速率与晶粒尺寸三次方成正比,因此,纳米级的晶粒将会明显提高应变速率。利用超塑成形也是解决纳米材料塑性低的一个研究热点。现如今超塑性的研究都致力于寻求降低温度和提高应变速率的方法,前者可以节约能源消耗,后者能够提高生产效益,为进一步扩大超塑性工艺的应用提供契机,纳米材料超塑性的研究也因此应运而生。最初 Mcfadden 等人[56]在 $0.36T_m$(T_m 为纯 Ni 的熔点)观察到了纳米 Ni 的超塑性,这一温度是有报道以来晶体材料超塑性变形的最低值。此后电沉积纳米 Ni 就作为人们研究纳米晶体的典型材料得到了广泛研究。由于纳米晶体材料具有很高的界面体积比,在高温时晶界活动异常活跃,这对超塑性变形中保持稳定细小的组织是不利的,因此研究者们常常将获得更稳定组织的希望寄予在加入纳米合金或者加入了第二相颗粒的纳米复合材料。下面主要是对比研究纳米 Ni 和 ZrO$_2$/Ni 纳米复合材料的超塑性拉伸性能,并分析了温度和应变速率对两种材料变形的影响,测量了反映纳米材料变形机理的相关参数,为第 5 章组织分析和机理研究提供数值依据。

1. 实验材料与方法

实验是在 Instron-5500 型万能实验机上进行的。该实验机配套的高温环境箱采取三组热电偶实行上、中、下三段自动控制,温控误差为 ±1 ℃,这就很大程度减少了温度不均匀对实验结果的影响。拉伸在空气炉中以恒定初始应变速率进行。每次实验前,拉伸试样的热平衡时间为 15 min,应变速率为 $8.33 \times 10^{-4} \sim 5 \times 10^{-2}$ s^{-1},温度为 370~500 ℃。

应变速率敏感指数 m 常常被用来推断材料超塑变形机理,也可作为评价材料超塑性能的一个指标。速度突变法(或称 Backofen 法)作为目前测量 m 值最常用的方法,其优点是不需要很多试件就可求得近似的 m 值,并且节约实验时间。图 4.36 是速度突变法测量 m 值的示意图[57]。在实际中人们更倾向于用速度突变法,即最大载荷法来计算 m 值。根据速度突变法所得的载荷-时间曲线测得对应速度 v_2 和 v_2 的最大载荷点 A 及 C 的载荷 P_A、P_C,然后计算 m 值[57],其计算公式为

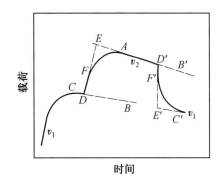

图 4.36　速度突变法示意图[57]

$$m = \frac{\ln(P_A/P_C)}{\ln(V_2/V_1)} \qquad (4.20)$$

（1）超塑性拉伸曲线

图 4.37 所示为纳米 Ni 和 ZrO_2/Ni 纳米复合材料单向拉伸实验,应变速率恒为 $1.67 \times 10^{-3}\,s^{-1}$,温度为 $370 \sim 500\ ^\circ\!C$ 时的应力-应变曲线。对于图 4.37(a)纳米 Ni 的应力值随着温度的升高而减小,并且高温下比低温下更快达到峰值。在超塑性变形初始阶段,应力很快升高到极值点,然后出现失稳,曲线开始下降。应力随着应变的增加呈现出先增大后减小的趋势。峰值应力后,材料出现了大范围内的准稳定变形(450 ℃ 表现尤为明显),并没有出现缩颈现象。当应变速率保持不变时,应力和峰值应力均随着温度的升高而降低,延伸率则随着温度的升高先增加而后降低。图 4.37(b)中 ZrO_2/Ni 纳米复合材料在温度作用下表现出了类似的趋势,不同的是复合材料在低温变形时就表现出了稳定流动的趋势,在 $370 \sim 450\ ^\circ\!C$ 下获得的延伸率均高于纳米 Ni。晶粒的大小和稳定性是影响材料超塑性的主要因素之一,纳米 Ni 和 ZrO_2/Ni 纳米复合材料超塑性拉伸时的不同表现是与其内部组织密切相关的。此外,随着温度的升高,超塑性变形能力增强,这说明此时纳米材料的晶界更容易进行。而当温度过高时,例如材料在 500 ℃ 时延伸率反而下降,有可能是实验在没有保护气氛条件下进行,形成的脆性氧化物也会形成裂纹源,加大断裂的可能性。

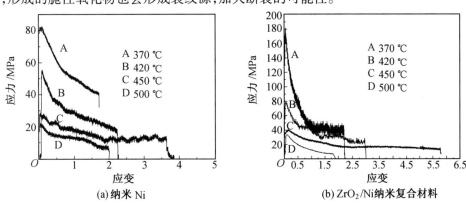

图 4.37　应变速率为 $1.67 \times 10^{-3}\,s^{-1}$,不同温度时应力-应变关系曲线

最佳超塑变形温度 450 ℃ 时,不同应变速率对流动曲线的影响如图 4.38 所示。纳米 Ni 和 ZrO_2/Ni 纳米复合材料的应力峰值随着应变速率的提高而增大,延伸率的增加则存在着某一临界应变速率值。观察图 4.38(a)、(b)有两处明显的不同之处:其一,选定的应变速率范围内,ZrO_2/Ni 纳米复合材料的应力值均要高于同样变形条件下纳米 Ni,特别是在变形初期的获得峰值应力表现得尤为明显;其二,ZrO_2/Ni 纳米复合材料能够获得高延伸率的应

变速率区间更广阔。纳米 Ni 在应变速率低于 $5\times10^{-3}\,\mathrm{s}^{-1}$ 时获得超塑性,应变速率继续升高至 $1.67\times10^{-2}\,\mathrm{s}^{-1}$ 时延伸率迅速下降至 116% ,而 $\mathrm{ZrO_2/Ni}$ 纳米复合材料在 $1.67\times10^{-2}\,\mathrm{s}^{-1}$ 仍表现出了超塑性。与温度对材料的影响趋势相似,纳米 Ni 和 $\mathrm{ZrO_2/Ni}$ 纳米复合材料该组拉伸曲线的不同也和各自组织的不同密切相关。

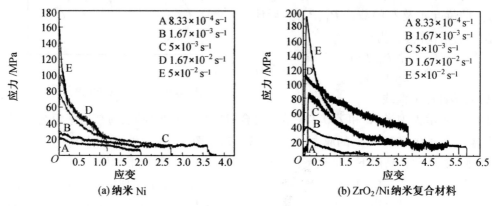

(a) 纳米 Ni　　　　　　　　　　(b) $\mathrm{ZrO_2/Ni}$ 纳米复合材料

图 4.38　450 ℃,不同应变速率时应力–应变关系曲线

（2）超塑性拉伸试件

图 4.39 是纳米 Ni 和 $\mathrm{ZrO_2/Ni}$ 纳米复合材料在不同温度和应变速率时拉伸前后试样的照片。其中图 4.39(a)是纳米 Ni 在应变速率为 $1.67\times10^{-3}\,\mathrm{s}^{-1}$ 时不同温度下的拉伸情况,图 4.39(b)是纳米 Ni 在温度为 450 ℃ 时不同应变速率下的拉伸情况,图 4.39(c) 是 $\mathrm{ZrO_2/Ni}$ 纳米复合材料在应变速率为 $1.67\times10^{-3}\,\mathrm{s}^{-1}$ 时不同温度下的拉伸情况,图 4.39(d) 是 $\mathrm{ZrO_2/Ni}$ 纳米复合材料在温度为 450 ℃ 时不同应变速率下的拉伸情况。从图上可以看到,试样在变形过程中均匀流变,呈现超塑性变形的典型特征。对于纳米 Ni,最大应变速率 380% 是在温度为 450 ℃ ,应变速率为 $1.67\times10^{-3}\,\mathrm{s}^{-1}$ 时获得的,这一温度值比常规对超塑性温度的要求 $0.5T_\mathrm{m}$ (T_m 为纯镍的熔点)低了约 270 ℃ ,实现了低温超塑性变形。$\mathrm{ZrO_2/Ni}$ 纳米复合材料在相同的变形条件下也获得了最大延伸率 605% ,这一数值要高于纳米 Ni 获得延伸率。不仅如此,对比图中的四张图片可以看出在相同温度和应变速率条件下拉伸,$\mathrm{ZrO_2/Ni}$ 纳米复合材料的超塑性表现都要好于纳米 Ni。更重要的是,当应变速率升高至 $1.67\times10^{-2}\,\mathrm{s}^{-1}$ 时,$\mathrm{ZrO_2/Ni}$ 纳米复合材料获得的延伸率仍为 400% ,已经达到了低温与高应变速率超塑性的完美结合,这正是超塑性工艺发展的新方向。由此可见,细小稳定组织为 $\mathrm{ZrO_2/Ni}$ 纳米复合材料的超塑性变形提供了有力的保证。关于纳米 Ni 和 $\mathrm{ZrO_2/Ni}$ 纳米复合材料在拉伸过程中组织的变化,将在下面做具体的分析。

值得一提的是,无论是在本书,还是其他学者关于纳米材料拉伸性能的研究中,均采用的是厚度为 $100\sim200\ \mu\mathrm{m}$ 的试件,因此材料的几何尺寸、表面状态以及加工状态均会影响拉伸行为。Torre[25] 在纳米 Ni 的拉伸中设计了两种试件尺寸,试件标距尺寸为 1.72 mm×0.25 mm× 0.2 mm 时,材料能够很容易地实现均匀变形,而当试件的尺寸增加到 6 mm×2.5 mm×0.2 mm 时变形就不均匀了,认为这种现象是由于制备材料微观组织不均匀引起的。McFadden[56] 也在作纳米 Ni 拉伸实验时自行设计了横向加载拉伸机,将试件标距长度限制在 1.0 mm,极大程度上降低了缺陷的影响。虽然本书没有系统地研究上述因素对材料超塑性能的影响,但在大

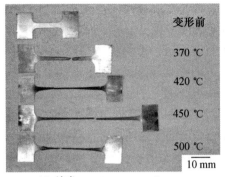

(a) 纳米 Ni, $\dot{\varepsilon} = 1.67 \times 10^{-3} \, s^{-1}$

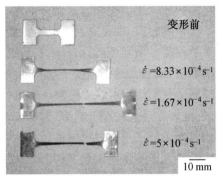

(b) 纳米 Ni, 450 ℃

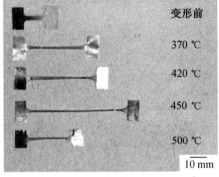

(c) ZrO_2/Ni 纳米复合材料, $\dot{\varepsilon} = 1.67 \times 10^{-3} \, s^{-1}$

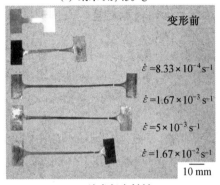

(d) ZrO_2/Ni 纳米复合材料, 450 ℃

图 4.39　纳米 Ni 和 ZrO_2/Ni 纳米复合材料试样拉伸前后图片

量的实验中也发现粗糙的试件表面或者线切割加工痕迹会成为裂纹源,导致材料的过早断裂,出现了变形条件相同情况下延伸率却相差 100% 以上的情况。

（3）超塑性的表征参数测定

图 4.40 综合了纳米 Ni 和 ZrO_2/Ni 纳米复合材料在不同应变速率下最大应力和断裂延伸率随温度的变化曲线。比较两图,两者的应力变化曲线相似,随着温度的上升,最大应力值下降,下降的程度取决于应变速率。当温度为 370 ~ 450 ℃时, ZrO_2/Ni 纳米复合材料的最大应力值明显高于纳米 Ni 的数值,这可以用应力与晶粒尺寸之间的关系来解释。添加了增强相的复合材料热稳定性有了提高,温度诱发的晶粒长大一定程度上能够得到抑制,因此

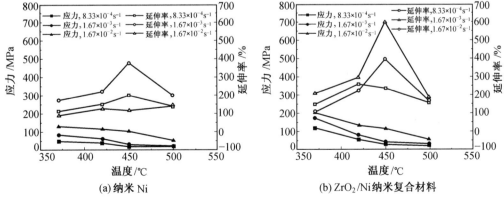

(a) 纳米 Ni　　　　　　　　　　　　　(b) ZrO_2/Ni 纳米复合材料

图 4.40　不同应变速率下温度对应力和延伸率的影响

得到更高的应力值。当温度继续升高后,两者的应力数值接近,说明晶粒在高温下的长大并不是一个单调过程,而是存在着某一稳定值。在选定的四个温度下,两种材料的延伸率均表现出了对温度的明显依赖性,450 ℃不同应变速率条件下获得的延伸率均高于其他两个温度时的数值,而且在这一温度下材料能获得高延伸率的应变速率区间也明显增大。晶粒的细化使得 ZrO_2/Ni 纳米复合材料在适宜的温度下(450 ℃)超塑性应变速率向高应变速率方向移动,或者在适宜的应变速率($1.67\times10^{-3}\ s^{-1}$)超塑性温度向低温方向移动,这符合了本构方程的推测。除了对晶粒尺寸的依赖之外,增强相与基体晶粒之间的匹配程度、电沉积过程中引入杂质元素的含量以及拉伸时氧化层的出现等因素都会引起超塑变形行为和延伸率的改变。

采用最大载荷法获得的不同温度下应变速率敏感指数 m 如图4.41所示,拉伸时应变速率从 $1.67\times10^{-3}\ s^{-1}$ 突变到 $4.18\times10^{-3}\ s^{-1}$。$m$ 值在两条曲线均出现了极点。纳米 Ni 在 420～500 ℃,ZrO_2/Ni 纳米复合材料在 370～500 ℃时 m 值均保持较高的数值,大于 0.5,说明在这一温度区间内材料具有很高的抗颈缩能力,有助于超塑性变形。材料的 m 值均在 0.5 左右,通常预示该材料的变形机理以晶界滑移为主。当温度低于或者高于此数值后,m 值有所下降。m 值随温度的变化情况说明了材料内部组织发生了变化,进而影响了晶界滑移的进行。不仅晶粒尺寸和形状会影响材料的超塑性表现,晶界特征和织构情况也会决定晶界滑移、位错塑性和孪晶等超塑性变形常见机理在整体变形中所处的比重[58]。

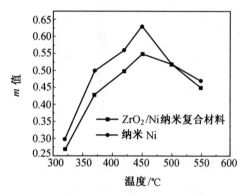

图4.41　450 ℃不同应变速率下的应变速率敏感指数 m

超塑变形是一个热激活过程,其应变速率可以表示为[59]

$$\dot{\varepsilon} = A\frac{\sigma^n}{d^p}\exp\left(-\frac{Q}{RT}\right) \tag{4.21}$$

式中　$\dot{\varepsilon}$——应变速率;

　　　A——无量纲常数;

　　　σ——应力;

　　　d——晶粒尺寸

　　　n——应力指数,且 $n = 1/m$;

　　　p——晶粒尺寸指数;

　　　Q——变形激活能;

　　　R——气体常数;

　　　T——绝对温度。

当实验材料已知,且应变速率 $\dot{\varepsilon}$ 可视为常数时,将上式经过对数变换可以得到

$$Q = \frac{\lg e}{R}\left[\frac{\partial\lg(\sigma/m)}{\partial(1/T)}\right] \tag{4.22}$$

上述公式,在拉伸时测得某一温度时的应力 σ 和相应的应变速率敏感指数 m 值,在 $\dfrac{\lg \sigma}{m} \sim \dfrac{1}{T}$ 坐标上得到一系列点,采用线性回归的方法可获得一条直线,据该直线的斜率就可以计算超塑性变形激活能 Q。图 4.42 为 320 ℃、370 ℃、420 ℃,450 ℃ 和 500 ℃ 时 $\dfrac{\lg \sigma}{m} \sim \dfrac{1}{T}$ 关系曲线,通过计算得到纳米 Ni 的激活能 Q 为 124.8 kJ/mol, ZrO_2/Ni 纳米复合材料的激活能为 156.3 kJ/mol, 接近于 Ni 的晶界扩散激活能 104.1 kJ/mol[60],而

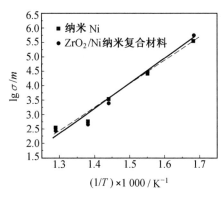

图 4.42　$\lg \sigma/m$ 与 $1/T$ 之间的关系

远低于 Ni 原子的自扩散激活能 289 kJ/mol[61]。这说明纳米 Ni 和 ZrO_2/Ni 纳米复合材料在超塑性变形过程中的晶界滑移是由晶界扩散控制的,而不是晶内扩散控制。

2. 断口、表面形貌、晶粒长大分析

与普通 Ni 相比较,脉冲电沉积制备的纳米 Ni 表现出了低温超塑性,而同样方法制备的 ZrO_2/Ni 纳米复合材料则同时表现出了低温高应变速率超塑性,可见材料的微观组织在一定程度上决定着材料的力学特性和断裂行为。由于纳米材料具有很高的界面分数,其高的界面能驱动界面总面积的减少,即纳米晶材料晶粒有显著的长大趋势。而显著的长大一旦发生,纳米材料就会失去其独特的性能,因此如何有效地抑制晶粒长大是自纳米材料问世以来就备受关注的研究方向[62~64]。除此之外,关于纳米材料的变形机理目前仍没有一个统一的认识,也是值得研究的问题。通过扫描电子显微镜(SEM)和透射电镜(TEM)观察了纳米 Ni 和 ZrO_2/Ni 纳米复合材料的断口形貌和微观组织,并在组织观察的基础上研究纳米材料在超塑性变形中的断裂方式及其控制因素,研究纳米材料在加热条件下的微观组织演变过程和变形机理。

用于分析断裂行为的试件来自于纳米 Ni 和 ZrO_2/Ni 纳米复合材料拉伸实验,试件断裂之后从炉中迅速取出,将新鲜的断口置于 Hitachi S-4700 型扫描电镜(SEM)下观察。同时 SEM 也观察了超塑性变形后试件的表面形貌,从多方面了解了纳米材料的变形特点。

采用 Philips CM-12 型透射电镜(TEM)观察了纳米 Ni 和 ZrO_2/Ni 纳米复合材料拉伸后内部组织形貌,为超塑性机理的研究提供事实依据。

以等温长大动力学理论为基础研究纳米材料在超塑性拉伸中的晶粒长大过程。为了对比温度和应变量对晶粒长大过程的影响,将纳米材料进行退火,其温度和时间与超塑性拉伸所用的温度和时间一致。退火后的试样采用 XRD 进行观察,以获得静态退火和动态变形后材料结构变化信息。采用 SEM 观察退火后晶粒的形貌,分析超塑变形中晶粒长大的原因。采用德国 STA 449 C/6/G 型综合热分析仪进行差热与热重同步分析。实验条件:升温速度 20 ℃/min,温度范围 25 ~ 1 500 ℃,实验气体为空气。

(1)断口分析

图 4.43 为纳米 Ni 和 ZrO_2/Ni 纳米复合材料在应变速率为 $1.67 \times 10^{-3} \text{s}^{-1}$,不同温度时拉伸断口形貌。在选定的变形条件下试件均表现出明显的沿晶断裂特征,裂纹沿着晶界不断扩展连接,严重分离了晶界间的结合。晶粒长大和空洞的聚集是断口上反映出的主要特征。

纳米 Ni 在温度分别为 320 ℃、420 ℃、450 ℃ 和 500 ℃ 时变形的试件,平均晶粒尺寸分别长大至 1 μm、1.5 μm、2.5 μm 和 2.7 μm,空洞的体积分数分别为 4.25%、2.75%、1.16% 和 3.15%;而 ZrO_2/Ni 纳米复合材料在同样温度条件下变形的试件,平均晶粒尺寸分别长大至 0.5 μm、1 μm、1.8 μm 和 2.6 μm,空洞的体积分数分别为 4.27%、2.51%、1.02% 和 3.98%。纳米材料的晶粒长大受温度作用明显,两者的晶粒尺寸都随着温度的升高而增大。在应变速率为 $1.67×10^{-3} s^{-1}$,温度低于 450 ℃ 时,ZrO_2/Ni 纳米复合材料变形后的晶粒尺寸均要小于纳米 Ni。值得注意的是,ZrO_2/Ni 纳米复合材料在该条件下的延伸率更高,因此同样应变速率下受温度的作用时间更长。例如在 450 ℃ 应变速率为 $1.67×10^{-3} s^{-1}$,纳米 Ni 经过了 53 min(包括拉伸实验开始前的 15 min 保温时间)的变形时间,晶粒长大到 2.5 μm;ZrO_2/Ni 纳米复合材料经过了 75.5 min(包括拉伸实验开始前的 15 min 保温时间),晶粒长大至 1.8 μm。可见,纳米复合材料的组织稳定性要远高于纳米纯金属,这主要取决于 ZrO_2 颗粒对晶界的钉扎作用。众所周知,组织超塑性是一种与材料微观组织密切相关的变形行为。纳米复合材料第二相的加入提高了内部组织的晶粒稳定性,因此更适合用于超塑成形。

电沉积纳米材料在酸性水溶液中进行的,这就不可能避免析氢反应的发生,阴极上析出的氢气泡与镍离子共同沉积形成沉积产物中细小的空洞。Petegem 等人[65]应用了透射电镜(TEM)和正电子湮没法(PAS)观察了纳米 Ni 晶粒内部的空位情况,发现即使是全致密电沉积 Ni 也会存在着 1 ~ 2 nm 的空洞,这在一定程度上影响了纳米材料的力学性能。此外,本书的拉伸实验是在没有保护气氛的加热炉中进行的。在变形过程中,试件表面发生了氧化,出现脆性的 NiO 相,这对于本实验中厚度仅为 120 μm 的拉伸试件的影响是严重的。随着拉伸的继续进行,氧化物不能很好地协调周围韧性基体的变形,最终形成裂纹。除了上述两条纳米 Ni 和 ZrO_2/Ni 纳米复合材料共有的断裂方式,对于复合材料还要考虑增强相 ZrO_2 颗粒的断裂以及基体 Ni 晶粒与增强相 ZrO_2 颗粒之间界面的断裂。如果增强相 ZrO_2 颗粒的变形程度与基体 Ni 晶粒变形不匹配,就会在界面上产生应力集中。如果 ZrO_2 与 Ni 之间的界面强度足够高,那么应力将会被转移到坚硬的 ZrO_2 颗粒上,这样只有该应力值超过 ZrO_2 本身的强度才会一起断裂;如果 ZrO_2 与 Ni 之间的界面强度在某些因素(比如温度)的影响下,应力将会在此交界处引发微裂纹,裂纹围绕着两者的界面生长聚集,引发材料的最终断裂。观察图 4.43(g)、(h)两组图片可以发现,当温度升高至 500 ℃ 时,纳米 Ni 和 ZrO_2/Ni 纳米复合材料在断口反映出的晶粒尺寸相似,而空洞数量后者更高,这样的组织表现与前面拉伸实验测得的延伸率相吻合。纳米 Ni 在 500 ℃,应变速率 $1.67×10^{-3} s^{-1}$ 时的断裂延伸率为 200%,而 ZrO_2/Ni 纳米复合材料获得的断裂延伸率为 185%。由此可以对增强相 ZrO_2 颗粒在超塑性变形中有一个全面的认识,均匀弥散分布的 ZrO_2 颗粒能够有效地抑制基体 Ni 晶粒的长大,从而保持超塑性变形所需的稳定组织,但是这一有益的影响还受到温度因素的限制,过高温度将会使得增强相的钉扎作用降低;此外一旦 ZrO_2 与 Ni 之间的界面强度降低,将会增加新的断裂源。

在实验中还发现了这样一种现象,图 4.43(a)、(b)中纳米 Ni 拉伸试件在 320 ℃ 以应变速率 $1.67×10^{-3} s^{-1}$ 拉伸,断裂延伸率为 32%,ZrO_2/Ni 纳米复合材料在该条件下拉伸,断裂延伸率为 40%,仅稍高于材料的室温延伸率,远低于 370 ℃ 以上时材料展现的超塑性延伸率。观察此时的断口却不是室温下的韧窝聚集型,而和高温相似,表现出沿晶断裂的特征。说明材料的断裂模式是由温度控制的,和变形量没有明显的因果关系。

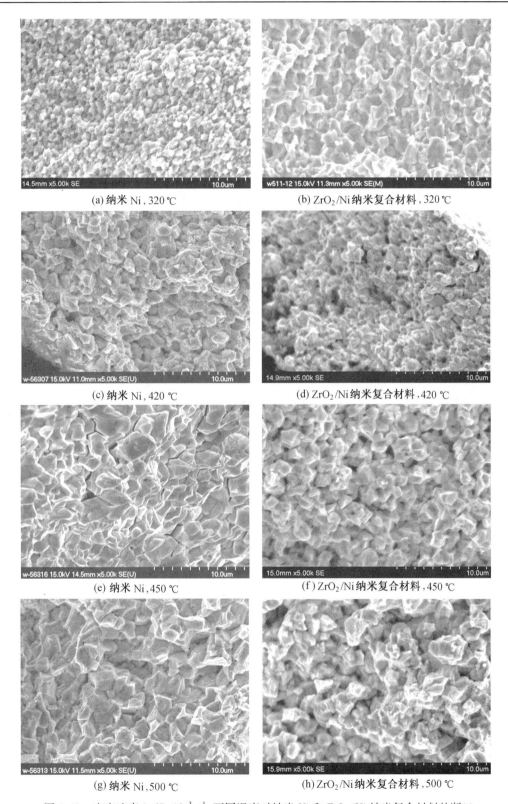

(a) 纳米 Ni，320 ℃

(b) ZrO$_2$/Ni 纳米复合材料，320 ℃

(c) 纳米 Ni，420 ℃

(d) ZrO$_2$/Ni 纳米复合材料，420 ℃

(e) 纳米 Ni，450 ℃

(f) ZrO$_2$/Ni 纳米复合材料，450 ℃

(g) 纳米 Ni，500 ℃

(h) ZrO$_2$/Ni 纳米复合材料，500 ℃

图 4.43　应变速率 $1.67 \times 10^{-3} \mathrm{s}^{-1}$，不同温度时纳米 Ni 和 ZrO$_2$/Ni 纳米复合材料的断口

应变速率的变化也影响了断口的形貌,以 ZrO_2/Ni 纳米复合材料为例,图 4.44 给出了温度为 450 ℃,应变速率分别为 $8.33×10^{-4} s^{-1}$、$1.67×10^{-3} s^{-1}$、$5×10^{-3} s^{-1}$ 和 $1.67×10^{-2} s^{-1}$ 时的断口形貌。在不同的变形条件下,平均晶粒分别长大至 2.3 μm、1.8 μm、1.6 μm 和 1 μm,空洞的体积分数分别为 3.59%、1.02%、1.73% 和 1.56%。温度是纳米材料超塑性拉伸中晶粒长大的主要影响因素,当试件以 $1.67×10^{-2} s^{-1}$ 拉伸时,仅用了 19 min(包括 15 min 保温时间)就完成了 400% 的变形,材料受温度的影响时间少从而获得了更为细小的晶粒。在大部分材料的超塑性拉伸中,延伸率都是随着应变速率的增加而降低的,而本实验中纳米 Ni 和 ZrO_2/Ni 纳米复合材料的延伸率与应变速率的关系中出现了极点。观察图中四种应变速率条件下的断口,最大空洞体积分数出现在最低应变速率 $8.33×10^{-4} s^{-1}$ 处,如图 4.44(a)所示,这有可能是最大延伸率并未出现在低应变速率条件下的原因之一。当材料的应变速率低时,温度作用时间长,因此氧化过程严重,导致了空洞数量的增加。取得最大延伸率的断口,如图 4.44(b)所示,空洞的数量都明显小于其他应变速率条件下,因此空洞体积的多少对延伸率有着决定性的影响。

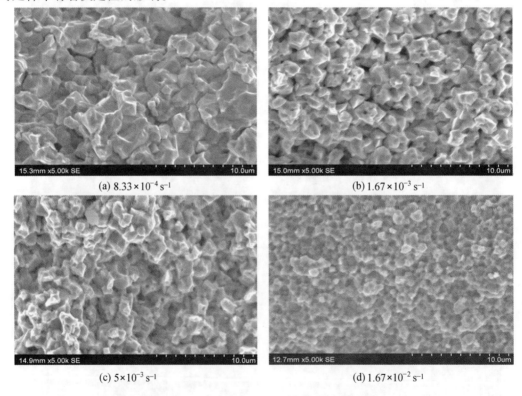

(a) $8.33×10^{-4} s^{-1}$　　　　　　　　　　(b) $1.67×10^{-3} s^{-1}$

(c) $5×10^{-3} s^{-1}$　　　　　　　　　　(d) $1.67×10^{-2} s^{-1}$

图 4.44　温度 450 ℃,不同应变速率时 ZrO_2/Ni 纳米复合材料的断口

(2)表面形貌分析

在断口的分析中,曾推测纳米 Ni 和 ZrO_2/Ni 纳米复合材料在拉伸过程中形成的脆性氧化物是形成裂纹的主要原因。本节主要验证了氧化物的存在及表面形貌对试件拉伸性能的影响。

图 4.45 是 ZrO_2/Ni 纳米复合材料在沉积态和温度为 450 ℃,应变速率 $1.67×10^{-3} s^{-1}$ 变形时的衍射图谱。与变形后的衍射峰宽度相比较,沉积态的衍射峰明显宽化,说明变形后的

晶粒发生了明显长大。对于沉积态的 ZrO_2/Ni 纳米复合材料试件,明显的 Ni 峰出现在 2θ 为 46°、53°、95°和 100°;而超塑性变形后除了上述的衍射峰值,在 2θ 为 78°出现了明显的 Ni 峰,说明变形后材料的晶粒取向在(220)晶面上发生了一定程度的择优取向。同时在 39°时出现了 NiO 峰,这在沉积态的试件上是不存在的,由此可见氧化物 NiO 相在拉伸过程中形成的。NiO 相不仅出现在变形试件的表面,还出现在试件的内部组织中,因此试件的氧化是一个动态过程。纳米材料在加热条件下,大量的晶界为氧化提供了有利的条件,容易形成 NiO 相,随着拉伸过程的进行,不断有内层的晶粒涌出表面形成新的氧化源,形成了 O 元素向内扩散的局面,因此在拉伸试件内部也观察到 NiO 峰的存在。

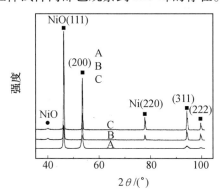

图 4.45　ZrO_2/Ni 纳米复合材料沉积态和变形后的 XRD 衍射图

为了更好地研究纳米 Ni 和 ZrO_2/Ni 纳米复合材料拉伸过程中的表面形貌变化,在实验之前进行预抛光,随后在不同的温度下对预抛光试件进行拉伸,最后通过 SEM 观察变形后试件的表面形貌。图 4.46(a)、(b)为纳米 Ni 在温度 450 ℃和 500 ℃应变速率为 $1.67×10^{-3}s^{-1}$ 变形至 100% 时的表面形貌;图 4.46(c)、(d)为 ZrO_2/Ni 纳米复合材料在同样变形条件下变形至 100% 时的表面形貌。

由于图中所示表面是通过 SEM 对预抛光试件的直接观察结果,而未经过任何化学试剂的侵蚀,因此显示出的晶粒形状、晶界和不同的晶粒层次说明晶粒之间发生了相当程度的滑移、转出和变位。纳米 Ni 和 ZrO_2/Ni 纳米复合材料在 450 ℃变形至 100% 之后,晶粒仍能保持细小的等轴形状,这种稳定的组织保证了材料在随后变形中获得的延伸率。而当温度升高至 500 ℃变形至 100% 后,晶粒发生了明显的长大及拉长,晶界运动变得非常不均匀,部分晶粒形成团簇,晶界滑动更倾向于在团簇与晶粒或者团簇与团簇之间,因此使得空洞和裂纹容易形成。在 500 ℃的断口上发现围绕着团簇扩展连接的空洞,这点在 ZrO_2/Ni 纳米复合材料的断口表现上更为显著。

纳米 Ni 和 ZrO_2/Ni 纳米复合材料在 450 ℃,应变速率为 $1.67×10^{-3}s^{-1}$ 拉伸时,延伸率分别为 380% 和 605%;而在 500 ℃应变速率为 $1.67×10^{-3}s^{-1}$ 时,延伸率分别为 200% 和 185%。在 500 ℃时 ZrO_2/Ni 纳米复合材料的超塑性能不如纳米 Ni,这与表面形貌反映出的特征是一致的,可见空洞的形貌影响了试件在超塑性变形时的性能。纳米材料在空气中进行热拉伸,材料不可避免地被氧化,而温度越高,材料的氧化程度越高。脆性的氧化物 NiO 阻碍了基体金属 Ni 的塑性变形,成为空洞源之一。随着拉伸试验的进行,韧性的基体继续变形,使得空洞逐渐长大,并随着新的氧化层出现向材料内部发展,最终形成断裂。

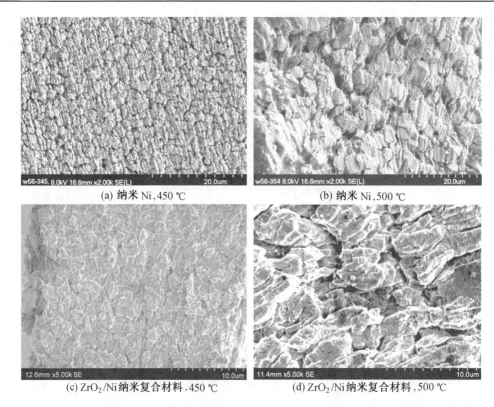

(a) 纳米 Ni,450 ℃　　　　　　　　　　(b) 纳米 Ni,500 ℃

(c) ZrO₂/Ni 纳米复合材料,450 ℃　　　　(d) ZrO₂/Ni 纳米复合材料,500 ℃

图 4.46　应变速率 $1.67 \times 10^{-3} \, \text{s}^{-1}$,不同温度纳米 Ni 和 ZrO₂/Ni 纳米复合材料拉伸表面形貌

图 4.47 为 ZrO₂/Ni 纳米复合材料在 450 ℃应变速率 $1.67 \times 10^{-3} \, \text{s}^{-1}$ 拉伸至断裂后的表面形貌,其中图 4.47(a)~(d)所示区域参见中间拉伸试件的照片中标注。图 4.47(a)中表面处于拉伸试件的夹持部位,没有发生任何变形,因此试件表面仍保持着预抛光后的光滑形貌。图 4.47(b)中表面处于标距与肩轴圆角的过渡处,该区域的应变量不高,试件表面呈现连续的纤维状。图 4.47(c)中表面处于拉伸试件中标距线与断口的中间位置,此处的材料已经完成了约300%的应变,晶粒之间发生了显著的相对运动,单个晶粒的特征通过晶界滑移和晶粒转动而显露出来。图 4.47(d)中表面处于拉伸试件的断口处,此处的应变量为605%,此时晶粒的个体特征更为明显,大部分转出晶粒为等轴状且晶界圆滑,说明在晶界滑移的过程中还发生了晶界的迁移[104]。从图中还可以看出,随着应变量的增加,空洞也经历了从无到有、从小到大、从分散分布到集中分布的过程。距离断口越近,应变越大,更容易出现变形来不及协调而产生的空洞,在断口处则形成裂纹导致材料的破坏。可见,氧化物作为空洞源之一,对于试件(特别是较薄的试件)在高温下的拉伸有严重危害,应尽量避免。

(3)晶粒长大分析

根据经典的多晶体长大理论,晶体长大的驱动力与晶粒半径成反比,即随着晶粒尺寸的减小,晶体长大的驱动力显著增大。因此,从理论上讲,纳米晶材料的稳定性要远远低于平均晶粒尺寸较大的材料。根据 Kissinger 提出的升温速率与 DSC 曲线峰顶温度的定量关系[105],估算出纳米晶体在加热过程中的表观反应激活能,即

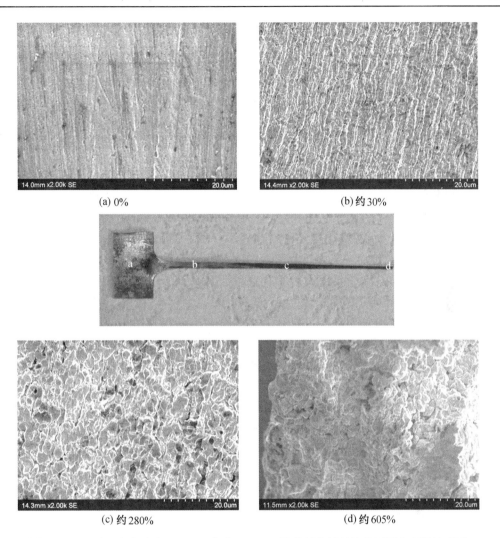

(a) 0%   (b) 约30%

(c) 约280%   (d) 约605%

图 4.47 450 ℃, 应变速率 $1.67\times10^{-3}\,s^{-1}$, ZrO_2/Ni 纳米复合材料拉伸不同应变量的表面

$$\frac{\partial(\ln\frac{\varphi}{T_p^2})}{\partial(\frac{1}{T_p})} = -\frac{E}{R} \tag{4.23}$$

式中 φ——升温速率, K/min;

T_p——峰顶温度, K;

E——反应激活能激活能, J/mol;

R——气体常数。

纳米材料 DSC 曲线上放热峰的出现是与晶粒长大密切相关,因此可以通过该曲线计算出晶粒长大的激活能。图 4.48 为 ZrO_2/Ni 纳米复合材料 DSC 曲线,将升温速率和峰顶温度的数值代入,求得晶粒长大激活能为 71.5 kJ/mol。晶粒长大需要的晶界迁移活动和超塑性变形需要对晶界滑移活动都需要由晶界扩散完成,而晶粒长大对激活能又低于超塑性变形的激活能,可以推断,材料的超塑性变形过程中同样经历着晶粒长大的过程,两者相伴而生。

虽然本书中的纳米 Ni 和 ZrO₂/Ni 纳米复合材料在相对较低的温度下变形,但在断口上仍观察到晶粒的长大现象。图 4.49 给出了 ZrO₂/Ni 纳米复合材料在 500 ℃进行等温退火和拉伸后的显微组织图片,平均晶粒尺寸用直线截距法测得。图 4.49(a)为 500 ℃时15 min 退火后的试件组织,这一时间相当于试件在拉伸开始前的保温时间。晶粒的初期长大速度很快,平均晶粒尺寸从沉积态的 45 nm 长大到 500 nm。图 4.49(b)、(c)为 25 min 等温退火和 25 min 变形至 100% 的显微组织。可以看出在超塑性变形初期,温度对晶粒长大的影响远

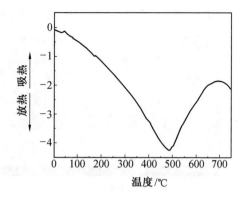

图 4.48　ZrO₂/Ni 纳米复合材料 DSC 曲线,升温速率为 20 ℃/min

远高于应变量的影响。25 min 退火后平均晶粒尺寸长大到 1 μm,而相同温度下经历了 100% 变形量的试件晶粒尺寸在 1.1 μm 左右。图 4.49(d)和(e)为35 min 等温退火和 35 min变形至 200% 的显微组织。可以看出,在超塑性变形后期影响晶粒长大的主要因素是应变量。退火后的晶粒仍维持在 1.1～1.5 μm,但是变形后的晶粒长大到 2.3 μm。值得注意的是,在后者的微观组织中发现了晶粒的异常长大现象,如图 4.49(e)中箭头所示,晶粒尺寸为 7 μm,这也有可能是材料在此变形条件下延伸率降低的原因之一。在晶粒长大过程中,晶粒平均尺寸的增长对应着的界面总面积的下降,从而使系统自由能降低,因此晶粒长大在热力学上是一个自发的过程。晶粒的剧烈长大发生在变形尚未开始前的加热保温阶段,晶粒从最初的纳米晶状态转变为亚微米晶,因此温度诱发晶粒长大的现象不能忽视。

由以上组织分析中,可以看出材料在拉伸过程中晶粒长大是温度和应变共同作用的结果。在温度作用下的晶粒长大通常称为静态长大,相应的动力学方程为[68]

$$D_{s}^{\frac{1}{n}}-D_{0}^{\frac{1}{n}}=kt \tag{4.24}$$

式中　n——时间指数;

　　　D_s——退火时间 t 时对应的晶粒尺寸;

　　　D_0——材料未退火时对应的初始晶粒尺寸;

　　　k——晶界迁移速率,与温度有关,且有关系式如下:

$$k=k_{0}\exp\left(-\frac{Q}{RT}\right) \tag{4.25}$$

式中　k_0——频率因子;

　　　Q——激活能;

　　　R——气体常数;

　　　T——绝对温度。

在应变作用下的晶粒长大通常称为动态长大,与之相应的动力学方程则为[69]

$$\Delta D_{d}=D_{f}-D_{s}=c\varepsilon \tag{4.26}$$

式中　ΔD_d——仅在应变作用下晶粒长大值;

　　　D_f——变形后的晶粒尺寸;

　　　c——材料常数。

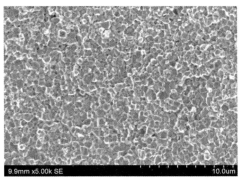

(a) 退火 15 min

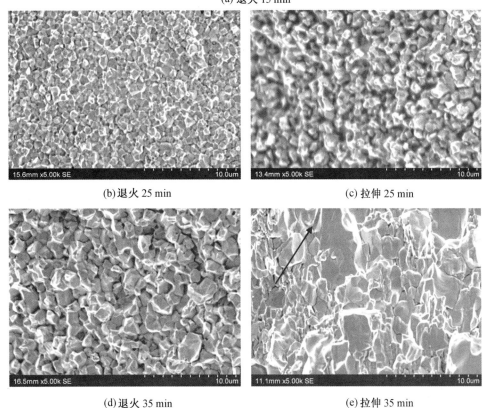

(b) 退火 25 min　　　　　　　　　　　　(c) 拉伸 25 min

(d) 退火 35 min　　　　　　　　　　　　(e) 拉伸 35 min

图 4.49　500 ℃退火试样和拉伸试样变形后的 SEM 照片

可见晶粒的动态长大仅与应变量有关,而与温度无关。

在超塑性变形过程中,晶粒的总变形量可以认为是由静态长大和动态长大组成的[68]:

$$\Delta D = \Delta D_s + \Delta D_f \tag{4.27}$$

式中　ΔD、ΔD_s 和 ΔD_f——晶粒总体长大、晶粒静态长大和晶粒动态长大。

ΔD_s 和 ΔD_f 的计算式为

$$\Delta D_s = D_m^s - D_m^i \tag{4.28}$$

$$\Delta D_f = D_m^f - D_m^s \tag{4.29}$$

式中　D_m^i、D_m^s 和 D_m^f——初始晶粒尺寸、退火后晶粒尺寸和超塑变形后的晶粒尺寸。

　　纳米 Ni 和 ZrO$_2$/Ni 纳米复合材料在温度为 450 ℃,不同时间下退火或拉伸后,按照上述三个公式计算所得的晶粒长大值见表 4.15。从表可以看出中,纳米 Ni 和 ZrO$_2$/Ni 纳米复合材料晶粒的静态长大占有很高的比例,晶粒在加热的初期就发生了迅速长大,而当时间超过 25 min 以后,晶粒的静态长大速度逐渐降低,动态长大的比例逐渐增加。这说明纳米材料在温度下的晶粒长大不是单调的,存在着某一临界晶粒尺寸,一旦材料的晶粒尺寸达到这一数值后,单纯由温度提供的能量将不会再激发晶粒的长大。ZrO$_2$/Ni 纳米复合材料在同样温度和时间下,晶粒静态长大的尺寸和总体尺寸均小于纳米 Ni,再次证明添加了增强相后的复合材料组织热稳定性更高,而晶粒的动态长大高于纳米 Ni,是因为此时 ZrO$_2$/Ni 纳米复合材料经历了更大的变形。

　　表 4.16 给出了纳米 Ni 和 ZrO$_2$/Ni 纳米复合材料在温度为 450 ℃退火或者拉伸后的晶粒长大情况。随着应变速率从 8.33×10^{-4} s^{-1} 增加到 1.67×10^{-2} s^{-1},晶粒动态长大所占的比例明显降低,而晶粒静态长大所占的比例始终保持在较高的水平上。在对 450 ℃不同时间下晶粒长大规律的分析中,可以看到晶粒动态长大并不是在变形开始阶段就显著发生的,而是出现在一定的变形时间之后;随着应变速率的提高,材料的变形时间明显缩短,晶粒动态长大可能没有足够的作用时间,因此所占的比例减少。

表 4.15　纳米 Ni 和 ZrO$_2$/Ni 纳米复合材料在 450 ℃不同时间下退火和拉伸后的 ΔD_s、ΔD_f 和 ΔD 值

退火/测试时间/s^{-1}	ΔD_s/nm		ΔD_f/nm		ΔD/nm		$\Delta D_f/\Delta D_s$/%	
	Ni	ZrO$_2$/Ni	Ni	ZrO$_2$/Ni	Ni	ZrO$_2$/Ni	Ni	ZrO$_2$/Ni
15	630	355	—	—	630	355	—	—
25	1 150	800	120	245	1 270	1 045	9.44	23.4
35	1 360	822	440	438	1 800	1 260	24.5	34.8
45	1 420	850	820	500	2 240	1 350	36.6	37.0
55	1 430	863	1 000	627	2 430	1 500	41.1	41.8
65	—	865	—	845	—	1 710	—	49.4
75	—	870	—	885	—	1 755	—	50.4

注:表中"—"代表此条件下拉伸未进行或已结束。

表 4.16　纳米 Ni 和 ZrO$_2$/Ni 纳米复合材料在 450 ℃退火和不同应变速率拉伸后的 ΔD_s、ΔD_f 和 ΔD 值

应变速率/s^{-1}	ΔD_s/nm		ΔD_f/nm		ΔD/nm		$\Delta D_f/\Delta D_s$/%	
	Ni	ZrO$_2$/Ni	Ni	ZrO$_2$/Ni	Ni	ZrO$_2$/Ni	Ni	ZrO$_2$/Ni
8.33×10^{-4}	1 258	925	1 502	1 340	2 760	2 265	54.3	59.2
1.67×10^{-3}	1 230	870	1 200	855	2 430	1 755	49.3	50.4
5×10^{-3}	1 085	839	565	716	1 650	1 555	34.2	46.0
1.67×10^{-2}	—	673	—	282	—	955	—	29.5

注:表中"—"代表此条件下拉伸未获得超塑性。

　　综上所述,在纳米 Ni 和 ZrO$_2$/Ni 纳米复合材料的晶粒长大过程中,温度引发的晶粒静态长大效应占有重要位置,因此在纳米材料的超塑变形,特别是高应变速率变形时,应该对

温度选择给予足够的重视与研究,这样才能保证晶粒的细小和稳定,进而有利于获得更高的超塑性能。通过对纳米 Ni 和 ZrO_2/Ni 纳米的晶粒长大程度对比,可以发现引入合理的增强相组织对提高纳米纯金属的热稳定性和超塑性变形能力是有积极意义的。

4.4.2　纳米 Ni 和 ZrO_2/Ni 复合材料的超塑变形机理

超塑性拉伸实验中速度突变法测得的纳米 Ni 和 ZrO_2/Ni 纳米复合材料在选定的条件下应变速率敏感指数 m 值在 0.5 左右,与微米材料超塑性中的 m 值相似,说明两者的变形机理类似,以晶界滑移为主。在 $\frac{\lg \sigma}{m} \sim \frac{1}{T}$ 曲线上线性回归法测得纳米 Ni 的激活能 Q 为 124.8 kJ/mol,ZrO_2/Ni 纳米复合材料的激活能为 156.3 kJ/mol,接近于 Ni 的晶界扩散激活能,说明材料在变形过程中是一种晶界行为。在超塑性变形的后期,预抛光后的试件表面上单个晶粒特征也暗示了晶界滑移的存在。在实际变形过程中,不是所有的晶粒都处于有利的滑移方向,如果纳米晶体中的每个晶粒都以自由状态变形,Ni-Ni 晶粒或者 Ni-ZrO_2 界面上将会发生空洞或者晶格重叠。应力集中将会在晶界或者三叉晶界形成,使得晶界滑移受到阻碍。有必要通过一定的协调机理来释放应力集中,使得变形能够继续进行。

位错运动是传统材料低温超塑性变形过程中常见的一种传统协调机理,但是当材料的晶粒尺寸减小到纳米数量级时该理论是否仍有效,一直是有争议的问题。对于晶格内部形成 Frank-Read 位错源所需的应力有如下估算公式[58]:

$$\tau = \frac{\mu b}{4\pi L(1-\mu)}\left(\ln \frac{L}{b} - 1.67\right) \tag{4.30}$$

式中　L——钉扎位错点之间的距离;

　　　　μ——泊松比;

　　　　τ——产生位错的剪应力。

对于超塑性变形拉伸,$L = d/3$,$\mu = 0.33$,$\sigma = \sqrt{3}\tau$,就此可以推算出位错形核所需的应力。

Sherby 和 Wadsworth[70] 根据大量的实验提出了适用于微米晶体拉伸时晶格扩散控制超塑性的应力-应变速率关系:

$$\dot{\varepsilon} = 5 \times 10^9 \left(\frac{D_L}{d^2}\right)\left(\frac{\sigma}{E}\right)^2 \tag{4.31}$$

式中　$\dot{\varepsilon}$——应变速率;

　　　　D_L——晶格扩散系数;

　　　　E——弹性模量

　　　　d——晶粒尺寸;

　　　　σ——应力。

Mishra 在研究纳米 Ti-6Al-4V 超塑性时,将上述两个公式同时绘制出应力-晶粒尺寸的双对数曲线,发现位错的产生是与晶粒尺寸密切相关的。在他的实验中,当晶粒尺寸低于 10 nm 时,超塑性拉伸应力低于位错产生所需应力,因此难以促成位错的形核;而当晶粒尺寸高于 10 nm 时,拉伸应力高于位错产生所需应力,位错有可能形成。同样,也有人研究了纳米 Ni 中 Frank-Read 位错源形成的组织条件,认为形成位错所需的最小晶粒尺寸为 38 nm。本书制备的纳米 Ni 和 ZrO_2/Ni 纳米复合材料的晶粒尺寸分别为 70 nm 和 45 nm,高于产生位错的最小晶粒尺寸要求,但是沉积态的 TEM 图片中并没有观察到位错的存在,说明此时不存在位错,或者位错并没有大量普遍的存在。图 4.50 为 ZrO_2/Ni 纳米复合材料在温度为450 ℃,应变速率为 $1.67×10^{-3}s^{-1}$ 时拉伸后试件的组织形貌(右下角为局部放大后位错的形貌),可以看出位错的存在。在变形初期,晶粒在温度的作用上就发生了长大,为位错的产生提供了有力组织条件。随着变形的继续,流动应力增加,一旦达到位错形核的临界应力后就会产生新的位错。此时位错的滑移塑性也就成为纳米材料超塑性变形的协调机理之一,且

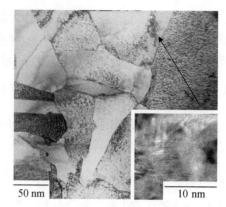

图 4.50　ZrO_2/Ni 纳米复合材料在 450 ℃,应变速率 $1.67×10^{-3}s^{-1}$ 变形后的 TEM 照片

随着位错密度的增加,贡献逐渐增大。观察纳米 Ni 在 450 ℃,应变速率 $1.67×10^{-3}s^{-1}$ 时拉伸后断口,晶粒有明显的拉长痕迹,沿拉伸方向的晶粒尺寸约为 2.5 μm,垂直拉伸方向的晶粒尺寸约为 1.25 μm,这也表明了拉伸时位错作出了贡献。但是,位错滑移作为超塑性变形的协调机理并不适应实验中的所有变形条件。从 ZrO_2/Ni 纳米复合材料在温度为 450 ℃,应变速率为 $1.67×10^{-2}s^{-1}$ 变形后的断口上可以发现绝大部分的晶粒仍保持等轴状,这说明随着应变速率的提高,相应的变形机理有了变化,晶粒的转动和晶界迁移对超塑性的贡献要高于位错滑移。此外,位错作用下晶粒的拉伸比例为 2：1,远远小于试件的变形程度,因此只能说明位错运动只是超塑性变形的协调机理之一。

　　ZrO_2/Ni 纳米复合材料在 500 ℃拉伸后 TEM 组织形貌如图 4.51 所示,发现了晶粒的异常长大和孪晶的产生。个别晶粒长大到 5 μm,远高于基体的平均晶粒尺寸(0.5 ~ 1 μm)。最早 McCrea[71] 在退火态纳米材料中发现了晶粒的异常长大现象,随后 Xiao[72] 和 Hibbard[73] 等人先后在纳米 Ni 中观察到了类似的情况。晶粒异常长大的产生与周围存在着抑制晶粒长大的因素有关,如第二相例子、自由表面或者结晶的择优取向。大晶粒通常是周围取向相近的小晶粒彼此合并而成,在其合并过程中也能释放晶界上的一部分应力集中,在一定程度上起到协调超塑性变形的作用。异常长大的晶粒上同时发现了孪晶的形成。材料在沉积态的 TEM 形貌上没有观察到孪晶组织的存在,因此此处的孪晶属于变形孪晶,如图 4.51(b) 所示。

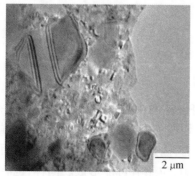

(a) 微观形貌

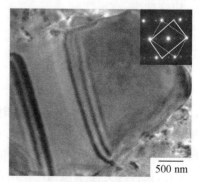

(b) 微观形貌(放大后)

图 4.51　500 ℃,应变速率为 $1.67×10^{-2}s^{-1}$ 变形 100% 后试样的 TEM 照片

孪生变形同样能够促使晶粒朝着取向有利的方向传动,释放孪生晶界上应力集中,从而使得后继的变形趋于均匀。值得注意的是,在大部分纳米 Ni 和 ZrO$_2$/Ni 纳米复合材料420 ~ 500 ℃拉伸试件的组织中均发现了孪晶的存在,虽然其对延伸率的贡献有限,但仍能起到一定的协调作用。而晶粒异常长大的现象只在 ZrO$_2$/Ni 纳米复合材料 500 ℃变形后的组织中发现了,说明其并不是本实验两种材料的通用协调机理,只是在特定条件才能起到积极的协调作用。

电沉积方法制备纳米材料时杂质的共沉积是普遍的现象,例如香豆素或者糖精这类添加剂或者不纯的阳极材料有可能引入的 S 元素、N 元素、O 元素、H 元素和其他一些金属元素[73]。通常认为杂质在沉积态材料均匀分布且含量很低,影响可以忽略,但是一旦受温度作用后杂质就会在晶界处大量析出,影响材料的性能。杂质原子在晶界偏析的过程有如下两种特征[74]:杂质原子在晶界上的偏析现象在低温时比高温更为明显;受晶界取向的影响,杂质沿晶界的偏析具有明显的方向性。同样在本实验中也发现了杂质在晶界的偏析情况。图 4.52 为 ZrO$_2$/Ni 纳米复合材料在温度为 450 ℃,应变速率为 1.67×10^{-3} s^{-1} 时拉伸至 200% 后试件组织的 TEM 形貌。从图 4.52(a)所示的整体形貌上可以看出,此时的晶界周围出现了白亮区域,呈链状包裹着晶粒,说明 TEM 试件在制备的过程中,这一区域更容易侵蚀[75],由此可推断晶界处的化学成分与晶粒内部有差别。图 4.52(b)给出了试件三叉晶界处的局部形貌,同样发现了晶界上的白亮区,该区域的 DES 测得了明显的 C 峰与 S 峰,如图 4.52(c)所示。当纳米 Ni 和 ZrO$_2$/Ni 纳米复合材料的断口均表现出沿晶断裂时,说明此时的晶界发现了脆化。对于超塑性性能而言,S 元素具有重要的影响作用。McFadden 等人[76]

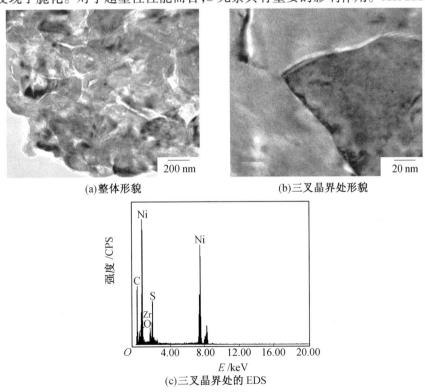

(a)整体形貌　　　　　　　　　　　(b)三叉晶界处形貌

(c)三叉晶界处的 EDS

图 4.52　450 ℃,应变速率为 1.67×10^{-3} s^{-1} 变形 200% 后试样的 TEM 照片

对比了含硫和不含硫两种纳米 Ni 的拉伸性能,前者在 320 ℃以上就获得了良好的超塑性,后者在温度高于 320 ℃表现出明显的脆性,同时含硫的纳米 Ni 在拉伸后的晶粒尺寸明显小于不含硫的纳米 Ni。可以看出,S 元素能够有效阻碍晶粒的长大,同时降低 Ni-Ni 之间的晶界结合强度,促进了超塑性变形所需的晶界滑移,这对获得高延伸率是有益的。Torre[77] 则认为 S 元素特别容易在类似空洞、晶界以及自由表面析出,形成局部富 S 区。低熔点的 Ni_3S_2 相在纳米晶镍的高温拉伸变形充当着润滑剂的作用,在一定程度上对大延伸率起到有益的影响,但是他同时指出仅仅依靠硫化物是无法获得高延伸率的。

S 元素含量在晶体内重新分配并沿晶界析出,是由温度决定的。在 300 ℃以上,S 元素在 Ni 中的扩散速度是 Ni 本身的扩散速度的好几倍,因此可以根据热动力学平衡理论估算出 S 元素在晶界的含量。对于多组分体系,某一杂质元素在晶界面上的摩尔分数可有如下计算公式[78]:

$$\frac{X_I^\varphi}{X^{0\varphi} - \sum_J^{M-1} X_J^\varphi} = \frac{X_I}{1 - \sum_J^{M-1} X_J} = \frac{X_I}{1 - \sum_J^{M-1} X_J} \exp\left(-\frac{\Delta G_I}{RT}\right) \quad (4.32)$$

式中　$X^{0\varphi}$ ——界面上能够提供杂质元素偏析的空位;

　　　X_I^φ 和 X_I ——元素 I 在界面 φ 上和晶内的摩尔分数;

　　　ΔG_I ——杂质元素沿晶界偏析的自由能。

当杂质元素的总量很低时,上述公式可以简化为

$$X_I^\varphi = X_I \exp\left(-\frac{\Delta G_I}{RT}\right) \quad (4.33)$$

假定 S 元素在晶内和晶界上的含量符合如下公式:

$$X_I^\varphi V_{GB} + X_I (1 - V_{GB}) = X \quad (4.34)$$

式中　V_{GB} ——晶界的体积分数;

　　　X ——S 元素在材料中的总含量。

由此可以计算出 S 元素在晶界和晶内的含量。ZrO_2/Ni 纳米复合材料在沉积态时 S 元素的原子数分数约为 0.05%,计算后 S 沿晶界的原子数分数为 1.05%,与 EDS 测得的 1.97% 相近。在普通多晶 Ni 中,S 元素含量高于 0.001 8% 就能够形成 Ni-S 相,且沿晶界呈链状分布在 Ni 晶粒的周围。此外纳米 Ni 330 ℃拉伸试件中也发现了 Ni-S 相[77]。纯 Ni 的熔点为 1 453 ℃,S 的熔点为 115 ℃,Ni_3S_2 的熔点为 530 ℃,而本实验中材料在 420 ~ 500 ℃获得超塑性,这一温度区间远远低于纯 Ni 的熔点,却接近于 Ni_3S_2 的熔点,超塑性温度的降低有可能和晶界处低熔点物质存在。根据图中的晶界周围的白亮区域,以及 S 元素在晶界的含量,可以推测 S 元素和晶界上富 S 区形成的 Ni-S 相在本实验的超塑性变形中也将发挥着积极的协调作用。

无论是从理论分析还是从实际的实验出发都说明纳米材料的低温或高应变速率超塑性是可以实现的。材料的超塑成形性能同材料的晶粒大小、温度、应变速率等有着十分密切的关系。通常这几者之间的关系可以用通用的超塑性本构方程来表示。根据塑性本构方程式,如果仅考虑温度、应变速率和晶粒大小的关系,可以预知,当温度保持不变时,减小晶粒尺寸,超塑变形的应变速率将向着高应变速率方向移动;当应变速率保持不变时,减小晶粒尺寸,超塑变形温度将向着低温方向移动。实验研究证明了这一分析,例如,与传统的微米级材料相比,纳米 Ni、1420Al 合金和 Ni_3Al 金属间化合物的超塑性温度分别降低了约

400 ℃、约 200 ℃和约 325 ℃。更值得一提的是,在 1420Al 合金中还实现了高应变速率超塑性,应变速率达到 $1 \times 10^{-1} s^{-1}$,这一数值比在传统微米级铝合金中实现超塑性的应变速率提高了两个数量级。

4.4.3　SiC_p/Ni 纳米复合材料的超塑性能

1. 实验方案及实验准备

本实验所用材料为脉冲电沉积法制备的 SiC_p/Ni 纳米复合材料和纳米 Ni。电沉积参数为:温度 50 ℃,脉冲通断时间均为 100 ms,电镀时间为 6 ~ 7 h,平均电流密度为 2 A/dm^2。为了使试样与拉伸实验机夹头很好地配合,设计了辅助夹持试样的过渡部件,这样在拉伸时,通过拉伸过渡部件轴肩传递拉力,避免了采用销式固定拉伸试样方法容易产生应力集中而导致试样打孔处的过早破坏,使拉伸过程停止。在每次实验前,拉伸试样在指定温度停留约 15 min,以建立热平衡,然后开始拉伸。拉伸实验机及拉伸时试样在实验机中的状态如图 4.53 所示。变形结束后仅测量标距内试样长度的变化,以避免夹持部位变形的影响。

图 4.53　拉伸实验机及拉伸试样

2. 实验结果及讨论

（1）拉伸实验

本书获得了 SiC_p/Ni 纳米复合材料及纳米 Ni 低温高应变速率超塑性。为了进行对比,分析晶粒大小对超塑性的影响,将获得纳米 Ni 以及 SiC_p/Ni 亚微米级纳米复合材料的拉伸结果也在本节给出。为了便于直观地比较变形前后试样长度的变化,将三种材料在不同条件下的变形试样拍摄成电子照片,以利于直观地观看拉伸试样几何形状的变化,尤其是标距内材料的变形情况。图 4.54 是基体平均晶粒尺寸为 200 nm 的 SiC_p/Ni 复合材料试样拉伸前后对比图,延伸率在图上标出。变形条件:应变速率为 $8.33 \times 10^{-4} s^{-1}$,温度为 370 ~ 430 ℃。图 4.55 是平均晶粒尺寸为 65 nm 的 Ni 试样拉伸前后对比图,变形温度分别为 410 ℃和

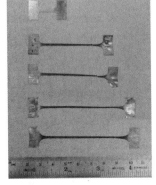

变形前

370 ℃　375%

390 ℃　395%

410 ℃　555%

430 ℃　571%

图 4.54　SiC_p/Ni 复合材料试样拉伸前后对比图

450 ℃。从上至下应变速率分别为 $8.3\times10^{-4}s^{-1}$、$1.67\times10^{-3}s^{-1}$、$5\times10^{-3}s^{-1}$ 和 $1.67\times10^{-2}s^{-1}$，对应的延伸率在图中已经给出。图 4.56 是基体平均晶粒尺寸为 42 nm 的 SiC_p/Ni 纳米复合材料试样拉伸前后对比图，变形温度分别为 410 ℃和 450 ℃，应变速率及对应的延伸率在图中已经给出。很明显，三种材料变形后的延伸率均大于 200%，说明这三种材料都具有良好的超塑性，而又以 SiC_p/Ni 纳米复合材料的超塑性最为突出，在 $1.67\times10^{-2}s^{-1}$ 的高应变速率条件下，获得了 836% 的最大延伸率。

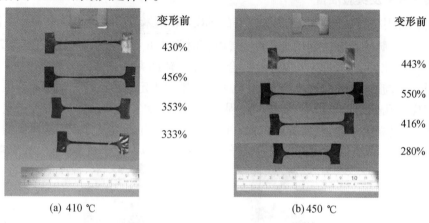

图 4.55　纳米 Ni 试样拉伸前后对比图

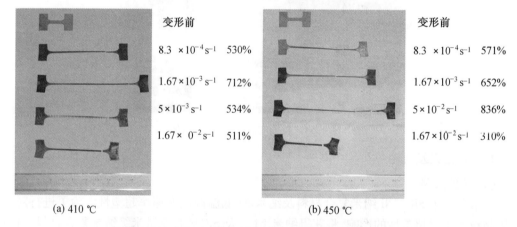

图 4.56　SiC_p/Ni 纳米复合材料试样拉伸前后对比图

SiC_p/Ni 亚微米级复合材料虽然在温度 410 ℃，应变速率为 $8.33\times10^{-4}\ s^{-1}$ 的条件下获得了比 SiC_p/Ni 纳米复合材料稍大的延伸率，但是在稍高的应变速率下的实验表明该材料并没有展示出比 SiC_p/Ni 纳米复合材料更高的延伸率，在该材料中进行高应变速率超塑性的尝试也失败了。分析其中一个重要的原因可能是由于初始晶粒的影响，因为超塑性是对材料组织依赖很强的一种变形现象。初始晶粒的细化更容易获得大的延伸率，说明了这种材料对组织有很强的依赖关系。对比纳米 Ni 和 SiC_p/Ni 纳米复合材料在相同温度和应变速率条件下的延伸率可以发现，SiC_p/Ni 纳米复合材料的延伸率均高于纳米 Ni 的延伸率。两种材料在 450 ℃，应变速率为 $1.67\times10^{-2}\ s^{-1}$ 的条件下，延伸率最大差别达到 556%。SiC_p/Ni 纳米复合材料在 410 ℃，应变速率为 $1.67\times10^{-3}\ s^{-1}$ 的条件下获得的延伸率为 712%；当温度为 450 ℃，应变速率为 $1.67\times10^{-2}\ s^{-1}$ 时，获得最大延伸率为 836%。这两个温度比传统超塑

性对变形温度 $0.5T_m$ 的要求分别低了 180 ℃ 和 140 ℃。在同样的应变速率条件下,SiC_p/Ni 纳米复合材料在 450 ℃时的延伸率大于 410 ℃时的延伸率,虽然此温度属于低温超塑性范围,该材料低温超塑性对温度的依赖关系仍然与高温超塑性一样。SiC_p/Ni 纳米复合材料优异的超塑性,一方面得益于初始晶粒的细化,另一方面同该材料的组织的相对稳定性有关,将在后面进行详细的讨论。

410 ℃ 和 450 ℃的拉伸实验表明了 SiC_p/Ni 纳米复合材料对温度的依赖关系,随着温度的提高,在较高的应变速率条件下获得大的延伸率。为了进一步研究在一个较宽的低温范围内该材料的超塑特性,在 330 ℃、370 ℃、490 ℃ 和 530 ℃四个温度下进行了拉伸实验。图 4.57 是拉伸前后试样的几何形状,在温度为 330 ℃时,延伸率仅有百分之几十,没有获得超塑性,拉伸后的试样未在此处给出。从图 4.57 可知,在应变速率为 $1.67 \times 10^{-3}\ s^{-1}$,温度为 370 ℃、490 ℃ 和 530 ℃的条件下,获得的延伸率分别为 300%、410% 和 530%。与同样应变速率条件下,温度为 410 ℃ 和 450 ℃时获得 712% 和 622% 的延伸率对比可知,应变速率为 $1.67 \times 10^{-3}\ s^{-1}$ 时,最佳超塑温度为 410 ℃。当温度为 530 ℃,应变速率分别为 $5 \times 10^{-3}\ s^{-1}$ 和 $5 \times 10^{-2}\ s^{-1}$ 时,获得的延伸率分别为 740% 和 640%,与图 4.56(b)中温度为 450 ℃,两个应变速率下获得的延伸率相比,也可以发现随着温度的升高,最佳应变速率升高的趋势。虽然在温度为 370 ℃、490 ℃ 和 530 ℃时获得了较高的延伸率,尤其是温度为 530 ℃时获得了比 450 ℃时更大的高应变速率超塑性,但是材料变形后的表面状态却发生了明显的变化。从图 4.57(a)可以看到,标距内材料的变形是不均匀的,在垂直于拉伸方向上,变形试样的边缘有很多小口,某一小口沿着垂直方向逐渐扩展至该截面不能承受所施加的拉力的情况下,材料断裂,拉伸结束。图 4.57(b)中,虽然在中等应变速率条件下,变形比较均匀,但是边缘也发现了一些横向的微口。本书的初衷是为了探索该材料的低温超塑性,并期待获得良好的综合性能,综合考虑变形量及表面质量的影响,在本书的实验温度范围内,比较理想的变形温度为 410 ℃ 和 450 ℃,应变速率为 $1.67 \times 10^{-3} \sim 1.67 \times 10^{-2}\ s^{-1}$。本书发现的一个令人欣喜的现象是实现了 SiC_p/Ni 纳米复合材料和纳米 Ni 的低温高应变速率超塑性,这在纳米 Ni 及其纳米复合材料中还是首次。低温高应变速率超塑性是今后超塑性研究的新方向。低温高应变速率超塑性的实现,不仅具有一定的理论研究价值,而且还具有很大的应用潜力,有望通过采用纳米材料的低温高应变速率超塑成形来解决传统材料在超塑成形应用中成形速度和温度之间的矛盾,这对超塑材料应用过程中节约能源和成本,降低对成形设备的要求,

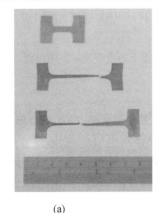

(a)

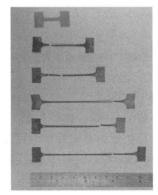

变形前	
$8.3 \times 10^{-4}\ s^{-1}$	230%
$1.67 \times 10^{-2}\ s^{-1}$	350%
$5 \times 10^{-2}\ s^{-1}$	640%
$1.67 \times 10^{-3}\ s^{-1}$	530%
$5 \times 10^{-3}\ s^{-1}$	740%

(b)

图 4.57 SiC_p/Ni 纳米复合材料试样拉伸前后对比图

提高生产率方面具有一定的现实意义。

一般来讲,传统材料超塑变形流动应力比较小,而对于纳米材料常常会表现出应力异常的现象,实验研究也证明了这一点。图4.58是在不同温度下获得的流动应力与应变速率关系曲线。可以看出,随着应变速率的增加,不同温度下,流动应力表现出不同的变化趋势。当温度为530℃时,整个实验应变速率范围内的流动应力均小于20 MPa。当温度为450℃,应变速率小于$5\times10^{-3}\,s^{-1}$时,流动应力基本小于20 MPa,这一范围内流动应力随应变速率的增大而增大的趋势比较明显;当应变速率大于$5\times10^{-3}\,s^{-1}$后,流动应力的增加趋于平缓。当温度为410℃,流动应力随应变速率的变化表现出先是大幅度增加,然后趋于平缓的趋势,但这一温度下,流动应力增加趋势变化的应变速率分界点为$1.67\times10^{-2}\,s^{-1}$,在此温度下的流动应力明显地高于前述的其他两个温度。这种随着温度变化,相同应变速率条件下流动应力的不同,对应着材料内部组织的变化。由于纳米材料中位错难于产生,运动也比较困难,因此材料开始流动需要更大的流动应力,随着变形的进行伴随着晶粒的长大,又可以产生应变硬化,同样使应力增大。这种流动应力对温度的依赖关系,在低温时比在高温时表现的明显;流动应力对应变速率的依赖关系也是在温度低时表现得比较显著。

采用最大载荷法获得的不同温度下的应变速率敏感指数m如图4.59所示。实验时应变速率从$1.67\times10^{-3}\,s^{-1}$突变到$3.34\times10^{-3}\,s^{-1}$。从图上可以看到在整个温度范围内材料的$m$值除490℃外,均大于0.5。当应变速率为$1.67\times10^{-3}\,s^{-1}$时,在490℃获得的延伸率比在410℃、450℃和530℃下获得的延伸率都低,该温度下的m值比较小,可能是其中的一个原因。较高的m值有利于提高材料抵抗缩颈变形的能力,有助于材料在标距内实现均匀变形。需要指出的是,材料的m值均在0.5左右,预示该材料的变形机制仍主要是晶界滑移,这将在后面进行具体讨论。

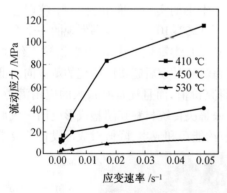

图4.58 不同温度下流动应力随应变速率的变化

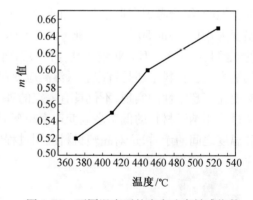

图4.59 不同温度下的应变速率敏感指数

（2）拉伸后组织的变化

纳米材料由于晶粒细小,单位体积内的界面能很大,因而促使晶粒长大的驱动力很大。尽管本书的拉伸实验是在低温超塑性的温度范围内进行的,晶粒仍然不可避免地出现了长大现象。图4.60是在450℃不同应变速率条件下SiC_p/Ni纳米复合材料试样变形后标距内垂直于拉伸方向和沿着拉伸方向的组织。从变形后的组织可以看出,无论是沿着拉伸方向,还是垂直于拉伸方向,晶粒都发生了长大,但程度有所不同。另外一个现象就是沿着拉伸方向,晶粒被拉长,对比图4.60(b)、(d)和(f)可以看出,应变速率越低,晶粒被拉长的程度越大,在高应变速率 5×10^{-2} s^{-1} 的条件下,晶粒几乎保持等轴。在纳米 Ni 中也发现了晶粒形状随着应变速率变化的现象(图 4.61),这与 Backofen 等人在拉伸密集六方晶格的超塑材料 MA8 时,发现的现象一致[79]。说明超塑性变形后,晶粒不一定保持等轴,无论是在初始晶粒尺寸在微米级的材料还是初始晶粒为纳米的材料中,变形后都会出现不等轴的现象,这种组织的变化可能对应着变形机制的变化。

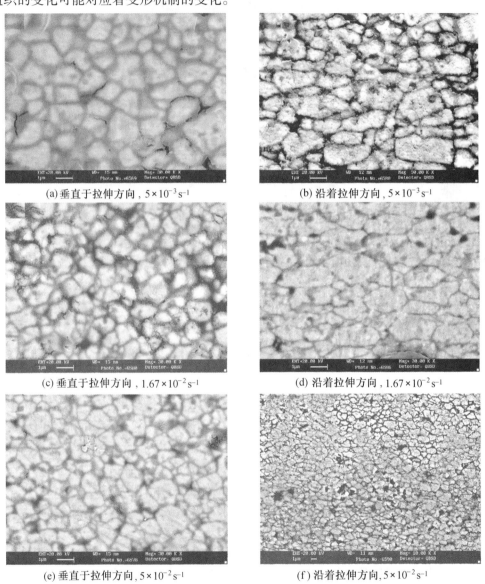

(a) 垂直于拉伸方向, $5 \times 10^{-3} s^{-1}$

(b) 沿着拉伸方向, $5 \times 10^{-3} s^{-1}$

(c) 垂直于拉伸方向, $1.67 \times 10^{-2} s^{-1}$

(d) 沿着拉伸方向, $1.67 \times 10^{-2} s^{-1}$

(e) 垂直于拉伸方向, $5 \times 10^{-2} s^{-1}$

(f) 沿着拉伸方向, $5 \times 10^{-2} s^{-1}$

图 4.60　SiC_p/Ni 纳米复合材料试样变形后组织的 SEM 照片

超塑变形激活能的大小也可以用来推断材料的变形机制,它与温度 T、流动应 σ 力和应变速率敏感指数 m 之间的关系可以表示为[79]:

$$\frac{\lg \sigma}{m} = \frac{Q}{RT} \lg e + 常数 \tag{4.35}$$

(a) $8.3 \times 10^{-4} s^{-1}$

(b) $5 \times 10^{-3} s^{-1}$

(c) $1.67 \times 10^{-2} s^{-1}$

图 4.61　纳米 Ni 试样变形后组织的 SEM 照片

根据上面公式,在某一温度 T 及某一应变速率 $\dot{\varepsilon}$ 下拉伸,测得 σ,再以速度突变法测得 m 值。带入式(4.35)中,可以得到 $1/T$-lg σ/m 坐标上的一个点;再在另一温度和同一应变速率下测得另一 σ 和 m 值,如此反复进行,可以得到 $1/T$-lg σ/m 坐标内的一系列散点,采用线性回归的方法可获得一条直线,该直线的斜率是 $\dfrac{Q}{R}$lg e,从而可以求得 Q 值。本书选用 370 ℃、410 ℃、450 ℃、490 ℃和 530 ℃五个温度,分别测得该五个温度下的应变速率敏感指数 m 值和流动应力 σ,得到的散点如图 4.62 所示,线性回归获得直线的斜率,通过计算得到 SiC$_p$/Ni 纳米复合材料超塑变形的激活能 Q 为 118 kJ/mol。这一数值与纳米 Ni 的晶界扩散激活能 108.3 kJ/mol 十分接近,而微米晶 Ni 材料的体扩散激活能为 279.5 kJ/mol[80]。微米晶材料的体扩散能远远大于纳米材料,说明了纳米材料比微米晶材料不稳定,具有更大的长大倾向。

晶粒长大同超塑性变形一样都是一个热过程,都是通过材料的扩散过程实现的。如果超塑变形的激活能超过晶粒长大的激活能,那么超塑变形过程中晶粒就不可避免地长大。晶粒长大的激活能可以利用 Kissinger[81] 的热分析公式计算得到

$$\frac{\mathrm{d}\left(\ln\dfrac{\phi}{T_x^2}\right)}{\mathrm{d}\left(\dfrac{1}{T}\right)} = -\frac{E}{R} \tag{4.36}$$

式中　ϕ——加热速率;

T_x——最大放热峰处的温度;

　　E——晶粒长大的激活能；

　　R——气体常熟。

积分并整理式(4.36)可以得到

$$\phi/T_x^2 = \exp(Q/RT_x) \tag{4.37}$$

式中,各参数意义与式(4.36)中相同。

　　当升温速率为 20 K/min 进行加热时,获得 SiC_p/Ni 纳米复合材料 DSC 曲线如图 4.63 所示。由图可知,最大放热峰出现的温度为897 K。将所得到的数据带入式(4.37)中,计算可得晶粒长大的激活能为 79.1 kJ/mol。通过比较可以知道,超塑变形的激活能大于晶粒长大的激活能,所以超塑变形和晶粒长大相伴进行,动态的晶粒长大对材料的超塑形发生影响,使得对材料变形的分析更加困难。

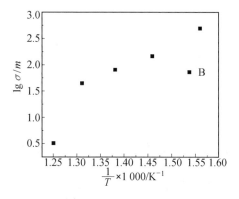

图 4.62　$1/T$-lg σ/m

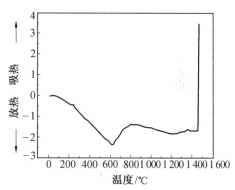

图 4.63　SiC_p/Ni 纳米复合材料 DSC 曲线

（3）SiC_p/Ni 纳米复合材料拉伸试样断口分析

　　超塑性变形时的组织变化除了上述的晶粒形状和尺寸的变化之外,材料内部出现空洞是超塑性变形时的另一重要组织变化。SiC_p/Ni 纳米复合材料的宏观断口基本上同拉伸方向垂直,断口的 SEM 照片如图 4.64 所示。可以看出,所有试样的断口均呈现出一种不规则的凹凸不平的特征。从断口上也可以清楚地看到晶粒长大的情况,而且可以看到空洞基本上出现在三叉晶界交界处。材料的空洞化是超塑变形的一个特征,空洞数量、大小、形态及分布对材料的塑性及断裂有直接的影响。利用 Leica 光学显微镜上的图像分析软件可以测得变形后材料的空洞体积分数。当温度为 450 ℃,应变速率为 $8.3\times10^{-4}\,s^{-1}$、$5\times10^{-3}\,s^{-1}$、$1.67\times10^{-2}\,s^{-1}$ 和 $5\times10^{-2}\,s^{-1}$ 时,空洞的体积分数分别为3.69%、0.47%、1.54% 和 0.29%；当温度为 410 ℃,应变速率为 $8.3\times10^{-4}\,s^{-1}$、$1.67\times10^{-3}\,s^{-1}$、$5\times10^{-3}\,s^{-1}$ 和 $1.67\times10^{-2}\,s^{-1}$ 时,空洞的体积分数分别为 4.79%、1.37%、3.12% 和 1.54%。从上述数据可知,无论是在 410 ℃ 还是在 450 ℃,最大的空洞体积分数都出现在应变速率为 $8.3\times10^{-4}\,s^{-1}$,过高的空洞体积分数使空洞的聚集长大倾向大,导致材料的过早断裂,这可以作为最大延伸率未出现在低应变速率条件下的一个原因。在 410 ℃,应变速率为 $8.3\times10^{-4}\,s^{-1}$、$5\times10^{-3}\,s^{-1}$ 和 $1.67\times10^{-2}\,s^{-1}$ 时,获得的延伸率分别为 530%、534% 和 511%,对应的空洞体积分数分别为 4.79%、3.12% 和1.54%。三个条件下的延伸率相差不大,对应空洞的体积分数随着应变速率的增大而减小。因为低的应变速率获得同样的延伸率需要更长的时间,为表面氧的扩散提供了足够的时间,表面形成的 NiO 成为空洞源。在 410 ℃时,最大延伸率 712% 是在空洞体积分数最小（1.37%）的试样中获得的；在 450 ℃时,最大延伸率也是在较低的空洞体积分数的试样中获得的。这表

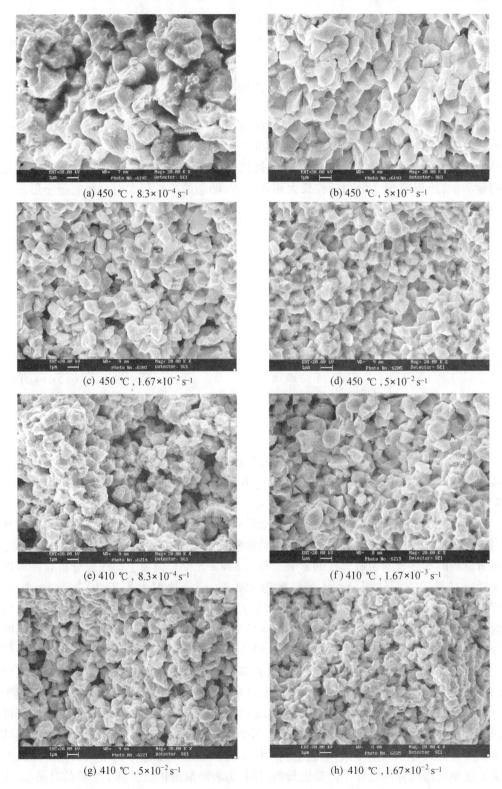

(a) 450 ℃, $8.3×10^{-4}$ s^{-1}

(b) 450 ℃, $5×10^{-3}$ s^{-1}

(c) 450 ℃, $1.67×10^{-2}$ s^{-1}

(d) 450 ℃, $5×10^{-2}$ s^{-1}

(e) 410 ℃, $8.3×10^{-4}$ s^{-1}

(f) 410 ℃, $1.67×10^{-3}$ s^{-1}

(g) 410 ℃, $5×10^{-2}$ s^{-1}

(h) 410 ℃, $1.67×10^{-2}$ s^{-1}

图 4.64 SiC$_p$/Ni 纳米复合材料断口形貌的 SEM 照片

明低的空洞体积分数可以使材料获得良好超塑性的作用。Mcffaden 等人做了纳米 Ni 的超塑拉伸实验,在温度为 420 ℃,应变速率为 $1×10^{-3}\,s^{-1}$ 时,获得最大延伸率 895%。本书在相似的条件下获得的延伸率为 712%。分析本书延伸率小的原因:一方面本书的 Ni 基体的晶粒尺寸比 Mcffaden 所制备的纳米 Ni 大;另一方面由于本书的材料添加了 SiC 颗粒,SiC 的存在可能会导致在 Ni-SiC 颗粒界面处产生空洞,而空洞与材料的断裂有关,并且是材料的最主要断裂机制。另外需要指出的是,Mcffaden 等所采用的拉伸试样的标距长度为 1 mm,而本书的拉伸试样标距长度为 10 mm,这有可能也是两种材料延伸率差别的一个原因。

(4)SiC_p/Ni 纳米复合材料拉伸后试样表面形貌变化和氧化

试样变形后的组织和断口形貌都反映了材料的组织变化,这种变化是受变形温度和应变速率影响的,它们都是材料变形特征的微观体现。组织和断口的变化比较容易看出拉伸试样内部材料变形行为,材料的表面行为在某种程度上反映了材料的变形特点,尤其是当材料的厚度非常薄的时候,表面层材料在整体材料中占了很大的比例。为了全面理解材料的变形行为,有必要研究变形后材料的表面形貌。

图 4.65 是温度为 410 ℃ 和 450 ℃,不同应变速率条件下试样拉断后标距内沿着宽度方向的表面形貌。可以看到,当温度为 410 ℃,应变速率为 $8.3×10^{-4}\,s^{-1}$(图 4.65(a))和 $1.67×10^{-3}\,s^{-1}$(图 4.65(b))时,材料的表面形貌为连续的纤维状组织,没有出现明显的单个晶粒的特征。当应变速率增加到 $5×10^{-3}\,s^{-1}$(图 4.65(c))和 $1.67×10^{-2}\,s^{-1}$(图 4.65(d))时,连续的纤维状表面形貌出现了不连续的现象。这种表面形貌随着应变速率的变化,说明在同一温度下应变速率的改变对表面形貌的影响。当温度为 450 ℃ 时,图 4.65(e)~(h)也反映出表面形貌随应变速率的变化出现了与 410 ℃ 时类似的变化。

图 4.66 是温度为 410 ℃ 不同应变速率条件下试样拉断后沿着厚度方向断口附近的表面形貌。可以看出在不同的应变速率条件下,断口附近的表面形貌都表现出不连续的特征,空洞多在三叉晶界处产生,当速率较高时(图 4.66(d)),还可以看到表面出现了垂直于拉伸方向连接扩展后的空洞,长度跨越几个晶粒。对比温度为 410 ℃,相同应变速率条件时,宽向和横向表面形貌的不同,一方面是受宽度和厚度方向尺寸不同的影响;另一方面可能受照相时选取 SEM 试样距离断口位置不同的影响。距离断口不同位置处形貌的变化将在下面讨论。

虽然本书在 410 ℃ 和 450 ℃ 两个温度下,从各个应变速率条件下变形后材料标距内宏观照片可以看出变形都是比较均匀的。但是本书对距离断口不同距离处的表面形貌观察发现,无论是在 410 ℃(图 4.67(a)~(c))还是 450 ℃(图 4.67(d)~(f)),随着离断口距离的增大,材料的表面连续性变好。在温度为 450 ℃,高应变速率的条件下,表面形貌的差别随距断口位置远近不同的差别减小,说明变形比较快的情况下,变形的局部化的倾向比较小,标距内的材料基本上是同时变形的。这种表面形貌随位置不同的表现是由应变的局部不均匀性造成的,距离断口越近,应变越大,相对于其他应变小的部位来讲,由于变形量大,在材料分布几乎相同的情况下,更容易由于物质的流动不能够得到及时的补充,使该处变形来不及协调而使空洞产生,出现材料的不连续现象,变形结束后就表现为空洞或者长大的空洞,在断口处则形成裂纹导致材料的破坏,拉伸即告完成。

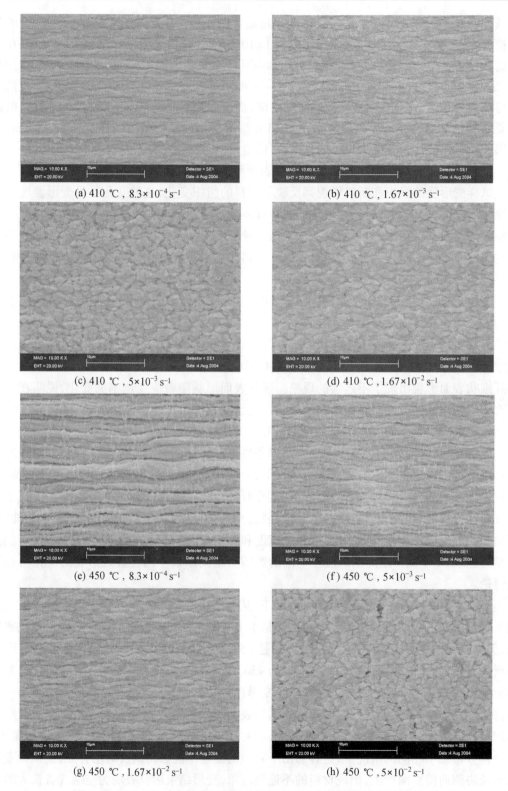

图 4.65 SiC$_p$/Ni 纳米复合材料拉伸后沿宽度方向表面形貌的 SEM 照片

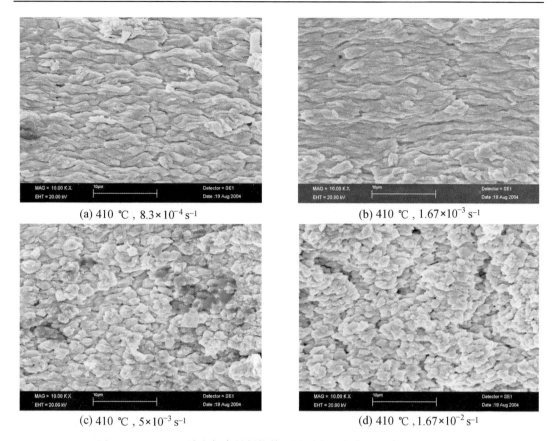

(a) 410 ℃，8.3×10⁻⁴ s⁻¹　　　　　(b) 410 ℃，1.67×10⁻³ s⁻¹

(c) 410 ℃，5×10⁻³ s⁻¹　　　　　(d) 410 ℃，1.67×10⁻² s⁻¹

图 4.66　SiC$_p$/Ni 纳米复合材料拉伸后沿厚度方向表面形貌的 SEM 照片

由于拉伸实验是在空气中进行的，没有气体保护，材料不可避免地发生氧化，这一点可以通过试样变形前后的 XRD 衍射峰（图 4.68）的变化看出。与变形前的 SiC$_p$/Ni 纳米复合材料，变形后试样的 XRD 衍射图谱上出现了比较明显的 NiO 峰，图 4.68 上已经标出。从衍射图谱上可以看到初始态材料的衍射峰比变形后的同一衍射峰宽，衍射峰的宽化说明变形后晶粒长大。表面的氧化过程通过 Ni 元素向表面扩散，O 元素向内扩散完成。随着拉伸的进行，材料是动态变化的，因此氧化也是一个动态过程。拉伸时，由于材料的不断拉长，内层材料不断地露出来而被氧化。当材料初始晶粒为纳米晶时，大量的晶界为动态和静态氧化提供了有利条件。当表面形成脆性的 NiO 氧化层后，裂纹可能在氧化层中产生，尤其是在高应变速率的条件下变形，新露出来的表面又形成了新的 NiO 层，促使在高应变速率条件下形成了图 4.65（（c）、（d）和（h））和图 4.67（（e）和（f））中所示的不连续的表面形貌。当应变速率较低时，氧化过程不会那么剧烈，进行得比较平稳，这样就形成了如图 4.65（a）、（b）和（f）中所看到的沿着拉伸方向连续纤维状的表面形貌。由于氧化对材料变形的进行产生了不利影响，那么可以预测如果在变形时采取适当的保护措施，避免氧化，材料的延伸率将得到提高，变形后的性能将会得到改善。

对比可以发现，在同样的温度和应变速率条件下，无论是宽度方向还是厚度方向，表层的晶粒都比断口和腐蚀后的组织中获得的晶粒小，表层的晶粒大约都在 1 μm。分析其原因是由于，在开始试验时，试样先放到加热炉内达到热平衡后，开始进行拉伸实验时，表层的材料已经发生了静态氧化，形成的 NiO 晶粒大小约为 1 μm。形成 NiO 以后，可以阻止表层 Ni

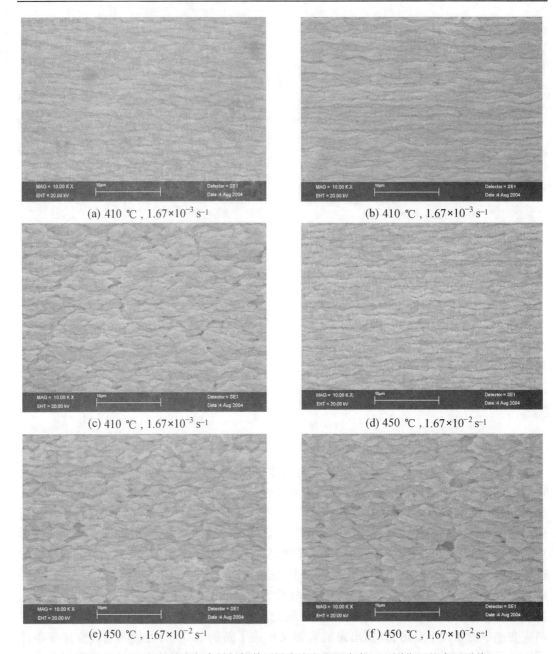

(a) 410 ℃, 1.67×10^{-3} s^{-1}　　　　　　　(b) 410 ℃, 1.67×10^{-3} s^{-1}

(c) 410 ℃, 1.67×10^{-3} s^{-1}　　　　　　　(d) 450 ℃, 1.67×10^{-2} s^{-1}

(e) 450 ℃, 1.67×10^{-2} s^{-1}　　　　　　　(f) 450 ℃, 1.67×10^{-2} s^{-1}

图 4.67　SiC$_p$/Ni 纳米复合材料拉伸后沿宽度方向距离断口不同位置的表面形貌

晶粒的长大，NiO 本身长大的温度比较高，在本书的实验温度下，不会再长大，因拉伸诱发的 NiO 长大的倾向也很小，因此 NiO 的组织就在拉伸后保存下来，在低应变速率的条件下形成了连续的纤维状组织，有些纤维的局部比较粗大，可能是由于此处未被氧化的 Ni 晶粒长大所致的；高应变速率条件下形成的不连续组织清晰地反映了变形后材料表面晶粒的存在形态。表层脆性的 NiO 的形成会对材料的断裂发生直接的影响。

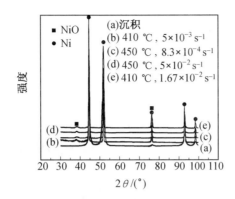

图 4.68　SiC$_p$/Ni 纳米复合材料拉伸前后的 XRD 衍射图谱

4.4.4　SiC$_p$/Ni 纳米复合材料的超塑变形机理

纳米材料的变形机制目前尚无统一的说法,而关于纳米复合材料的低温高应变速率的研究相当有限。由于变形过程中组织变化使得分析变形机制更加困难。晶粒长大和应变硬化是这一材料变形的主要特征。由前面测得该材料变形的激活能与晶界扩散的激活能很接近可知,该材料的变形主要是晶界行为,该材料在本书实验温度范围内的应变速率敏感指数基本均在 0.5 左右,根据传统超塑材料的变形可知,该材料变形机制主要是晶界滑移。这种滑移不仅发生在 Ni-Ni 之间,还发生在 Ni-SiC 之间。由于在晶界滑移过程中不是所有的晶粒都处于有利的滑移方向,不可避免地产生应力集中,有必要通过一定的协调机制来释放应力集中,使得变形能够继续进行。在较低的应变速率下,扩散可以作为协调机制;在较高的应变速率下扩散协调比较难于进行。晶界迁移作为晶粒长大的主要机制,也可以作为协调机制。随着晶粒的长大,位错比较容易产生,也可以作为协调机制。从变形后的组织可以看到,应变速率为 5×10^{-3} s^{-1} 和 1.67×10^{-2} s^{-1} 时,变形后晶粒都是沿着拉伸方向被拉长,晶粒的纵横比约为 2,这说明位错滑移塑性在起作用。晶粒被拉长的程度与试样整体延伸率相比是相当小的,说明位错滑移塑性仅对大延伸率的获得有部分贡献。当应变速率为 5×10^{-3} s^{-1} 时,晶粒被拉长的现象似乎消失,这又说明可能随着应变速率的增大对应着变形机制的变化,通过晶粒的转动和晶界迁移达到晶粒长大和保持等轴的目的,并使变形能够顺利进行。部分熔化相或者液相的存在常常是复合材料变形的机制,为了确认本书的材料在变形过程中是否出现了液相,对材料进行了热分析。DSC 曲线分析表明 SiC$_p$/Ni 纳米复合材料的熔点为 1 440 ℃(不完整的吸热峰是设备实验温度极限造成的),而本书的实验温度为 370 ~ 530 ℃,温度远远小于熔点,应该不存在部分熔化金属对材料超塑性发生的有益影响。虽然本书的材料出现了晶粒长大,但是与传统对超塑性材料实现对晶粒大小的要求相比,长大后的晶粒仍在传统的超塑性对组织要求的范围内(小于 10 μm),晶粒长大后出现硬化,抵抗断裂的能力增强,可以使材料出现更大的塑性变形,这是该复合材料获得大延伸率的一个原因。

对变形后试样的 TEM 观察表明,无论是 410 ℃还是 450 ℃,变形后的试样中都出现了孪晶(这一点由后边的衍射花样证明)。由于在沉积态的材料中没有出现孪晶,变形后发现的孪晶应属于变形孪晶。图 4.69 是在温度为 450 ℃,应变速率为 1.67×10^{-2} s^{-1} 的条件下,延伸率为 300% 的试样的 TEM 照片。图 4.69(a)中水平方向为拉伸方向,可以看到孪晶与拉伸方向的夹角大约为 45°,说明晶体沿着最大切应力的方向发生孪生变形。图 4.69(b)、 （c）和（d）的衍射花样分别对应图 4.69（a）中所标的 A1、A2 和 A3 三个区域。晶粒两侧对称的衍射光斑表明，晶粒内部确实为孪晶，孪晶面为 {111} 晶面，孪生方向为 <112>。图 4.70 是延伸率分别为 836% 和 400% 的变形试样的 TEM 照片。可以看出随着变形量的增加，晶粒内的位错增加。在延伸率为 836% 的变形试样中可以看到发源于晶界的位错，及位错与孪晶的相互作用。图 4.71 是在温度为 410 ℃，应变速率为 1.67×10^{-3} s^{-1} 的条件下，延伸率为 712% 的试样 TEM 照片。

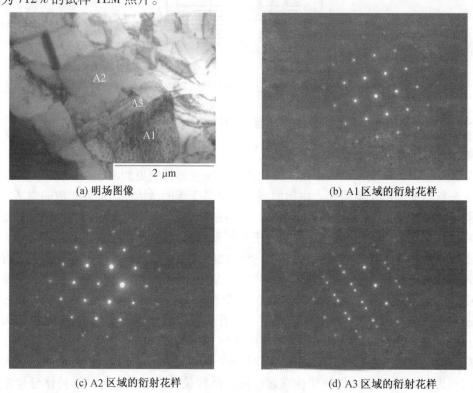

(a) 明场图像　　　　　　　　　　　　　　(b) A1 区域的衍射花样

(c) A2 区域的衍射花样　　　　　　　　　　(d) A3 区域的衍射花样

图 4.69　变形后试样的 TEM 照片，变形温度 450 ℃，应变速率 1.67×10^{-2} s^{-1}

　　虽然晶界滑移作为变形的主要机制，但是如果滑移过程中产生的应力集中不能得到很好的协调，或者释放掉，就很容易产生空洞，导致材料的过早断裂。孪晶对塑性变形的贡献虽然比滑移小得多，但是由于孪生后变形部分的晶体位向发生改变，可以使原来处于不利取向的滑移系转变成有力的取向而开动，孪晶作为一种协调机制使得变形顺利进行，试样可以获得很大的延伸率。晶粒长大后随着变形不断增加的位错作为一种协调机制，变形后晶粒沿拉伸方向的伸长，说明位错滑移塑性在起作用；随着应变速率的增大，晶粒拉长的程度减小，几乎保持等轴，这种组织的变化，可能对应着变形机制的变化。使晶粒保持等轴应该是晶界迁移和晶粒转动共同作用的结果。变形后晶粒确实长大了，说明晶界迁移可以作为一种晶界滑移的协调机制。

　　材料的断裂是材料变形的一个重要方面，因为它可能会对材料的实际应用产生一些限制。本书对材料断裂机制进行了探讨。从试样拉伸断裂后的宏观照片可以看到，断口比较宽阔，没有明显的缩颈出现，这与材料大的应变速率敏感指数有关，本书采用速度突变法测得的材料的应变速率敏感指数均大于 0.5，这样大的应变速率敏感指数增强了材料抵抗缩

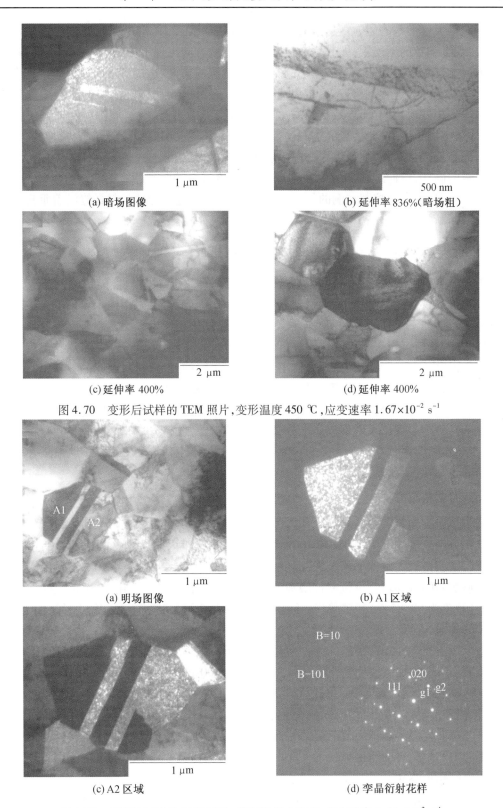

(a) 暗场图像

1 μm

(b) 延伸率 836%(暗场粗)

500 nm

(c) 延伸率 400%

2 μm

(d) 延伸率 400%

2 μm

图 4.70　变形后试样的 TEM 照片,变形温度 450 ℃,应变速率 1.67×10^{-2} s^{-1}

(a) 明场图像

1 μm

(b) A1 区域

1 μm

(c) A2 区域

1 μm

(d) 孪晶衍射花样

图 4.71　变形后试样的 TEM 照片,变形温度 450 ℃,应变速率 1.67×10^{-2} s^{-1}

颈从而获得大延伸率的能力。从图4.65和4.66可以看到,无论是在厚度方向还是宽度方向,都出现了晶粒的不连续,尤其是断口附近,在宽度方向出现了与晶粒大小相当的空洞,在厚度方向上还可以看到几个晶粒大小的空洞,是空洞的长大、连接形成的。由于试样在没有保护气体的条件下进行,材料不可避免地被氧化,表层的 NiO 比较脆,拉伸过程中此处的应变不能得到很好地协调,而导致空洞的出现,随着变形的进行,空洞周围材料通过塑性变形外移,导致空洞长大,彼此接近的空洞连接形成几个晶粒大小的裂纹,伴随着拉伸的进行,新氧化层的出现,裂纹不断地往纵深方向沿着晶界发展,最终形成垂直于拉伸方向的大裂纹,导致材料的破坏,拉伸过程终结。综合上述可知,该材料的断裂模式为,脆性的 NiO 成为空洞的发源地,塑性变形控制空洞的长大,彼此接近的空洞连接导致材料最终沿着垂直于拉伸方向的沿晶断裂。

4.4.5　SiC_p/Ni 纳米复合材料变形后力学性能

很多学者研究了沉积态材料的室温性能,但是关于变形对材料性能影响的研究未见报道,变形后的材料性能如何直接关系到材料的应用。为此,本书采用纳米压痕的方法研究了该材料变形后的室温性能,主要是弹性模量和硬度;还采用纳米划痕实验研究了变形后材料的摩擦性能,并与沉积态材料的性能进行了对比分析。在超塑变形过程中,晶粒出现了不同程度地长大,由于超塑变形是在外力作用下的动态进行的变形过程,因此晶粒长大既包含动态长大因素也包括静态长大因素。材料的性能强烈地依赖变形组织,并对其应用发生影响。因此,非常有必要研究材料组织的稳定性,获得晶粒动态和静态长大的信息,对理解材料在超塑变形过程中表现出来的现象是十分必要的,这对控制成形过程和变形组织,分析成形后性能,指导实际应用是非常有意义的。基于上述分析,本书研究了 SiC_p/Ni 纳米复合材料的动态和静态晶粒长大过程。

1. 实验材料与方案

纳米压痕和划痕实验所用的沉积态材料为 SiC_p/Ni 纳米复合材料,用于进行对比的变形后试样分别从延伸率为300%和400%的拉伸试样标距内取得。这两个试样的拉伸条件为第3章中获得最大延伸率的条件:温度为450 ℃,应变速率为 $1.67×10^{-2}s^{-1}$。用于纳米压痕和划痕实验的试样均经过机械打磨和抛光,获得如镜面的表面。用于 SEM 观察试样采用冰醋酸(浓度为99.85%)和硝酸(浓度为65%)的混合溶液进行腐蚀,腐蚀时间约为30 s,两种酸的体积比为1∶1。

纳米压痕实验在载荷控制的条件下进行,即压头以恒定的速率压入材料直至压力达到最大载荷10 mN。加载速度为40 μN/s、200 μN/s、500 μN/s、1 000 μN/s 和 2 000 μN/s,以研究材料对加载速率的敏感性,当载荷达到最大值后,立即卸载。纳米划痕实验在1/3 μm/s、1 μm/s 和 2 μm/s 三个速度下进行,划痕长度为 10 μm。不同加载速度下材料的模量和硬度通过卸载曲线斜率和最大载荷处的塑性深度决定。摩擦系数为在划痕实验过程中连续纪录的侧向力和正应力的比值。

2. 实验结果分析

(1)变形组织

延伸率为300%和400%的试样 SEM 照片如图4.72所示。通过截线法计算延伸率为

300% 和 400% 试样的平均晶粒尺寸为 1.1 μm 和 1.22 μm。为方便起见,沉积态、延伸率为 300% 和 400% 的试样以下简称为 d、s1 和 s2。

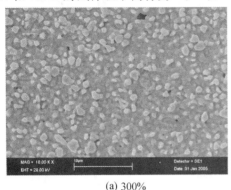
(a) 300%

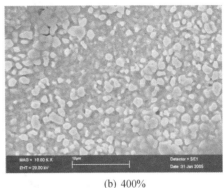
(b) 400%

图 4.72　延伸率为 300% 和 400% 的 SiC_p/Ni 纳米复合材料拉伸试样的 SEM 照片

（2）不同加载速度下的载荷-位移曲线

前面的研究表明,SiC_p/Ni 纳米复合材料在实现超塑性的温度范围内,都表现出了应变速率敏感性,有些材料在室温时也会表现出这一特性,为了验证纳米材料室温的速率敏感特性,本书在室温条件下对 SiC_p/Ni 纳米复合材料进行了纳米压痕实验。从载荷-位移曲线的走势容易看出试样 d、s1 和 s2 的变形行为是不同的。在所有的加载速度条件下,当到达最大载荷时,试样 s2 的压入深度最大,其次是试样 s1,试样 d 的压入深度最小。残余深度的大小也遵循同样的顺序。s2 的残余深度在所有的加载速度下几乎都为 370 nm;s1 的残余深度约为 350 nm;试样 d 的残余深度为 200 nm（加载速度为 40 μN/s 例外,残余深度约为 130 nm）。残余深度随加载速度的不同,变化比较小,说明无论是沉积态的 SiC_p/Ni 纳米复合材料还是经过预变形的材料,它们的塑性变形对加载速度都是不敏感的。

金属材料的塑性变形通常都是以位错运动的形式进行的。但是如果晶粒非常小,位错的活动可能被阻止,本书沉积态材料的平均晶粒尺寸为 42 nm,这与在纳米 Ni 中产生弗兰克-瑞德位错源需要晶粒尺寸为 38 nm 的要求非常接近[35]。所以,试样 d 中出现的相对小的塑性变形与晶粒中有限的位错活动是分不开的。对于试样 s1 和 s2,由于变形后晶粒长大到微米量级,远远大于位错源的产生对晶粒尺寸的要求,大量位错的活动导致塑性变形量的增大。

从图 4.73 可以看出,不同加载条件下,$p\text{-}h$ 曲线的形状比较相似。随着载荷增加,压入深度增加。在同一加载速度条件下,达到同样的压入深度,试样 d 所需的力最大,试样 s1 次之,试样 s2 所需的力最小。产生这一现象的原因是三个试样组织的不同。在变形后的试样中,由于晶粒比较大,位错形核比较容易,变形通过位错协调比在纳米材料中容易。这是在大晶粒材料中最大压入深度和残余深度比较大的原因,可以看到预应变对材料在室温下压痕实验中的塑性变形是有利的。$p\text{-}h$ 曲线上另一个值得注意的特征是图 4.73(d)中,在试样 s1 和 s2 中的曲线上出现了位移平台。在非晶材料中也发现了这一现象,这一平台的产生与非晶材料中剪切带的活动有关,而且位移平台也表现出应变速率敏感性[34~36]。在本书的研究中,由于变形机制与非晶材料不同,平台的产生可能与位错的产生有关,仍需进一步的工作来研究这一现象。

图 4.74 是加载速度为 40 μN/s 和 2 000 μN/s 压痕表面形貌的三维图及表面高度随截

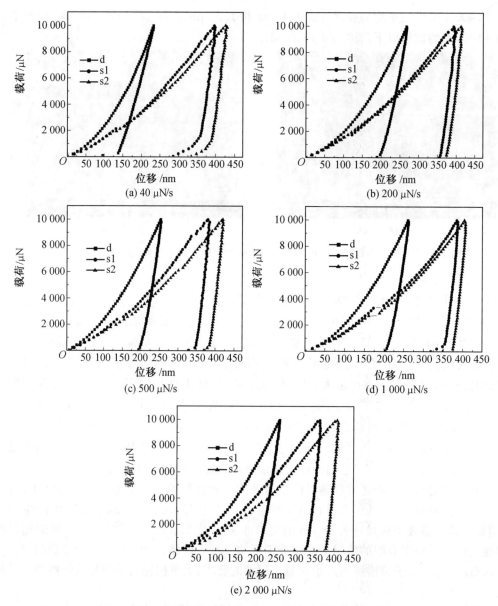

图 4.73　不同加载速度下,试样 d、s1 和 s2 的载荷-位移曲线

线位置的变化。从图 4.74(c)可以看出图 4.74(a)的表面是比较平的,在压痕正下方的材料中出现了沉入现象,侧面则出现了材料的堆积现象,而且两面的材料堆积是比较对称的;从图 4.74(d)可以看出,在载荷为 2 000 μN/s 时,材料也出现了沉入和堆积现象,但是堆积的高度是不对称的,说明随着加载速度的增加,材料的变形不能及时地得到协调而出现区域变形的不均匀。

(3)不同加载速度下的硬度

硬度随加载速度的变化情况如图 4.75 所示。从曲线上可以发现一个明显的特征就是试样 d 的硬度远远高于试样 s1 和 s2,在所有的加载速度下都发现了这一现象。当延伸率为 300% 时,硬度比沉积态材料降低了 56% ~ 60%;当延伸率进一步增加到 400% 时,硬度进一步降低,约为沉积态材料的 61% ~ 65%。当加载速度为 500 μN/s,所有试样的硬度都达到

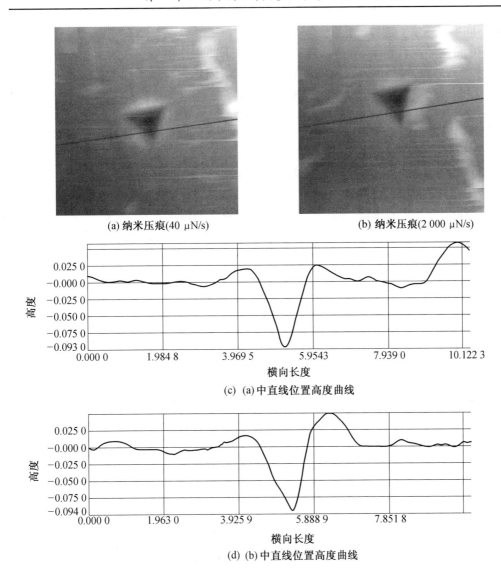

(a) 纳米压痕(40 μN/s)　　　　　　　　(b) 纳米压痕(2 000 μN/s)

(c) (a)中直线位置高度曲线

(d) (b)中直线位置高度曲线

图 4.74　不同加载速度条件下压痕的形貌及材料表面高度的变化

了最大值。在三个不同状态的试样中,硬度基本表现出了对加载速度的不敏感性,尤其是当加载速度大于 500 μN/s 后,试样 s1 和 s2 的硬度基本保持恒定的大小,分别为 2.41 GPa 和 2.05 GPa,不随加载速度变化。三个试样硬度的不同主要是受变形的影响,因为变形后材料的组织发生了变化,最明显的特征是晶粒长大,组织是影响材料性能的最重要的因素。变形后的 SEM 照片表明,晶粒长大到了微米量级,而且随着变形的增加,长大的倾向增大。

　　晶粒和硬度大小的关系通常用 Hall-Petch 关系来表示,Schuh 等人的研究表明[100],在 Ni 材料中,能够保持 Hall-Petch 关系的最小晶粒约为 10 nm,即如果晶粒进一步减小,会出现软化现象。本书三个试样的硬度与晶粒的关系基本符合 Hall-Petch 公式。根据 Tabor 关于硬度和屈服强度之间的关系方程[37],试样 d 的屈服强度最大,其次是试样 s1 和 s2。试样的硬度越大,屈服强度越大,抵抗塑性变形的能力越强,这也是三个试样同样加载速度条件下,压入深度不同的原因。

（4）不同加载速度下的弹性模量

图4.76是试样d、s1和s2在不同加载速度条件下的弹性模量变化情况。可以看出随着加载速度的增加,各试样的弹性模量都增加。通常人们认为材料的弹性模量不随加载速度而发生变化,但是本实验却发现了弹性模量随加载速度的变化,这一点应该引起注意。当加载速度不同时,试样d和s1的弹性模量差别不大,表明当沉积态材料经过延伸率为300%的变形后,模量受变形的影响很小。但是当试样经过400%的变形后,弹性模量偏离沉积态材料的数值比较大,偏离的范围为3%~14%。当加载速度为40 μN/s时,试样s1的模量最大,d的模量最小;当加载速度升至200 μN/s时,s2的模量最大,d的模量仍然是最小的;当加载速度进一步增加至500 μN/s和1 000 μN/s时,d的模量最大,s2的模量最小;当加载速度达到2 000 μN/s时,s2的模量最大,d和s1的模量几乎相等。从以上的描述可以看出,模量随加载速度的变化可以以500 μN/s和1 000 μN/s分为三个变化区间。Erb等人的研究表明,空洞的存在是弹性模量降低的原因[38]。试样s2在中间区间的模量的降低可以理解为在这一加载速度范围内空洞的活动。高于或者低于这一范围的加载速度条件下,模量的变化需要进一步了解压后材料的组织如原子间距来解释。

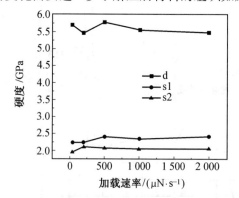
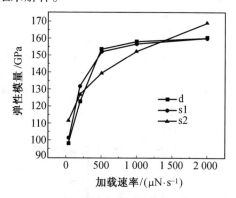

图4.75　不同加载速度下试样d、s1和s2的硬度曲线　　　图4.76　不同加载速度下试样d、s1和s2的弹性模量

通常认为,高硬度的材料弹性模量也比较高。研究表明,三个不同条件下试样的硬度差别是由它们的组织不同造成的,主要是晶粒的大小。模量显示出了对加载速度的依赖关系,但是同一试样硬度随加载速度的变化不大。这一现象表明,组织的变化对模量影响不如对硬度的影响大。本书中,材料在高加载速度下的模量与初始晶粒为28 nm的纳米Ni的弹性模量十分接近,这也说明了弹性模量对组织的不敏感性。

（5）摩擦系数（COF）

图4.77是试样d、s1和s2的COF随划痕速度的变化曲线,速度分别为1/3 μm/s、1 μm/s和2 μm/s,划痕的长度均为10 μm。三个试样的COF随划痕长度变化的曲线形状在不同的划痕速度下很相似。从图上可以看出,在划痕实验刚开始时,COF很快增加到最大值,随后COF的值趋于准稳态,伴随着一定的波动。在这个准稳态的范围内,COF随着划痕距离的变化很小。实验开始时,COF的增加与试样表面和纳米压头的不稳定接触有关;当接触平稳以后,COF的值也趋于稳定。试样d、s1和s2的平均COF值见表4.17。可以很明显地看出,三个试样的COF几乎不受划痕速度的影响。至于变形对摩擦性能的影响,从图4.77和表4.17都可以看出,变形使材料的COF值增加。试样s1的COF增加的最大比例为10%,试样s2为7%。Farhat等人研究了磁控溅射法生产的纯纳米Al的磨损性能[39];Jeong等

人研究了晶粒大小对电沉积纳米 Ni 的磨损性能的影响[40]。这两组的研究都表明在 Hall-Petch 关系成立的晶粒范围内,材料的磨损性能与材料的硬度成比例。材料的硬度可以作为其耐磨性的指数。材料的硬度增加 5 倍,相应的耐磨性将增加 1~2 倍。文献[41]的研究表明,纳米 Ni 的耐磨能力随着 COF 的减小而增强。研究表明,变形后材料的硬度降低,COF 相应的增加了,相对来讲,变形后的试样更容易磨损,变形使材料的耐磨能力降低了。

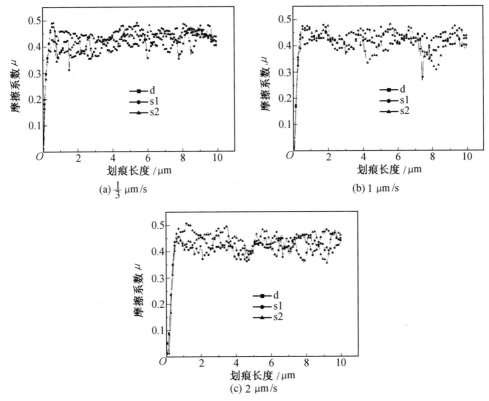

图 4.77　不同划痕速度下试样 d、s1 和 s2 的摩擦系数变化

对于工程应用来讲,材料的耐磨能力是材料的一个非常重要的机械性能,因为材料在服役状态,有一半以上的材料消耗是由于磨损造成的。材料的摩擦磨损性能成为影响构件性能、寿命及价格的主要因素。非常有必要考虑材料变形后的性能,这对工艺选择及设计起到指导作用。从材料作为结构件的角度来讲,细化材料组织及保持材料变形过程中的组织稳定性是保持材料良好性能的一个好方法。初步研究也表明,第二相颗粒的加入不仅可以减小初始态基体的晶粒尺寸,而且可以改善材料的机械性能,提高材料的热稳定性。在加入第二相时,必须要合理地选择第二相的分数,因为过多的第二相会使变形过程中产生空洞的倾向增大,降低材料的塑性。

表 4.17　不同划痕速度下,试样 d、s1 和 s2 的平均摩擦系数

划痕速度/(μm · s^{-1})	d	s1	s2
1/3	0.396 444	0.436 054	0.424 758
1	0.405 718	0.425 309	0.409 99
2	0.399 485	0.433 108	0.424 069

4.5 镍基纳米复合材料的超塑成形

4.5.1 ZrO$_2$/Ni 纳米复合材料的超塑胀形

前面的内容主要是对比研究了纳米 Ni 和 ZrO$_2$/Ni 纳米复合材料的超塑形拉伸性能,表明 ZrO$_2$/Ni 纳米复合材料具有更为优越的超塑性能;对照两者的组织变化验证了这一优势来源于 ZrO$_2$ 纳米颗粒提高了复合材料的热稳定性,使得材料在变形过程中始终保持着有利于超塑形要求的细小稳定组织,进而实现了低温高应变速率超塑形,充分显示了纳米材料在超塑变形中的优越性。但是,目前纳米材料的超塑性主要是在单向拉伸实验条件下研究的,而实际工业应用中材料多是应用于多轴应力或者平面应变状态下,因此有必要采用多种工艺方法来综合评价纳米材料的超塑性能。

超塑胀形是利用材料在超塑状态下的优异变形性能发展起来的一种较为简单的先进加工方法,往往只需凹模而降低了模具成本,可用气体作为成形介质从而省去了大量的生产设备[82],而且只要变形条件适宜,对形状复杂的零件也可以一次成形,工序简单,产品无回弹现象、尺寸稳定、精度高。拉深成形则是传统加工方法中较为复杂的工艺,拉深件的形状能够同时体现材料内部性能、模具几何尺寸、接触摩擦和工艺条件等方面的影响。特别是如果两种方法能够有效地加工微零件,将塑性加工的优越性继续引入微结构领域,会打破微细机加工技术、光刻和蚀刻等高投资加工工艺在微成形领域的垄断。本章主要以 ZrO$_2$/Ni 基纳米复合材料为例,研究了该材料在常规尺寸下的超塑胀形性能,同时研究了材料在微尺度下的胀形和拉深性能。

1. 实验材料与方法

电沉积结束后,采用线切割的方法将材料加工成直径为 20 mm 的圆片。实验之前首先用 2% 的盐酸对坯料表面进行酸洗,以去除表面油污,防止实验过程中发生过早的氧化。微胀形实验在自行研制的 1 000 kN 超塑成形实验机上进行,该设备可实现计算机控制温度。设备由上模、下模、加热炉、水冷系统、压力输入和控制系统组成,并配备了 18 kW 硅碳棒加热炉。加热炉、模具与机械本体之间均有隔热及水冷系统,在加热及成形过程中分别具有防止热量散失和冷却功能。图 4.78 为胀形模具示意图,设计了三套不同内径的胀形模具,其内径 d_c 分别为 5 mm、2 mm 和

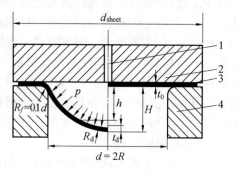

图 4.78 ZrO$_2$/Ni 纳米复合材料超塑成形模具示意图
1—进气孔;2—凸模;3—坯料;4—凹模

1 mm,凹模圆角 R 按公式 $R=0.1d_c$ 计算。胀形实验的温度为 370~500 ℃,应变速率为 5×10^{-3} s^{-1}。将坯料装入模具,移入加热炉开始加热升温,当加热至指定温度后保温 15 min,以保证圆形坯料有一个均匀分布的温度场。SEM 观察胀形件的组织形貌,采用冰醋酸(浓度

为 99.85%)和硝酸(浓度为 65%)的混合溶液进行腐蚀,腐蚀时间约为 30 s,两种酸的体积比为 1∶1。

2. FEM 模拟

影响超塑胀形成形制品质量的主要因素有材料性能、压力曲线选取和成形温度的控制精度等。超塑胀形一般是在高温密闭环境中进行,材料各处应变速率分布复杂,成形过程实时检测困难。有限元方法可以模拟超塑成形过程中的形状变化和应力、应变变化等情况,预测零件壁厚分布和优化应力-时间曲线($p-t$),为实际超塑胀形的实验参数选择提供依据,从而减少实验成本。胀形坯料直径为 20 mm,初始板厚为 150 μm,凹模内直径为5 mm。采用 4 节点等参壳单元在课题组自行开发的有限元程序 ARVIP-3D 的平台上编制程序实现了模拟计算。由于成形零件的对称性,为了简化计算,按照尺寸取板料和模具的 1/4 建立模型。板材超塑胀形的有限元网格如图 4.79 所示,划分为 900 个单元。假设试样与模具之间结合的非常紧密,即压边圈下的坯料不发生变形和运动。

采用刚粘塑性有限元方法处理超塑胀形问题,根据 Backofen 方程,等效应力与等效应变速率的关系可以表示为

$$\sigma_e = K\dot{\varepsilon}^m \qquad (4.38)$$

式中　K——材料常数;

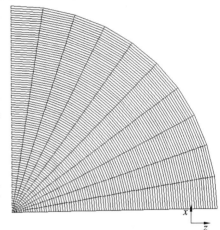

图 4.79　超塑胀形坯料有限元模型

　　　　m——应变速率敏感指数,由单向拉伸实验测得;

　　　　σ_e——等效应力;

　　　　$\dot{\varepsilon}$——等效应变速率。

图 4.80 为 FEM 模拟温度为 450 ℃,应变速率为 $1.67\times10^{-3}\ \text{s}^{-1}$、$5\times10^{-3}\ \text{s}^{-1}$ 和 $1.67\times10^{-2}\ \text{s}^{-1}$时,凹模内直径为 5 mm,高径比 H/d(H 为胀形件顶点高度,d 为凹模内直径)为 0.5 的胀形件的应变速率分布图。在三种变形条件下超塑胀形时,应变速率的最大值都出现在成形件的顶点处。图 4.81 为 FEM 模拟温度 450 ℃,应变速率为 $1.67\times10^{-3}\ \text{s}^{-1}$、$5\times10^{-3}\ \text{s}^{-1}$ 和 $1.67\times10^{-2}\ \text{s}^{-1}$时,内直径 5 mm,$H/d$ 为 0.5 的胀形件的厚度分布图。可以看出,厚度的分布与应变速率分布相对应,应变速率最大的胀形件顶端减薄最严重。胀形过程中,由于周边金属被压板紧压不能向内流动,故中间凸起部分表面积的增加完全靠板料的变薄来实现,最终零件壁厚的明显差异。综合考虑应变速率敏感性和厚度减薄情况,选择 $5\times10^{-3}\ \text{s}^{-1}$为实际胀形所用速率。

3. 恒定应变速率胀形曲线

胀形过程有两种加载方式,即恒定气压胀形和恒定应变速率胀形。前者是在胀形过程中保持球壳内气压始终维持在规定值,实现起来比较方便;后者则是在胀形过程中保持球壳的应变速率不变,球壳内压力按一定规律变化,实现起来比较复杂。但是由于超塑性材料对应变速率敏感,为了发挥材料优秀变形能力,因此需要控制材料的应变速率在超塑形范围内。超塑成形过程中,同种材料的 m 值愈大,应变速率强化效应愈明显,变形愈均匀。而 m

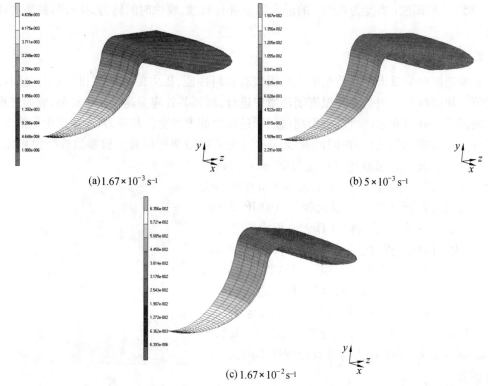

(a)1.67×10^{-3} s^{-1}　　　　　　　　(b)5×10^{-3} s^{-1}

(c)1.67×10^{-2} s^{-1}

图4.80　直径为5 mm 的胀形件在不同应变速率条件下 FEM 计算的应变速率分布图

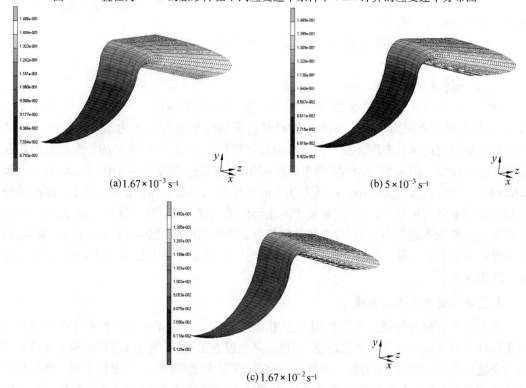

(a)1.67×10^{-3} s^{-1}　　　　　　　　(b)5×10^{-3} s^{-1}

(c)1.67×10^{-2} s^{-1}

图4.81　直径为5 mm 的胀形件在不同应变速率条件下 FEM 计算的厚度分布图

值是成形温度和应变速率的函数,当温度优选之后,m 最大值所对应的应变速率就称为最佳应变速率。最佳应变速率成形就是在成形的整个过程中,采用人工或计算机系统对气体压力进行控制,使其按照最佳加压规律进行加载,保证在变形集中部位的应变速率强化效应最显著,阻止材料进一步集中变薄的能力最强,使零件的厚度分布趋于相对均匀[83]。为了将最大应变速率控制在 $5×10^{-3}s^{-1}$ 附近,实验时的压力依据有限元法预测的理论 $p–t$ 曲线进行调整加压,如图4.82所示。

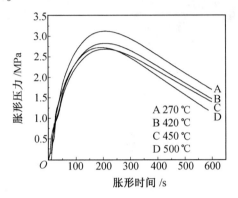

图 4.82　应变速率 $5×10^{-3}s^{-1}$ 不同温度时 FEM 预测的理论成形压力曲线

4. ZrO_2/Ni 纳米复合材料的胀形性能

表4.18列出了试件在不同温度下恒定应变速率胀形曲线加压时的详细实验条件及结果,可以看出温度对 ZrO_2/Ni 纳米复合材料的胀形性能有显著的影响。

表 4.18　ZrO_2/Ni 纳米复合材料胀形实验条件及结果

温度/ ℃	最大气压/MPa	保温加压时间/min	胀形高度 H/mm	H/d
370	3	30	3	0.6
420	3	30	4.5	0.9
450	3	30	6	1.2
500	3	30	4	0.8

图4.83(a)是温度为370 ℃时的胀形试件图片,此时的 H/d 为0.6。随着温度的升高,ZrO_2/Ni 纳米复合材料的高径比 H/d 显著增大。温度升高至420 ℃时 H/d 为0.9(图4.83(b));继续升温至450 ℃时 H/d 获得最大值1.2(图4.83(c));而当温度升高至500 ℃时,材料的超塑胀形性能有所下降,H/d 为0.8(图4.83(d))。这与单向拉伸实验时温度对延伸率的影响相似,主要是由于温度过高,试样内部晶粒容易剧烈长大而且表层容易氧化所致。试件超塑胀形的高度均高于凹模内半径,变形量超过半球胀形的变形量。

图4.84所示为温度450 ℃时 H/d 为1.2胀形件厚度延沿轮廓分布曲线,厚度变化的规律与FEM模拟结果相似。随胀形高度的增加,胀形件逐渐变薄,厚向应变不均匀,这主要是胀形件在不同位置应力状态差异造成的。胀形件的顶端为等轴应力状态,而靠近底端的部分,由于模具夹持作用,限制了板材沿圆周方向变形,因此这个位置的应力状态为平面应变状态。由于局部应力的差异导致不同位置具有不一样的应变速率,如FEM模拟结果所示,最后造成零件不同位置厚度的差别。在顶端区域由于有较大的应变速率,造成显著的变薄

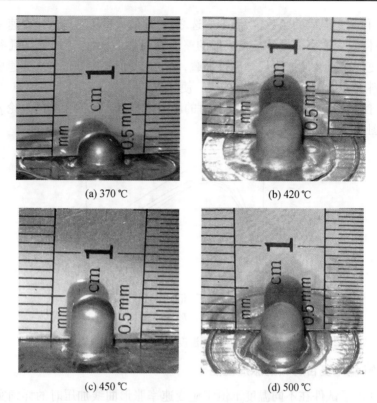

(a) 370 ℃ (b) 420 ℃

(c) 450 ℃ (d) 500 ℃

图 4.83 不同温度下 ZrO_2／Ni 纳米复合材料胀形件

效应。图中该胀形件的顶端处厚度达到最小，为 60 μm，厚度方向应变量达到 60%。可见即使采用了恒定应变速率加压法，厚度分布的不均匀性还是存在的。

表 4.19 选用凹模内直径分别为 1 mm 和 2 mm 在温度为 450 ℃时进行了胀形实验，并将实验结果与前面凹模内直径为 5 mm 的试件进行了比较。超塑胀形前同样使用 FEM 模拟了恒定应变速率 $5×10^{-3}s^{-1}$ 下的 p-t 曲线。

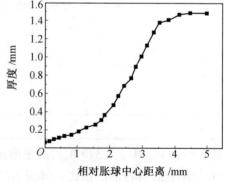

图 4.84 450 ℃时胀形件厚度分布

表 4.19 热胀形工艺参数表

试样厚度/ μm	30	60	150
凹模内径/mm	1	2	5
凹模圆角半径/mm	0.1	0.2	0.5
最大压力/ MPa	3 ~ 5		
保温加压时间/min	30		
温度/ ℃	450		

图 4.85 是温度为 450 ℃，最大压力 3 MPa，凹模内直径分别为 1 mm、2 mm 和 5 mm 时的胀形件，H/d 分别为 0.5、0.6 和 1.2。胀形件均由半球和直壁筒状组成，而且试样表面光

滑,无宏观可见的裂纹。当试件在 450 ℃,最大压力 4 MPa,不同凹模内直径胀形后,H/d 分别为 0.6、0.8 和 1。而同样变形条件下,最大压力升高至 5 MPa,H/d 几乎没有变化,说明气压的增加能提高试件的变形能力,但是超过某一临界值后气压的作用就变得不明显。由于气压设备的限制,试件胀形的最高压力为 5 MPa。胀形件在选定的温度和气压范围内,均未发现破裂现象。Jeyasingh[84] 和 Khraisheh[85] 曾经报道过试件胀形至高径比 0.5 时的压力值接近于材料的破裂值,而这一现象在本实验中并没有发现,这有可能和纳米材料在超塑成形中的优越性能有关。ZrO_2/Ni 纳米复合材料在双向拉应力状态下仍具有良好抵抗缩颈能力和超塑成形性,可以获得大的高径比。因此,只要选择合适的变形条件,电沉积制备的 ZrO_2/Ni 纳米复合材料可以通过胀形方法成形形状更为复杂的零件。

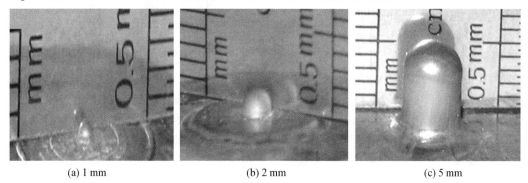

|(a) 1 mm|(b) 2 mm|(c) 5 mm|

图 4.85 不同凹模内直径 ZrO_2/Ni 纳米复合材料胀形件

ZrO_2/Ni 纳米复合材料在微尺寸下仍然能够获得超过半球的胀形量,证明了复合材料薄板在超塑微成形领域的研究价值。凹模尺寸降低至 1 mm,同样的最大气压下 H/d 值要低于常规直径下获得的数值,可能与板厚的减小有关。FEM 模拟时发现凹模减小会引起成形气压的剧烈升高,因此通过减小板厚来降低成形所需压力,以克服气压设备的限制。实验中选用 1 mm 凹模胀形时坯料的厚度为 30 μm,5 mm 凹模胀形时坯料的厚度为 150 μm。小尺度情况下的表面层模型[86]认为材料变形已经不符合各向同性连续体的变化规律,表面晶粒增多,表面层变厚,根据金属物理原理,与材料内部晶粒相比,表层晶粒所受约束限制较小。在变形过程中,内层位错运动剧烈而表面层影响较小,因此表面层变形和硬化趋势也较小,这样试件的整体流动应力降低。在微成形中,是否存在表面层效应,取决于两个因素,其一为是否存在自由表面;其二为晶粒度与材料变形特征尺寸的接近程度[87]。ZrO_2/Ni 纳米复合材料沉积态的晶粒为 70 nm,在胀形过程中即使晶粒在温度和应变的作用下晶粒有所长大,与厚度相比较还是比较小的,因而表层模型在此时并不适用,材料没有表现出软化现象。与厚度为 150 μm 的坯料相比较,30 μm 厚度的坯料板厚方向的晶粒少,参与变形时有利滑移的晶界数目变少,容易引起应力集中导致硬化过程,因此成形高度比常规胀形件低。ZrO_2/Ni 纳米复合材料在 450 ℃时的应变速率敏感指数 m 较高,在单向拉伸过程中能够始终保持均匀变形,这是 30 μm 厚的坯料能够胀形成功,获得超过半球形状胀形量的主要原因。

选用 SEM 观察了图 4.86 直径 1 mm 微胀形件的外貌和组织,如图 4.87 所示,可以看出,微胀形件的表面质量较好。图 4.87(a)、(b)是微胀形件变形后顶点和侧壁的组织,两者都是大小晶粒混合的形貌,在平均晶粒尺寸为 500 nm 的 Ni 晶粒周围还分布着一些 1~

1.5 μm的大晶粒。根据本实验中 ZrO₂/Ni 纳米复合材料组织热稳定性研究和其他人的报道[88]可以确定,第二相粒子具有对晶粒长大的良好抵抗作用。但是由于 ZrO₂ 纳米颗粒的高表面活性,在电沉积过程中容易发现团簇现象,影响了增强相在基体中均匀分布,此外由于纳米颗粒的沉积浓度有限,因此不可能对所有的 Ni 晶粒都产生钉扎晶界抑制长大的作用,因此就会有一部分优先长大。S 元素和 C 元素在晶界上的偏析也能起到一定程度的钉扎作用。杂

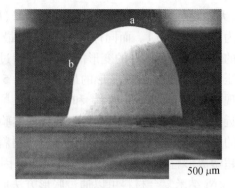

图 4.86　超塑成形件的 SEM 形貌

质沿晶界的偏析具有明显的方向性,这可能是受晶界取向的影响。很明显,一些取向的晶粒能够避免杂质的作用,从而形成晶粒优先长大。第二相和杂质元素共同作用,抑制了 ZrO₂/Ni 纳米复合材料大部分 Ni 晶粒的长大,为超塑成形提供了稳定的组织基础。比较图 4.87(a)、(b),在两处不同位置的组织中均发现了空洞现象,这是材料在超塑性变形过程中普遍存在的微观组织变化。当材料超塑性变形达到一定程度时,随着变形的增加,就会出现空洞的形核、长大,继而发生空洞的聚合或连接,直到最终出现材料宏观断裂或破裂。一般认为,在最佳应变速率下,塑性变形控制的空洞长大是超塑性变形中空洞行为的主要形式。因此,空洞长大行为可用指数函数规律来描述[89]:

$$c_v = c_{v0} \exp(\eta \varepsilon) \tag{4.39}$$

式中　c_v——变形过程中的空洞体积分数;

　　　c_{v0}——初始的空洞体积分数,在一定的实验条件下是一常数;

　　　ε——应变量;

　　　η——与材料、晶粒尺寸、应变速率敏感性指数、应力状态等因素有关。

(a)顶端位置

(b)侧壁位置

图 4.87　超塑成形件的微观组织

对 η 有如下描述公式[90]:

$$\eta = \frac{3}{2}\left(\frac{m+1}{m}\right)\sinh\left[2\left(\frac{2-m}{2+m}\right)\left(\frac{k_s}{3}-\frac{p}{\sigma_e}\right)\right] \tag{4.40}$$

式中　p——静水压力;

　　　$1 < k_s < 2$。

可以看出,空洞的长大与材料原始组织的空洞量和应变量密切相关。与其他制备方法相比较,电沉积制备的纳米材料更为致密,因此从组织条件上避免了空洞的大量形成,从而能够获得较大的变形量。微胀形件顶端的空洞体积分数高于侧壁处,与此处所经历的等效应变最大有关。

4.5.2　ZrO_2/Ni 纳米复合材料的微拉深

在 CSS-88000 电子万能实验机上进行超塑性微拉深实验。微拉深模具如图 4.88 所示,其中,半球形冲头半径 R_p 和凹模半径 R_d 分别为 0.5 mm 和 0.61 mm,凹模的圆角半径 r_d 为 0.25 mm。其中坯料的定位通过压边圈上与坯料接触一侧预留的凹槽来完成,压边间隙的调整通过压边圈的内螺纹与凹模的外螺纹之间连接紧密程度来完成,这样的微拉深模具无须导柱等外设装置,使用方便。选取厚度为 0.1 mm 镍薄板线切割成圆形坯料,具体工艺流程如下:制备圆形坯料→涂抹润滑剂并夹紧坯料→加热

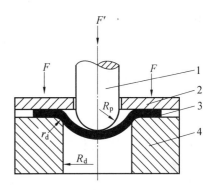

图 4.88　超塑微拉深实验装置示意图
1—冲头;2—压边圈;3—坯料;4—凹模

至目标温度并保温 15 min→拉深→表面清理→质量检验。

ZrO_2/Ni 纳米复合材料良好的超塑性能适合于超塑胀形工艺的应用,获得了超过半球的胀形量,但是由于成形气压的限制,胀形坯料的厚度选择了 30 μm。在电沉积过程中阴极的结晶取向会明显影响沉积产物的结构,例如以具有 {100} 平面织构退火态铜为阴极沉积出的纳米 Ni 晶粒细小且强度高;而在具有 {110} 平面织构上沉积出的纳米 Ni 相对而言晶粒粗且强度低。这是由于两种晶面的表面能不同,影响沉积物的晶粒形核过程[123],因此成形坯料的厚度过小,可能沿袭了基体的一些组织缺陷,而且沉积产物的厚度在超过 20 μm 后才能实现完全意义上的致密。微胀形时选择的坯料厚度小,会在一定程度上影响了超塑性能的发挥,因此实验中又设计了一组微拉深成形,此时的坯料厚度为 120 μm。

微拉深工艺中,成形温度是一个重要的参数。由单向拉伸曲线可知,在一定的温度范围内,ZrO_2/Ni 纳米复合材料的超塑性变形能力随温度的升高而提高,拉深性能会得到改善。另一方面,温度过高,板料的屈服能力和拉伸强度也随之下降,应变硬化能力也明显下降,容易引起危险截面金属发生局部流动,从而破裂或者起皱。因此,成形温度对材料拉深性能的影响取决于以上两个方面相互作用。根据单向拉伸的实验结果,选取 450 ℃ 为微拉深工艺的实验温度。图 4.89 为该温度下,分别采用 4 种恒

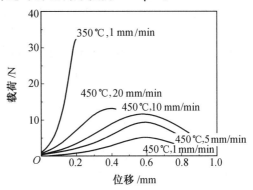

图 4.89　微拉深载荷-位移曲线

定的冲头位移速度 1 mm/min、5 mm/min、10 mm/min 和 20 mm/min 对 ZrO_2/Ni 纳米复合材料薄板进行超塑性微拉深时的载荷位移曲线。为了更加直观地说明温度对工艺过程的影

响,图中也标出了 350 ℃,冲头位移速度为 1 mm/min 时拉深曲线。实验结果表明:与冲头位移速度相比较,拉深力更依赖于温度的变化。在较低的温度(350 ℃)下,即使冲头位移速度很低(1 mm/min),拉深力也迅速增加到最大值 33 N,镍板在冲头行程初期便会发生破裂;而温度升高至 450 ℃时,坯料能以 1 mm/min、5 mm/min 和 10 mm/min 速度完全拉进,最大拉深力均集中在 5～10 N,随着冲头位移速度的增加略有增加。当冲头位移速度增加至 20 mm/min 时,拉深曲线出现了与低温相似的趋势,拉深不成功。这可能是由于应变速率增加,材料的初始屈服应力增加;同时冲头位移速度的增加使得凸缘增厚加快,拉深力继续增加以维持拉深过程的继续,因此超过凹模圆角处材料的断裂抗力而引起失稳破裂。

　　与 350 ℃ 的实验结果相比较,450 ℃ 冲头位移速度为 1 mm/min、5 mm/min 和 10 mm/min 时均能成功获得直径为 1 mm 的微拉深件,如图 4.90 所示。材料较低温度下断裂的可能性增大,这一现象的发生可以借助单向拉伸实验结果加以说明,拉伸试件在 450 ℃,应变速率 $1.67 \times 10^{-3} \mathrm{s}^{-1}$ 时候达到延伸率 605%,这一数值远高于 350 ℃时的 130%。超塑性能力的增强使得材料在微拉深过程中变形更均匀,从而避免了拉深件危险截面的早期破裂。此外,实验制备的 ZrO_2/Ni 纳米复合材料在 450 ℃下获得的应变速率敏感指数高于 350 ℃时的数值,因此相比较而言,材料在 450 ℃对局部收缩的抗力增大,截面变化平缓,也是提高微拉深成功率的原因之一。

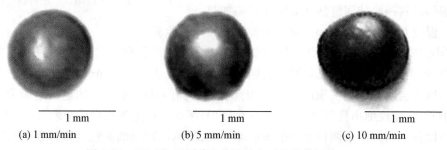

(a) 1 mm/min　　　　　(b) 5 mm/min　　　　　(c) 10 mm/min

图 4.90　450 ℃,不同冲头位移速率时的微拉深件

　　通用的超塑性本构方程说明了材料应变速率、晶粒尺寸与变形温度的关系,借助该公式可以表述拉深行程时拉深力与冲头位移速度的关系[91]。ZrO_2/Ni 纳米复合材料 450 ℃,以 10 mm/min(v_1)的速率拉深至 0.5 mm 时所需的拉深力为 10.5 N(F_1);以 5 mm/min(v_2)拉深至相同位移时所需的拉深力为 7.9 N(F_2)。假设试件在拉深过程中各处摩擦状态相同,由于拉深过程中使用同一冲头和同一厚度的坯料,因此可以认为拉深力 F 的比值等同于应力 σ 的比值,冲头位移速度 v 的比值等同于应变速率 $\dot{\varepsilon}$ 的比值。这样可以将应力与应变速率的关系写为

$$\frac{v_1}{v_2} = \left(\frac{F_1}{F_2}\right)^n \tag{4.41}$$

　　根据上面的数据,可以计算出应力指数 n 为 2.43。同样方法计算该曲线其他位移处的应力指数,数值为 1.55～2.87。通常应力指数 n 用作判断超塑性变形机理的依据,$n=2$ 表明晶界滑移是材料变形的主要机理。从组织分析上也可以看出 ZrO_2/Ni 纳米复合材料的晶粒尺寸在微拉深进行前的 15 min 加热保温时间内已经长大到亚微米范围,因此传统超塑性变形机理也出现在本实验中。

4.5.3　$Fe_{78}Si_9B_{13}/Ni$ 层状复合材料的超塑成形

在前面讨论了 $Fe_{78}Si_9B_{13}/Ni$ 层状复合材料在室温的拉伸行为,表明通过在 $Fe_{78}Si_9B_{13}$ 非晶带上电沉积纳米 Ni 层可以提高非晶带的延展性。本节将通过高温拉伸、拉深以及气压胀形来研究层状复合材料的高温变形行为。

通常来说,非晶合金的变形行为可分为两类,即非均匀变形和均匀变形。非均匀变形通常发生在低温条件(如室温),其特征为变形过程及断裂行为由局域剪切带的形成、扩展所控制,塑性变形局限于局部剪切带内,总应变量一般约为 2%。均匀变形通常发生在高温变形条件下。在均匀变形条件下,试样变形部分的每一体积单元均参与变形。因而非晶合金在均匀变形条件下获得较大的塑性变形量,例如大块非晶合金在过冷液相区内往往呈现出超塑性变形能力。可以看出非晶合金在室温变形和高温变形行为大不相同,因而有必要研究 $Fe_{78}Si_9B_{13}/Ni$ 层状复合材料在高温的变形行为。

Mcfadden 等人[112,,113]报道了纯金属纳米 Ni 的超塑性。纳米 Ni 采用电沉积的方法获得,纯度超过 99.5%,纳米 Ni 的晶粒大小为 20 nm。拉伸实验在恒定应变速率 $1×10^{-3}s^{-1}$ 的条件下进行,当温度为 350 ℃、420 ℃ 和 560 ℃ 时,获得的延伸率分别为 295%、895% 和 415%,符合超塑本构关系中关于在纳米材料中获得低温超塑性的理论推导。所有获得超塑性的温度均在 $0.5T_m$ 以下,特别引人注意的是,当温度为 350 ℃ 时,该温度仅为熔点热力学温度的 0.36 倍,这是迄今为止关于晶体材料的最低规范化温度。因而研究电沉积得到纳米 Ni 与 $Fe_{78}Si_9B_{13}$ 非晶合金带组成层状复合材料的高温塑性变形行为是一件非常有趣的工作。

1. 试验过程

对 $Fe_{78}Si_9B_{13}/Ni$ 层状复合材料进行了高温拉伸试验。试验的拉伸试样标距的尺寸也为 10 mm×3 mm。试验的温度为 430~500 ℃,试验的温度选择是根据电沉积纳米 Ni 和单相 $Fe_{78}Si_9B_{13}$ 非晶合金带的塑性变形温度范围来确定的。拉伸初始应变率为 $4.17×10^{-4}$ ~ $1.67×10^{-2}s^{-1}$,在相同条件下,重复试验三次。拉伸样品从室温加热到预设的温度,加热速率为 30 ℃/min,当加热至指定温度后保温 5 min 后开始拉伸,保证加热炉有一个均匀分布的温度场。在拉伸试验中还分析了 Ni 层的体积分数对复合材料的高温拉伸性能的影响。最终的延伸率是通过测量标距范围内的长度,消除了样品夹头部分的变形贡献。变形样品的断口形貌是通过 SEM 来分析的。

2. 高温拉伸结果

图 4.91 给出了含 Ni 层体积分数为 77% 的 $Fe_{78}Si_9B_{13}/Ni$ 层状复合材料试样拉伸前后对比图,延伸率在图上给出。所有的试样在标距范围内明显发生均匀变形,没有局部颈缩。图 4.91(a)给出了在初始应变速率为 $8.33×10^{-4}s^{-1}$ 条件下温度对复合材料高温拉伸性能的影响。复合材料的延伸率随着温度的升高先增大后减小,在 450 ℃ 最大,达到 115.5%,表明 $Fe_{78}Si_9B_{13}/Ni$ 层状复合材料在高温具有良好的塑性变形性能。复合材料的延伸率远大于单相 $Fe_{78}Si_9B_{13}$ 非晶合金带的延伸率(36.3%)而小于电沉积纳米 Ni 的延伸率(276.5%)。由于拉伸实验是在空气中进行的,没有气体保护,材料不可避免地发生氧化,这一点可以通过试样变形前后的表面颜色可以很清楚地看出来。Ni 层的表面氧化过程通过 Ni 元素向表面

扩散,O 元素向内扩散完成[158]。随着拉伸的进行,材料是动态变化的,因此氧化也是一个动态过程。拉伸时,由于材料不断被拉长,内层材料不断地露出来而被氧化。当材料初始晶粒为纳米晶时,大量的晶界为动态和静态氧化提供了有利的条件。图 4.91(b)给出了拉伸温度为 450 ℃的条件下初始应变速率对复合材料高温拉伸性能的影响。可以看出复合材料的延伸率随着初始应变速率的增大先增大后减小,在初始应变速率为 $8.33\times10^{-4}\,s^{-1}$ 时材料的延伸率达到最大。还可以看出,随着初始应变速率的增大,变形后的拉伸件表面颜色逐渐变深,表明材料的氧化越严重。这是因为当应变速率较低的时候,氧化过程不会那么剧烈,进行得比较平稳,高应变速率条件下,在变形过程中新露出来的表面迅速形成了新的氧化层,从而氧化现象比较严重。

图 4.91　$Fe_{78}Si_9B_{13}/Ni$ 层状复合材料试样拉伸前后对比图

在 430～500 ℃的温度范围间,初始应变速率 $\dot{\varepsilon}$ 为 $8.33\times10^{-4}\,s^{-1}$ 的条件下的流动曲线如图 4.92(a)所示。可以看出,随着温度的升高,层状复合材料的应力峰值显著下降。在 430～450 ℃温度范围内,在达到稳态流动状态之前,流动曲线的应变硬化率高而硬化阶段短暂;随着温度的继续升高(大于 450 ℃),流动应力的峰值逐渐增大,流动曲线的应变硬化率低但硬化阶段显著延长,没有很明显稳定的流动状态。温度为 450 ℃,不同应变速率下的流动曲线如图 4.92(b)所示。在低应变速率范围 4.17×10^{-4} ～ $8.33\times10^{-4}\,s^{-1}$ 内,复合材料的流动曲线达到一个较长的平稳流动状态,应力峰值较小。在高应变速率范围 1.67×10^{-3} ～ $1.67\times10^{-2}\,s^{-1}$ 内,应力峰值较大,峰值后的应变软化效应比较明显,没有较长的稳定流动状态。层状复合材料以及单相 $Fe_{78}Si_9B_{13}$ 非晶合金带和电沉积纳米 Ni 在 450 ℃、$8.33\times10^{-4}\,s^{-1}$ 条件下的流动曲线如图 4.92(c)所示。$Fe_{78}Si_9B_{13}$ 非晶合金带显示低塑性,并具有非常大的流动应力。纳米 Ni 在此试验条件下具有非常好的塑性变形的能力,在变形开始后很快就到达一个非常稳定的流动状态,流动应力非常低,一直维持在 3 MPa 左右直至断裂,获得了 276.5%的超塑性延伸率。层状复合材料在变形的过程中一直维持较大的流动应力(约 200 MPa),远大于单相纳米 Ni 在此试验条件下的流动应力。

温度、初始应变速率以及纳米 Ni 层的体积分数对 $Fe_{78}Si_9B_{13}/Ni$ 层状复合材料延伸率的影响如图 4.93 所示。可以看出在拉伸温度为 450 ℃、初始应变速率为 $8.33\times10^{-4}\,s^{-1}$、Ni 层的体积分数为 0.77 的条件下得到很高的延伸率。在相对较低的温度范围内(430 ~ 450 ℃),延伸率随着温度的升高而增大,在相对较高的温度范围内(450 ~ 500 ℃),延伸率随着温度的升高而减小。初始应变速率对延伸率的影响规律与温度对延伸率的影响是相似的。在 Ni 层体积分数小于 0.77 的范围内,体积分数的增加能显著提高延伸率;当体积分数大于 0.77 的范围内,进一步增加体积分数,对提高延伸率的作用不大。

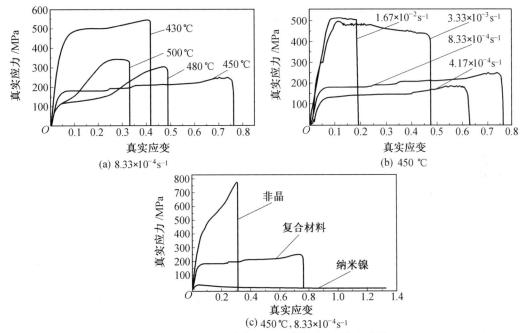

图 4.92   不同拉伸条件下的真实应力–应变曲线

采用扫描电镜 SEM 对 $Fe_{78}Si_9B_{13}$/Ni 层状复合材料在不同温度下变形后的断口形貌进行了观察,如图 4.94 所示。可以看出在较低的变形温度 450 ℃,非晶层的断口呈现典型的脉状条纹,这也表明非晶层在 450 ℃变形后,$Fe_{78}Si_9B_{13}$ 合金主要呈现非晶态。从 Ni 层的断口上可以清楚地看到晶粒长大情况,平均晶粒尺寸大约长大到 1.5 μm,大部分晶粒保持等轴状,断口上没有出现空洞,材料的空洞化是超塑变形的一个特征,可能由于非晶层的限制从而使 Ni 层的变形没有达到超塑性状态,从而在 Ni 层的断口上没有发现空洞的出现。随着温度的升高,当变形温度达到 500 ℃,$Fe_{78}Si_9B_{13}$ 合金层发生了显著的晶化,断口上附着大量的晶粒。Ni 层的晶粒仍保持等轴状,平均晶粒尺寸在 1.5 μm 左右。

3. $Fe_{78}Si_9B_{13}$/Ni 层状复合材料的高温变形机理

包含两种组元的层状复合材料的高温拉伸示意图如图 4.95(a)所示,其力学模型可以类比于由两个平行的减振器组成的结构[114,115],如图 4.95(b)所示。由于两个消振器是在相同的应变速率下流动的,因而消振器之间是相互影响的,较强的消振器控制着这个模型的流动速率。图 4.95(c)为两个组元以及层状复合材料的应变速率–应力行为的示意图,层状复合材料的变形行为由较强组元控制,其强度介于两者之间。

在 450 ℃,$\sigma_a = 770$ MPa,$\sigma_{Ni} = 25$ MPa;$V_a = 0.23$,$V_{Ni} = 0.77$,则层状材料相应的理论拉伸强度 $\sigma_{lc} \approx 197$ MPa,小于试验值(250 MPa),试验值和预测值之间的差别表明混合法也不能确切地解释复合材料高温拉伸的试验结果。这主要可能是因为非晶层在高温拉伸过程中会

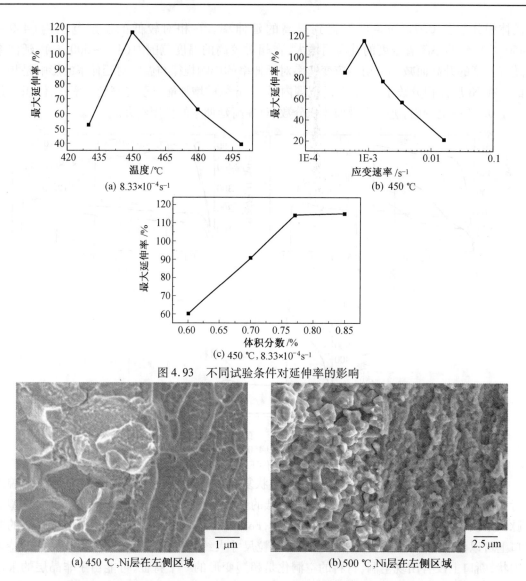

图 4.93　不同试验条件对延伸率的影响

(a) 450 ℃，Ni层在左侧区域　　　　　(b) 500 ℃，Ni层在左侧区域

图 4.94　应变速率为 $8.33×10^{-4} s^{-1}$、体积分数为 0.77，不同拉伸温度下的断口形貌

发生结构的变化，即出现晶化现象，结晶相的出现会显著增大非晶合金的流动应力，从而影响复合材料的拉伸性能，混合法则没有考虑到这种因素的影响。

在本书中，在高温拉伸条件下层状复合材料中 $Fe_{78}Si_9B_{13}$ 非晶合金带的延伸率与单相非晶合金带相比得到了很大的提高，对此形成的原因进行如下解释。在这个温度范围内，电沉积纳米 Ni 以及 Ni 基纳米复合材料具有良好的超塑性。Mcfadden[112,113] 等人最先报道了由电沉积制备的纯金属纳米 Ni 的超塑性，在 420 ℃获得了最大的延伸率。Chan[1116,117] 等人也利用电沉积的方法制备了 Ni/SiC_p 和 $Ni/Si_3N_{4(w)}$ 纳米复合材料，分别在 450 ℃、$1.67×10^{-2} s^{-1}$ 获得最大延伸率 836% 和在 440 ℃、$1×10^{-2} s^{-1}$ 获得最大延伸率 635%。Zhang[118] 等人同样利用电沉积的方法制备了 ZrO_2/Ni 纳米复合材料，在 450 ℃、$1.67×10^{-3} s^{-1}$ 获得了最大延伸率 605%。复合材料与纯金属纳米 Ni 相比，获得最大延伸率的温度明显提高了。这是因为 SiC、ZrO_2 颗粒与 Si_3N_4 晶须有助于增强复合材料的热稳定性，抑制了 Ni 基体的晶粒尺寸的

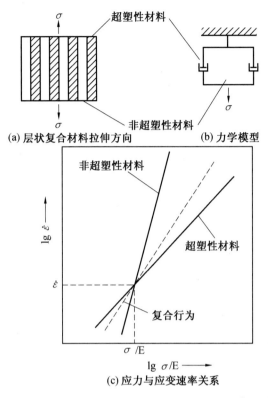

(a) 层状复合材料拉伸方向　　　(b) 力学模型

(c) 应力与应变速率关系

图 4.95　层状复合材料的拉伸变形机制示意图[166,167]

长大。非晶层也许具有和 SiC、ZrO$_2$ 等增强相类似的作用,从而在 450 ℃获得了最大的延伸率。另一个原因与 Fe$_{78}$Si$_9$B$_{13}$ 非晶合金带的高温拉伸性能有密切的关系。Fe$_{78}$Si$_9$B$_{13}$ 非晶合金是边缘性金属玻璃形成体,其玻璃转变是生长控制类型的,玻璃转变温度 T_g 在 DSC 曲线中没有明显的显示,不存在过冷液相区,非晶带热稳定性差。因而 Fe$_{78}$Si$_9$B$_{13}$ 非晶合金在高温时与 Zr 基大块非晶合金相比塑性较低。然而 Fe$_{78}$Si$_9$B$_{13}$ 非晶合金层由于良好的界面连接的限制可以与纳米 Ni 层一起均匀变形,从而可以显著地被拉长,Fe$_{78}$Si$_9$B$_{13}$ 非晶合金的延伸率由单相时的 36.3% 增长到层状材料时的 115.5%。如图 4.92 所示,Fe$_{78}$Si$_9$B$_{13}$ 非晶合金带高温拉伸时的流动应力远高于纳米 Ni 的流动应力,依据图 4.95 所示的力学模型,从而决定了层状复合材料的流动应变速率。层状复合材料中非晶层在整个拉伸变形中没有先于纳米 Ni 层断裂,这是因为层状复合材料在拉伸过程中一直保持很高的流动应力(约为200 MPa),而纳米 Ni 的流动应力却很低,其流动应力峰值约为 15 MPa。Snyder[119] 等人制备了由具有超塑性的高碳钢(UHC)和没有超塑性的无间质铁(I.F.)组成的层状复合材料。I.F. 铁层的颈缩由于与 UHC 钢具有良好的连接而被抑制了,从而具有接近超塑性行为。随着 UHC 钢体积分数的增加,层状复合的延伸率得到了显著的提高。本书结果与 Snyder 等人的研究结果是一致的,如图 4.93(c)所示,随着具有超塑性纳米 Ni 层的体积分数的增加,其延伸率也显著提高。在高应变速率时层状复合材料的延伸率比较低,这是因为流动应力随着应变速率的增加而增加,纳米 Ni 具有一个比较理想的应变速率范围,超过这个范围纳米 Ni 的延伸率大为降低,所以在应变速率为 $8.33 \times 10^{-4} \mathrm{s}^{-1}$ 的条件下获得了最大的延伸率,这个延伸率小于纯纳米 Ni 和 Ni 基纳米复合获得最大延伸率的应变速率,这可能由 Fe$_{78}$Si$_9$B$_{13}$ 非晶合金的高温变形特性决定的。

　　纳米材料由于晶粒细小,单位体积内的界面能很大,因而促使晶粒长大的驱动力很大。尽管本书的拉伸实验是在较低温范围内进行的,晶粒仍然不可避免地出现了长大现象。纳米 Ni 层的变形机制主要是晶界滑移,发生在 Ni-Ni 之间。由于晶界滑移过程中不是所有的晶粒都处于有利的滑移方向,不可避免地产生应力集中,有必要通过一定的协调机制来释放应力集中,使得变形能够进行。在较低的应变速率条件下,扩散可以作为协调机制;在较高的应变速率下扩散协调比较难于进行。晶界迁移作为晶粒长大的主要机制,也可以作为协调机制。随着晶粒的长大,位错比较容易产生,也可以作为协调机制。如图 4.94 所示,在 450～500 ℃温度范围内,Ni 层的晶粒尺寸由初始的 50 nm 长大到 1.5 μm。变形后 Ni 层的晶粒尺寸几乎保持等轴,没有沿着拉伸方向被拉长,这是通过晶粒的转动和晶界迁移达到晶粒长大和保持等轴的目的,并使变形能够顺利进行。变形后的晶粒长大说明了晶界迁移可以作为一种晶界滑移的协调机制。虽然本书的纳米 Ni 层出现了晶粒长大,但是与传统超塑材料实现超塑性对晶粒大小的要求相比,长大后的晶粒仍在传统超塑性对组织要求的范围内(小于 10 μm),晶粒长大后出现硬化,抵抗断裂的能力增强,可以使材料出现更大的塑性变形,层状复合材料从而获得较大的延伸率。对变形后试样的 TEM 观察表明,如图 4.96 中的箭头所示,变形后的 Ni 层出现了孪晶。由于在电沉积的 Ni 层中没有出现孪晶,变形后发现的孪晶属于变形孪晶。虽然晶界滑移作为变形的主要机制,但是如果滑移过程中产生的应力集中不能得到很好的协调,或者释放掉,就很容易产生空洞,导致材料的过早断裂。孪晶对塑性变形的贡献虽然比滑移小得多,但是由于孪生后变形部分的晶体位向发生改变,可以使原来处于不利取向的滑移系转变成有力的取向而开动,孪晶与扩散、晶界迁移和位错一样可以作为晶界滑移的协调机制,使变形能够顺利进行,可以获得较大的延伸率。

　　层状复合材料的应变硬化可能归因于在拉伸变形过程中非晶层微观组织的变化。在 450 ℃拉伸变形后 $Fe_{78}Si_9B_{13}$ 合金主要保持非晶态,然而在 500 ℃变形后非晶层显著地发生晶化。$Fe_{78}Si_9B_{13}$ 非晶合金的初始晶化温度约为 540 ℃,晶化是一个动态过程,是由应力和温度共同驱使的[120～122],流动应力和应变硬化有助于非晶层的晶化,所以非晶层在低于其晶化温度的条件下显著晶化。晶体相的出现可以极大地影响非晶合金的力学性能,以前的研究表明了晶体相可以显著地增大非晶合金的黏度和强度,降低非晶合金的塑性[123,124]。如图 4.92 (a)所示,在较高的温度(>450 ℃),由于晶体

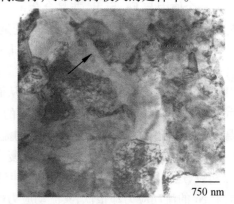

750 nm

图 4.96　变形后 Ni 层的 TEM 照片变形温度 450 ℃,应变速率 8.33× $10^{-4}s^{-1}$,延伸率为 115.5%

相的存在增加了非晶层的强度而降低了其塑性,所以层状复合材料的流动应力随着变形量的增加而单调增大,而塑性则显著降低。

4. $Fe_{78}Si_9B_{13}$/Ni 层状复合材料的高温气压胀形

　　本书也采用气压自由胀形试验来检验 $Fe_{78}Si_9B_{13}$/Ni 层状复合材料高温下的塑性成形性

能。所用的设备和模具与气压成形 $Fe_{78}Si_9B_{13}$ 非晶合金带时相同的。$Fe_{78}Si_9B_{13}/Ni$ 层状复合材料的气压胀形试样厚约为 130 μm，胀形温度为 450 ℃，这是因为层状复合材料在此温度下具有最佳的拉伸性能。所用的气体介质为 N_2，由于气体调压器的限制，最大的气压只能达到 4 MPa。图 4.97 是在 450 ℃、4 MPa，保压 30 min 的试验条件下获得的层状复合材料胀形件。胀形高度为 4 mm，相对胀形高度为 0.4。胀形件表面很光滑，没有发现宏观可见的裂纹，表明层状复合材料具有较好的抵抗颈缩能力和塑性成形性能。

图 4.97　$Fe_{78}Si_9B_{13}/Ni$ 层状复合材料的气压胀形件

在 450 ℃，$Fe_{78}Si_9B_{13}/Ni$ 层状复合材料的塑性变形性能要远好于单相 $Fe_{78}Si_9B_{13}$ 非晶合金带，然而所获得成形件的相对胀形高度小于单相 $Fe_{78}Si_9B_{13}$ 非晶合金带，这主要是因为相对于 $Fe_{78}Si_9B_{13}$ 非晶合金带来说，虽然层状复合材料的流动应力显著减小了，但是厚度增大了 3.3 倍。对于层状复合材料，σ_e、R 和 t 的值分别为 246.5 MPa、5 mm 和 0.13 mm，则所需要的气体压力 P 为 12.8 MPa，而由于设备的限制，最大的气压只能增加到 4 MPa，所以获得的相对胀形高度小于非晶带的。如果提高胀形的气压和增大凹模的直径，则可以提高层状复合材料胀形件的高度。因为通过高温拉伸的试验结果表明，层状复合材料的高温塑性优于单相 $Fe_{78}Si_9B_{13}$ 非晶合金带，所以试验条件充分的情况下可以获得相对胀形高度 RBH 更大的胀形件。

在胀形过程中记录了气压的变化，所得到的压力−时间曲线如图 4.98 所示。曲线变化规律与王长丽等人利用有限元程序 ARVIP−3D 预测的压力曲线是一致的。在胀形的初始阶段，气压迅速上升至 4 MPa，在达到设备的极限压力值后保压，随着毛坯的变形，胀形所需要的压力缓慢减小，最后降至 2.8 MPa。

图 4.99 为胀形件顶点的 SEM 照片，可以看出层状复合材料的厚度发生了明显的减薄。由原始厚度的 130 μm 减至 110 μm，

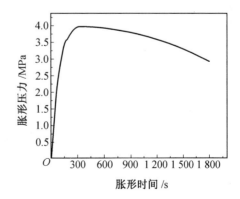

图 4.98　层状复合材料高温气压胀形的压力曲线

减薄主要集中在 Ni 层，胀形后的 $Fe_{78}Si_9B_{13}$ 层仍保持非晶态，断口上没有出现晶体颗粒，这主要是因为变形主要发生在 Ni 层上，非晶层承担的变形量很少，没有达到应力诱发晶化的程度。Ni 层的晶粒尺寸发生了变化，由原始材料的 50 nm 长大至 2 μm。在纳米材料中，由

于晶界的分数非常大,促使晶粒长大的驱动力很大,而且由于电沉积材料中存在大量小角度晶界,在外力的作用下,晶粒可以通过转动引起几个晶粒合并而长大。像复合材料在单向高温拉伸时,晶粒发生不同程度的长大一样,在胀形过程中,晶粒也呈现出不同程度的长大,如图4.99(b)所示。McFadden[112,113]等人对初始晶粒为 20 nm 的纯 Ni 材料的单向拉伸实验表明,在 350 ℃和 420 ℃,沿着拉伸方向,晶粒分别长大到 1.3 μm 和 2 μm;垂直于拉伸方向,晶粒分别长大到 0.64 μm 和 1 μm。尽管本书的温度、应变速率和应力状态与 Mcfadden 等人的实验稍有差别,通过比较仍可以看出,Fe$_{78}$Si$_9$B$_{13}$/Ni 层状复合材料具有相对好的组织热稳定性,非晶层对 Ni 层的稳定性具有一定的作用。对比双向拉伸和单向拉伸试样在温度为 450 ℃的条件下变形后组织可以看出不同应力状态下,Ni 层的晶粒长大后形态差不多,晶粒基本都是等轴的;单向拉伸试样的晶粒沿着拉伸方向没有被显著拉长是因为延伸率比较有限。而在胀形的双向拉伸应力状态作用下,晶体更容易保持等轴状。

(a) 断口　　　　　　　　　　　　　　　　　　(b) Ni 层显微组织

图 4.99　胀形件顶点处的断口形貌

参考文献

[1]喻辉.电沉积纳米晶体镍的制备及组织结构与性能的研究[D].福州:福州大学材料科学与工程学院,2004:21,33.

[2]王长丽.SiC$_p$/Ni 纳米复合材料的电沉积法制备及超塑性能研究[D].哈尔滨:哈尔滨工业大学材料科学与工程学院,2005:28,69-71.

[3]葛福云,徐家园,姚士冰,等.糖精对电沉积镍的解构与电化学活性的影响[J].厦门大学学报(自然科学版),1994,33(2):182-186.

[4]张景双,石金声,石磊,等.电镀溶液与镀层性能测试[M].北京:化学工业出版社,2003:123-129.

[5]LI Y D,JIANG H,PANG L J,et al. Novel application of nanocrystalline nickel electrodeposit:making good diamond tools easily,efficiently and economically[J]. Surf. Coat. Tech,2007,201:5925-5930.

[6]蒋斌.纳米颗粒复合电刷镀镍基镀层的强化机理及其性能研究[D].重庆:重庆大学材料科学与工程学院,2003:44-46 .

[7]CULLITY B D,S R. Stock:Elements of X-Raydiffraction third edition prentice hall upper

saddle river[S]. New Jersey 07458 2001.

[8] CHEUNG C, DJUANDA F, ERB U, et al. Electrodeposition of nanocrystalline Ni – Fe alloys [J]. Nanostruct. Mater, 1995, 5(5):513–523.

[9] GYFTOU P, STROUMBOULI M, PAVLATOU E A, et al. Electrodeposition of Ni/SiC composites by pulse electrolysis[J]. TransIMF, 2002, 80(3):88–91.

[10] EL-SHERIK A M, ERB U. Synthesis of bulk nanocrystalline nickel by pulsed electrodeposition[J]. J. Mater. Sci, 1995, 30(22):5743–5749.

[11] NATTER H, SCHMELZER M, HEMPELMANN R. Nanocrystalline nickel – copper alloys: Synthesis, characterization, and thermal stability[J]. J. Mater. Res, 1998; 12:1186.

[12] EBRAHIMI F, BOURNE G R, KELLY M S, et al. Mechanicalproperties of nanocrystalline nickel produced by electrodeposition[J]. NanoStruct. Mater, 1999, 11(3):343–350.

[13] MCFADDEN S X. Dissertation fordoctor of philosophy[M]. University of California, 2001 .

[14] MCFADDEN S X, MUKHERJEE A K. Sulfur and superplasticity in electrodeposited untrafine – grained Ni[J]. Mater. Sci. Eng, 2005, A395:265–268.

[15] MAURIN G, LAVANANT A. Electrodeposition of nickel/silicon carbide composite coating on a rotation disc electrode[J]. J. Appl. Electrochem, 1995, 25:1113–1121.

[16] WANG S C, WEI W-C J. Kinetics of electroplating process of nano-sized ceramic particle/Ni composite[J]. Mater. Chem. Phys, 2003, 78:574–580.

[17] SHRESTHA N K, MASUKO M. SAJIT. Composite plating of Ni/SiC using azo-cationic surfactants and wear resistance of coatings[J]. Wear, 2003, 254:555–564.

[18] PEKER A, KPJMSPM W L. Ahighly processable metallic glass: $Zr_{41.25}Ti_{13.75}-Ni_{10}Cu_{12.5}Be_{22.5}$ [J]. Appl. Phys. Lett, 1993, 63(17):2342–2344.

[19] 武晓峰, 何冰, 邱克强, 等. 晶态颗粒、枝晶增韧非晶基复合材料的研究进展[J]. 材料导报, 2006, 20(3):82–86.

[20] RAYBOULD D, DIEBOLD A C. Investigation byauger and laser acoustic microscopy of the bond between layers of consolidated amorphous ribbon(Powercore)[J]. J. Mater. Sci, 1986, 21(1):193–202.

[21] CHAN K C, WANG C L, ZHANG K F. Lowtemperature and high strain rate superplasticity of Ni-1mass% SiC nanocomposite[J]. Mater. Trans, 2004, 45(8):2558–2563.

[22] FISHER – CRIPPS A C. Nanoindentation. Mechanical Engineering Series [M]. Springer, 2002:25.

[23] VOLILNSKY A A, GERBERICH W W. Nanoindentation techniques for assessing mechanical reliability at the nanoscale[J]. Microelectron. Eng, 2003, 69:519–527.

[24] 张泰华, 杨业敏. 纳米硬度计及其在微机电系统中的应用[J]. 仪器技术与应用, 2002, 1:32–37.

[25] DALLA T F, VAN S H, VICTORIA M. Nanocrystallineelectrodeposied Ni: microstructure and tensile properties[J]. Acta Mater, 2002, 50(15):3957–3970.

[26] KOTH C C, MORRIS D G, LU K, et al. Ductility of nanostructured materials[J]. Materials Research Society Bulletin, 1999, 24(2):54–58.

[27] EBRAHIMI F, AHMED Z. Theeffect of substrate on the microstructure and tensile properties of eectrodeposited nanocrystalline nickel[J]. Mater. Charact, 2002, 49(5):373-379.

[28] CHOWDHURY S, LAUGIER M T, RAHMAN I Z, et al. Nanoindentationcombined with scanning force microscope for characterization of mechanical properties of carbon nitride thin films[J]. Surf. Coat. Tech. , 2004, 177-178:537-544.

[29] TUCK J R, KORSUNSKY A M, BHAT D G, et al. Indentation hardness evaluation of cathodic arc deposited thin hard coating[J]. Surf. Coat. Tech, 2001, 139:6-13.

[30] JENSEN J A D, PERSSON P O, et al. Electrochemicallydeposited nickel membranes: process-microstructure-property relationships[J]. Surf. Coat. Tech, 2003, 172(1):79-89.

[31] RODRíGUEZ R, GUTIERREZ I. Correlation between nanoindentation and tensile properties: influence of the indentation size effect[J]. Mate. Sci. Eng. A, 2003, 361(1-2):377-384.

[32] JEONG D H, ERB U, AUST K T, et al. Palumbo. The relationship between hardness and abrasive wear resistance of electrodeposited nanocrystalline Ni-P coatings[J]. Scripta Mater, 2003, 48(8):1067-1072.

[33] THOMPSON A A W. Yielding innickel as a function of grain or cell size[J]. Acta Metall, 1975, 23(11):1337-1342 .

[34] SCHUH C A, NIEH T G. A nanoindentation study of serrated flow in bulk metallic glasses [J]. Acta Mater, 2003, 51:87-99.

[35] SCHUH C A, NIEH T G, KAWAMURA Y. Rate dependence of serrated flow during nanoindentation of a bulk metallic glass[J]. J. Mater. Res, 2002, 17(7):1651-1654.

[36] SCHUH C A, NIEH T G, YAMASAKI T. Hall-Petch breakdown manifested in abrasive wear resistance of nanocrystalline nickel[J]. Scripta Mater, 2002, 46:735-740.

[37] TABOR D. Hardness ofmetals[M]. Oxford, Uk: Oxford University Press, 1951.

[38] ERB U, PALUMBO G, SZPUNAR B, et al. Electrodeposited vs. consolidated nanocrystals: differences and similarities[J]. Nanostruct. Mater, 1997, 9(1-8):261-270.

[39] ERB U, PALUMBO G, ZUGIC R, et al. In processing and properties of nanocrystalline materials, eds[J]. C. Suryanarayana et al, TMS 1996:93-110.

[40] JEONG D H, GONZALEZ F, PALUMBO G, et al. The effect of grain size on the wear properties of electrodeposited nanocrystalline nickel coating[J]. Scripta Meter, 2001, 44:493-499.

[41] ALPAS A T. University of Windsor, Windsor, Ontario quoted in U. Erb[J]. Nanostruct. Mater, 1995, 6:533-538.

[42] ALPAS A T, EMBURY J D. Flowlocalization in thin layers of amorphous alloys in laminated composite structures[J]. Scripta Metall, 1988, 22:265-270.

[43] ALPAS A T, EMBURY J D. Therole of subsurface deformation and strain localization on the sliding wear behaviour of laminated composites[J]. Wear, 1991, 146:285-300.

[44] LENG Y, COUNRTNEY T H. Sometensile properties of metal-metallic glass laminates[J]. J. Mater. Sci, 1989, 24:2006-2010.

[45] LENG Y, COURTNEY T H. Fracturebehavior of laminated metal-metallic glass composites [J]. metall. Trans. A, 1990, 21:2159-2168.

[46] NIEH T G, BARBEE T W, WADSWORTH J. Tensile properties of a free-standing Cu/Zr nanolaminate(or compositionally-modulated thin film) [J]. Scripta Mater, 1999, 41(9): 929-935.

[47] NIEH T G, WADSWORTH J. High strength freestanding metal-amorphous multilayers[J]. Scripta Mater, 2001, 44: 1825-1830.

[48] PARK J S, LIM H K, PARK E S, et al. Fracture behavior of bulk metallic glass/metal laminate composites[J]. Mater. Sci. Eng. A, 2006, 417(1-2): 239-242.

[49] BENGUS V Z, TABACHNIKOVA E D, et al. Newfeatures of the low temperature ductile shear failure observed in bulk amorphous alloys[J]. J. Mater. Sci, 2000, 35: 4449-4457.

[50] MA E. Instabilities andductility of nanocrystalline and ultrafine-grained metals[J]. Scripta Mater, 2003, 49: 663-668.

[51] CHENG S, MA E, WANG Y M, et al. Tensile properties of in situ consolidated nanocrystalline Cu[J]. Acta Mater, 2005, 53(5): 1521-1533.

[52] FAN G J, FU L F, CHOO H, et al. Uniaxialtensile plastic deformation and grain growth of bulk nanocrystalline alloys[J]. Acta Mater, 2006, 54(18): 4781-4792.

[53] FAN G J, WANG G Y, CHOO H, et al. Deformation behavior of an ultrafine-grained Al-Mg alloy at different strain rates[J]. Scripta Mater, 2005, 52(9): 929-933.

[54] FAN G J, CHOO H, LIAW P K, et al. Plastic deformation and fracture of ultrafine-grained Al-Mg alloys with a bimodal grain size distribution[J]. Acta Mater, 2006, 54(7): 1759-1766.

[55] BOHN R, HAUBOLD T, BIRRINGER R, et al. Nanocrystalline intermetallic compounds-An approach to ductility[J]. Scripta Materialia, 1991, 25(4): 811-816.

[56] MCFADDEN S X, ZHILYAEV A P, MISHRA R S, et al. Observation oflow-temperature superplasticity in electrodeposited ultrafine grained nickel[J]. Mater. Lett, 2000, 45(6): 345-349.

[57] 吴诗惇. 金属超塑性变形理论[M]. 北京:国防工业出版社,1997:4-8.

[58] MISHRA R S, STOLYAROV V V, ECHER C, et al. Mechanicalbehavior and superplasticity of a severe plastic deformation processed nanocrystalline Ti-6Al-4V alloy[J]. Mater. Sci. Eng. A, 2001, 298(1-2): 44-50.

[59] NIEH T G, WADSWORTH J, SHERBY O D. Superplasticity inmetals and ceramics[J]. Cambridge University Press, 1997: 105, 109, 116, 273.

[60] EBRAHIMI F, LI H Q. Grain growth in electrodeposited nanocrystalline FCC Ni-Fe alloys [J]. Scripta Mater, 2006, 55(3): 263-266.

[61] WILKINSON D S. Masstransport in solids and fluids[M]. Cambridge University Press, 2000: 242.

[62] HIBBARD G D, MCCREA J L, PALUMBO G, et al. Erb. Aninitial analysis of mechanisms leading to late stage abnormal grain growth in nanocrystalline Ni[J]. Scripta Mater, 2002, 47 (2): 83-87.

[63] KLEMENT U, ERB U, AUST K T. Investigations of the grain growth behaviour of nanocry-

atalline nickel[J]. Nanostruct. Mater,1995,6:581-584.

[64] FAN G J,FU L F,CHOO H,et al. Uniaxialplastic deformation and grain growth of bulk nanocrystalline alloys[J]. Acta Mater,2006,54(18):4781-4792.

[65] PETEGEM S V,TORRE F D,SEGERS D,et al. Freevolume in nanostructured Ni[J]. Scripta Mater,2003,48(1):17-22.

[66] MARA N A,SERGUEEVA A V,MARA T D,et al. Superplasticity andcooperative grain boundary sliding in nanocrystalline Ni_3Al[J]. Mater. Sci. Eng. A,2007,463(1-2):238-244.

[67] KISSINGER H E. Reactionkinetics in differential thermal analysis[J]. Analysis Chemistry,1957,29:1702-1706.

[68] LORDACHE M C,WHANG S H,JIAO Z,et al. Graingrowth kinetics in nanostructured nickel[J]. Nanostruct. Mater,1999,11(8):1343-1349.

[69] MAYO M J. High andlow temperature superplasticity in nanocrystalline materials[J]. Nanostruct. Mater,1997,9(1-8):717-726.

[70] SHERBY O D,WADSWORTH J. Superplasticity-recent advances and future directions[J]. Prog. Mater. Sci,1989,33(3):169-221.

[71] MCCREA J L. Theeffect of temperature on the electrical resistivity of electrodeposited nanocrystalline materials[J]. Ph. D. thesis,University of Toronto,2001:132-134.

[72] XIAO C H,MIRSHAMS R A,WHANG S H,et al. Tensilebehavior and fracture in nickel and carbon dopednanocrystalline nickel[J]. Mater. Sci. Eng. A,2001,31:35-43.

[73] KUMAR K S,SWYGENHOVEN H V, SURESH S. Mechanical behavior of nanocrystalline metals and alloys[J]. Acta Mater,2003,51(19):5743-5774.

[74] MANISH C H. Characterization ofbulk ultrafine grained and nanocrystalline materials[J]. Ph. D. thesis. University of California,2006:55-58.

[75] WANG Y M,CHENG S,WEI Q M. Effects of annealing and impurities on tensile properties of electrodeposited nanocrystalline Ni[J]. Scripta Mater,2004,51:1023-1028.

[76] MCFADDEN S X,MUKHERJEE A K. Sulfur and superplasticity in electrodeposited ultrafine-grained Ni[J]. Mater. Sci. Eng. A,2005,395(1-2):265-268.

[77] DALLA T F,VAN S H,et al. Mechanicalbehaviour of nanocrystalline electrodeposited Ni above room temperature[J]. Scripta Mater,2005,53(1):23-27.

[78] YIN W M,WHANG S H,MIRSHAMS R A. Effect ofinterstitials on tensile strength and creep in nanostructured Ni[J]. Acta Mater,2005,53:383-392.

[79] 林兆荣. 金属塑性原理及应用[M]. 北京:航空工业出版社,1990:10-15.

[80] KAUR I,GUST W,KOZMA L. Handbook of grain and interphase boundary diffusion data [M]. Ziegler Press,Stuttgart,1989.

[81] KISSINGER H E. Reaction kinetics in differential thermal analysis[J]. Anal. Chem,1957,29:1702-1706.

[82] 向毅斌,吴诗惇. 超塑性胀形成形时间影响因素的数值分析[J]. 模具技术,2000,2:9-14.

[83] 张凌云. 改善超塑性气压胀形零件壁厚分布的工艺方法[J]. 金属成形工艺, 2002, 20 (4): 40-42.

[84] JEYASINGH J J V, DHANANJAYAN K, SINHA P P, et al. Prediction ofnon-uniform thinning in superplastically formed spherical domes[J]. Mater. Sci. Technol, 2004, 20: 229-234.

[85] KHRAISHEH M K. On the failure characteristics of superplastic sheet materials subjected to gas pressure forming[J]. Scripta Mater, 2000, 42(3): 257-263.

[86] GEIGER M, MEBNER A, ENGEL U, et al. Design of micro-forming processes-fundamentals, material data and friction behaviour[J]. Proceedings of the 9th International Cold Forging Congress. Solihull, 1995: 155-164.

[87] 雷鹍. 金属微塑性变形的尺度效应和本构方程[D]. 哈尔滨: 哈尔滨工业大学材料科学与工程学院, 2006: 12.

[88] BROCCHI E A, MOTTA M S, SOLORZANO I G, et al. Chemicalroute processing and structural characterization of $Cu-Al_2O_3$ and $Ni-Al_2O_3$ nano-composites[J]. J. Meta. Nano. Mater, 2004, 22: 77-82.

[89] STOWELL M J. Cavitygrowth and failure in superplastix alloys[J]. Met. Sci, 1983, 17(2): 92-98.

[90] BAE D H, GHOSH A K. Cavitygrowth during superplastic flow in an Al-Mg alloy: I. experimental study[J]. Acta Mater, 2002, 50: 993-1000.

[91] WINNUBST A J, BOUTZ M M R. Superplastic deep drawing of tetragonal zirconia ceramics at 1 160 ℃[J]. J. Eur. Ceram. Soc, 1998, 18(14): 2101-2106.

[92] MISHRA R S, VALIEV R Z, MCFADDEN S X, et al. High-strain-rate superplasticity from nanocrystalline Al alloy 1420 at low temperatures[J]. Philos. Mag. A, 2001, 81(1): 37-48.

[93] MCFADDEN S X, MISHRA R S, VALIEV R Z, et al. Low temperature superplasticity in nanostructured nickel and metal alloys[J]. Nature, 1999, 398(6729): 684-685.

[94] MCFADDEN S X, ZHILYAEV A P, MISHRA R S, et al. Observation of low-temperature superplasticity in electrodeposited ultrafine grained nickel[J]. Mater. Lett, 2000, 45(6): 345-346.

[95] ZHANG K F, WU W, SONG Y H, CHEN K B. Several technical problems in rigid viscoplastic shell FEM, Proceeding of NUMIFORM'98[C]. Twente, Netherlands, 1998, 753-758.

[96] JEYASINGH J J V, DHANANJAYAN K, SINHA P P, et al. Prediction of non-uniform thinning in superplastically formed spherical domes[J]. Mater. Sci. Technol, 2004, 20: 229-234.

[97] KHRAISHEH M K. On the failure characteristics of superplastic sheet materials subjected to gas pressure forming[J]. Scripta Mater, 2000, 42(3): 257-263.

[98] HASLAM A J, MOLDOVAN D, YAMAKOV V, et al. Stress-enhanced grain growth in a nanocrystalline material by molecular-dynamics simulation[J]. Acta. Mater, 2003, 51(7): 2097-2112.

[99] BROCCHI E A, MOTTA M S, SOLORZANO I G, et al. Chemical route processing and struc-

tural characterization of Cu−Al$_2$O$_3$ and Ni−Al$_2$O$_3$ nano−composites[J]. J. Meta. Nano. Mater,2004,22:77−82.

[100]TONG G Q,CHAN K C. Comparative study of a high−strain−rate superplastic Al−4. 4Cu−1. 5Mg/21SiC$_W$ sheet under uniaxial and equibiaxial tension[J]. Mater. Sci. Eng. A,2002, 325(1−2):79−86.

[101]STOWELL M J. Cavity growth in superplastic alloys[J]. Met. Sci,1998,14:267−272.

[102]PILLING J,RIDLEY N. Effect of hydrostatic pressure on cavitation in superplastic aluminium alloys[J]. Acta Metall,1986,34:669−679.

[103]DUTTA A,MUKHERJEE A K. Superplastic forming:an analytical approach[J]. Mater. Sci. Eng,1992,157:9−13.

[104]LEE J H,SONG Y J,SHIN D H,et al. Microstructural evolution during superplastic bulge forming of Ti−6Al−4V alloy[J]. Mater. Sci. Eng,1998,A 243:119−125.

[105]SAOTOME Y,ITOH K,ZHANG T et al. A Inoue. Superplastic nanoforming of Pd−based amorphous alloy[J]. Scripta Mater,2001,44(8−9):1541−1545.

[106]LIU Y P,LIEW L A,LUO R L,et al. Application of microforging to SiCN MEMS fabrication[J]. Sensor. Actuat,2002,A95(2−3):143−151.

[107]SAOTOME Y,IMAI K,SHIODA S,et al. The micro−nanoformability of Pt−based metallic glass and the nanoforming of three−dimensional structures[J]. Intermetallics,2002,10: 1241−1247.

[108]RAULEA L V,GOIJAERTS A M,GOVAERT L E,et al. Size effects in the processing of thin metal sheets[J]. J. Mater. Procss. Technol,2001,115(1):44−48.

[109]KALS T A,ECKSTEIN R. Miniaturization in sheet metal working[J]. J. Mater. Procss. Technol,2000,103(1):95−101.

[110]SAOTOME Y,OKAMOTO T. An in−situ incremental microforming system for three−dimensional shell structures of foil materials[J]. J. Mater. Procss. Technol,2001,113(1−3): 636−640 .

[111]SAOTOME Y,YASUDA K,KAGA H. Microdeep drawability of very thin sheet steels[J]. J. Mater. Procss. Technol,2001,113(1−3):641−647.

[112]MCFADDEN S X,MISHRA R S,VALIEV R Z,et al. Lowtemperature superplasticity in nanostructured nickel and metal alloys[J]. Nature, 1999,398(6729):685−686.

[113]MCFADDEN S X,ZHILYAEV A P,MISHRA R S,et al. Observation oflow−temperature superplasticity in electrodeposited ultrafine grained nickel[J]. Mater. Lett,2000,45(6): 347−349.

[114]LESUER D R,SYN C K,SHERBY O D,et al. Mechanical behavior of laminated metal composites[J]. Int. Mater. Rev,1996,41(5):169−197.

[115]WADSWORTH J,LESUER D R. Ancient andmodern laminated composites−from the great pyramid of gizeh to Y2K[J]. Mater. Charact,2000,45:289−313.

[116]CHAN K C,WANG C L,ZHANG K F. Low temperature and high strain rate superplasticity of Ni−1mass% SiC nanocomposite[J]. Mater. Trans,2004,45(8):2558−2563.

[117] CHAN K C, WANG G F, WANG C L, et al. Low temperature and high strain rate superplasticity of the electrodeposited $Ni/Si_3N_{4(W)}$ composite[J]. Scripta Mater, 2005, 53 (11): 1285-1290.

[118] ZHANG K F, DING S, WANG G F. Different Superplastic Deformation Behavior of Nanocrystalline Ni and ZrO_2/Ni Nanocomposite[J]. Mater. Lett, 2008, 4-5(62): 719-722.

[119] SNYDER B C, WADSWORTH J, SHERBY O D. Superplasticbehavior in ferrous laminated composites[J]. Acta Metall, 1984, 32(6): 919-932.

[120] KIM J J, CHOI Y, SURESH S, et al. Nanocrystallization during nanoindentation of a bulk amorphous metal alloy at room temperature[J]. Science, 2002, 295(5555): 654-657.

[121] NIEH T G, WADSWORTH J, LIU C T, et al. Plasticity and structural instability in a bulk metallic glass deformed in the supercooled liquid region[J]. Acta Meter, 2001, 49(15): 2887-2896.

[122] WANG G M, FANG S S, XIAO X S, et al. Microstructure andproperties of $Zr_{65}Al_{10}Ni_{10}Cu_{15}$ amorphous plates rolled in the supercooled liquid region[J]. Mater. Sci. Eng. A, 2004, 373 (1-2): 217-220.

[123] BUSCH, JOHNSON W L. Kineticglass transition of the $Zr_{46.75}Ti_{8.25}-Cu_{7.5}Ni_{10}Be_{27.5}$ bulk metallic glass former-supercooled liquids on a long time scale[J]. Appl. Phys. Lett, 1998, 72(21): 2695-269.

[124] KIM Y H, INOUE A, MASUMOTO T. Ultrahigh tensile strengths of $Al_{88}Y_2Ni_9M_1$ (M = Mn or Fe) amorphous alloys containing finely dispersed fcc-Al particles[J]. Mater. Trans. JIM, 1990, 31(8): 747-749.

第5章　纳米陶瓷粉末注射成形

5.1　概　述

粉末注射成形已成为制造精密复杂陶瓷零件的重要技术之一,采用该技术可以批量化制备具有复杂形状的零件,其适用材料广泛(金属、陶瓷以及复合材料),生产效率高且成本较低。该工艺包括喂料制备、注射成形、脱脂和烧结四个工艺阶段[1~5]。随着实际应用对制品性能的不断提高,纳米粉末成为粉末注射成形备受青睐的材料;然而粉末粒径的显著减小将给各工艺阶段带来影响,如粉末粒径是影响喂料流变特性的一个关键因素,纳米粉末的使用将改变喂料的流变特性,使得注射过程中喂料熔体的充模流动行为更加复杂。现有脱脂和烧结理论也是建立在微米或亚微米粉末烧结特性的基础上,相应的脱脂和烧结理论难以有效指导生产实践。

在脱脂方面,纳米粉末的使用引起了一系列新的问题,这是由于脱脂过程包含多种物理化学现象,如黏结剂的熔融、蒸发、热分解,液态或气态物质通过内部连通孔隙传输到坯块表面并被外部气氛带走。不同物理化学现象由不同的动力学或热力学因素控制,任何进行最慢的步骤都可能成为整个黏结剂脱出过程中的控制因素。当粉末尺寸减小至纳米级时,物质在坯料内部的传输路径也将发生明显变化。此外,脱脂的另一关键因素是脱脂过程的保形,常规注射成形坯料在脱脂过程中的保形力主要有强作用力(毛细引力)及弱作用力(范德华力和静电力),而两者均与粉末粒径密切相关。

脱脂坯的烧结是决定制品显微组织和力学性能的关键环节,由于纳米粉末具有大量晶界和高表面活性,烧结驱动力非常大,所以控制晶粒长大愈加困难。现有研究也表明纳米粉末的烧结机制不同于大尺寸粉末,因此,纳米陶瓷粉末注射成形的烧结必将具有新的理论内涵。烧结后陶瓷制品的力学性能也是粉末注射成形工艺必须考虑的问题。然而,陶瓷材料的固有脆性阻碍了其在诸多领域的应用。纳米粉末的引入及缺陷的消除有助于改善其力学性能。

5.2　纳米陶瓷喂料制备及性能分析

5.2.1　纳米陶瓷喂料的混炼造粒

作为喂料中关键成分的粉末,对粉末注射成形来说是至关重要的。作为注射成形中载体的黏结剂,对注射成形最终产品的形状、尺寸和性能等具有非常大的影响。因此,协调好粉末特性、黏结剂成分、粉末与黏结剂比例之间的平衡是注射成形工艺过程成功与否的关键因素。粉末与黏结剂的混炼过程是最为重要的步骤之一,粉末与黏结剂形成的混合物称为喂料。注射成形工艺要求喂料具有良好的均匀性、良好的流变特性以及良好的脱脂性能。只有具备这三方面性能的粉末注射成形喂料才是一个成功的喂料体系。粉末粒径是影响喂料特性的一个关键因素,纳米粉末的使用将使喂料的制备更加复杂。

1. 粉末注射成形用粉末的性能与制备

适用于注射成形粉末的粒度和形貌变化较大,常规注射成形中,要求颗粒为等轴晶粒、近球形,并且小于 20 μm。由于小颗粒粉末正好可以填充在大颗粒之间,因此粒度分布较宽的粉末填充密度也就较高,但是较宽的粒度分布易于造成注射时的两相分离,从而为后面的工艺带来更大的难度。

理想的注射成形用粉末定义见表 5.1,该定义综合考虑了多种因素,如流变性能(颗粒形状和粒度分布)、脱脂时的尺寸控制(颗粒间的摩擦力)、烧结变化(颗粒尺寸、颗粒微观结构和填充密度)、黏结剂润湿性(表面条件)、混合(颗粒形状和粒度)、脱脂速率(颗粒形状、粒度以及填充密度)和注射(颗粒形状及粒度)。表中给出的理想的注射成形用粉末的定义是基于对多种粉末的研究及综合了多种粉末的性能而言的。但这几种性能之间常常是相互矛盾的,如球形粉末易于注射并且装载较高,然而不规则形状的粉末颗粒在脱脂时却具有较好的保形性。因此,在选择注射成形用粉末时就需要综合考虑以上多种因素。

表 5.1　理想的注射成形用粉末[6]

颗粒尺寸为 0.5 ~ 20 μm,中位径为 4 ~ 8 μm
粒度分布需要非常狭窄或者非常的宽,粒度分布斜度 S_w 的理想值为 2 或 8
真实密度大于理论密度的 50%,无团聚现象
粉末颗粒为近球形,等轴,典型的长宽比约为 1.2
安息角大于 55°,颗粒致密,内部无孔洞
环境污染小,颗粒表面干净

大量的粉末制备技术已应用于注射成形用的粉末生产中。不同的粉末制备方法对粉末的粒度、颗粒形状、微观结构、化学性质、制造成本等都有不同的影响。表 5.2 列出了一些常用的粉末制备技术以及所生产的粉末的性质。

表 5.2　一些细颗粒粉末生产技术对比[6]

技术	粒度/μm	形状	材料	成本
气体雾化	5 ~ 40	球形	金属、合金	高
水雾化	6 ~ 40	圆形、椭圆形	金属、合金	中
离心雾化	25 ~ 40	球形	金属、合金	中到高
氧化还原	1 ~ 10	多边到圆形	金属	低
羟基还原	0.2 ~ 10	圆形到纺锤形	金属	中
化学气相分解	0.1 ~ 2	等轴形,针状	陶瓷	高
液相沉积	0.1 ~ 3	多边形	金属、化合物	低到高
球磨	1 ~ 40	角状,不规则形状	脆性材料	中
研磨	0.1 ~ 2	不规则	陶瓷	中
化学反应	0.2 ~ 40	球形,圆形	化合物	高

对粉末注射成形工艺来说,分级研磨或消除团聚是粉末获得特殊性能一个必需的手段。导致粉末团聚的因素有很多种,因此需要将这些因素综合起来考虑以消除偏聚现象或烧结变形问题。采用分级可以获得粉末的特殊粒度分布。为获得高的真实密度,可以采用合批的方法获得粉末的双对数粒度分布;为获得不同的性能,也可以将不同特征的粉末进行合批。例如,为调整粉末的流动性能常常将气雾化和水雾化粉进行合批。通过对粉末进行混合可以使粉末获得新的化学特性,例如,硬质合金就是将 WC 粉与 Co 粉进行混合制得的。在粉末注射成形工艺的每个环节中,团聚都是非常有害的。对于那些在制造粉末的过程中发生团聚的粉末和粒度太大的粉末,都需要对粉末进行研磨。在高的剪切力下团聚的粉末会发生分离,但如果粉末表面未经适当的处理,消除团聚后的粉末仍有重新团聚的趋势。因此,选择适当的表面活性剂对于确保粉末能够分散而不发生团聚是非常重要的。

当纳米粉末被应用于粉末微注射成形中时,从常规角度考虑存在一个严重问题:为了降低喂料黏度,粉末装载量必须小于 50% (体积分数),这是由于粉末粒径的减小导致了颗粒比表面积急剧增加。如当二氧化锆粉末粒径由 1.5 μm 减小至 70 nm 时,其比表面积则由 4 增加到了 22,见表 5.3。

表 5.3　粉末微注射成形喂料成分[6]

原材料	型号	密度/(kg·m⁻³)	Y₂O₃ 的质量分数/%	平均粒径/nm	比表面积/(m²·g⁻¹)
二氧化锆	Z4/Z5	5 579	4.5~5.0	70	22
二氧化锆	Z6	6 000	5.0	100	7
二氧化锆	PSZ-Y5	6 000	5.0	1 500	4

2. 纳米粉末注射成形用黏结剂

虽然黏结剂并不能最终决定注射产品的成分,但它对整个粉末注射成形工艺的成功与否有着巨大影响。在不同的注射成形工艺中,所用的黏结剂成分和脱脂方法也有很大的不同。为便于注射,通常要将黏结剂与粉末经过混炼以形成具有一定流动性的喂料,因此黏结剂将会影响到注射成形的各个环节。但黏结剂并不是对所有的粉末都适合,因此在不同的条件下要选择合适的黏结剂。

黏结剂有两个基本功能:增强体系的流动性和维持形状。增强流动性是其本质功能,是该项技术得以实现的基础。它使该技术具有本身独特的优点和特征:粉末在注射压力下能充填复杂形状的模腔,并在充模过程中压力梯度减小,密度均匀,形成的坯体组织均匀,各向同性。进而在烧结过程中收缩均匀,有利于保持坯体的复杂形状,控制尺寸公差,从而制造出形状复杂,组织均匀,精度高,少切削的零部件。另外还可以降低注射压力,减少设备的损耗,延长使用寿命。而黏结剂维持形状的功能是该工艺顺利进行的基础:良好的保形性使坯体成形时不会出现变形、掉角、塌陷等缺陷,能使坯体顺利从模腔中脱出,便于转移,并在脱脂中保证坯体不致变形。

通过长期的实践,理想的黏结剂要求具备以下特征:注射成形时黏度低,黏度对应变速率的敏感小;熔点低,流动性好,固化性好,在室温下具有好的机械强度,能保证足够的坯体强度;黏结剂对粉末润湿性好,黏附性好,与粉末无化学作用;黏结剂必须由多组分有机物组成;黏结剂中各组分必须有好的工艺相容性,不发生相分离,不吸水,无易挥发组分,润湿性好,热导率高,热膨胀系数小,链节长度短,无结晶趋向;在脱脂过程中,无毒、无污染;易于脱出,无残留物。

目前对黏结剂的分类没有明确界限,根据主要黏结剂组元和性质可分为:热固性系统、热塑性系统、水溶性系统。

(1)热固性系统

热固性系统就是在黏结剂系统里引入了热固性聚合物,加热形成交叉状构造,冷却后变成永久干脆。它的优点是脱脂过程中能够减少成形坯体的变形以及提供反应烧结所需的大量的碳。缺点是流动性和成形性差,混料困难,脱脂时间长。

(2)热塑性系统

热塑性系统是在黏结剂系统里引入了热塑性聚合物,加热时热塑性聚合物在链长方向上以单一基团重复排列而不交叉。其黏度可根据聚合物分子质量的大小、分布以及成形温度来调节。此类聚合物很多,常见的有:石蜡、聚乙烯、聚丙烯、无规聚丙烯、聚苯乙烯、聚甲基丙烯酸酯、乙烯醋酸乙烯酯共聚物、乙烯丙烯酸乙酯共聚物。为了提高固相装载量,一般引入增塑剂、润湿剂和表面活性剂,如邻苯二甲酸二丁酯、邻苯二甲酸二乙酯、邻苯二甲酸二辛酯、硬脂酸、辛酸、微晶石蜡、钛酸酯、硅烷。由于这些热塑性系统的黏结剂流动性较好,并能选择其分子质量的大小及分布来调节其脱脂阶段的热降解性故得到广泛应用,成为目前的主流品种。

(3)水溶性系统

水溶性黏结体系是从固态聚合物溶液体系中发展起来的黏结剂,主要由低分子质量的固态结晶化学物质构成,再加入少量聚合物。结晶化学物质受热时熔化,并将聚合物溶解,在其重结晶温度下溶液变成固态。通过调整聚合物的含量,可以自由调整黏结剂的黏度和强度,它的最大优点是可以用溶剂(包括水)选择性溶解化学物质。但在溶剂中溶解时易产生溶胀现象,造成坯体开裂,故目前不能广泛推广,此类黏结剂有甲基纤维黏结剂、琼脂基黏结剂。表5.4为几种典型的黏结剂体系。

表5.4 典型的黏结剂体系[6]

类型		成 分
蜡基或油基黏结剂	聚合物	聚乙烯、聚丙烯、聚苯乙烯、聚乙酸乙烯酯、聚甲基丙烯酸甲酯
	主填充剂	石蜡、微晶石蜡、植物油
	表面活性剂	硬脂酸、油酸、鱼油、植物油、有机硅烷、有机钛酸酯
	增塑剂	邻苯二甲酸二甲酯、邻苯二甲酸二乙酯
水基黏结剂	聚合物	琼脂、琼脂糖、甲基纤维素
	水玻璃	硅酸钠溶液
	主填充剂	水
聚合物溶液	聚合物	聚苯乙烯
	主填充剂	N-乙酰苯胺(醇溶)、安替比林(水溶)、萘(升华)
	表面活性剂	硬脂酸

对于纳米粉末,若要粉末间形成点接触,且使粉末之间的空隙均匀填充黏结剂,那么适用于粉末注射成形黏结剂分子质量的大小必然受到限制,因此针对具有不同粒径和形貌的纳米粉末,需开发新型黏结剂体系。

3. 纳米注射成形喂料

在实施粉末注射成形时,有必要确定用作喂料的粉末−黏结剂混合料的组成。黏结剂太少会使黏度高而导致成形困难。一般来说,当黏结剂含量下降时会出现一临界组成,这时黏度为无穷大而且混合料中会有空隙形成,脱脂过程中由于内部蒸气压升高,空隙会引起开裂。黏结剂过多也不利,首先,会减缓后续工序,使烧结过程中尺寸收缩更大。成形过程中,过量的黏结剂会与粉末分离,引起成形坯不均匀而且可能带来尺寸控制问题;其次,由于脱脂时颗粒固定或移动,过量的黏结剂将造成形坯坍塌。理想情况是颗粒间呈点接触,黏结剂中无空隙,所以对于一定的粉末,存在一个黏结剂的最佳含量。

实践中,粉末注射成形混合料的最佳固体粉末含量低于临界固体粉末含量。这反映了工艺需要一定的灵活性并体现了粉末与黏结剂存在许多差异,包括粒度分布、颗粒形状及混合料均匀性的差别。

初步估计,最佳固体粉末含量要比临界固体粉末含量约低2%～5%,对于纳米粉末这个范围需要进一步扩大。随机紧密堆积和随机松散堆积相差6.7%,可作参考。由于随机堆积的稳定性上限和下限,所以,对脱脂后填充颗粒的容许范围的初步估计大致相同。在此基础上,最佳固体粉末含量据估计将处于允许密度的相同范围内,故而,最佳固体粉末含量的计算式为

$$\Phi_0 = 0.96\Phi_D \tag{5.1}$$

实际应用中,要求最佳固体粉末含量高。经修正表明,由于存在脱脂及烧结问题,粉末注射成形体系中固体粉末含量不应低于45%。

在确定最佳固体粉末含量时,重要因素是振实密度和粒度。此外,颗粒球形度以及粒度对最佳成分设计也有影响。当粉末粒径减少至纳米级时,粉末表面需有连续的黏结剂薄层,这使临界固体粉末含量下降。对于纳米粉末,由振实密度导出的临界固体粉末含量不再适用。

4. 混炼造粒

混炼是将粉末与黏结剂混合得到均匀喂料的过程。由于喂料的性质决定了最终注射成形产品的性能,所以混炼这一工艺步骤非常重要。尽管喂料的混炼过程是PIM中最关键的步骤之一,但由于这一过程相对来说是在比较简单的设备中完成的,因而被认为是一个简单的过程。造成这种混合过程基础研究相对薄弱的另一个因素是,人们认为只要有足够的混合时间,均匀性是可以保证的,这是不完全正确的经验认识。事实上与喂料有关的混炼过程本质上是非常难于分析的,这包括黏结剂和粉末加入的方式和顺序、混炼温度、混炼时间、混炼装置的特性、混炼机制的热力学和动力学等多种因素。这一工艺步骤目前一直停留在依靠经验摸索的水平上,最终评价混炼工艺好坏的一个重要标准就是所得到的喂料的均匀性和一致性。

混合料的不均匀性有两种情形,其一是黏结剂与粉末分离,其二是由颗粒粒径造成的粉末在黏结剂中的偏析。这种由于颗粒粒径(或粉末形状、密度)造成的粉末偏析使得最终产品散装密度不稳定和产生变形。颗粒粒径引起的偏析造成产品整体密度下降。

粉末之间的内摩擦越大,偏析的问题越小,但更难以获得均匀的混合料。粉末形状的不规则会造成颗粒粒径引起的偏析。同样,粉末粒度越小,颗粒粒径引起的偏析越小。实际生

产中,颗粒粒径引起的偏析能通过使用黏度较高的黏结剂来降低。对于纳米粉末,这是一个矛盾的环节,前面分析可以看出,纳米粉末需要通过减小黏结剂分子质量降低黏结剂黏度来获得好的流动性,而为了降低偏析,却需要提高黏结剂黏度,因此,适宜的黏结剂及混炼工艺需结合实验结果来分析。

纳米粉末需要长时间的混合来获得均匀的混合料,同时也产生了与制备混合料有关的一些特殊问题。团聚是纳米粉末的一个常见现象,这样会延长获得均匀混合料所需的时间和降低粉末的最大固体粉末含量。对于单一粒度的球形粉末由于团聚其散装密度的下限为0.37,其他形状或粒度分布的粉末,其散装密度有可能更低。粉末颗粒之间的吸引力,随着粉末之间的表面积增大或颗粒变细而变得相当突出。

有团聚现象出现时,均匀混合则很困难。粉末表面包覆有极性分子,能产生足够的排斥力来减少团聚和内摩擦,从而改善填充情况,这对纳米粉末尤为重要。由于加有合适的表面活性剂混合效果会得到改善,改善的程度决定于粉末、黏结剂、添加剂的特性、包覆层,粉末表面状态、粉末粒度和温度。

粒度分布宽的粉末会导致两相分离,特别是黏结剂的黏度低的情况。由于两相分离,会引起混合料不均匀,这会对以后工序产生困难。粒度分布宽时,最细粉末强烈的团聚倾向会对大颗粒粉末产生强烈影响。同样,由于粉末的不规则形状引起高的内摩擦使混合出现很多问题,但是也产生了一些有利的结果,如成形坯强度得到了提高。还有,高的内摩擦有助于防止颗粒粒径偏析和混合不好。但是由于不规则形状引起的操作上和装填上的缺陷应该得到重视。

混炼的目的是在粉末的表面包上一层黏结剂,破坏团聚,达到使黏结剂相粉末颗粒在整个喂料中均匀分布;同时,黏结剂的各组成应该成薄层地分布存颗粒之间。为了达到上述目的,经验表明许多细节问题应该在实践中具体考虑。

对热塑性黏结剂,混炼是在中等温度下进行的,此时剪切起主导作用。加热对于降低混炼料的黏度和屈服点都是必要的。如果在混炼料还有屈服强度的温度下进行混炼,则会产生空隙等缺陷。在太高的温度下进行混炼,可能会使黏结剂失效或由于黏度太低使粉末分离出来。在空气中混炼会导致黏结剂氧化裂变,使平均分子质量降低,混炼料黏度也降低。

由于喂料是典型的假塑性体,它的黏度会随剪切速率变化而变化,从而由于混炼到剪切区的距离会影响到喂料均匀性,好的混炼要求各区域同等地得到剪切。为了达到这个目标,许多高剪切速率的混炼装置用于粉末注射成形喂料的制备,其中包括双行星混料器、单螺杆挤出机、活塞挤压机、双螺杆挤出机、双偏心轮混料器、或 Z 型叶片混料器。在这么多的设计中,双螺杆挤压机是最成功的,这是由于在其中混炼料既能得到高的剪切速率,又在高温下停留时间短。它是由两根相互啮合而且旋转方向相反的锥形螺杆组成,可使混炼料沿加热了的挤压管形成均匀的、薄的圆筒状产品,但是这种设计制造费用高。因此最常使用双行星混料器,这种混料器的装填容积按比例扩大、清理比较方便。但对于纳米粉末,双行星混料器很难得到均匀的混炼料,因此需配置旋转叶片或在混料后进行挤压来改善喂料均匀性。

下面将通过超细瓷粉末的喂料制备来进一步认识混炼工艺的复杂性。实验选用两种具有不同粒径的材料为 ZrO_2(摩尔分数为 3% Y_2O_3,部分稳定)陶瓷粉末与碳化硅陶瓷粉末,其中粒径分别为 100 nm、200 nm 和 0.8 μm,氧化锆陶瓷理论密度为 6.1 g/cm³,碳化硅陶瓷理论密度为 3.25 g/cm³。产品分别由河北鹏达新材料科技有限公司、东莞南玻陶瓷科技有限公司与宁波东联密封件有限公司提供,图 5.1 为 ZrO_2 与 SiC 粉末的形貌图,实验用氧化锆陶瓷粉具体性能参数见表 5.5。

(a)中位粒径 100 nm

(b)中位粒径 200 nm

(c)中位粒径 0.8 μm

图 5.1　ZrO_2 陶瓷粉末形貌

表 5.5　氧化锆陶瓷粉体的化学成分(摩尔分数)

Y_2O_3/%	Al_2O_3/%	SiO_2/%	Fe_2O_3/%	MgO/%	CaO/%	TiO_2/%	Na_2O/%
3	≤0.005	≤0.005	≤0.003	≤0.003	≤0.003	≤0.001	≤0.001

　　黏结剂,选用石蜡基黏结剂体系,成分包括石蜡(Paraffin Wax,PW)、聚丙烯(Polypropylene,PP)和硬脂酸(Stearic Acid,SA)。其中,石蜡的主要作用是作为润滑剂和可塑剂改善体系流动性和脱模性能,约占黏结剂质量的 70%,其熔点为 58 ~ 60 ℃,密度为 0.91 g/cm³;聚丙烯的作用是作为结合剂使原料体系在注射、脱脂和烧结过程都保持完好的形状,约占黏结剂质量的 25%。硬脂酸作为分散剂起使各组成成分混合时分散均匀的作用,约占黏结剂质量的 5%,其熔点为 67 ~ 69 ℃,密度为 0.94 g/cm³。

　　表征流体特性的一个重要的参数是黏度,粉末注射成形喂料熔体属于非牛顿流体,其黏度是一个变化的参数,被称为表观黏度[7,8],计算公式为

$$\eta_a = \frac{\tau}{\dot{\gamma}} = K\dot{\gamma}^{n-1} \tag{5.2}$$

式中　η_a——表观黏度;

　　　　τ——剪应力;

　　　　$\dot{\gamma}$——剪切速率;

　　　　n——幂律指数;

　　　　K——常数。

黏度是包含剪切速率、温度、粉末装载量和黏结剂黏度在内的函数[7,8]，即

$$\eta = \eta(\dot{\gamma}, T, \Phi, \eta_b) \tag{5.3}$$

式中　T——温度；

　　　Φ——粉末装载量；

　　　η_b——黏结剂黏度。

喂料要具有良好的流动性，要求颗粒形状为球形，有一定的粒径分布，颗粒间相互作用力小。研究喂料黏度的一个重要方法就是利用相对黏度来推导。相对黏度的一个重要影响因素就是粉末含量，对喂料流变学理论公式或是半经验半理论公式的研究，大多是基于爱因斯坦的流变学理论。关于相对黏度随固体粉末含量变化最适宜最简单的模型公式为[7,8]：

$$\left.\begin{aligned}\eta_r = \eta/\eta_b = A(^1 - \Phi_r) - n \\ \Phi_r = \frac{\Phi}{\Phi_{max}}\end{aligned}\right\} \tag{5.4}$$

式中　Φ_r——相对固体粉末含量；

　　　Φ——喂料固体粉末含量；

　　　Φ_{max}——最大固体粉末含量。

粉末装载量 Φ 是指喂料中粉末所占的体积分数，它是粉末注射成形喂料工艺计算中的一个最重要的工艺参数，是衡量喂料中粉末质量分数多少的一个指标，其计算公式为[7,8]：

$$\Phi = \frac{W_p/\rho_p}{W_p/\rho_p + W_b/\rho_b} \tag{5.5}$$

式中　W_p——粉末重量；

　　　W_b——黏结剂重量；

　　　ρ_p——粉末密度；

　　　ρ_b——黏结剂密度，

ρ_p 和 ρ_b 的计算运用加和原理，黏结剂的密度 ρ_b 可用下式求出[7,8]：

$$\rho_b = 1/(\sum_{i=1}^{n} W_i/\rho_i) \tag{5.6}$$

式中　W_i——第 i 个组元的质量分数；

　　　ρ_i——第 i 个组元的密度；

　　　n——黏结剂中组元数量。

粉末装载量过高，可能会影响喂料的流变性能，导致注射缺陷；粉末装载量过低，致使喂料的致密度下降，强度降低，影响脱模，以及后续脱脂烧结后制品气孔率增加，强度降低。根据文献介绍，一般陶瓷粉末注射成形采用的粉末装载量为 50% ~ 60%。

有研究表明对于平均粒晶在 1 μm 左右的氧化锆陶瓷粉，采用石蜡基黏结剂体系时，其粉末装载量的极限值为 55%，最佳配比中粉末体积含量为 50%。本书制备四组喂料，平均粒径为 200 nm 的氧化锆陶瓷粉末所占的体积比分别为 50% 和 55%，平均粒径为 100 nm 的粉末所占体积比为 45%，平均粒径为 0.8 μm 的碳化硅粉末所占体积比为 55%。通过改善黏结剂体系，来验证该配比范围内的喂料的均匀性、流变性能、热性能是否适合粉末注射成形。

混料造粒采用广州鸿运机械厂制造的 300 mL 双行星混炼机，具体混炼造粒工艺如下：

先加入陶瓷粉末,加热至 180 ℃,双行星转子以 20 rpm 的速度转动来保证粉末预热的均匀性;保温 30 min 后加入聚丙烯,将转速提高至 40 rpm,保温 20 min;然后降温至 165 ℃再加入石蜡和硬脂酸,继续以 40 rpm 的转速混炼 10 min。混炼完成后进行挤压造粒,制成长约 3 ~ 5 mm,直径约为 2 mm 的粒状。为保证喂料成分的均匀性,混炼造粒反复进行多次。如图 5.2 所示分别为混炼造粒后的氧化锆与碳化硅喂料颗粒。

(a) ZrO$_2$　　　　　　　　　　　　　　(b) SiC

图 5.2　粉末微注射成形喂料形貌

5.2.2　纳米陶瓷喂料均匀性分析

随机选取 6 个喂料颗粒利用阿基米得原理测定各个喂料颗粒的真实密度,并与理论密度对比来评价喂料均匀性。真实密度的测量采用分析天平,其质量测量精度能达到 0.01 mg。

密度测量步骤如下:①称量样品干重 m_1;②样品真空浸渍;③称量样品浮重 m_2 和湿重 m_3。则样品密度为

$$D = m_1 / (m_3 - m_2) \times 100\%$$

样品真实气孔率为

$$P_0 = (D_0 - D) / D_0 \times 100\%$$

喂料均匀性分析:实验分别以粉末体积分数为 55% 和 45% 的喂料为例,由陶瓷粉末及其黏结剂各个组元的密度可以计算出两种喂料的理论密度分别为 3.81 g/cm^3 和 320 g/cm^3。分别随机选取两种喂料中 6 个喂料颗粒测定其真实密度,结果见表 5.6 和 5.7。

表 5.6　喂料密度及孔隙率(200 nm 粉末,体积分数 55%)

喂颗粒标号	1	2	3	4	5	6	平均值
密度/(g·cm^{-3})	3.66	3.69	3.72	3.65	3.70	3.68	3.68

表 5.7　喂料密度及孔隙率(100 nm 粉末,体积分数 45%)

喂颗粒标号	1	2	3	4	5	6	平均值
密度/(g·cm^{-3})	3.15	3.12	3.15	3.16	3.12	3.19	3.15

对平均粒径为 200 nm 的陶瓷粉末,测试结果表明不同的喂料颗粒密度值近似相同,差别在测量误差范围内。因此,该工艺所制备喂料的均匀性适合于粉末注射成形。喂料密度略小于理论密度 3.81 g/cm^3,其平均密度为 3.68 g/cm^3,混料过程中真空度较低,产生残余

气体是喂料密度下降的主要原因。对平均粒径为 100 nm 的陶瓷粉末,不同的喂料颗粒密度值偏差有所增大,与平均密度最大偏差达 1.27% ,喂料微观形貌如图 5.3 所示。

图 5.3　喂料微观形貌(100 nm ZrO$_2$)

5.2.3　纳米陶瓷喂料流变特性分析

流变学是研究外力作用下体系变形和流动特性的学科。喂料流变学研究在注射压力作用下喂料流变特性,其流变行为受到黏结剂、粉末特性及含量、温度、剪切速率、黏结剂对粉末的润湿作用、传热系数等诸多因素的影响。其中影响较大且研究较多的是黏结剂、粉末含量、温度、剪切速率对流变行为的影响。常规粉末注射成形研究较早,已经取得了一些成果,而纳米粉末喂料流变特性研究相对比较薄弱。

1. 粉末喂料流变学类型

喂料同时具有黏性和弹性,称为黏弹性,高温下喂料主要呈现黏性。喂料是靠黏性流动流入模腔填充模具的,这需要喂料具有良好的流变学特性。粉末在黏结剂中的分散体系按固体粉末尺寸的大小不同分为三类:直径在 1 μm 以上的为悬浮分散体系;直径在 1 nm ~ 1 μm 的为胶体分散体系;直径小于 1 μm 的为溶液分散体系。常规粉末注射成形用的粉末颗粒大小在微米级,所以人们把高温下的喂料看做悬浮分散体系。人们的研究多是基于悬浮分散体系进行的,高温下喂料具有剪切稀化的假塑性,属于非牛顿流体。表征流体特性的一个重要的参数就是黏度,非牛顿流体的黏度是一个变化的参数,称为表观黏度[9]。

然而,即使是不计颗粒间相互作用,单一尺寸球形颗粒、黏结剂为牛顿流体、较高粉末体积分数,这样的分散体系黏度的理论公式至今也未诞生。实际生产中用到的黏结剂是更复杂的非牛顿流体,粉末装载率高、颗粒形状不规则、尺寸分布不均匀这些都给本构方程的建立带来了困难。纳米粉末注射成形除了具有以上复杂性外,还有粉末的纳米尺度效应的影响,因此建立适合于纳米粉末喂料流变学本构方程更为困难。

另外,胶体中分散相的大小从 1 ~ 1 000 nm,因此纳米粉末注射成形喂料中粒子尺寸达到胶体要求,并且也显示出了一些胶体的性质。E. Palcevskis[10] 等人在文章中曾提到,由于细颗粒比表面积的增大,使得粉末在聚合物中的分散体形成了稳定的凝结结构。

2. 喂料流变学影响因素

(1)黏结剂对喂料流变行为的影响

黏结剂是一种暂时存在的载体,它使粉末均匀装填成所需形状并且使这种形状一直保持到烧结开始,因而,黏结剂不决定最终的化学成分,但它会直接影响工艺能否成功。黏结剂的要求具有良好的流动特性、与粉末的相互作用、脱脂特性以及适于工业生产等。例如,黏结剂在注射时必须具有好的流动性来注射成形;要有小的接触角来更好的润湿和黏附粉末;脱脂过程中黏结剂要保持坯料完好的形状,脱脂结束后要保证完全脱出;将缺陷和脱脂时间减少到最小。

黏结剂的流变行为对粉末喂料流变行为影响很大,在喂料流变学的研究中人们引入了

相对黏度,即喂料黏度与黏结剂黏度之比[9]:

$$\eta_r = \frac{\eta}{\eta_0} \tag{5.7}$$

式中　η_r——相对黏度;

　　　η——喂料黏度;

　　　η_0——黏结剂黏度。

喂料的黏度比较复杂,黏结剂黏度相对简单,可以根据黏结剂黏度和喂料黏度算出相对黏度,这是喂料黏度本构方程建立的一种方法。黏结剂黏度的确定很重要,不管是单组元还是多组元黏结剂,其黏度的确定主要采用实验方法。虽然也有一些采用理论公式推导,但都与实际黏度相差较大,例如 Carley 提出的适用于多组元系的黏度估算公式[9]:

$$\ln \eta_b = \sum_{i=1}^{n} \omega_i \ln \eta_i \tag{5.8}$$

(2)粉末对喂料流变行为的影响

正是粉末的加入使得体系黏度增加,并且表现出了更为复杂的流变学特性。对喂料流动行为产生重要影响的因素有粉末种类、颗粒大小、颗粒形貌、粒径分布、粉末装载率、颗粒间的相互作用等。

喂料要具有良好的流动性要求颗粒形状为球形,有一定的粒径分布,颗粒间相互作用力小。正如上述人们研究喂料黏度的一个重要方法就是利用相对黏度来推导。相对黏度的一个重要影响因素就是粉末含量,人们对喂料流变学理论公式或是半经验半理论公式的研究,大多是基于爱因斯坦的流变学理论。关于相对黏度随固体粉末含量变化最适宜最简单的模型公式如下[9]:

$$\left.\begin{array}{l} \eta_r = \eta/\eta_b = A\left(1 - \Phi_r\right)^{-n} \\ \Phi_r = \dfrac{\Phi}{\Phi_{max}} \end{array}\right\} \tag{5.9}$$

式中　Φ_r——相对固体粉末含量;

　　　Φ——喂料固体粉末含量;

　　　Φ_{max}——最大固体粉末含量。

通常指数 $n=2.0$,系数 A 包含如剪切速率敏感性及颗粒尺寸等影响因素,典型条件下其值接近于 1。随着颗粒直径的减少研究者对系数 A 进行了修正:

$$A = A_0 + A_1/D + A_2/D^2 \tag{5.10}$$

A_0 稍大于 1,A_1、A_2 为依次更小的项。以上修正是针对亚微米级的颗粒,而针对纳米粉末注射成形喂料,需补充相应的修正系数。

在爱因斯坦黏度方程式中,分散项的体积分数 Φ 是指分散相在分散介质中的真实体积分数。粒子的溶剂化使得溶剂部分分子被粒子吸引而形成溶剂化层,这部分溶剂分子已不属于溶剂所有,而属于粒子所有。如果它不发生溶剂化,则就是粒子本身的体积分数,称为干体积分数,以 Φ_1 表示。但是,事实上粒子在分散介质中往往发生溶剂化作用,这时粒子的体积分数包括干体积分数和由于溶剂化所增加的体积分数,称为湿体积分数,以 Φ_2 表示。考虑到溶剂化的校正,爱因斯坦方程可写成[12]:

$$\eta_r = \eta/\eta_0 = 1 + 2.5\Phi_2 = 1 + 2.5\left(1 + \frac{3\Delta R}{R}\right)\Phi_1 \tag{5.11}$$

式中　R——颗粒半径；

　　　ΔR——溶剂化层厚度。

E. Palcevskis 等人在文章中也提到了有效的体积，同时对相对黏度也进行了修正[10]：

$$C_{\text{eff}} = C\left(1 + \frac{\Delta}{\alpha}\right)^3 \left.\begin{array}{r}\\ \\ \end{array}\right\}$$
$$\eta_r = \eta / \eta_b = A\left(1 - \frac{C}{C_{\text{lim}}}\right)^{-2} \qquad (5.12)$$

式中　C_{eff}——有效体积分数；

　　　C——实际粉末体积分数；

　　　Δ——黏附层厚度；

　　　a——颗粒半径；

　　　C_{lim}——有效最大体积分数。

由于纳米颗粒尺寸的减小，使得颗粒间相互作用不能被忽略，由此而形成的软团聚、硬团聚或者形成的絮凝结构，都对喂料流变学产生影响，同时也影响粉末含量。

（3）剪切速率对喂料流变行为的影响

通过以上分析可以看出剪切速率与喂料黏度的关系，在中等剪切速率下黏度随着剪切速率的增加而减小，即表现出了剪切稀化的特性。n 值的大小代表了分散体系对剪切速率的敏感程度，n 值为 1 时流体为牛顿流体；在 n 值小于 1 的情况下，n 值越大表明分散体系黏度随剪切速率变化的速度越慢，物料流动变形的稳定性较好。但 n 值太大则没有足够的剪切稀化效果，要取得好的流动性也就成了问题。

分析发现温度、粉末含量都相同的条件下，纳米粉体的 n、k 值不同于微米级粉末喂料，这也正是纳米粉末注射成形喂料流变学的又一特点。

导致喂料剪切稀化有许多原因，例如：粉末颗粒的有序化、黏结剂分子的平直化、静止液体的减少、软团聚、絮凝结构的破坏，Wildemuth 和 Williams 假设悬浮液的黏度随剪切速率的变化主要是由于剪切作用改变了最大固相分率。随着粉末粒径的不断减小，纳米颗粒粒子间相互作用力大，因此它的剪切稀化是哪种原因占主导地位还值得进一步研究。

相对黏度的研究是在一定温度和一定剪切速率的条件下进行的，然而黏结剂与喂料都是假塑性流体，它们的假塑性指数 n 却不同，喂料假塑性指数小于黏结剂，如图 5.4 所示。这说明喂料的假塑性更强，即喂料剪切稀化更明显。则在不同的剪切速率下二者的变化是不同的，因此相对黏度应该也是剪切速率的函数。

（4）塑化温度对喂料流变行为的影响

温度是影响喂料黏度的另一关键因素，喂料黏度随温度的上升而减小，符合下式：

$$\eta = \eta_0 \exp(E/RT) \qquad (5.13)$$

式中　E——粘流活化能；

　　　R——普适气体常数；

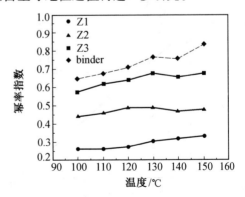

图 5.4　黏结剂和喂料的幂率指数[13]

Z1、Z2、Z3 分别为三种不同粉末与同种黏结剂组成的喂料；binder 为纯黏结剂[14]

T——温度;

η_0——参考温度下黏度。

E 值的大小表征了黏度对温度的敏感性,E 值越小黏度对温度变化越不敏感。当物料进入模腔时会产生较大的温度变化,如果黏度变化太大,则必然引起应力集中、开裂、变形等一系列缺陷。

喂料黏度随温度上升而减小的原因有:黏结剂分子的平直化、黏结剂分子间的相互排斥力的增加、黏结剂分子与粉末热膨胀系数的差异等。黏结剂热膨胀系数大于粉末,温度升高,导致粉末体积分数下降,因此粉末体积分数又是温度的函数,研究者对其进行了如下修正:

$$\Phi^{-1} = 1 + \rho_p W_b / \rho_b W_p \cdot \left[(1+\alpha_p \Delta T)^3 / (1+\alpha_p \Delta T)^3 \right] \tag{5.14}$$

正如上面提到的,相对黏度的研究是在一定温度和一定剪切速率的条件下进行的,那么不同温度下黏结剂与喂料的黏度变化规律不完全相同,所以相对黏度也应该是温度的函数。

喂料黏度的测试:喂料的黏度是评价喂料流变学的主要参数。由于粉末注射成形所用的喂料黏度较大,适于选择毛细管流变仪。其优点为:①毛细管流变仪中剪切速率和流动几何因素与注射成形时的实际情况类似;②毛细管流变仪具有最广泛的剪切速率范围;③毛细管流变仪给出的信息不仅可以用来测定黏度,还能反映出喂料的稳定性、均匀性、粉末和黏结剂两相分离程度等指标。

本实验中黏度测试采用 RH7-2(英国)毛细管流变仪,其中毛细管直径为 1 mm。毛细管流变仪主要是测量在高剪切条件下的黏度。对三种喂料分别在 170 ℃、180 ℃、190 ℃,剪切速率为 $10 \sim 10^4$ s^{-1} 下测得喂料黏度的变化,即在三个温度下,剪切速率与黏度的关系。主要分析了黏度与粉末装载量、剪切速率以及温度之间的关系,表 5.8 所示为黏度测试参数列表,其测量结果如图 5.5 所示。

表 5.8 黏度测试参数(200 nm)

喂料编号	粉末装载量 Φ/%	黏度测试温度/ ℃	剪切速率/s^{-1}
A	50	180,190	$10 \sim 10^4$
B	55	170,180,190	$10 \sim 10^4$

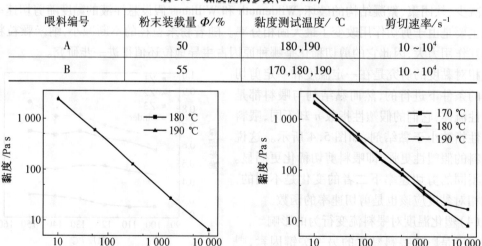

图 5.5 喂料在不同条件下的黏度测试图

黏度值表示喂料的流变性能。随着剪切速率的增加,PIM 喂料黏度值降低,符合假塑性流变行为,如公式(5.1),两组喂料的黏度均符合粉末注射成形的要求。

公式(5.1)中 n 值的大小说明流体对剪切影响的敏感程度。n 值越大,喂料黏度随剪切速率的变化上升或下降的速度越慢,流变稳定性越好。对于粉末体积分数为 55% 的喂料 B 用 $\lg \tau$ 对 $\lg \gamma$ 作图,如图 5.6 所示,线性拟合后可以求得 170 ℃、180 ℃ 和 190 ℃ 下该喂料的 n 值分别为 0.24、0.19 和 0.20。

喂料黏度与温度的关系可用 Arrhenius 公式表示[15,16]:

$$\eta(T) = m_0 \exp\left(\frac{E}{RT}\right) \tag{5.15}$$

式中 η——喂料黏度;

       R——气体常数;

       M_0——常数;

       T——绝对温度;

       E——粘流活化能。

E 值反映温度对粉末注射成形喂料黏度的影响,E 值小时,喂料黏度对温度变化的敏感性小,注射时温度的波动就不会对注射坯的质量造成太大的影响,对粉末注射成形有利。以粉末体积分数为 55% 的喂料为例,在剪切速率 1 389.57 s^{-1} 的条件下,黏度和温度的关系如图 5.7 所示。计算可得喂料的粘流活化能 $E_e = 25.6$ kJ·mol^{-1},说明喂料的黏度对温度变化的敏感性较小,可以有较宽的注射温度区间。

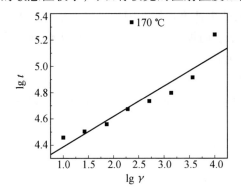

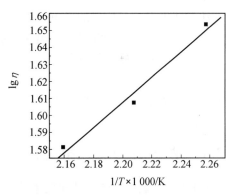

图 5.6   剪切应力和剪切速率的关系   图 5.7   黏度和温度的关系

5.3   纳米陶瓷粉末注射成形工艺过程

注射过程是使喂料均匀填充模腔成为具有最终形状产品的过程,它是粉末注射成形工艺极为重要的一环,制品的许多缺陷如起泡、飞边、表面波纹以及变形等都与注射参数的不正确选择有关。因此,与传统塑料注射过程相似,选择合适的工艺参数,包括注射温度、注射压力、保压压力、注射时间和保压时间等对注射成形顺利实现是非常重要的。

对于粉末注射成形,注射过程产生的大部分缺陷只能在脱脂和烧结完成后才能被发现,尽管部分缺陷能够重新处理和利用,但是注射缺陷的产生不可避免地会造成生产效率的降低和原材料的浪费。因此寻找最佳注射工艺参数,得到无缺陷的注射生坯就具有重要的意义。在诸多的注射参数中,注射压力和注射温度是消除注射缺陷的关键[17]。

目前,陶瓷粉末注射成形工艺参数的确定基本停留在依靠经验摸索的水平上,针对不同的原料粉末和黏结剂体系还需进一步的研究。

注射压力尚无可用的计算公式,也未见详细的实验报道。通常认为注射压力为 20 ~ 200 MPa,这与具体的材料有关。显然,注射压力过小会影响充模过程的完整,引起欠注,增大压力有利于充模的流动过程,但可能使坯体内产生较大的残余应力,引发断裂或飞边。

熔体温度对成形体的影响是复杂的,若从充模的效果考虑,提高熔体温度较增加压力更为有利,因为高的熔体温度在不同程度上均可降低熔体黏度,对充模有利。但一些研究表明:过高的温度易导致有机物挥发,使有机物总量减少从而影响黏度,且挥发物若不能从模具内有效排除,会夹裹在坯体内,形成气孔等缺陷。而当熔体温度较高,注射压力又偏大时是最危险的。由于陶瓷注射混合料几乎不具有压缩性,因此增大压力会产生较大的成形应力。特别是大体积的样品,模腔中心部位熔体冷却比浇口要迟,易产生极大的不均匀应力。

另外,模具温度也是影响注射结果的重要参数,若模温不合适,则常会引起充模不完整,或发生坯块断裂,这是因为模具加热到一定温度,是改善喂料流动性能的最有效的方法之一,特别是对于注射温度低、注射压力小的情况更是如此。

保压压力也是影响坯体质量的一个重要因素,改变保压压力时,生坯强度的变化规律为:保压压力为系统压力的 65% 时,强度随注射压力变化的曲线较为平缓;当进一步减小保压压力至 40% 时,强度几乎不随注射压力而变化,但强度绝对值减小,说明较小的保压压力有助于缓解强度随注射压力的变化,但强度绝对值亦有所下降。

注射速度对生坯质量的影响很小,实验中发现,注射速度过快会因为排气不足而使生坯中产生气孔,也会因为速度过快,出现喷射现象,带来表面焊纹等缺陷;注射速度太慢则会使先期注入的喂料过度冷却,而在产品中出现分层等缺陷。

由以上的结果分析可知,在陶瓷材料的注射成形过程中,合理调整工艺参数对改善成形体质量是至关重要的。注射后的坯体应具有一定的强度,来完成脱模过程,保持形状和减少内应力的产生。

5.3.1　纳米陶瓷生坯注射成形

1. 100 nm 氧化锆陶瓷粉末注射

通过 Babyplast 6/10 注射成形机成形两种样品,如图 5.8 所示。弯曲样品的尺寸为 3 mm×4 mm×40 mm,圆片的直径和厚度为 25 mm 和 4 mm。

①注射温度。注射温度的选择主要参照所用黏结剂的种类,本书所用黏结剂中熔点最高的为聚丙烯(164 ~ 170 ℃),石蜡熔点为 60 ℃,为了降低喂料黏度,黏结剂中石蜡的比率被提高至 80%,所以塑化温度的选择上可以适当降低,故此设定注射过程中塑化室、注射室及喷嘴的温度分别为 175 ℃、170 ℃、170 ℃。

图 5.8　纳米氧化锆注射成形试样生坯

②注射压力。为了保证不同温度下脱脂坯的可比性,选用固定的注射压力进行注射成形实验,注射为 100 MPa。

③模具温度。由于喂料中使用了大量的石蜡作为黏结剂,为了保证熔体填充模具后的快速冷却,模具温度设定为 40 ℃。

2. 200 nm 氧化锆陶瓷注射成形

200 nm 氧化锆陶瓷粉末注射以微结构为例,模具带有排气结构的微型腔结构,喂料熔体的充模过程如图 5.9 所示,图 5.10 为单个微型腔充填过程示意图。由于模具设计了排气槽,注射模具抽真空不再是微结构完整成形的先决条件。如果注射前模具不进行抽真空,则将模具上的密封圈取掉,型腔内气体即可通过模具分型面排出。

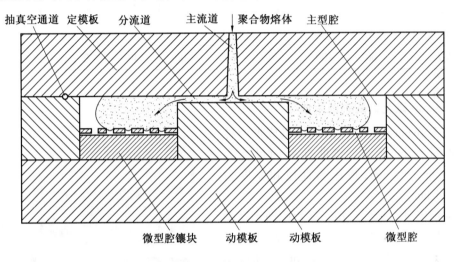

图 5.9　喂料熔体填充过程示意图

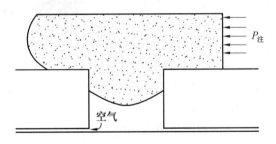

图 5.10　单个微型腔充模示意图

①注射温度。注射温度的选择主要参照喂料黏度的分析,以及喂料中各黏结剂组元的特性。由上节对喂料的黏度测试可知,粉末含量为 55% 的喂料熔体在 170 ℃、180 ℃、190 ℃ 的黏度均可满足粉末注射成形的要求。但是由于在黏度测试中发现,在 170 ℃ 下尽管延长喂料熔融的时间,但从毛细管中挤出的喂料表面粗糙,说明该温度下不利于熔料的填充,而在 180 ℃、190 ℃ 下测试时,从毛细管挤出的喂料表面光滑。另外,喂料中聚丙烯熔点为 164～170 ℃,熔料在填充过程中遇到冷的模具壁后快速降温,熔体黏度会大大增加,所以在尽量降低石蜡及硬脂酸挥发的基础上提高注射成形温度,因此本书设定注射过程中塑化室、注射室及喷嘴的温度分别为 200 ℃、195 ℃、190 ℃。

②注射压力。与本书聚丙烯注射成形所用模具相比,粉末微注射成形所用微型腔深宽

比相对较小,且型腔设有排气槽,对于同种材料来说该型腔对熔体的阻力大大降低,不过考虑粉末喂料特殊的流变性能,同时为详细考察注射压力对微结构成形性能的影响,本实验选用不同注射压力进行微注射成形实验,不同的注射压力分别为 60 MPa、100 MPa、140 MPa。

③模具温度。为详细分析模具温度对 ZrO_2 微结构成形性能的影响,实验选定模具温度分别为 28 ℃、50 ℃、70 ℃。

尽管前面分析发现对于该型腔结构来说模具抽真空不是必需的,但为了研究模具抽真空是否可以改善微结构件的成形性能,所有实验分为两组,一组注射前模具进行抽真空,另一组不进行抽真空,除是否抽真空外两组实验的其他参数完全一致,具体工艺参数见表5.9。

表5.9 粉末微注射成形工艺参数

试样	a	b	c	d	e	f	g	h	i
模具温度/ ℃	28			50			70		
注射压力/ MPa	60	100	140	60	100	140	60	100	140

3.0.8 μm 碳化硅陶瓷注射成形

通过 Babyplast 6/10 注射成形机成形两种样品,如图 5.11 所示。弯曲样品的尺寸为 3 mm×4 mm×40 mm,圆片的直径和厚度为 25 mm 和 4 mm。

①注射温度。熔料在填充过程中遇到冷的模具壁后快速降温,熔体黏度会大大增加,由于喂料中碳化硅粉末体积分数高达 56%,所以在尽量降低石蜡及硬脂酸挥发的基础上提高注射成形温度,因此研究设定注射过程中塑化室、注射室及喷嘴的温度分别为 200 ℃、195 ℃、190 ℃。

图 5.11 碳化硅注射成形试样生坯

②注射压力。为了保证不同温度下脱脂坯的可比性,本实验选用固定的注射压力进行注射成形实验,注射压力为 100 MPa。

③模具温度。为了保证不同温度下脱脂坯的可比性,本实验选用固定模具温度,模具温度为 50 ℃。

5.3.2 热脱脂分析及脱脂实践

1. 纳米氧化锆陶瓷脱脂

脱脂是粉末注射成形工艺中耗时最长、最关键环节之一,脱脂过程中脱脂坯容易产生开裂、起泡、分层、变形等缺陷,进而影响粉末注射成形产品的尺寸精度和保形性。

实验在确定具体的热脱脂工艺之前,对喂料进行了 DSC 和 TGA 分析来精确找到黏结剂组元的分解温区,并根据产品的尺寸形状经过实验优化来获得最佳的脱脂工艺。图 5.12 为体积分数为 50% 喂料(二氧化锆的质量分数约为 87.2%)的 DSC 和 TGA 测试曲线,测试在热分析仪上进行,实验条件为:起始温度室温,升温速率为 5 ℃/min,终止温度为 600 ℃,样品质量约为 45 mg。可以看出,DSC 曲线中出现两个吸热峰,其分别为石蜡和聚丙烯的剧烈热分解温度点,分别对应于 TGA 曲线上的最大失重速率起始点和终止点。PW 分解温度区间为 175 ~ 338 ℃,其主分解区为 190 ~ 260 ℃,PP 分解温度区间为 350 ~ 380 ℃,而 TGA 测试结果表明喂料的失重温度区间为 165 ~ 450 ℃。喂料失重过程如下:在 165 ℃喂料开始失重,起初始终速率较低,分析该阶段为石蜡及硬脂酸

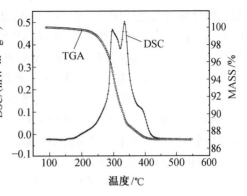

图 5.12　喂料的 DSC/TGA 曲线(200 nm ZrO_2)

挥发所致;在 175 ℃温度区间喂料失重速率逐渐增大,这是由于石蜡开始逐渐分解,剧烈分解至 380 ℃后喂料失重速率逐渐下降,直到温度上升到 500 ℃时 TGA 曲线趋于平直,喂料失重结束。整个过程中喂料总失重约为 12.8%,与此喂料的二氧化锆质量分数 87.2% 相对应。根据以上分析制定两条脱脂工艺如下,不同脱脂工艺曲线如图 5.13 所示。

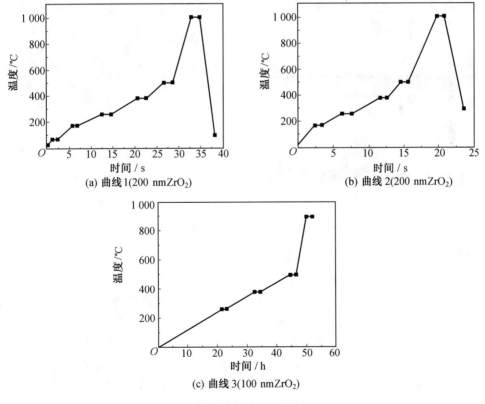

图 5.13　氧化锆脱脂曲线

(1)200 nm 氧化锆陶瓷粉体

①脱脂曲线 1。起始以 0.5 ℃/min 升温至石蜡熔化温度(70 ℃)保温 1 h,然后以 0.5 ℃/min升温至聚丙烯熔化温度(175 ℃)保温 1 h;接着以 0.25 ℃/min 的速率升温至石

蜡剧烈分解温度点(260 ℃)保温2 h;仍以0.25 ℃/min继续升温到聚丙烯的剧烈热分解点(380 ℃)保温2 h;再以0.5 ℃/min的速率升温至500 ℃并保温2 h;最后以2 ℃/min的速率升温至1 000 ℃保温2h进行预烧结;预烧结后炉冷。整个加热时间接近35 h。

②脱脂曲线2。起始以1 ℃/min升温至175 ℃保温1 h,然后以0.5 ℃/min升温至石蜡剧烈热分解点(260 ℃),保温1 h;接着以0.5 ℃/min的速率升温至聚丙烯的剧烈热分解点(380 ℃),保温1 h;改变速率为1 ℃/min继续升温到500 ℃保温1 h;再以2 ℃/min的速率升温至1 000 ℃并保温1 h进行预烧结;预烧结后炉冷。整个加热时间约为20.5 h。

(2)100 nm氧化锆陶瓷粉体

对于平均粒径100 nm的氧化锆陶瓷,注射后生坯需要较慢的脱脂速率:以0.2 ℃/min升温至石蜡剧烈分解温度点(260 ℃)保温2 h;以0.20 ℃/min继续升温到聚丙烯的剧烈热分解点(380 ℃)保温2 h;再以0.3 ℃/min的速率升温至500 ℃并保温2 h;最后以2 ℃/min的速率升温至900 ℃保温2 h进行预烧结;预烧结后炉冷,脱脂曲线如图5.13(c)所示。整个加热时间接近52 h。

纳米氧化锆陶瓷试样脱脂前后如图5.14(a)所示,由于纳米陶瓷高的烧结活性,生坯在900 ℃脱脂预烧结后,纳米粉末间已形成了明显的烧结颈,如图5.14(b)所示,这将显著提高脱脂坯强度,便于脱脂试样的搬运处理,同时为了降低成本,预烧结温度可适当降低。

(a)宏观　　　　　　　　　　　　　　　(b)微观

图5.14　脱脂前后宏观及微观形貌(100 nmZrO$_2$)

2. 碳化硅陶瓷弯曲试样热脱脂工艺

(1)超细碳化硅粉末氧化特性分析

碳化硅陶瓷(SiC)具有耐磨、耐腐蚀、耐热震、高强度、高热导等优异的性能,在微电子工业、石油工业、化学工业、核工业等领域具有广泛的用途[18~21]。然而其难加工性阻碍了该材料在许多领域的应用,其中以具有复杂形状的碳化硅制品最为突出。粉末注射成形因其自身优势已成为制备碳化硅复杂零件备受青睐的一种工艺[22~24]。该技术首先将聚合物基黏结剂与金属或陶瓷粉末混合制得喂料,熔融喂料通过注射成形机可以成形具有复杂形状的零件生坯,然后通过脱脂和烧结得到致密的碳化硅制品[25~28]。现有研究表明碳化硅陶瓷粉末高温下在氧气气氛或空气中容易被氧化,为了确定合理有效地空气热脱脂温度,实验前必须明确所用碳化硅陶瓷粉末的氧化特性。目前国内外已有大量学者对SiC陶瓷材料氧化进行研究,也建立了一些解释这一机理的模型。然而在对SiC材料的研究中,对SiC粉末氧化的研究很少,尤其是低温下空气气氛中的亚微米SiC粉末,因此缺少相应的数据参考。本实验通过热重分析仪(TGA)对碳化硅陶瓷粉末进行了空气气氛下的氧化测试,相应的 TGA 曲线如图 5.15 所示。空气气氛下亚微米级的碳化硅陶瓷粉末的质量大约在 500 ℃开始增加,在 900 ℃明显增加,与现有研究结果相比氧化温度明显降低。这是由超细 SiC 陶瓷粉末极高的比表面积导致即使低温加热也有较多的氧气吸附,测试表明 SiC 粉末在 1 000 ℃时的重量增加约为 0.8%。

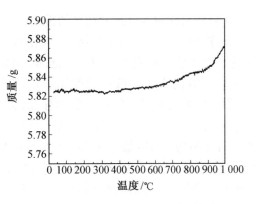

图 5.15　SiC 粉末的 TGA 测试结果

(2)空气气氛及惰性气体保护下的热脱脂工艺

根据各种常见方法的不同,在空气炉中从室温到 500 ℃进行脱脂并随之进行预烧结。样品放在 SiC 粉末中防止倾倒和帮助分隔融化的石蜡。预烧结是脱脂过程的最后一步。取 5 种预烧结温度:550 ℃、650 ℃、750 ℃、850 ℃和 950 ℃,保温时间为 2 h。此外,有一些样品在氩气保护下在 1 200 ℃的管式炉中脱脂和预烧结。在 180 ℃、380 ℃、500 ℃和预烧结温度时的保温时间都是 2 h。脱脂后的样品在 1 900 ℃的氩气气氛下烧结 1 h。

(3)热脱脂坯料缺陷分析

图 5.16 显示的是成形和脱脂后的弯曲试样。由图可见,在氩气气氛中脱脂的样品呈现与原始 SiC 粉末相似的颜色;而在空气中脱脂的样品变白了,并且随着预烧结温度从 550 ℃升至 950 ℃,变白程度更加明显。

脱脂过程中缺陷的发生是影响脱脂性能的一个主要因素,如裂缝、气孔、弯曲,因此实验分析了空气气氛对脱脂后样品成形特性的影响。在 500 ℃以下的空气气氛中脱脂的样品没有如裂缝、变形和弯曲等的缺陷。500 ℃下脱脂的单个样品重量几乎与理论计算的粉末组成相同。此外,该研究中黏结剂的最终分解温度低于 500 ℃。由此可见,所有的黏结剂都在 500 ℃分解完全。图 5.17 表示的是脱脂后试样的断口形貌,图中未见残余黏结剂。另外,由于空气脱脂过程中持续的氧气供应,高分子质量的黏结剂很容易在空气中除去,因此在空气炉中加热能够有效地提高脱脂率。当空气气氛下脱脂温度升高至 950 ℃时,试样发生明显的弯曲。

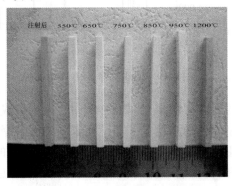

图 5.16　成形和脱脂后的弯曲试样

图 5.17　500 ℃以下试样脱脂后的断口形貌

（4）预氧化对生坯尺寸精度的影响

尽管空气有助于除去黏结剂,氧化对于脱脂件成形特性的影响不可忽视。通常,预烧结件会表现出比成形后微小的收缩。在该研究中,测试结果显示氩气气氛下脱脂样品的线收缩率大约为 0.1%。另一方面,在空气中脱脂的所有样品均没有收缩。在 550 ℃ 和 650 ℃ 预烧结的样品与成形后的坯体尺寸相同,在750 ℃ 预烧结的样品体积开始出现膨胀,如图5.18 所示。

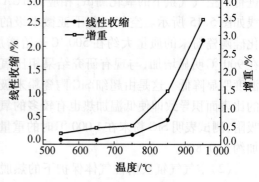

图 5.18　脱脂样品的线性膨胀与质量变化

相应的,随预烧结温度的增加,其质量也在增加。与理论计算的单个样品的粉末组成相比,重量的增加可计算求得。随着温度从 550 ℃ 升至 850 ℃,增重从 0.31% 增至 1.47%。如图 5.18 所示,尽管氧化引起体积膨胀和重量增加,在 850 ℃ 以下预烧结的样品中并没有发现缺陷。当温度升至 950 ℃ 时,线膨胀的增加量和增重迅速增至 2.1% 和 3.47%。同时,950 ℃ 预烧结的样品中发现了由过分氧化而引起的弯曲,因此,控制 SiO_2 的量很重要。另外,SiC 的过分氧化对随后的烧结并没有帮助。

（5）预氧化对生坯重量变化的影响

脱脂样品的重量增加是由 SiC 粉末的氧化引起的。SiC 与 O_2 关系的吉布斯自由能的值与温度的上升成反比。氧化过程可以被分为被动的和主动的两类。被动的氧化会在表面形成一层致密的 SiO_2 表层,它会降低随后的氧化率;因此,550 ℃ 预烧结的样品在加热长时间后仍会有一点重量的增加。然而,氧气从表层到 SiC 粉末内部的扩散会随加热时间和温度的增加而升高,因此,950 ℃ 预烧结样品的质量增加达到约 3.47%,比 TGA 的测试值高。SiO_2 的含量可通过调整预烧结温度和时间来控制,而且,氧化物的量仍不足以用 XRD 测出。图5.19 表示的 XRD 测试结果表明,除了 Al_2O_3 和 Y_2O_3 并没有明显的其他氧化物的衍射峰。不同温度下预烧结样品的 XRD 测试结果并没有明显不同。

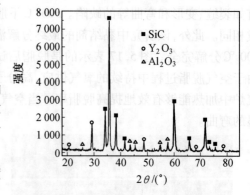

图 5.19　脱脂试样 XRD 衍射曲线

（6）预氧化对碳化硅弯曲试样脱脂坯强度的影响

脱脂后零件的转运过程中抵抗变形的能力取决于它们的弯曲强度。影响脱脂件弯曲强度的因素有很多,比如粉末形状、粉末组成、预烧结温度、脱脂气氛、坯料缺陷等。形状不规则的 SiC 粉末增加了不同粉末间的固有摩擦,这促使坯体在脱脂期间保持紧实的形状和获得相同的收缩。另外,原料体积分数 55% 的粉末组成有助于脱脂后密度的增加。理论上,较高的密度能够提高脱脂后的弯曲强度。原因在于,随着黏结剂的除去,空隙间的粉末很容易形成点接触。预烧结会提升点接触的强度。SiC 粉末在低温下的烧结活性很低,因此,SiC 坯体的预烧结温度通常超过 1 200 ℃ 并且带有气体保护。SiC的氧化形成了一层紧密的SiO_2层在SiC坯体表面,而且SiO_2有良好的烧结活性,氧化会影响SiC粉末的点接触。为探究氧化对强度的影响,首先测试不同样品的弯曲强度,试样断口宏观形貌以及弯曲强度如图5.20、5.21所示,随预烧结温度从550 ℃升至850 ℃,弯曲强度从6.55 MPa升至11.58 MPa。随温度升至950 ℃,弯曲强度提高了约26.2 MPa。此外,1 200 ℃氩气气氛中预烧结样品的弯曲强度仅有11.52 MPa。由图5.20所示,脱脂过程的氧化减少了气孔,提高了SiC粉末的接触面积。因此,低温空气中预烧结可以使样品获得足够的强度以供转运。合适的温度应该根据样品不同结构与体积对强度的要求来确定。

图5.20 脱脂后试样宏观及断口形貌

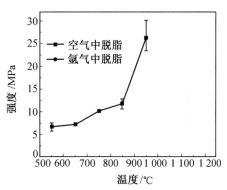

图5.21 不同预烧结温度下试样的弯曲强度

5.3.3 纳米陶瓷无压烧结机理及烧结实验

1. 纳米氧化锆陶瓷烧结

粉末注射成形的成功是因为它能将成形坯烧结至令人接受的密度,并可控制其尺寸和性能。但是脱脂后生坯有35% ~50%的空隙,伴随着相当大的收缩和尺寸变化又能成为扭曲变形的根源,因此PIM脱脂坯的烧结在致密化、尺寸精度和保形性、产品内部组织结构的控制等方面具有更大的难度。

烧结致密化通常在烧结温度接近材料熔点时出现。单个原子通过固相或液相物质运动使颗粒长大,原子运动的剧烈程度与温度的升高成正比,所以为了实现快速烧结,粉末注射成形坯通常在接近熔点温度进行烧结。由于熔点随材料不同而异,烧结温度也随材料而异,并没有一个不变的最好的烧结温度适合于所有材料;粉末注射成形的烧结与一般粉末冶金的烧结过程类似。但是由于粉末注射成形采用了大量的黏结剂,得到的成形坯的密度较低,这些黏结剂在烧结之前被脱除,所以注射成形坯的烧结类似于松散烧结,烧结过程中会发生较大的收缩。虽然这种收缩是烧结的主要目的,但同时这种尺寸改变也导致了变形。

纯ZrO_2有三种同素异形体结构:立方结构(c相)、四方结构(t相)及单斜结构(m),三种同素异构体的转变关系为[28]:

$$m\text{-}ZrO_2 \xrightarrow{1\,000\,℃} t\text{-}ZrO_2 \xrightarrow{2\,370\,℃} c\text{-}ZrO_2 \tag{5.16}$$

纯ZrO_2冷却或加热过程中会发生四方相和单斜相的相互转化,并伴随有高达7%的线性膨胀或收缩,因此难以烧结得到块状致密陶瓷。为消除体积变化的破坏作用,通常在纯ZrO_2中加入适量立方晶型氧化物,这类氧化物的金属离子半径与Zr^{4+}相差不大,如Y_2O_3、

MgO、CaO、CeO 等,在高温烧结时它们将与 ZrO_2 形成立方固溶体,消除了单斜相与四方相的转变,所得到的这种 ZrO_2 陶瓷称为稳定化 ZrO_2 陶瓷,用 FSZ(Fully Stabilized Zirconia)表示。

　　实验采用的 ZrO_2 陶瓷为 3% Y_2O_3(摩尔尔数)部分稳定的 ZrO_2 陶瓷材料,被称为 PSZ(Partly Stabilized Zirconia),PSZ 具有高强度、断裂韧性大、抗冲击性强等良好的力学性能,同时其热传导系数小,隔热效果好,因此受到了广泛应用。但是部分稳定 ZrO_2 的制备有严格的要求,通常采用超细粉体并在 1 400 ~ 1 550 ℃烧结,通过控制晶粒生长的速率以获得细晶粒陶瓷。氧化钇含量不同存在不同的临界晶粒尺寸,超过此尺度会发生自发相变,导致强度和韧性下降,临界尺寸的大小与组分密切相关(含 3 mol 时约为 1.0 μm),故控制烧结工艺十分重要。

　　因此,制定的三个烧结过程的最高烧结温度均在 1 400 ~ 1 550 ℃,分别为 1 450 ℃、1 500 ℃、1 550 ℃,烧结在硅钼棒空气炉中进行。为提高零件的致密度同时控制晶粒的过度长大,烧结采用低温下快速烧结,然后在中温下缓慢加热,最后高温短时保温的方法,三个烧结工艺曲线如图 5.22(a)所示。

　　由于纳米陶瓷具有较高的表面活性,其烧结温度较低,同时为了控制其晶粒的过度长大,制定烧结曲线如图 5.22(b)所示。

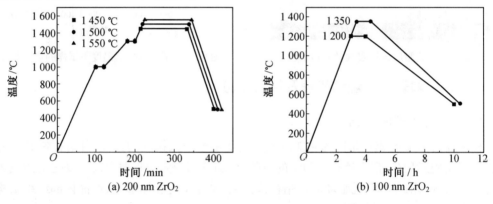

图 5.22　烧结工艺曲线

2. 亚微米碳化硅陶瓷烧结

　　一般而言,注射成形由于添加了大量的黏结剂,生坯密度低于模压成形的生坯密度,颗粒之间空隙大,所以,需要更高的温度和更多的烧结助剂来提高整个复合体系在烧结时的流动性,进一步加速颗粒的重排及伴随物质迁移的溶解与再沉淀过程,以得到高密度的烧结体。但过多的烧结助剂容易在烧结后形成玻璃相存在于晶界,使高温强度降低,因此,烧结助剂的添加量应在保证得到高的相对密度的前提下尽量低。

　　本实验中,将所有脱脂坯置入石墨坩埚中,将样品埋粉,在氩气氛下(通过充放气使压力保持在 0.12 MPa),从室温以 25 ℃/min 的速度升温至 1 000 ℃,然后以 15 ℃/min 的升温速率升至 1 600 ℃,最后以 10 ℃/min 的速度升温至 1 900 ℃保温 60 min,烧结工艺曲线如图 5.23 所示。根据现有研究,该烧结制度最有利于致密化。埋粉由 SiC 粉末与烧结助剂的混合物组成,比例为 60∶40,目的是在样品的周围创造一个局部气氛,尽量降低烧结助剂的高温挥发。

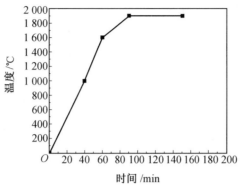

图 5.23　烧结工艺曲线

5.4　纳米陶瓷烧结制品质量控制

5.4.1　纳米陶瓷烧结制品尺寸精度控制

1. 纳米氧化锆陶瓷

（1）200 nm 氧化锆

随着微结构尺寸的不断减小,其脱脂速率可以逐渐增加,脱脂时间大大缩短,本书制定的脱脂曲线 2 的脱脂时间仅有 20.5 h,远低于常规大尺寸零件,从而大大节约了能源。图 5.24 为微结构件脱脂前后形貌,可以看出,脱脂后的微结构件无缺陷出现。

(a)微结构件生坯　　　　　　　　　　　　(b)脱脂后微结构件

图 5.24　零件脱脂前后形貌

热脱脂过程包括黏结剂的热分解,即化学反应过程,黏结剂分解气体传输到坯体表面进入外部气氛的物理传热、传质过程。黏结剂分解气体的产生一般是在整个坯体中同时发生的,但黏结剂分解气体的传输则随坯体表面的距离大小不同而有差异。由于传输距离的不同,接近坯体表面部分的黏结剂分解气体的脱除比坯体中部的要快,坯体中脱除黏结剂的顺序是从表及里逐渐推进。假定黏结剂分解气体在坯内的传输为控制步骤,则热脱脂机制可以分为扩散控制和渗透控制两种方式。

假设黏结剂为单一物质,分解气体从外部界面呈平直面向坯内部推进,当气体分子的平均自由行程远大于孔隙半径时,则黏结剂分解气体分子的传输速度取决于与孔隙壁间的碰撞频率,这就是扩散控制方式,如图5.25所示。孔隙度越高、孔隙尺寸越大,气体扩散系数就越高;气体分子质量越低、温度越高、气体压力越高将越有利于扩散。当孔隙半径较大时,黏结剂分解气体分子的传输速度取决于其分子间的碰撞频率,这就是渗透控制方式。

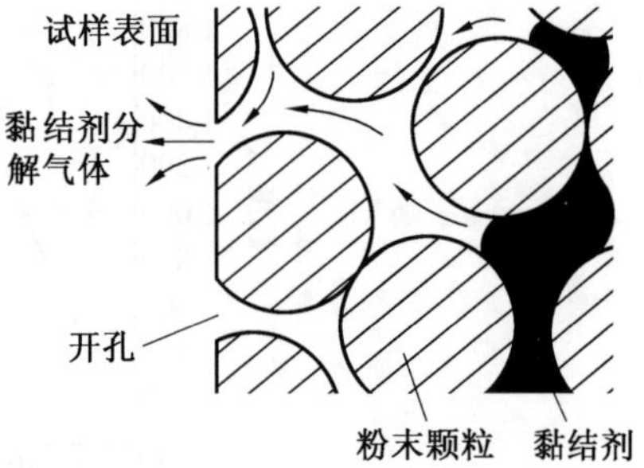

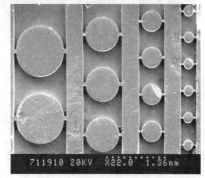

图5.25 黏结剂脱脂模型[119]

R. M. German 教授从理论上推导了扩散控制方式和渗透控制方式两种情况下脱脂时间的表达式[29]:

$$t = \frac{H^2 (M_w kT)^{\frac{1}{2}}}{2D\Delta P (1-f)^2 V_m} \quad (5.17)$$

式中　t——脱脂时间;

　　　H——成形坯厚度;

　　　M_w——分子质量;

　　　k——玻耳兹曼常数;

　　　T——绝对温度;

　　　f——颗粒的相对散装密度;

　　　D——颗粒直径;

　　　V_m——气体分子体积。

$$t = \frac{22.5 H^2 f^2 P \eta}{(P^2 - P_0^2)(1-f^3) D^2 F} \quad (5.18)$$

式中　P——孔隙中的压力;

　　　P_0——外界压力;

　　　η——分解气体的黏度;

　　　F——黏结剂蒸发时的体积变化。

由式(5.17)及(5.18)可以看出,不论是扩散控制方式还是渗透控制方式的热脱脂时间均与试样厚度的平方成正比,随着微结构尺寸的不断减小,黏结剂在坯体中的传输距离逐渐减小,同时微结构部分的比表面积也不断增加,由于接近坯体表面部分的黏结剂的脱除比坯体中部的快,所以比表面积的增加也有利于微结构脱脂速率的提高。

图5.26为注射成形的二氧化锆陶瓷微结构件,其注射成形时模具温度(T_m)50 ℃,注射压力(P_i)100 MPa,在1 500 ℃下烧结1 h后得到二氧化锆陶瓷微结构件,不同微结构直径分别为245 μm、478 μm、803 μm、1 190 μm。在注射压力和模具温度较低时,相同工艺参数下不同尺寸的微结构表面质量差别较大,如当模具

图5.26 ZrO₂ 微结构件
($T_m = 50$ ℃, $P_i = 100$ MPa)

温度为 30 ℃,注射压力 60 MPa 时直径为 310 μm 的微结构表面平整度较差,如图 5.27(a)、(b)所示,而此时直径为 1 510 μm 的微结构已得到了较好的填充,即表面平整度较好,如图 5.27(c)所示。这是由于随着微型腔尺寸的减小,其深宽比逐渐增加,微型腔内气体排出越来越困难。这种由于尺寸差别引起的表面质量的不同,可以通过提高注射压力和模具温度来解决,如将模具温度和注射压力分别提高到 50 ℃和 100 MPa 时,直径为 310 μm 的微结构表面平整度得到明显改善,如图 5.27(d)所示。注射前模具抽真空也可以消除这种微尺寸引起的表面质量的差别,即合模后微型腔镶块被密封在模具主体部分内,注射前通过抽真空将型腔和流道中的气体提前排除,从而改善微结构的填充性能。

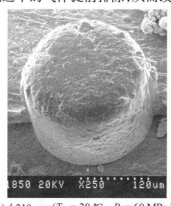

(a) ϕ 310 μm ($T_m = 30$ ℃, $P_i = 60$ MPa)

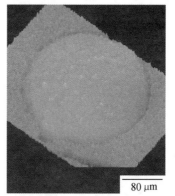

(b) ϕ 310 μm ($T_m = 30$ ℃, $P_i = 60$ MPa)

(c) ϕ 1 510 μm ($T_m = 30$ ℃, $P_i = 60$ MPa)

(d) ϕ 310 μm ($T_m = 50$ ℃, $P_i = 100$ MPa)

图 5.27　不同工艺参数下不同尺寸的微结构表面形貌

进一步分析发现,尽管通过提高模具温度和注射压力可以使微结构表面平整度达到要求,但是注射前若不抽真空,则微结构顶端表面会出现大量微小气孔,图 5.28 为微结构烧结前后顶端表面的局部形貌(注射前没有抽真空),而此时微结构侧壁以及基板表面均没有出现类似气孔,另外,从图 5.29 可以看出,晶界处没有残余气孔。综上所述可以断定微结构表面的气孔是由微型腔中的残余气体导致的,若注射前模具进行抽真空则微结构表面气孔明显减少,如图 5.30 所示。

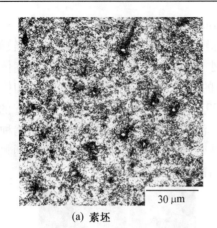

(a) 素坯

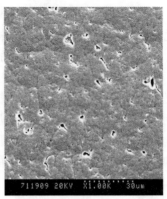

(b) 烧结后

图 5.28　微结构表面形貌

图 5.29　微结构微观组织

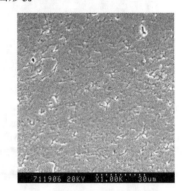

图 5.30　烧结后的表面形貌(抽真空)

表 5.10 为硅模具型腔和不同工艺参数下微结构的表面粗糙度。可以看出,未经刻蚀的硅模具具有良好的表面质量,其表面粗糙度仅有约 0.02 μm,而深槽刻蚀后的硅模具型腔表面粗糙度(M_s)为 0.31 μm,低的模具温度和注射压力容易导致微结构表面粗糙度的增加,这是由填充不完全引起的,如当模具温度为 30 ℃,注射压力为 60 MPa 时得到的微结构素坯表面粗糙度高达 0.56 μm。不同工艺参数下微结构表面粗糙度的测试结果表明,在保证微结构得到完好的填充后,其表面粗糙度不再受注射成形工艺参数的影响,如模具温度和注射压力分别为 50 ℃ 与 100 MPa、50 ℃ 与 140 MPa、70 ℃ 与 60 MPa、70 ℃ 与 100 MPa 以及 70 ℃ 与 140 MPa 时,微结构均得到良好的填充,而不同工艺条件下得到的微结构具有近似的表面粗糙度,该粗糙度值略高于刻蚀后的硅模具表面粗糙度。因此,粉末微注射成形微结构素坯的最佳表面粗糙度取决于硅模具的表面质量。微结构件烧结前后的表面形貌如图 5.31 所示,对比分析发现亚微米陶瓷超细粉的使用明显改善了烧结后微结构的表面质量,其表面粗糙度值由烧结前的 0.33 μm 降低为约 0.28 μm。

表 5.10　不同工艺参数下微结构表面粗糙度　　　　　　　　μm

性能	a	b	c	d	e	f	g	h	i
M_s					0.31				
G_s	0.56	0.46	0.42	0.38	0.33	0.33	0.35	0.33	0.33
S_s	0.36	0.33	0.33	0.29	0.27	0.28	0.28	0.28	0.27

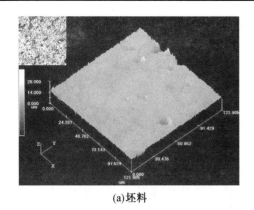

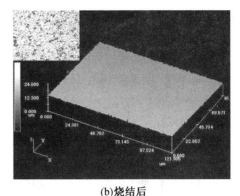

(a)坯料　　　　　　　　　　　　　　　　(b)烧结后

图 5.31　微结构表面

（2）氧化锆陶瓷微结构件的尺寸精度

作为一种零部件近净成形技术，PIM 产品的尺寸精度一直受到人们的重视。与机械加工不同的是，粉末注射成形技术中后面的步骤不能消除前面步骤造成的尺寸偏差，这使得它们的尺寸精度的提高需要通过减小各步骤尺寸偏差来实现。在 PIM 技术发展的早期，制品的变形和尺寸精度不高，曾一度成为制约 PIM 技术发展的关键因素。尺寸精度的控制是一个涉及原材料、混炼、注射成形、脱脂、烧结各个环节的复杂问题，因此，其尺寸精度的控制实际上反映了各种 PIM 技术的优劣。近年来对 PIM 产品尺寸精度的控制已取得了一些成果，提高了该技术的市场竞争力。对于 µPIM 成形的独立的微型零件，其质量已小至毫克级，三位尺寸均在 1 mm 以下，而微结构零件的微结构部分的三维尺寸已降至微米或亚微米级，因此 µPIM 中对尺寸精度的控制提出了更严格的要求。

采用激光共聚焦显微镜对不同喂料配比和工艺参数下制得的 ZrO_2 微结构的尺寸进行了测量，计算得到了不同参数下微结构部分的线性收缩率，对比分析了不同参数对微结构部分尺寸精度的影响。对于粉末注射成形来说，零件体积变化最大的阶段在烧结过程中，密度的提高伴随着物料内空隙的排除和物料体积的收缩。而产品尺寸精度高是陶瓷粉末注射成形的一个重要优势，所以测定微结构的收缩率，确定收缩率大小，寻求收缩率与尺寸之间的关系对于控制微结构件的最终形状和尺寸精度有很重要的意义。

对粉末微注射成形来说，除了模具尺寸的影响外，喂料配比和烧结工艺也是影响其尺寸精度的两个主要因素。粉末体积分数为 50% 的喂料注射成形的微结构素坯（模具温度50 ℃，注射压力 100 MPa），在 1 450 ℃、1 500 ℃、1 550 ℃下烧结 1 h 后分别产生了19.35%、20%、21.29% 的线性收缩；而当粉末体积分数为 55% 的微结构素坯（模具温度 50 ℃，注射压力 100 MPa），在 1 500 ℃和 1 550 ℃温度下烧结 1 h 后的线性收缩分别减小为 17.74% 和18.38%。不同的收缩率决定着微结构具有不同的最终尺寸，如 21.29% 和 17.74% 的线性收缩将使直径 310 µm 的微圆柱素坯烧结后的尺寸差别高达 10.65 µm。粉末体积分数为55% 的微结构素坯上不同尺寸的微圆柱直径分别为 297 µm、582 µm、975 µm、1 450 µm，在1 500 ℃下烧结 1 h 后，二氧化锆陶瓷微圆柱的直径分别为 245 µm、478 µm、803 µm、1 190 µm。

采用阿基米得法对微结构件的致密度进行了测量，与通过线性收缩计算所得的致密度进行对比分析。以粉末体积分数为 55% 的喂料为例，注射成形模具温度 50 ℃，注射压力

100 MPa,脱脂后于 1 500 ℃下烧结 1 h,模具未抽真空,微结构件的真实密度的计算式为

$$D = \frac{m_1}{m_3 - m_2} \times 100\% \tag{5.19}$$

式中　D——测量密度,g/cm³;

　　　m_1——试样干重;g;

　　　m_2——试样浮重;g;

　　　m_3——试样湿重;g。

微结构件的真实密度、相对密度、气孔率的测量结果见表 5.11。

根据该试样上微结构部分显微组织形貌,计算可得其孔隙率约为 2.95%,排除测量误差因素的干扰,可以认为微结构部分与基板处的密度近似一致。

表 5.11　微结构件的密度及气孔率测量结果

测量次数	干重 m_1/mg	浮重 m_2/mg	湿重 m_3/mg	D /(g·cm⁻³)	D平均值 /(g·cm⁻³)	相对密度 /%	孔隙率 /%
1	376.80	314.33	378.25	5.89			
2	376.30	314.48	378.80	5.85	5.92	97.05	2.95
3	377.50	316.40	379.15	6.01			

(3)100 nm 氧化锆

图 5.32 为纳米氧化锆试样烧结前后宏观形貌,由图中可以看出 1 350 ℃烧结后零件已产生了约 20% 的线性收缩,零件相对密度达 98.5%,1 200 ℃烧结后试样线性收缩率略低于 20%。对比可以看出,100 nm 的氧化锆陶瓷烧结温度明显降低。

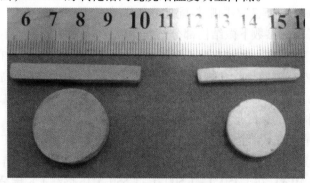

图 5.32　烧结前后宏观形貌(100 nm ZrO₂)

2. 亚微米碳化硅

图 5.33 所示为不同试样烧结前后照片,由图中可以看出与试样生坯相比不同试样具有不同的收缩率,预氧化试样烧结后线性收缩率明显大于没有预氧化的试样。尽管预氧化试样有较大的收缩,然而预氧化引入的二氧化硅与氧化铝和氧化钇相比具有更低的熔点,所以容易导致高温下液相损失的增加,从而引起试样具有不同的质量损失。因此,气孔率成为衡量预氧化对致密化影响规律的衡量标准。

图 5.34 所示为不同温度下的脱脂坯烧结后尺寸及质量变化曲线,从图中可以看出随着预氧化温度的升高,烧结制品线性收缩率逐渐增加。对比有无预氧化脱脂坯烧结后尺寸发

现,预烧结可以有效地促进烧结制品的线性收缩,这是由于空气脱脂过程中在碳化硅表面形成了二氧化硅层,而二氧化硅与氧化铝和氧化钇相比具有更低的熔点。另一方面,烧结后制品均表现出了不同程度的质量损失:5.00%(550 ℃预氧化)、5.10%(650 ℃预氧化)、7.54%(750 ℃预氧化)、10.12%(850 ℃预氧化)、4.05%(无预氧化),所以无预氧化的脱脂坯烧结后致密度并不是最低的。

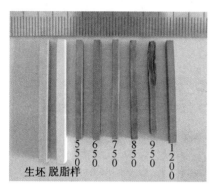

图 5.33　烧结后试样形貌

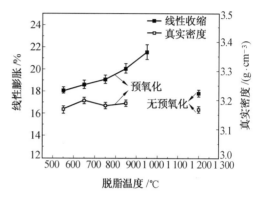

图 5.34　烧结后制品尺寸及质量变化

5.4.2　纳米陶瓷制品显微组织分析

1. 纳米氧化锆

(1)200 nm 氧化锆

图 5.35 为不同工艺参数下得到的二氧化锆陶瓷微结构件内部组织形貌。注射成形所用喂料中 ZrO_2 陶瓷粉末体积分数为 50%,选取直径为 310 μm 的微圆柱为例,对比分析可以得到不同参数对其组织形态的影响。

①注射压力(P_i)的影响。由于微结构尺寸不断减小,喂料在填充过程中的压力损失逐渐增加,小的注射压力容易导致微结构部分生坯密度的下降,从而影响零件的最终烧结。图 5.35(a)为在 60 MPa 注射压力和 50 ℃模具温度下注射成形的试样在 1 500 ℃下烧结 1h 后的显微组织,可以看出,其晶粒松散且尺寸分布很不均匀,整个零件烧结后的相对密度只有 95.57%,且线性收缩约为 19.35%。提高注射压力可以明显改善微结构的晶体形貌,将注射压力提高到 140 MPa,其他工艺参数均保持不变,得到的试样的致密度明显增加,晶粒尺寸均匀性也有所改善,如图 5.35(b)所示。

②模具温度(T_m)的影响。低的模具温度容易导致熔体难度增大,注射过程中熔体压力损失增加,从而导致微结构部分的填充困难,且成形的微结构生坯密度大大降低,进而影响微结构部分的烧结性能。图 5.35(c)为注射压力 100 MPa,模具温度 30 ℃下注射成形的微结构在 1 450 ℃下烧结 1 h 的显微组织结构,可以看出其孔隙度较大。而模具温度的升高使得喂料冷却速率下降,有利于微结构生坯密度的增加,进而可以改善颗粒的烧结特性。将模具温度提高到 70 ℃,其他工艺参数不变得到的微结构的显微组织如图 5.35(d)所示,可以看出其烧结体仍有较高的致密度,且晶粒尺寸细小均匀,然而高的模具温度增加了生产周期。

③烧结温度(T_s)的影响。在实验设定的温度范围内随着烧结温度的升高,微结构件的致密度逐渐增加,但是其晶粒尺寸也明显增大,如图 5.35(e)、(f)所示。微结构生坯的注射压力和模具温度分别为 100 MPa 和 50 ℃,当烧结温度由 1 450 ℃增加至 1 550 ℃后,微结构

的平均晶粒尺寸由 0.31 μm 长大为 0.56 μm。另外,烧结温度的升高常伴随有过度长大的晶粒出现,这对微结构的影响特别显著。烧结工艺为 1 550 ℃下 1 h,其最大晶粒尺寸约已达 1.5 μm,而实验中制的最小微结构直径为 90 μm,如图 5.35(f)所示。

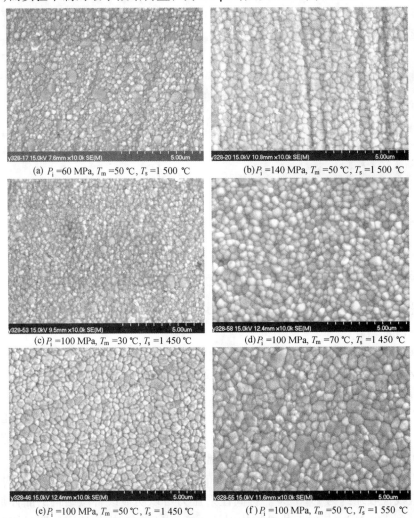

(a) P_i =60 MPa, T_m =50 ℃, T_s =1 500 ℃　　　(b) P_i =140 MPa, T_m =50 ℃, T_s =1 500 ℃

(c) P_i =100 MPa, T_m =30 ℃, T_s =1 450 ℃　　　(d) P_i =100 MPa, T_m =70 ℃, T_s =1 450 ℃

(e) P_i =100 MPa, T_m =50 ℃, T_s =1 450 ℃　　　(f) P_i =100 MPa, T_m =50 ℃, T_s =1 550 ℃

图 5.35　不同工艺参数下微结构的显微组织

(2)喂料配比对微结构的组织形貌的影响

致密度的增加有利于改善零件的力学性能,然而随着致密度的增加零件的线性收缩会随之增大,对于微型零件应尽量减小线性收缩来提高其尺寸精度。增加喂料中的粉末含量,可以有效减小烧结件的线性收缩,但是粉末含量的增加会使其黏度上升,从而影响微结构的填充性能。通过成形性能分析发现,采用流动性较好的石蜡基黏结剂,将喂料中粉末的体积分数由 50% 提高到 55%,微结构仍可以填充良好。另外,增加粉末含量容易导致混料不均匀,从而使烧结后的零件内部气孔率增加,如图 5.36(a)所示。通过优化混炼工艺,粉末体积分数为 55% 的喂料注射成形的微结构烧结后的气孔率得到了明显改善,如图 5.36(b)所示,其注射时模具温度 50 ℃,注射压力 100 MPa,生坯脱脂后于 1 500 ℃下烧结 1 h,可以看出其平均晶粒尺寸约为 0.39 μm,该试样线性收缩率可以控制在 17.32% 左右,相对密度可达 98.5%。

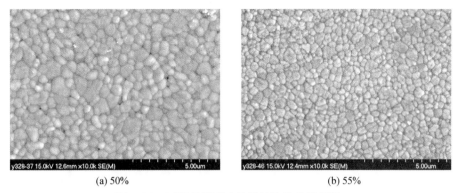

(a) 50%　　　　　　　　　　　　(b) 55%

图 5.36　不同喂料配比的微结构的显微组织

（3）不同尺寸下微结构的组织形貌

图 5.37 为相同工艺参数下不同尺寸的微结构的显微组织形貌,该试样生坯中粉末体积分数为 55%,注射压力 100 MPa,模具温度 50 ℃,烧结温度 1 550 ℃,烧结时间 1.5 h。图 5.37(a)～(d)分别为直径 310 μm、610 μm、1 510 μm 的微圆柱及基板表面,可以看出不同尺寸微结构的显微组织没有明显变化,其晶粒尺寸及均匀性基本一致,这是由于烧结过程中对于多数材料来说不同结构处的温度差别是非常微弱的,尤其是实验中基板的厚度仅为 2.0 mm。在气孔率方面,直径为 310 μm 的微圆柱的气孔率略大于其他尺寸的微结构及基板的气孔率,这是由于喂料熔体在相同的注射成形工艺条件下,随着型腔尺寸的减小,模具阻力会逐渐增加,在填充微小型腔时喂料熔体的压力损失也就越大,导致成形后微结构生坯的致密度下降,使烧结后微结构的最终致密度略有降低。

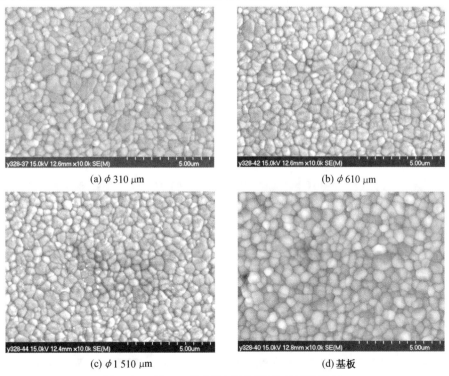

(a) φ 310 μm　　　　　　　　　　(b) φ 610 μm

(c) φ 1 510 μm　　　　　　　　　　(d) 基板

图 5.37　同一工艺参数下不同结构的显微组织

　　带有直径为110 μm微圆柱的ZrO_2陶瓷微结构件,其微结构部分与基板处的晶粒尺寸、形貌及均匀性仍没有明显变化,如图5.38所示。通过以上分析发现,对于实验研究的相关微结构件,微结构部分与基体中的显微组织形貌没有明显差别,不存在类似于聚丙烯微结构中的微尺度效应。

(a) φ110 μm　　　　　　　　　　　　　(b) 基板

图5.38　微结构与基板处的显微组织

(4)微结构件表面与内部的组织形貌

　　以上分析表明,随着微结构尺寸的不断减小,其比表面积也在不断增加,因此其表面质量具有重要作用,如表面摩擦系数、表面黏附力、表面张力等都与表面质量有密切的关系,而这些性质均与表面的组织形貌有密切的关系。已有研究表明对于金属微结构的注射成形,微结构表面与内部的晶体形貌有较大差别,可见这种差别并不是由烧结过程的热传导不同导致的,烧结机制的不同实际上是由氧化物的出现与零件内部气压共同作用的结果导致的。对于陶瓷微结构来说,烧结在空气中进行,气氛对微结构显微组织的影响很小,如图5.39所示,同一工艺参数下微结构的表面和内部的组织形貌没有明显差别。

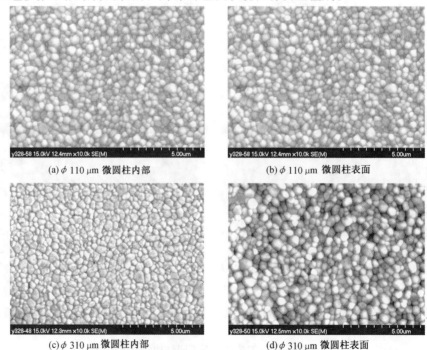

(a) φ110 μm 微圆柱内部　　　　　　　　　(b) φ110 μm 微圆柱表面

(c) φ310 μm 微圆柱内部　　　　　　　　　(d) φ310 μm 微圆柱表面

图5.39　微结构表面与内部显微组织

（5）ZrO_2 微结构件晶体类型

实验采用的亚微米级 ZrO_2 陶瓷粉末,烧结温度分别设定为 1 450 ℃、1 500 ℃及 1 550 ℃。图 5.40 为微结构件的 X 射线衍射图。可以看出,ZrO_2 陶瓷微结构件以四方相为主。

（6）ZrO_2 陶瓷微结构的晶体长大及致密化机理

烧结是加热到高温时粉末结合在一起的过程。就微观结构而言,作为结合的烧结颈在粉末接触处生成。烧结过程的化学驱动力是粉末的表面能,在烧结过程中表面积减少,与存在的界面相关的过剩自由能也降低。因此,烧结是

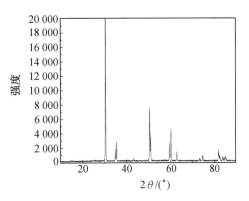

图 5.40　微结构件的 X 射线衍射图

一种自发现象,其方向由表面能减少而降低的自由能决定。实验中 ZrO_2 陶瓷微结构件的烧结温度分别为 1 450 ℃、1 500 ℃、1 550 ℃,三个温度下烧结过程均属于固相烧结,在绝大多数情况下固相烧结可分为三个主要阶段:

初级阶段,由于粉体中的晶粒生长和重排过程,原来松散颗粒的黏结作用增加,气体体积减小,于是颗粒的堆积比较紧密。在这个阶段,颗粒内的晶粒不发生变化,颗粒的外形基本保持不变,整个烧结体没有收缩,密度增加极少。烧结初期对致密化的贡献很小,一般小于 10%,仅 2% ~ 3%。

第二阶段,由于物质从颗粒间的接触部分向气孔迁移,通过颗粒向中心的靠近和颗粒间接触面积的增加而将气孔完全排出。随着晶粒长大,晶界或牵附孔隙一起运动,或越过孔隙使之残留于晶粒内部。该阶段烧结体的密度和强度都增加。

第三阶段,一般当烧结体密度达到 90%,烧结就进入烧结后期,该阶段是烧结末期晶粒的长大过程,由于晶界具有过剩的能量,所以当晶界的界面面积减少时,这种系统的自由能就降低。界面面积的减少,意味着晶粒尺寸的增加。由于晶界的运动,某些晶粒通过消耗其他晶粒而长大。

对于常规金属粉末注射成形最有用的致密化过程通常是晶界扩散,而 L. Liu 与 N. H. Loh[30] 等人在研究金属微结构零件(微结构部分直径 80 μm)的注射成形时发现,微结构部分与基体相比具有更小的孔隙度,且晶粒尺寸相对较大,这是因为它们的致密化机理不同,金属零件的烧结致密化机理随尺寸的变化而不同,微结构部分通过晶格扩散(Lattice Diffusion)来实现致密,而基体部分通过晶界扩散(Doundary Diffusion)来达到致密。对于粉末注射成形陶瓷微结构件,还未见这方面的报道。

目前,对于原子级别、颗粒及零件尺寸范围共有三种不同的烧结理论,其中以颗粒间的烧结理论最为成熟。对于少量颗粒烧结产生的结构变化已有大量解释,Coble 和 Herring 模型被用于解释烧结致密机理,整个零件的烧结扩散蠕变理论就是基于这两个模型展开讨论的。Brook 理论更适合于晶粒长大,虽然该理论对晶粒间孔隙和边界移动进行了简化,但它的定性分析是非常准确的。假设孔隙尺寸单一,Brook 的晶粒长大速率方程为[30]:

$$dG/dt = K'/G^n \tag{5.20}$$

式中　G——晶粒大小;

　　t——时间；

　　K'——与温度和晶粒长大机理有关的常数；

　　n——对于表面扩散 n 等于3，对于晶格扩散 n 等于2，对于晶界扩散 n 等于1。

　　烧结后微结构件的平均晶粒尺寸可由 $G=1.57l$ 得到，其中 l 是单个晶粒的晶界间距离。

　　微结构部分和基板的晶粒生长速率可由上式计算得到，以 $\ln(\mathrm{d}G/\mathrm{d}t)$ 和 $\ln G$ 做直线，曲线的斜率为 n。对于表面扩散、晶格扩散和晶界扩散来说，理想的 n 值分别为3、2和1。因此，可以通过计算不同工艺参数下微结构部分和基板部分的 n 值来确定它们的晶体长大机理，从前文中分析已发现，相同工艺条件下微结构部分与基板处的晶体尺寸基本一致，所以计算得到微结构及基板的 n 值也是相同的，因此微结构及基板的晶体长大机理应是相同的。不管是微结构还是基板上均没有发现晶内孔，而晶内孔是通过晶格扩散移动产生的，所以微结构及基板的晶粒长大机理均属于晶界扩散。

　　晶格扩散控制的致密过程中，Coble 对单个晶粒单位时间的体积通量给出了以下关系式[30]：

$$\mathrm{d}V/\mathrm{d}t = AD_\mathrm{L}\gamma_\mathrm{s}\Omega/kT \tag{5.21}$$

式中　V——单个晶粒总的孔隙体积；

　　　A——常数；

　　　D_L——晶格扩散系数；

　　　γ_s——玻耳兹曼常数；

　　　T——绝对温度。

　　在烧结中期，$A=112\pi$，在烧结后期 $A=48\pi$。对于晶界扩散导致的致密过程中，Coble 认为在烧结中期以下方程比较适合：

$$\mathrm{d}V/\mathrm{d}t = 4\pi D_\mathrm{B}W\gamma_\mathrm{s}\Omega/kTr \tag{5.22}$$

式中　W——晶粒边界宽度；

　　　D_B——边界扩散系数；

　　　r——烧结中期柱状孔的半径。

　　在烧结后期方程由 Herring 通量方程演变为：

$$\mathrm{d}\rho/\mathrm{d}t \propto D_\mathrm{B}\gamma_\mathrm{s}\Omega/kTG^4 \tag{5.23}$$

式中　ρ——相对密度。

$$\mathrm{d}\rho/\mathrm{d}t = K''/TG^\mathrm{m} \tag{5.24}$$

　　由方程（5.21）～（5.23）可以得到方程（5.24），对于晶界扩散控制导致的致密化，$m=4$；晶格扩散控制导致的致密化，$m=3$。K'' 对于固定的材料体系在给定温度下保持恒定，不过 K'' 随温度改变而改变，另外，K'' 依赖于烧结过程及致密化的不同扩散机理。

　　微结构部分的整体形貌在扫描电镜下观察，微圆柱和基板的孔隙度在抛光后进行观察分析，零件的相对密度由孔隙度（p）计算可得：

$$\rho = 1-p \tag{5.25}$$

　　由方程（5.24）可以计算出微结构及基板的 m 值，前文分析已确定微结构部分与基板的致密度一致，所以相同工艺参数下的微结构及基板应具有相同的 m 值，另外，微结构部分与基板部分的晶体长大方式均属于晶界扩散，所以 $\mathrm{ZrO_2}$ 陶瓷微结构件的致密过程是由晶界扩散控制的。这是由于烧结过程中对于微结构件来说不同结构处的温度差别是非常微弱的，尤其是实验中基板的厚度也只有 2.0 mm。

（7）100 nm 氧化锆

对于纳米粉末,烧结时控制晶粒尺寸是关键因素,本实验中由于将烧结温度降低至 1 200 ℃,因此烧结后晶粒尺寸与颗粒尺寸相比无明显长大,如图 5.41(a)所示,由于烧结温度较低,试样残留少量纳米孔洞,当烧结温度升高至 1 350 ℃时,试样中纳米孔洞显著减少,如图 5.41(b)所示,然而晶粒尺寸已长大至约 200 nm,如图 5.41(c)所示。

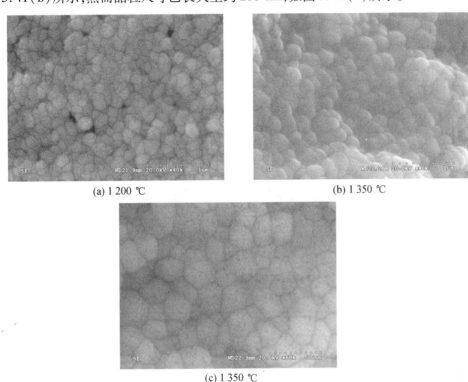

(a) 1 200 ℃　　　　　　　　　　　(b) 1 350 ℃

(c) 1 350 ℃

图 5.41　烧结后纳米陶瓷显微组织(100 nm)

2. 亚微米碳化硅陶瓷

图 5.42 分别给出不同温度和脱脂气氛下脱脂坯经 1 900 ℃烧结的抛光面。从图中可以看出,与未经预氧化直接烧结试样相比,650 ℃下预氧化处理后制品气孔明显降低,相应的烧结制品绝对密度由 3.18 g/cm³ 提高到 3.20 g/cm³。由此可以推断适当温度下的预氧化可以有效地降低制品气孔率,提高其真实密度。当预氧化温度进一步升高至 850 ℃时,烧结后制品气孔率反而逐渐增加,如图 5.42(c)所示。气孔率的增加是由质量损失的增加引起的。不过尽管预氧化增加了烧结后制品的质量损失,850 ℃下预氧化试样烧结后绝对密度仍达到 3.18 g/cm³。从 Y_2O_3–Al_2O_3 二元相图可知,预氧化过程在 SiC 颗粒表面形成的 SiO_2 层使系统在约 1 400 ℃就开始出现液相,如图 5.43 所示烧结后制品表面出现了凝固后的液滴,扫描电镜下成分分析发现凝固液滴的主要成分为氧、硅、铝,见表 5.12。随着温度的进一步升高,液相量逐渐增加,液相黏度降低,系统中固相颗粒在毛细管力的作用下发生重排,直到颗粒之间形成紧密堆积,颗粒之间难以发生切向移动和转动,随后溶解沉淀机制变成了主要的致密化机理,从而有效地促进了脱脂坯的收缩,提高了制品真实密度。

(a) 无预氧化

(b) 650 ℃下预氧化

(c) 850 ℃下预氧化

图 5.42　烧结后试样抛光面

表 5.12　表面液滴成分

元素	质量分数/%	原子数分数/%
C	39.68	55.98
O	16.58	17.56
Al	2.66	1.67
Si	41.08	24.79

（1）不同预氧化温度下脱脂坯烧结后成分分析

烧结后制品中若残余低熔点二氧化硅，其高温力学性能将受到显著影响，XRD 测试结果表明制品中未见明显二氧化硅衍射峰，如图 5.44所示。同时分析未见 YGA 相出现，实验采用烧结助剂氧化铝与氧化钇比例为 5：3，理论上可以形成 YGA（Y$_3$Al$_5$O$_{12}$）相。而从前面分析得知，烧结过程中预氧化所形成的二氧化硅与氧化铝易形成液相，随着制品的收缩液相流出

图 5.43　烧结后制品表面

试样，这是 XRD 测试结果未发现烧结后试样存在二氧化硅的主要原因。同时液相的流出导致了氧化铝的损失，使得氧化铝在烧结助剂中的比例下降，从而影响了烧结过程中 YGA 相

的生成。当制品中氧化铝与氧化钇比例达到约为 1 : 1 时,有利于 YMP(YALO₃)相的生成。650 ℃预氧化试样烧结制品出现了 YMP 衍射峰,而随着预氧化温度的升高,脱脂坯中二氧化硅含量逐渐增加,烧结过程液相损失随之加大,相应的氧化铝含量逐渐下降;当预氧化温度达 850 ℃时,烧结后制品中出现残余氧化钇衍射峰,如图 5.44 所示。

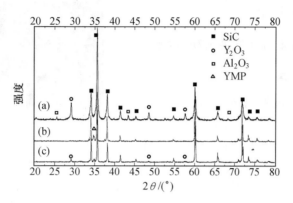

图 5.44　不同试样 XRD 测试结果

(a)650 ℃脱脂件;(b)650 ℃预氧化后 1 900 ℃烧结件;(c)850 ℃脱脂后

(2)碳化硅陶瓷制品固液相分析

图 5.45 所示为烧结后制品投射电镜下微观形貌,通过 TEM 下能谱分析发现,图中所示固相为 SiC。而凝固后的晶间液相由 O、Al 和 Y 组成,见表 5.13,未见 Si 成分出现,测试结果确认了烧结后制品内部已无残余二氧化硅存在。

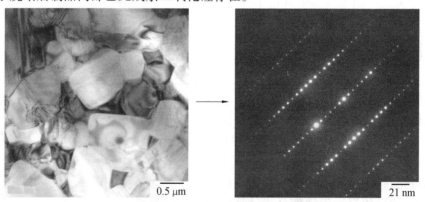

图 5.45　烧结后试样投射电镜下微观形貌

表 5.13　烧结后晶间液相成分组成

元素	质量分数/%	原子数分数/%
O	21.47	47.64
Al	22.91	30.14
Y	55.60	22.20

图 5.46 是烧结后制品的 HAADF 图像,由图中可以看出晶界有两种状态:一种晶界是由一定宽度玻璃相构成晶界的,这种玻璃相宽度是影响致密化的一个重要参量,如图 5.46 中 A;另一种晶界在透射电镜下仅能观察到一条平滑的线,此种晶界使两相邻碳化硅晶粒靠扩散连接,结合强度不高,如图 5.46 中 B。但是,在高温下前一种晶界的玻璃相会熔化,加

速高温时的物质传递,产生晶界蠕变,因而对高温性能不利。图中表明除晶界存在玻璃相外,大量玻璃相存在于多晶粒交界的"三态点"处,如图 5.46 中 C,这些玻璃相有效地填充了晶粒间隙,改善了材料室温性能。

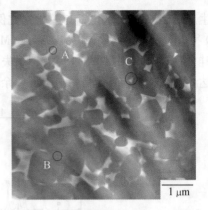

图 5.46　烧结后试样 HAADF 图像

5.4.3　纳米陶瓷制品力学性能分析与测试

1. 纳米氧化锆陶瓷

硬度是指材料抵抗外物压入其表面的能力,它可以表征材料的坚硬程度,反映材料抵抗局部变形的能力。硬度作为材料多种力学特性的"显微探针",与材料的强度、耐磨性、弹性、塑性、韧性等物理量之间都有着密不可分的联系。前述分析表明,不同工艺参数下微结构件的晶体尺寸和致密度略有不同,而显微组织结构与力学性能有着密切的联系,因此,对不同工艺参数下 ZrO_2 陶瓷微结构进行显微硬度测试,不同试样成形工艺见表 5.14。

表 5.14　显微硬度测试试样成形参数

试样	粉末含量/%	模具温度/ ℃	注射压力/MPa	烧结温度/ ℃
1	55	50	100	1550
2	50	50	100	1550
3	50	70	100	1550
4	50	50	140	1500
5	50	50	60	1500

微结构表面的显微硬度测试压痕,由于陶瓷为脆硬材料,压痕的边缘会产生裂纹,裂纹呈直线一直延伸至微结构的边缘,如图 5.47 所示。

采用激光共聚焦显微镜来测定不同压痕的对角线长度,然后依据维氏硬度公式计算得出各个实验组 ZrO_2 陶瓷微结构件的维氏硬度值,见表 5.15。对比可以看出,不同参数下 ZrO_2 陶瓷微结构件的维氏硬度值变化不明显,基本在 13.5 GPa 左右。

另外,分析发现不同尺寸的微结构也具有

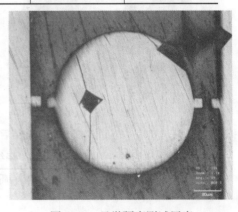

图 5.47　显微硬度测试压痕

近似相同的硬度值,表中不同尺寸微结构间硬度值的差别在测量误差之内。这是由晶体尺寸和结构致密度共同作用的结果,增加烧结温度可以使致密度增加,高的致密度有利于硬度值的增加,而烧结温度的上升同时会导致晶体尺寸的显著增加,而晶粒的粗大化会使硬度减小。由前文分析发现不同参数下 ZrO_2 陶瓷微结构件的致密度相近,且晶粒尺寸分布范围较小,均在 0.5 μm 左右,相近的致密度及晶粒尺寸导致了以上微结构件具有近似的硬度值。

表 5.15 各个实验组微阵列烧结后的维氏硬度

试件	φ1510	φ1010	φ610	φ310	平均值
1	13.81	13.82	13.78	13.41	13.71
2	13.28	13.37	13.75	13.36	13.44
3	13.45	13.36	13.46	13.46	13.43
4	13.53	13.46	13.72	13.71	13.60
5	13.32	13.27	13.31	13.48	13.34

模量与硬度密切相关,对 ZrO_2 陶瓷微结构件进行纳米压入测试,确定其模量。由于不同工艺参数下微结构试样的硬度值近似一致,纳米压入测试以下列试样为例,喂料中粉末体积分数为 55%,注射模具温度 50 ℃,注射压力 100 MPa,脱脂后于 1 500 ℃下烧结 1 h。图 5.48 为以恒定加载速度进行纳米压痕实验获得的载荷–位移曲线,测试点分别位于 φ610 μm、φ1 010 μm、φ1 510 μm 的微圆柱横截面的中心。可以看出,三个位置测量时的变形行为基本相同,即最大深度为 950 nm 左右,卸载后的

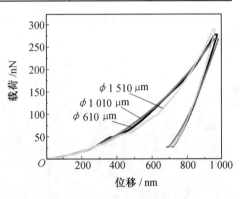

图 5.48 载荷–位移曲线

残余深度为 610 nm 左右。并且,直径为 φ610 μm 和 φ1 010 μm 的微圆片的加载和卸载曲线都是连续的,没有台阶出现,而 φ1 510 μm 的圆片的加载曲线中出现了不明显的小台阶,这是由于陶瓷微结构在该条件下的变形过程中可能出现了小的表面裂痕。

图 5.49 为弹性模量及硬度与位移的关系曲线,从图中可以看出随着压入深度的增加,微结构件的模量及硬度值逐渐趋于稳定。该工艺下制得的 ZrO_2 微结构件的弹性模量约为 250 GPa,硬度约为 15 GPa,三个尺寸微结构的弹性模量基本一致。与前文相比,纳米压入测的硬度值略高于显微硬度,该差别是由测量装置不同导致的。

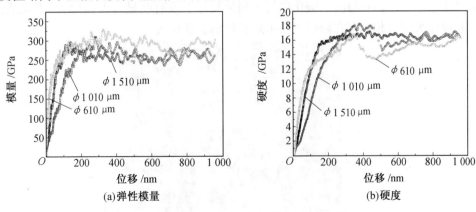

(a)弹性模量　　　　　　　　　　(b)硬度

图 5.49 弹性模量及硬度与位移的关系曲线

2. 碳化硅陶瓷

由图 5.50 所示，在 950 ℃空气中预烧结的样品在 1 900 ℃烧结后明显开裂；然而，少量
SiO$_2$ 有助于 SiC 在最后的烧结阶段的密实化。由图 5.50 可见，在空气中烧结的样品比在氩
气中预烧结的样品在烧结过程结束之后的收缩率更大，因此，空气炉中的预烧结温度应该低
于 850 ℃。脱脂后的预烧结是为增加件的强度，以便于操作且确保所有的黏结剂组分能够
完全从件中除去。然而，最终烧结件的力学性能仍然十分重要。在最终 1 900 ℃烧结之后，
在 550 ℃、650 ℃、750 ℃、850 ℃的空气炉中和 1 200 ℃的氩气气氛保护中预烧结的样品的
弯曲强度达到了 475 MPa、537 MPa、492 MPa、506 MPa 和 594 MPa，这些数值与其他研究人
员的测试结果相近。

烧结后制品晶粒形貌及尺寸是影响其力学性能的关键因素，图 5.51 所示为烧结后试样
断口形貌。由图可以看出试样断口出现了大量的液相，晶界已被生成的液相填充，同时晶粒
生长完善，大部分的晶粒呈现出规则几何形状，仅存在少量的气孔。另外，所示断面均参差
不齐，有明显的晶粒拔出痕迹，以沿晶断裂为主。

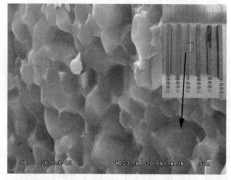

图 5.50　烧结样品及烧结部分的断口形貌　　　图 5.51　650 ℃预氧化试样烧结后断口形貌

这说明晶间液相是影响烧结后制品强度的关键因素，如未经氧化直接烧结制品弯曲强
度与压缩强度分别为 594 MPa 和 3.09 GPa。虽然预氧化引起的烧结过程液相损失的增加，
使得烧结后制品弯曲强度略有降低，但测试结果表明 650 ℃下预氧化试样烧结后弯曲强度
与压缩强度仍高达 537 MPa 和 2.89 GPa。腐蚀后晶间液相被去除，如图 5.52 所示，烧结后
晶粒尺寸略小于 1 μm，与所用碳化硅粉末相比尺寸上没有明显长大，这是由于烧结过程中
粉末颗粒间大量液相的存在阻碍了粉末颗粒间的扩散长大。

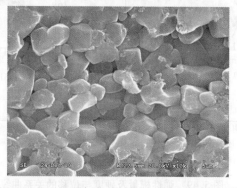

图 5.52　650 ℃预氧化试样烧结后表面腐蚀后形貌

5.5 微孔构件的纳米陶瓷粉末微注射成形

微注射成形作为一种微成形工艺,其具有材料适用广、几何形状和尺寸适应性好、低成本、高效率、可连续化、自动化生产等一系列优点。该工艺制造的微结构件,在信息通信、精密仪器、航空航天、生物与医药工程和军事等领域,有着广阔的应用前景。国外对微注射成形的研究始于 20 世纪 80 年代末,国内对微注射成形的研究正处于起步阶段,由于研究历史较短,相关研究还不够深入和系统。因此,开展微注射成形方面的研究具有重要的理论意义和实用价值。

微注射成形技术非常适合聚合物微型零件的成形,然而实际应用中有时要求微型零件具有高强度、耐磨、抗高温等性能,这些是聚合物所不能满足的,一个解决方案就是利用粉末微注射成形来制造微型金属或陶瓷零件。陶瓷具有良好的热稳定性、化学稳定性、抗腐蚀性、导热系数低、耐磨等一系列特点,其微型零件已广泛应用于通信、光学、化学、医疗设备等领域,如微型传感器、微型齿轮、微化学反应器、微流控芯片等。然而传统的工艺难以批量生产形状复杂的陶瓷微型零部件,且加工成本十分昂贵。微注射成形具有可加工形状复杂制品、尺寸适应性好、低成本、高效率、可连续化自动化生产、适用材料品种多等一系列优点,因此其作为一种高效的微成形工艺越来越受到人们的重视。粉末微注射成形源自常规粉末注射成形,包括喂料制备、注射成形、脱脂和烧结四个主要工艺过程。

5.5.1 陶瓷微注射成形的发展

由于粉末微注射成形工艺过程相对复杂,因此对粉末微注射成形的研究领域相对更为广泛。粉末与黏结剂的混合物称为喂料,喂料同时具有黏性和弹性,称为黏弹性,高温下喂料主要呈现黏性,喂料是靠黏性流动流入模腔填充模具的。Z. Y. Liu[31~33] 等人通过研究得到了适用于 316L 不锈钢微结构注射成形的黏结剂体系,即 20% PW+40% EVA+40% HDPE(质量分数);Rong-Yuan Wu[34] 等人研究了粉末微注射成形二氧化锆喂料的混炼过程与均匀性的关系;G. Fu[35,36] 等人分析了粉末微注射成形的脱模性;B. Zeep[37] 等人分析了钨合金的粉末微注射成形技术,B. Y. Tay[38] 等人研究了粉末微注射成形金属微结构件的表面质量;R. Knitter[39] 等人介绍了陶瓷微反应器的微注射成形工艺;R. Hedele[40] 等人通过 X 射线检测装置分析了粉末微注射成形微结构件的表面形态;L. Merz[41] 等人研究了适合于粉末微注射成形的喂料体系,研究认为对于高径比较大的微结构件,要求生坯具有较高的机械稳定性来保证顺利脱模;A. Rota[42] 等人通过分析粉末特性、颗粒大小、黏结剂、工艺参数对粉末微注射成形的影响,制得了具有高深宽比的金属微结构件。

陶瓷或金属件的各种物理及力学性能同样受其内部组织结构的影响,目前国外对粉末微注射成形微零件的内部组织分析已有相关研究,但是研究仍不够深入,研究没有揭示存在的微尺寸效应。如 M. Auhorn[43~45] 等人对 200 μm×200 μm×1 200 μm 微弯曲试样进行了弯曲测试,并分析了该微试样的晶粒大小、多孔性、微观缺陷等对力学性能的影响;Volker Piotter[46] 等人认为直接注射成形微型力学试样,而不是将它们作为微结构部分先成形再从基片上分离下来,这避免了分离时对微型试样的破坏,因此微型试样可以得到与常规试样相同的力学性能;T. Beck[47] 等人也进行了类似的研究,他们将微型弯曲试样作为微结构部分注射成形,然后分别在脱脂前和烧结后将微结构部分从基片上分离下来,结果它们的弯曲强度分别为 1 587 MPa 和 2 169 MPa。

粉末注射成形喂料的流动特性较聚合物复杂得多,高温下喂料具有剪切稀化的假塑性,属于非牛顿流体。对粉末注射成形的模拟主要有两种模型,一是连续介质模型,但没有考虑喂料内部的结构变化,因此无法预测密度分布和粉末与黏结剂分离现象,已形成了商业化的软件如 I-Dean。二是颗粒模型,从颗粒与颗粒、颗粒与黏结剂的相互关系中导出其动量方程,与连续介质模型相比,颗粒模型要复杂得多,目前还不成熟。粉末微注射成形除了具有这些复杂性外,还存在许多微尺寸效应,因此粉末微注射成形过程的数值模拟更加困难。Richard Heldele[48] 等人通过实验研究认为分散质点动力学(Dissipative Particle Dynamics)有助于粉末微注射成形数值模拟得到更精确的结果。

5.5.2 陶瓷微小零件注射成形实例

1. 氧化锆陶瓷阵列式微孔的注射成形

目前,随着微机电系统的发展,如何大批量的成形微结构零件以及开发超硬、难成形材料微制造技术变得越来越重要。作为微结构件的一种,微孔特别是微孔阵列被广泛应用于MEMS 设备中,常常作为连接两个微结构——MEMS 的传输媒介和 MEMS 的外界交换媒介的微型通道或者喷嘴。此外,微孔阵列还广泛应用于数字打印设备中。在这种设备中常用的是具有 400～600 μm 微孔阵列的陶瓷喷嘴。目前有很多用于成形微孔阵列的方法,如电化学加工、超声加工、激光加工和机械微钻孔等。但是这些技术在加工成本、加工效率、成形质量以及加工长径比较大的零件时具有一定的局限性,特别是对于成形陶瓷材料的微孔阵列。

微注射成形技术具有成本低,可以大批量生产,材料适应性强等优点,成为成形陶瓷微孔和陶瓷微孔阵列最有效的方法之一。微注射成形技术和传统的成形技术一样,也主要由喂料的制备、注射成形、脱脂和烧结四部分组成。但是和传统的注射成形相比,它也有一些不同之处,如高的注射成形压力和高的注射成形速率,较高的模具温度,模具需要抽真空等。微注射成形技术已被成功用于制造塑料材料的微结构件;但是很多微结构件都需要一些特殊的使用要求,比如在较高温度线仍保持较高的强度等,塑料材质的零件明显不满足要求。一种解决方法就是使用微注射成形技术制得的陶瓷零件,这种零件具有高硬度、低的热扩散系数和高的耐磨性等优良的机械性能。目前对于采用微注射成形技术制备陶瓷微孔和陶瓷微孔阵列的相关文献鲜见报道。Auhorn 和 Kasanicka 等研究了微注射成形制备金属微结构件的力学强度和微观组织。研究结果表明:影响微结构件成形质量的因素主要有模具表面质量、微结构形状和边界效应等。采用超细粉成形金属和陶瓷微结构件有利于零件力学性能的提高。例如 Tay 和 Liu 研究微注射成形金属微结构件的烧结动力学时发现,采用超细粉成形后微结构件具有较大的晶粒尺寸和较低的孔隙率。

本实验主要研究微注射成形制备具有多种微孔阵列陶瓷基板的成形工艺。此外对于喂料的一致性、热特性和流变特性进行研究,对陶瓷基板和微孔的烧结前后的尺寸变化、表面质量和微观组织进行分析。

（1）喂料的制备

实验中采用平均粒径为 0.2 μm 的 3 molY$_2$O$_3$ 稳定 ZrO$_2$ 粉末。如图 5.53 所示,粉末具有较小的粒度分布,颗粒成球形。喂料的粉末装载量为 55%,采用石蜡基黏结剂,此外黏结剂中还含有 PP 和硬脂酸。粉末和黏结剂在双行星混炼器中在 170 ℃ 下进行混炼。混炼后在挤出机上挤出、造粒,制得喂料。

（2）模具设计

陶瓷基板中共有三种孔阵列,一侧是 64 个直径为 500 μm 的微孔阵列,另一侧为 64 个直径为 450 μm 的微孔阵列,底面为 128 个直径为 400 μm 的微孔阵列,两侧的微孔分别与底面的微孔依次贯通,底面相邻两个微孔壁间距为 160 μm。

图 5.54 为试验中采用模具实物图。动模和定模上成形微孔阵列的型芯和模具是一体的,而侧滑块上的型芯采用组合形式镶嵌到侧滑块上。动模和定模上的型芯在数控加工中心雕刻而成,而侧滑块上的型芯是精研获得的。

图 5.53　陶瓷粉末形貌

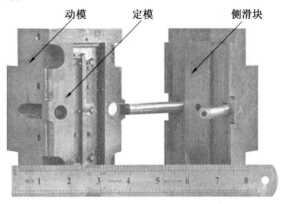

图 5.54　模具

（3）注射、脱脂和烧结

采用 5-ton Babyplast6/10 型注射成形机进行陶瓷基板的注射成形。为了便于脱模,在注射成形前需要在模具和模具型芯上涂上一层薄薄的脱模剂。经过正交实验优化后的注射成形参数见表 5.16。将注射成后的坯料在空气中进行 500 ℃ 热脱脂,在坯料外面覆盖一层 Al$_2$O$_3$ 粉末进行埋粉脱脂,接着进行 900 ℃ 预烧结;最后将脱脂后的零件在 1 500 ℃ 下烧结 2 h。

表 5.16　注射工艺参数

工艺参数	值
注射压力/MPa	100
合模力/kN	50
注射时间/s	3
冷却时间/s	8
模具温度/℃	50

（4）特性表征

通过喂料的密度及微观形貌分析来评价其均匀性。实验中取 6 组试样,然后取平均值。通过 TGA/DSC 研究喂料的热特性。采用流变计分析喂料在 170 ℃、180 ℃ 和 190 ℃ 下的流变特性。采用激光共聚焦显微镜观察基板和微孔的表面质量和表面形貌。放大倍数为 50 倍,测量区域 128 μm×128 μm。分别取 6 个不同区域测量取平均值。采用排水法测量烧结后零件的致密度。利用维氏硬度计测量抛光后零件硬度。采用 SEM 进行微观组织观察。

喂料的均匀性对成形后零件的质量有很大影响,而且这些影响在后续的工艺中难以消除。图 5.55 所示为喂料的断口形貌,可以看出陶瓷颗粒分散均匀,表面都有一层很薄的聚合物包裹。

2 μm

图 5.55　喂料断口形貌

2. 尺寸变化和表面质量

图 5.56 为注射、脱脂和烧结后的陶瓷基板实物图。注射、脱脂和烧结后微孔阵列的局部视图如图 5.57 所示。通过注射成形可以一次在 30 s 内成形 200 多个孔。陶瓷基板和微孔阵列很好的复制了模具,并且在各个阶段具有很好地保形性。烧结后的零件中未发现裂纹、扭曲和起皱等缺陷。脱脂后零件的尺寸没有发现太明显的变化,但是烧结后的零件产生了较大的收缩。

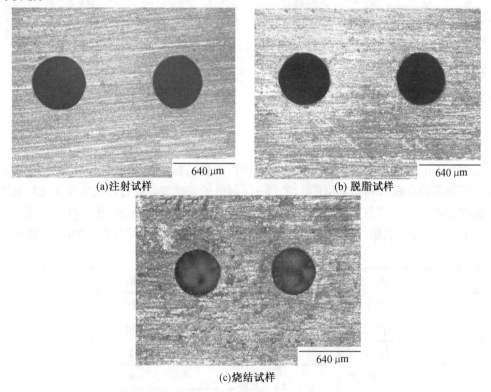

(a)注射试样　　　640 μm

(b) 脱脂试样　　　640 μm

(c)烧结试样　　　640 μm

图 5.56　零件局部视图

陶瓷基板和微孔的线性收缩见表 5.17。陶瓷基板长宽高三个方向的线性收缩基本一致,都在 19% 左右,此收缩与初始粉末装载量相一致[15]。三种孔阵列中微孔线性收缩分别为 12.7%(ϕ500 μm 孔)、11.2%(ϕ450 μm 孔)和 14.7%(ϕ400 μm 孔)。微孔的线性收缩

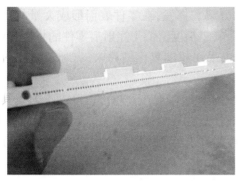
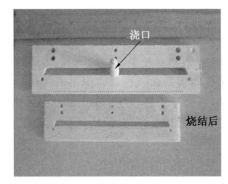

(a)注射后　　　　　　　　　　(b)注射后与烧结后

图 5.57　微孔阵列零件

要比基板的线性收缩小,主要是因为注射成形的填充过程中,喂料首先进入基板整体部分,然后再填充微孔之间的孔壁处,由于喂料要经过一个大截面到一个小截面的填充变化,会使喂料受到一个剪切应力的作用,进而造成喂料中的陶瓷颗粒发生一定的方向性排列。同时,剪切应力的增大会使喂料在经过变截面填充时,发生由密集堆积到松散堆积的转变。

表 5.17　零件线性收缩率

	小孔			基板		
	500 μm	450 μm	400 μm	长	宽	高
线性收缩/%	12.7±1.5	11.2±1.5	14.7±1.5	19.0±0.5	18.9±0.5	19.0±0.5

　　另外,基板整体与孔壁处的温度不均匀也是收缩不一致的原因之一。上述原因造成注射后孔壁处的密度低于基板整体的密度,在烧结致密化工程中需要更大的线性收缩。不同微孔阵列孔壁的线性收缩分别为 21.9±1.5%(ϕ500 μm 孔)、21.1±1.5%(ϕ450 μm 孔)和25.9±1.5%(ϕ400 μm 孔)。由于微孔收缩小于基板,而基板的收缩只有 19% 左右,理论上也要求孔壁处产生较大的线性收缩。

　　成形后微孔的表面质量直接影响其使用特性。随着粗糙度的增加,喂料与模具的接触面增加,会影响喂料填充过程中压力分布、摩擦系数和热传导。当陶瓷基板完全填充以后,注射压力、模具温度和保压时间对其粗糙度值基本不再有影响,此时,粗糙度主要取决于模具表面的质量。图 5.58 给出了模具、模具型芯、注射、脱脂和烧结后陶瓷基板和微孔内表面的粗糙度变化。模具整体和模具型芯以及 ϕ500 μm、ϕ450 μm、ϕ400 μm 孔阵列的内表面粗糙度值

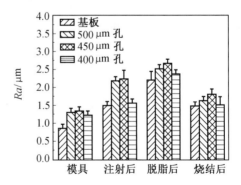

图 5.58　制品不同结构表面粗糙度

分别为(0.87±0.13)μm,(1.32±0.12)μm,(1.36±0.11)μm,(1.24±0.12)μm。可以看出孔阵列的初始粗糙度值略高于陶瓷基板,所以在此后各个阶段,孔阵列的粗糙度值都高于基板主体的粗糙度值。注射后陶瓷基板和微孔的粗糙度和模具相比有很小的增加,因为注射后零件的粗糙度除主要取决于模具表面,还受粉末颗粒尺寸、脱脂和烧结工艺等的影响。脱

脂后的粗糙度有较大增加,主要是由黏结剂的分解和挥发,在零件表面形成大量的空洞所致。但是烧结后零件的表面质量得到很大提高,其粗糙度值低于注射后零件的粗糙度值,这与 Meng 等的研究是不同的。主要是由于实验中采用超细氧化锆粉末,有利于微注射成形微结构件的精度控制和表面质量的提高。

模具、模具型芯和注射后的零件表面形貌如图 5.59(a)～(d)所示,可以看到模具表面有一定的加工划痕存在,但是这种现象在注射成形后的零件表面消失。微孔表面的形貌要比基板粗糙一些。由于黏结剂脱除,使得脱脂后零件表面变得凹凸不平,如图 5.59(e)、(f)所示。烧结后表面形貌有较大改善,如图 5.59(g)、(h)所示。由上述结果可知,采用超细粉有利于零件的表面质量的提高,注射后零件得到了很好的复制。

微结构件的致密度随着烧结温度的增加而提高,但是随着烧结温度的增加会造成晶粒的异常长大。陶瓷基板和微孔孔壁处的微观组织形貌基本一样,如图 5.60 所示,平均粒径0.39 μm。但是烧结后陶瓷基板处的孔隙率比微孔孔壁处的孔隙率要低一些,如图 5.61 所示。这也可以从另一个方面解释为什么烧结后微孔的线性收缩要比基板的线性收缩要小一些。此外,在 1 500 ℃烧结 2 h 后,零件的致密度和维氏硬度分别为 98.5% 和 13.75 GPa。

3. 碳化硼微孔喷嘴的注射成形

碳化硼(B_4C)陶瓷具有低密度(2.52 g/cm^3)、高硬度(29.1 GPa)、高模量(448 GPa)、高熔点(2 450 ℃)、优良的耐磨性等优点,并具有很好的中子吸收性能,较高的抗弯强度和断裂韧性[49~51]。可以用来制备核反应堆防辐射部件(如控制棒等),装甲车辆、武装直升机、民航客机以及防弹衣的重要防弹装甲材料,陶瓷喷嘴以及机械密封部件等[52~54],因此在航空航天、化工、民品领域具有广泛的应用前景。目前,B_4C 陶瓷的主要成形方法是热压烧结、无压烧结和热等静压烧结等,这些成形方法难于大批量加工形状复杂的陶瓷零件[50,55]。采用粉末注射成形制备 B_4C 陶瓷将会加快其在各个领域的应用进程[56~58]。

由于 B_4C 塑性变形差,晶界移动阻力大,原子结构中共价键占 90% 以上,使得 B_4C 难以烧结致密[59]。为了降低烧结温度,提高致密度,添加助烧剂是一种有效的方法。目前,国内外学者已对 C、B、ZrO_2、Al、Al_2O_3、TiC 等助烧剂对 B_4C 烧结的助烧效果进行了研究。其他陶瓷材料(如 ZrO_2、Si_3N_4、SiC 等)的粉末注射成形的相关研究也比较多。但是目前国内外对 B_4C 陶瓷的粉末注射成形的实验研究目前鲜见报道。

采用 $SiC-Al_2O_3-Y_2O_3$ 助烧剂体系,通过 B_4C 微孔喷嘴的粉末注射成形,详细分析注射、脱脂及烧结工艺对 B_4C 微孔喷嘴成形质量的影响规律,研究各阶段零件表面粗糙度和表面形貌的变化。

成形零件为带有 3 个微型喷孔的 B_4C 陶瓷喷嘴,微型喷孔直径为 0.4 mm。实验用 B_4C 粉末为牡丹江金刚钻碳化硼有限公司生产的 W1.5 型粉末。注射成形用黏结剂为石蜡(PW)基黏结剂体系,其他成分包括聚丙烯(PP)及硬脂酸(SA)。首先将混合粉(85% B_4C+5% SiC+10%($Al_2O_3-Y_2O_3$),质量分数)在 QM-BP 行星式球磨机上进行球磨,球料比为 6∶1,转速 300 rpm,球磨时间为 12 h。球磨罐为 250 ml 的 Al_2O_3 陶瓷罐,磨球为直径 10 mm 和5 mm(质量比为 1∶1)的 Al_2O_3 陶瓷球。将干燥后的混合粉过 100 目筛后与石蜡基黏结剂在双行星混炼机中于 175 ℃下混炼 1 h,混炼机转速 40 rpm,然后挤出造粒制得注射成形用喂料,喂料中粉末装载量为 55%。微孔喷嘴在 Babyplast6/10 微注射成形机进行注射成形,

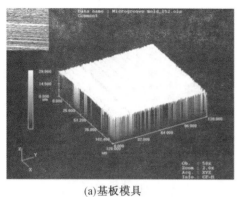

(a)基板模具

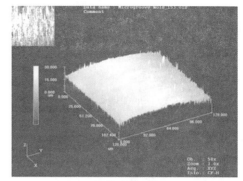

(b)模芯 $\phi 400\,\mu m$

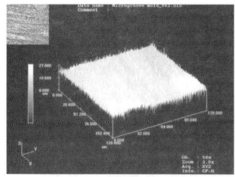

(c)注射后基板

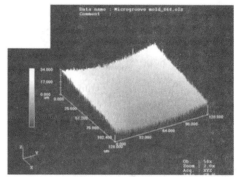

(d)注射后微孔壁 $\phi 500\,\mu m$

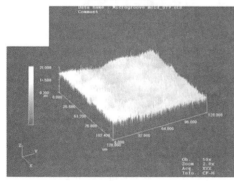

(e)脱脂后基板

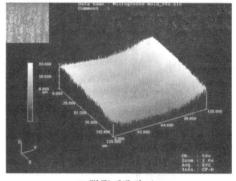

(f)脱脂后孔壁 $\phi 450\,\mu m$

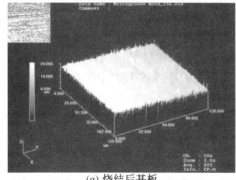

(g)烧结后基板

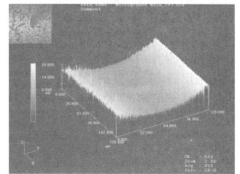

(h)烧结后孔壁 $\phi 400\,\mu m$

图 5.59　制品不同结构表面形貌

(a) 基板   1 μm

(b) 孔间薄壁   1 μm

图 5.60   基板与孔间壁的晶粒形貌

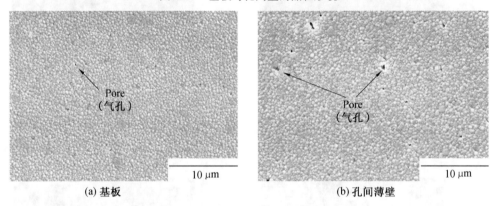

(a) 基板   10 μm

(b) 孔间薄壁   10 μm

图 5.61   基板与孔间薄壁 SEM 形貌

然后在管式炉中在 Ar 保护气氛下进行 1 200 ℃ 热脱脂与预烧结,脱脂完毕后,将坯料在 High Multi 10000 型热压烧结炉内进行无压烧结,烧结气氛为 0.1 MPa 流动 Ar 气氛,烧结温度为 1 900 ~ 2 160 ℃,升温速率为 15 ℃/min。

通过 OLS3000 激光共聚焦显微镜对不同阶段成形零件的粗糙度进行测量,放大倍数为 50 倍,测量面积为 50 μm×50 μm。采用 Archimedes 排水法测量实际密度并计算致密度。通过 S-4700 扫描电镜对各阶段零件的表面形貌以及经研磨抛光后零件组织进行二次电子像(SEM)和背散射(BSE)观察。采用 EDAX 和 XRD 对烧结后零件进行成分和相分析。利用显微硬度计进行硬度测试,测量载荷 3 kg,保压 15 s,取 6 点硬度的平均值。

在进行注射成形喂料的制备时,选择合适的粉末是非常重要的。颗粒越小,颗粒尺寸分散越小,烧结活化能越高,而且颗粒越小越利于成形后表面质量的提高和尺寸精度控制,为此实验中采用平均粒径为 1.173 μm 的细小 B_4C 粉末,该粉末的粒径分散值为 $D_3 = 5.114$,$D_{50} = 1.173$,$D_{94} = 0.541$。原始粉末一般都存在大量的团聚,球磨是消除这些团聚比较有效的方法,同时还可以使得几种粉末混合均匀。实验发现,球磨 12 h 后,团聚得到很大的减弱,颗粒发生球形化趋势,有利于后续零件的烧结致密,B_4C 颗粒形貌还保留了一部分不规则形状,有利于脱脂时零件形状的保持。对微孔喷嘴进行注射成形实验发现,注射压力、模具温度、料筒温度是影响喂料进行良好填充的主要影响因素。注射压力过低(<50 MPa)容易造成烧结后组织松散,不均匀,提高注射压力可以消除此现象,改善烧结后零件的组织均匀性。模具温度(<25 ℃)和料筒温度(<160 ℃)过低会造成喂料黏度的增加,在注射成形

时产生填充不足现象,如图 5.62(a)所示。料筒温度(>195 ℃)过高会造成石蜡的大量挥发,使得喂料的流动性受损,注射后的零件中容易产生气孔。增加注射压力和提高模具温度可以提高零件的填充性能以及表面粗糙度的提高,但是过高的注射压力(>190 MPa)和模具温度(>95 ℃),在脱模时由于模具与喂料的收缩不一致,会使零件产生过大的残余应力导致裂纹出现,如图 5.62(b)所示。选择合适的注射工艺参数,将会消除上述不利影响,经优化后得到的注射成形工艺参数见表 5.18。

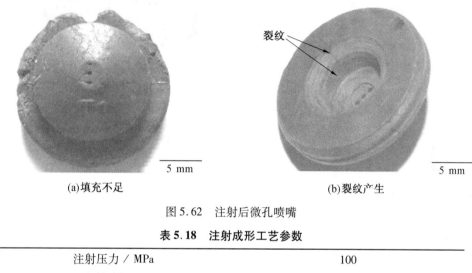

(a)填充不足　　　　　　　　　　　　　　　(b)裂纹产生

图 5.62　注射后微孔喷嘴

表 5.18　注射成形工艺参数

注射压力 / MPa	100
注射时间 /s	3
合模力 /kN	50
保压时间 /s	5
塑化温度 / ℃	175
模具温度 / ℃	60

热脱脂工艺是注射成形工艺的关键工艺之一,此过程是为了脱出全部的黏结剂。本实验具体脱脂过程是先以 0.25 ℃/min 的升温速率升到 180 ℃并保温 2 h,此区间主要是脱除石蜡;然后以 0.25 ℃/min 升至 380 ℃保温 2 h,此区间主要是脱除聚丙烯;再以 0.25 ℃/min 的升温速率升至 500 ℃保温 2 h,此区间主要是脱除硬脂酸等残余黏结剂。为了使脱脂后的零件具有足够的强度进行搬运,最后再升至 1 200 ℃保温 2 h 进行预烧。实验结果表明,在相应黏结剂成分的剧烈分解温度进行保温是很有必要的,可以有效地控制缺陷的出现。脱脂与预烧后制品中有 1% 的线性收缩,未发现明显裂纹、翘曲和起皮等缺陷,如图 5.63(a)所示,并具有足够的搬运强度。由图 5.63(b)的微观组织可以看出,制品中的黏结剂已全部去除,使得脱脂后制品中留下了大量空洞,而且预烧后零件粉末颗粒之间已初步形成烧结颈,表现出一定的烧结性能。

脱脂后零件在流动 Ar 气氛下,在 1 900 ~ 2 160 ℃进行烧结,不同烧结温度下得到的零件的致密度和线性收缩如图 5.64 所示。由图可以看出,微孔喷嘴的致密度和线性收缩具有相似的变化趋势,都是随着烧结温度的增加,先增加后降低,在 1 950 ℃下烧结,致密度和线性收缩达到最高,分别为 97.1% 和 18.7%。Al_2O_3 与 Y_2O_3 在高温下会形成 3 种低共熔化合物,YAG($Y_3Al_5O_{12}$,熔点 1 760 ℃)、YAP($YAlO_3$,熔点 1 850 ℃)、YAM($Y_4Al_2O_9$,熔点 1 940 ℃)[60]。

(a)宏观形貌　　　　　　　　　　　(b)微观组织 (SEM)

图 5.63　脱脂后微孔喷嘴

烧结温度达到 1 900 ℃ 时已有大量的液相产生,使得固体颗粒周围产生毛细管力,在毛细管力作用下,颗粒向减少气孔的方向进行重排,从而进行烧结致密化。随着温度增加,烧结驱动力增加,使得零件的致密度迅速增加,线性收缩增大,但是随着温度的继续增加,液相开始大量的挥发,使得助烧剂的助烧效果减弱,零件的致密度和线性收缩减小,在 2 160 ℃ 烧结后得到的零件的致密度和线性收缩分别只有 86.7%和 13.6%。可知采用上述助烧剂,在较低的温度就可以使制品获得较高的致密度,继续升高温度,反而使得致密度下降。图 5.65 所示为 1

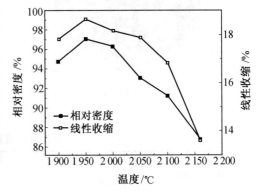

图 5.64　不同温度下无压烧结微孔喷嘴的致密度和线性收缩

950 ℃下烧结得到的微孔喷嘴的宏观图和微观组织,经测量其维氏硬度值达 3 580 HV。由BSE 微观组织图可见,烧结零件的孔隙率很低,主要由白色、浅灰色和深灰色三种不同衬度的相组成,各相分布均匀,相界面清晰可辨,亮白色相形状不规则,灰色相呈有棱角的球形,通过 EDAX 分析,白色衬度相 Y 含量较高,而灰色相中 Si 含量较高,结合 XRD 分析发现亮白色为 B_2YC_2 相,而浅灰色和深灰色两种不同衬度的相分别为 SiC 和 B_4C 相,形成的 YAG相均匀分布在其他各相之间。

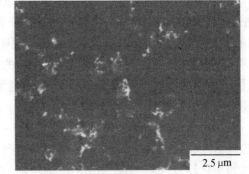

(a)宏观形貌　　　　　　　　　　　(b)微观组织 (SEM)

图 5.65　烧结后微孔喷嘴

　　注射成形零件的表面粗糙度(Ra)是影响零件使用特性的主要影响因素之一。喂料与模具的接触面积随着 Ra 的增加而增加。这将对注射成形时的压力分布、摩擦系数和热传导产生很大的影响[61]。当零件已经填充完全后，其表面粗糙度不再受注射参数(如注射压力、模具温度、锁模力、保压时间等)的影响，注射成形零件是由模具型芯复制得来，所以其表面粗糙度对模具表面的粗糙度具有很大的依赖性。微孔喷嘴不同阶段的粗糙度值如图 5.66 所示。模

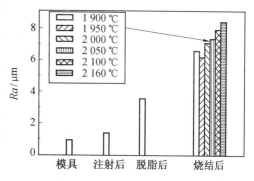

图 5.66　微孔喷嘴在不同阶段的表面粗糙度值

具表面粗糙度为 0.95 μm，选择优化的工艺参数，注射后的微孔喷嘴得到了很好的复制，表面粗糙度为 1.41 μm，如图 5.67(a)中的微观组织图所示，注射后表面整体比较平整。脱脂后零件的粗糙度增加到 3.55 μm 左右，这主要是因为在脱脂过程中黏结剂分解、挥发，在陶瓷颗粒间形成大量的空洞(图 5.67(b))，造成粗糙度的增加。不同烧结温度下得到的零件的表面粗糙度值呈现先减小后增加的趋势，主要是随着烧结温度的增加，零件的致密度增加，形成的液相环绕在固体颗粒周围(图 5.67(c))，得到较好的表面粗糙度；但是随着温度升高，大量液相挥发，形成了凹凸不平的表面(图 5.67(d))。由于脱脂后零件表面粗糙度的增加以及烧结后零件液相的挥发，使得烧结零件的粗糙度值整体要比前面各阶段都大。

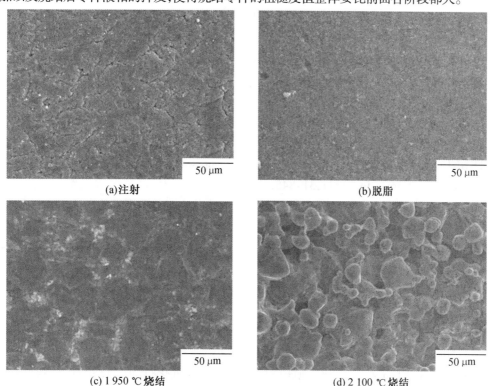

图 5.67　微孔喷嘴在不同阶段的表面 SEM 形貌图

参考文献

[1] YU T M,ZHUANG J,WANG M J,et al. Experiments and numerical simulation of micro gears in micro injection molding[J]. Proceedings Of Current Development in Abrasive Technology, 2006:338-343.

[2] XIE L,ZIEGMANNG,JIANG B Y. Reinforcement of micro injection molded weld line strength with ultrasonic oscillation[J]. Microsyst. Technol,2010,16:399-404.

[3] KURNIA W,YOSHINO M. Nano/micro structure fabrication of metal surfaces using the combination of nano plastic forming, coating and roller imprinting processes[J]. J. Micromech. Microeng,2009,19(12):1-11.

[4] YANG D,XU Z,LIU C,WANG L D. Experimental study on the surface characteristics of polymer melts[J]. Colloid. Sourface. A,2010,367:174-180.

[5] SCHERES L,KLINGEBIEL B,TER MAAT J,et al. Micro and nanopatterning of functional organic monolayers on oxide-free silicon by laser-induced photothermal desorption[J]. Small,2010,6(17):1918-192.

[6] 李益民,李云平. 金属注射成形原理[M]. 湖南:中南大学出版社,2004.

[7] 梁叔全,黄伯云. 粉末注射成形流变学[M]. 湖南:中南大学出版社,2000:11-25.

[8] 张凯锋. 微成形制造技术[J]. 北京:化学工业出版社. 2008.9.

[9] RANDALL M. GERMAN,宋久鹏. 粉末注射成形[M]. 北京:机械工业出版社,2011.

[10] PALCEVSKIS E,FAITELSON L,JAKOBSONS E. Rheology of organodispersions of alumina nanopowders used in producing articles from engineering ceramics[J]. Mech. Compos. Mater,2005,41:255-266.

[11] 曲选辉. 粉末注射成形[M]. 湖南:中南大学出版社,2001.

[12] 胡纪华,杨兆禧,郑忠. 胶体与界面化学[M]. 广州:华南理工大学出版社,1997.

[13] TRUNEC M,HRAZDERA J. Effect of ceramic nanopowders on rheology of thermoplastic suspensions[J]. Ceram. Int,2005,31:845.

[14] 杜立群,秦江,刘海军,等. 基于 UV-LIGA 技术的微注塑金属模具的工艺研究[J]. 微细加工技术,2006,5:51-53.

[15] 范畴. Ti(C,N)基金属陶瓷粉末注射成形工艺的研究[D]. 武汉:华中科技大学材料科学与工程学院,2005:38-45.

[16] 祝宝军. 硬质合金注射成形工艺研究[D]. 湖南:中南大学材料科学与工程学院,2002:29-31.

[17] MACINTYRE D, THOMS S. The fabrication of high resolution features by mould injection [J]. Microelectron. Eng,1998,41/42:211.

[18] 郑传伟,杨振明,田冲,等. SiC 泡沫陶瓷材料的高温氧化行为[J]. 稀有金属材料与工程,2009,38(3):289-292.

[19] LIU H B,TAO J,GAUTREAU Y,et al. Simulation of thermal stresses in SiC-Al$_2$O$_3$ composite tritium penetration barrier by finite-element analysis[J]. Mater. Design,2009,30:2785-

2790.

[20] 张勇,何新波,曲选辉,等. 注射成形制备碳化硅异形件的工艺研究[J]. 粉末冶金工业, 2008,18(3):1-4.

[21] 郑梅,曾珊琪. 注射成形 SiC 陶瓷的烧结温度及其力学性能分析[J]. 陕西科技大学学报,2007,6(25):61-65.

[22] LIU L,LOH N H,TAY B Y,et al. Micro powder injection molding:Sintering kinetics of microstructured components[J]. Scripta Mater,2006,55:1103-1106.

[23] FU G,LOH N H,TOR S B,et al. Replication of metal microstructures by micro powder injection molding[J]. Mater. Design,2004,25(8):729-733.

[24] ZHANG T,EVANS JRG,WOODTHORPE J. Injection Moulding of Silicon Carbide Using an Organic Vehicle Based on a Preceramic Polymer[J]. J. Eur. Ceram. Soc,1995,15:729-734.

[25] 卢振,张凯锋,王振龙. 粉末微注射成形 ZrO₂ 微结构表面质量控制[J]. 材料科学与工艺,2010,18(1):129-132.

[26] ZHANG S X,ONG Z Y,LI T,et al. Ceramic composite components with gradient porosity by powder injection moulding[J]. Mater. Design,2010,31(6):2897-2903.

[27] KARATAS C,SOZEN A,ARCAKLIOGLU E,et al. Investigation of mouldability for feedstocks used powder injection moulding[J]. Mater. Design,2008,29(9):1713-1724.

[28] 金志浩,高积强,乔冠军. 工程陶瓷材料[M]. 西安:西安交通大学出版社,2000:137-138.

[29] 高建祥. YT5 硬质合金粉末注射[M]. 湖南:中南大学材料科学与工程学院,2003:49-55.

[30] 蔡湘,陈强. 注射成形钛重件的研究[J]. 粉末冶金技术,2005,23(6):449-451.

[31] LIU Z Y,LOH N H,TOR S B,et al. Bindersystem for micropowder injection molding[J]. Mater. Lett,2002,48:31-38.

[32] LIU Z Y,LOH N H,TOR S B,et al. Injectionmolding of 316L stainless steel microstructures [J]. Microsyst. Technol,2003,9:507-510.

[33] LIU Z Y,LOH N H,TAY B Y,et al. Effects ofthermal debinding on surface roughness in micro powder injection molding[J]. Mater. Lett,2007,61:809-812.

[34] WU R Y,WEI W C J. Kneading behaviour and homogeneity of zirconia feestocks for micro-injection molding[J]. J. Eur. Ceram. Soc,2004,24:3653-3662.

[35] FU G,LOH N H,TOR S B,et al. Analysis ofdemolding in micro metal injection molding[J]. Microsyst. Technol,2006,12(6):554-564.

[36] FU G,LOH N H,TOR S B,et al. Replication ofmetal microstructures by micro powder injection molding[J]. Mater. Design,2004,25:729-733.

[37] ZEEP B,NORAJITRA P,PIOTTER V,et al. Net dhaping of tungsten components by micro powder injection moulding[J]. Fusion. Eng. Des,2007,82:2660-2665.

[38] TAY B Y,LIU L,LOH N H,et al. Surfaceroughness of microstructured component fabricated by μMIM[J]. Mat. Sci. Eng. A,2005,396:311-319.

[39] KNITTER R, GOHRING D, RISTHAUS P, et al. Microfabrication of ceramic microreactors [J]. Microsyst. Technol, 2001, 7: 85-90.

[40] HELDELE R, RATH S, MERZ L, et al. X-ray tomography of powder injection moulded micro parts using synchrotron radiation[J]. Nucl. Instrum. Meth. B, 2006, 246: 211-216.

[41] MERZ L, RATH S, PIOTTER V, et al. Feedstock development for micro powder Iinjection molding[J]. Microsyst. Technol, 2002, 8: 129-132.

[42] ROTA A, DUONG T V, HARTWIG T. Micropowder metallurgy for the replicative production of metallic microstructures[J]. Microsyst. Technol, 2002, 8: 323-325.

[43] AUHORN M, BECK T, SCHULZE V, et al. Quasi-static and cyclic testing of specimens with high aspect ratios produced by micro-casting and micro-powder-injection-moulding[J]. Microsyst. Technol, 2002, 8: 109-112.

[44] AUHORN M, KASANICKA B, BECK T, et al. Microstructure, surface topography and mechanical properties of slip cast and powder injection moulded micro-specimens made of zirconia[J]. Z. Metallkd, 2003, 94(5): 599-605.

[45] AUHORN M, BECK T, SCHULZE V, et al. Investigation and evaluation of mecahnical properties of ZrO_2 micro-bending specimens produced by different micro-moulding techniques [J]. Proceedings of 4th Euspen International Conference. Glasgow, Scotaland(UK), 2004, Mai-Jni, PP340-341.

[46] PIOTTER V, BAUER W, BENZLER T, et al. Injection molding of components for microsystems[J]. Microsyst. Technol, 2001, 7: 99-102.

[47] BECK T, SCHNEIDER J, SCHULZE V. Characterisation and tesing of mciro specimen[J]. Microsyst. Technol, 2004, 10: 227-232.

[48] HELDELE R, SCHULZ M, KAUZLARIC D, et al. Micro powder injection molding: process characterization and modeling[J]. Microsyst. Technol, DOI 10.1007/s00542-006-0117-z.

[49] 王岭, 陈大明, 张虎. SPS 制备致密碳化硼陶瓷的结构及性能[J]. 稀有金属材料与工程, 2009, 38(S1): 529-532.

[50] SURI A K, SUBRAMANIAN C, SONBER J K, et al. Synthesis and consolidation of boron carbide: a review[J]. Int. Mate. Rev, 2010, 55(1): 4.

[51] 李国禄, 姜信昌, 温鸣. 碳化硼颗粒增强 Cu 基复合材料的研究[J]. 材料工程, 2001, (8): 32.

[52] 江东亮, 李龙土, 欧阳世翕. 无机非金属材料手册 上册[M]. 北京: 化学工业出版社, 2009: 191.

[53] LU K, ZHU X J. Focused ion beam lithography and anodization combined nanopore patterning[J]. J. Am. Ceram. Soc, 2009, 92(7): 1500.

[54] LIU C X, SUN J L. Erosion behaviour of B_4C-based ceramic composites[J]. Ceram. Int, 2010, 36: 1297.

[55] LEE H, SPEYER R F. Pressureless sintering of boron carbide[J]. J. Am. Ceram. Soc, 2003, 86(9): 1468.

[56] 杨现锋, 谢志鹏, 黄勇. 氧化锆粉体表面改性及其注射成形水脱脂研究[J]. 稀有金属材

料与工程,2009,38(S1):432.

[57]段柏华,曲选辉,章林.烧结工艺对注射成形低膨胀合金性能的影响[J].稀有金属材料与工程,2008,37(4):701.

[58]PIOTTER V,MUELLER T,PLEWA K,et al. Manufacturing of complex – shaped ceramic components by micropowder injection molding[J]. Int. J. Adv. Manuf. Tech,2010,46:131.

[59]金志浩,高预强,乔冠军.工程陶瓷材料[M].西安:西安交通大学出版社,2000,161 – 178.

[60]MEDRAJ M,HAMMOND R,PARVEZ M A,et al. High temperature neutron diffraction study of the Al_2O_3 – Y_2O_3 system[J]. J. Eur. Ceram. Soc,2006,26:3515.

[61]ZHANG H L,ONG N S,LAM Y C. Mold surface roughness effects on cavity filling of polymer melt in micro injection molding[J]. Int. J. Adv. Manuf. Tech,2008,37:1105.

索　引